云时代架构系列

可伸缩服务架构
框架与中间件

李艳鹏 杨彪 李海亮 贾博岩 刘淏 著

电子工业出版社
Publishing House of Electronics Industry
北京·BEIJING

内 容 简 介

本书以高可用服务架构为主题，侧重于讲解高可用架构设计的核心要点：可伸缩和可扩展，从应用层、数据库、缓存、消息队列、大数据查询系统、分布式定时任务调度系统、微服务等层面详细讲解如何设计可伸缩、可扩展的框架，并给出在各个领域解决特定问题的方法论和实践总结。随着本书的出版，我们还开源了 4 个行之有效的互联网可伸缩框架，包括数据库分库分表 dbsplit、缓存分片 redic、专业的发号器 vesta 和消息队列处理机框架 kclient，每个框架都开箱即用，也可以作为学习互联网平台化框架搭建的素材，更可以作为开发开源项目的示例。

本书的上册《分布式服务架构：原理、设计与实战》详细介绍了如何解决线上高并发服务的一致性、高性能、高可用、敏捷等痛点，本书与上册结合后可覆盖保证线上高并发服务的各个主题：一致性、高性能、高可用、可伸缩、可扩展、敏捷性等，每个主题都是一个方法论。充分理解这些主题，可保障线上服务健壮运行，对实现服务稳定性的 n 个 9 有着不可估量的作用。

无论是对于互联网的或者传统的软件工程师、测试工程师、架构师，还是对于深耕于 IT 的其他管理人员，本书都有很强的借鉴性和参考价值，是值得每个技术人员阅读的架构级技术书。

未经许可，不得以任何方式复制或抄袭本书之部分或全部内容。
版权所有，侵权必究。

图书在版编目（CIP）数据

可伸缩服务架构：框架与中间件 / 李艳鹏等著. —北京：电子工业出版社，2018.3
（云时代架构）
ISBN 978-7-121-33572-3

Ⅰ. ①可⋯ Ⅱ. ①李⋯ Ⅲ. ①互联网络—网络服务器 Ⅳ. ①TP368.5

中国版本图书馆 CIP 数据核字（2018）第 018504 号

策划编辑：张国霞
责任编辑：徐津平
印　　刷：三河市良远印务有限公司
装　　订：三河市良远印务有限公司
出版发行：电子工业出版社
　　　　　北京市海淀区万寿路 173 信箱　邮编：100036
开　　本：787×980　1/16　印张：36.25　字数：812 千字
版　　次：2018 年 3 月第 1 版
印　　次：2019 年 5 月第 7 次印刷
印　　数：22001～25500 册　定价：109.00 元

凡所购买电子工业出版社图书有缺损问题，请向购买书店调换。若书店售缺，请与本社发行部联系，联系及邮购电话：(010) 88254888，88258888。

质量投诉请发邮件至 zlts@phei.com.cn，盗版侵权举报请发邮件至 dbqq@phei.com.cn。
本书咨询联系方式：(010) 51260888-819，faq@phei.com.cn。

专家评论

能讲明白分布式架构并不容易,本书却做到了。在本书中,不论是对需求场景的剖析,还是对可行方案的仔细研磨及实现,都体现了架构师的专业素养和精益求精。这是一本分布式服务架构方面的好书。

皇包车 CTO　贺伟

本书针对分布式服务架构中常用的缓存分片、数据库分库分表、消息队列、任务调度中间件、RPC、大数据查询系统等技术提供了典型的设计和实现,对我们设计和实现自己的互联网业务系统有重要的参考价值。

《程序员的成长课》作者　安晓辉

互联网业务是爆发式的,其带来的流量压力和对计算能力的要求也是不均衡的,利用廉价的计算机构建分布式计算环境已成为当下的选择。然而,可伸缩技术在带来高性价比的同时,也带来技术上的变革和挑战。大家可以从本书提供的分库分表、缓存分片、消息队列框架、发号器等方案中吸取精髓,快速形成自己的认知,并在工作中积累经验和提升技能,以更好地为公司和团队效力。

企办信息技术有限公司 CTO、云像数字技术顾问　马星光

随着企业业务量的增加,流量洪峰在不断挑战着业务系统的承载能力,设计高并发、可伸缩的系统已成为软件架构师的紧迫任务,而分布式、可伸缩的架构模式已成为抵御洪峰的有效方案之一。本书汇集了作者在多年核心系统开发中的架构及实践经验,以理论与案例相结合的方式展现了分布式系统设计、技术选型、可伸缩架构的设计、框架实现等方面的优秀实践。不管你是在从 0 到 1 构建系统,还是在寻找服务化治理的正确方向,本书都可以帮你解惑。

菜鸟网络技术专家　高春东

可伸缩服务架构：框架与中间件

在《分布式服务架构：原理、设计与实战》中，作者通过多年的互联网架构经验，总结了服务化的背景和技术演进，提出了互联网项目技术评审的方法论和提纲，并给出了对真实的线上项目进行性能和容量评估的全过程，可帮助大家轻松地设计大规模、高并发的服务化系统，保证服务化项目按照既定的目标进行实施与落地，并保证系统的稳定性、可用性和高性能，等等。本书延续了《分布式服务架构：原理、设计与实战》的主线，继续讲解在分布式系统设计中非常重要的可伸缩架构设计模式，对数据库分库分表、缓存分片、消息队列处理框架、大数据查询系统、分布式定时任务系统、微服务和RPC等均有详细讲解，并开源了4个开箱即用的框架级项目，大家也可以以其为基础，开发适合自己的业务的分布式系统。

爱奇艺高级技术经理　黄福伟

在本书中，作者将理论与实践相结合，对分库分表、缓存、消息队列、大数据查询及分布式任务调度等的设计与使用进行了深入分析与讲解。本书内容丰富，可作为开发利器，值得参考。

金山云高级开发工程师　李雪冰

金融系统对高并发服务的一致性、高性能及高可用有着强烈的诉求，艳鹏及他的写作团队都是一线资深架构师，不仅有丰富的实践经验，还有深层次的理论基础。本书对高可用架构进行了深入讲解，使读者能够从体系化的角度认识和思考金融系统的本质，其中的方法论是经过实践检验的，更能在工作中应对特定领域的局部问题。

某金控集团总监　王志成

我和本书作者杨彪在多年前相识于工作中，他的踏实、认真给我留下了深刻的印象，后来因为《分布式服务架构：原理、设计与实战》，我又认识了艳鹏，他们的勤奋和刻苦让我非常佩服，也让我非常期待他们的新书。读书如读人，本书不仅展现了可伸缩架构的技术，更展现了作者孜孜不倦的精神。希望读者不仅能从书中学到互联网分布式架构的知识，更能学到不畏艰辛、知难而上的精神。

北大博士　贾涛

推荐序一

从传统互联网到移动互联网再到物联网,中国乃至全球的互联网技术在近十年得到了高速发展。作为架构师,我们非常乐意把这些技术传播出去,让更多的人享受互联网技术的红利,让技术拓展商业的边界。阿里巴巴的双 11 技术已经越来越成熟,因为阿里巴巴已经逐步具备了基于云的计算能力,可以轻松应对各种业务压力。

本书的内容包括缓存分片、消息队列框架、数据库分库分表、分布式发号器、大数据查询系统、分布式定时调度任务系统、微服务和 RPC 等;并配备了 4 个开箱即用的开源项目,包括分库分表框架 dbsplit、专业的发号器 vesta、消息队列框架 kclient 和缓存分片的 redic,每个项目都是独立的互联网高并发框架,是构建互联网级项目的重要组件。本书对行业内许多流行的开源项目也有很多介绍,读者可以在其中学到平台架构设计的方方面面,也可以了解开源项目在构思和实现方面的优秀实践。

互联网的技术核心其实源于分布式,这是互联网具备高性能、高并发特性的基础,掌握这些核心内容后,你会发现驾驭技术变得如此轻松!希望艳鹏的这本书可以带领大家掌握分布式的精髓,这本书非常棒!也感谢艳鹏邀请我为本书作序!

技术的世界是如此美妙,作为一名深耕架构的技术人,我由衷地希望有更多的人加入,一起为中国的技术添砖加瓦!

未达科技 CEO、原阿里巴巴中文站首席架构师　焦英俊

推荐序二

近十年来，互联网服务在社交网络、搜索、电商、O2O、视频、移动和云计算等领域呈现了井喷式发展，伴随而来的是数千万的日订单量、数亿的日活跃用户、数百亿的日消息发送量等海量的业务规模。支撑这些海量的业务规模的则是基于廉价服务器集群的高可用、可伸缩的分布式互联网技术。

本书以可伸缩服务架构为重点，从理论基础、架构设计、一线行业的实践经验和代码实现细节等方面，系统化地介绍了分布式互联网的高可用、可伸缩技术的核心要点，是一本兼具深度和广度的技术参考书。

虽然本书的主题是"架构"，但是这并不影响本书的易读性，它比大多数同类书都要讲得透彻、明白，也适合有想法、有目标的初中级开发人员阅读。分库分表、Dubbo源码解析等方面的内容，更可以帮助高级技术人员提升自己的技术实力，以及发挥更大的价值。

架构是在长期的生产活动中经过深度思考所积累下来的优秀实践和可复用的合理抽象，希望你不要错过本书的精彩内容。

开心网副总裁　杨延峰

推荐序三

杨彪兄弟找我为本书写序,我欣然从命。我阅读了这本佳作的若干个章节,发现它有几个特点:紧扣常见的问题域;结合了开源产品;代码很讲究。这里,我想谈一谈开源与写作的关系,因为我觉得这就是一场修行。

什么是开源?我的粗浅理解就是,开源就是开源产品,是开放了源代码的产品。我从业16年,用过不少开源产品,但发现被广泛使用的项目并不都拥有好的代码和充分的测试用例,可见知易行难。可喜的是,国人的开源产品在逐渐增多,也有不少好作品出现,艳鹏的vesta-id-generator解决的就是分布式系统中常见的ID生成问题。

古人谈学习有"眼到"、"手到"、"心到"之说。

"眼到"指的是阅读,但阅读面广并不见得知识就是自己的,例如一个早晚听张靓颖歌曲的粉丝不见得就能发出海豚音。

"手到"指的是要不断练习,当然,这并不是指简单、重复地练习。佛罗里达州立大学心理学家 K. Anders Ericsson 首次提出了"刻意练习"的概念,该练习方法的核心假设是:专家级水平是逐渐练出来的,而有效进步的关键在于找到一系列小任务让受训者按顺序完成,这些小任务必须是受训者正好不会做但又可以学习和掌握的。

我认为,"心到"的一个环节是写作。写作能帮我们把脉络梳理得更通畅。从自己懂,到给别人讲明白,再到写出来且别人还能明白,是进阶的关系。

所以,从项目产品实践,到开源,再到写作,就是一场修行。修行是外在的表现、是与同行交流、是与世界对话;修行也是内观,是收获若干思想的结晶、汲取若干灵感的泉水、沉淀若干系统的对白,在其中收获更多的就是作者自己。

开卷有益,愿读者也能在阅读和实践上收获知与行的快乐!

蚂蚁金服高级技术专家 于君泽

前 言

本书的上册《分布式服务架构：原理、设计与实战》详细介绍了如何解决线上高并发服务的一致性、高性能、高可用、敏捷等痛点。本书延续了高可用服务架构的主题，侧重于讲解高可用架构设计的核心要点：可伸缩和可扩展，从应用层、数据库、缓存、消息队列、大数据查询系统、分布式定时任务调度系统、微服务等层面详细讲解如何设计可伸缩、可扩展的框架，并给出在各个领域解决特定问题的方法论和实践总结。随着本书的出版，我们还开源了 4 个行之有效的互联网可伸缩框架，包括数据库分库分表 dbsplit、缓存分片 redic、专业的发号器 vesta 和消息队列处理机框架 kclient，每个框架都开箱即用，且都是独立的互联网高并发框架，是构建互联网级项目的重要组件，也可以作为学习互联网平台化框架搭建的素材，更可以作为开发开源项目的示例。

在写作本书的过程中，我们的多位作者根据自身在互联网大规模、高并发项目中遇到的实际问题，总结了切实有效的方法论和解决方案，最后沉淀出一套适合高并发服务的优秀开源技术框架，其中的方法论可以帮助读者解决实际问题，开源框架可以帮助读者快速搭建可伸缩的互联网高并发项目。无论是对于互联网的或者传统的软件工程师、测试工程师、架构师，还是对于深耕于 IT 的其他管理人员，本书都有很强的借鉴性和参考价值，是值得每个技术人员阅读的架构级技术书。

感谢我的作者团队，杨彪、海亮、刘渼、博岩等无数次地与我一起通宵达旦地赶稿子；感谢汪勤平、史先斌、潘运鹏、张诚、高亮、李继、周伟、曲源等同学在编辑阶段为我阅稿，并提出专业意见；感谢 IT 行业内的重量级大咖焦英俊、杨延峰、右军（于君泽）在百忙之中抽出时间为本书作序；也感谢大作者开涛和安晓辉等同学为本书写评语；感谢各个行业的重量级朋友们对本书的大力支持，包括：冯沁原、贺伟、张义明、马星光、高春东、黄福伟、李雪冰、付红雷等；更感谢加入云时代架构技术社区的小伙伴们的持续关注和支持！

在写书的过程中，我们每个人都兢兢业业、勤勤恳恳，每增加一部分内容，都互相审核，尽量保证书中案例的准确性和时效性，确保能为读者带来很有价值的设计经验，并且我们想做到"授人以渔",而不是"授人以鱼"。在写作的过程中有辛苦、有快乐、有价值、有成果,我们希望能持续地为读者带来经验、解决方案、架构思路和快乐。

感谢电子工业出版社博文视点张国霞编辑的认真态度和辛勤工作,本书在经过作者们及国霞编辑大半年的努力后最终顺利出版。

最后,感谢我的妻子和父母在我写书期间对我的全力支持和帮助。

李艳鹏

2018 年 3 月

轻松注册成为博文视点社区用户(www.broadview.com.cn),扫码直达本书页面。

- **下载资源**:本书如提供示例代码及资源文件,均可在 下载资源 处下载。
- **提交勘误**:您对书中内容的修改意见可在 提交勘误 处提交,若被采纳,将获赠博文视点社区积分(在您购买电子书时,积分可用来抵扣相应金额)。
- **交流互动**:在页面下方 读者评论 处留下您的疑问或观点,与我们和其他读者一同学习交流。

页面入口:http://www.broadview.com.cn/33572

目 录

第 1 章　如何设计一款永不重复的高性能分布式发号器　1

- 1.1　可选方案及技术选型　2
  - 1.1.1　为什么不用 UUID　2
  - 1.1.2　基于数据库的实现方案　2
  - 1.1.3　Snowflake 开源项目　3
  - 1.1.4　小结　4
- 1.2　分布式系统对发号器的基本需求　4
- 1.3　架构设计与核心要点　6
  - 1.3.1　发布模式　6
  - 1.3.2　ID 类型　7
  - 1.3.3　数据结构　7
  - 1.3.4　并发　9
  - 1.3.5　机器 ID 的分配　9
  - 1.3.6　时间同步　10
  - 1.3.7　设计验证　11
- 1.4　如何根据设计实现多场景的发号器　11
  - 1.4.1　项目结构　12
  - 1.4.2　服务接口的定义　14
  - 1.4.3　服务接口的实现　15
  - 1.4.4　ID 元数据与长整型 ID 的互相转换　22
  - 1.4.5　时间操作　25
  - 1.4.6　机器 ID 的生成　27

- 1.4.7 小结 ... 32
- 1.5 如何保证性能需求 ... 32
  - 1.5.1 嵌入发布模式的压测结果 ... 33
  - 1.5.2 中心服务器发布模式的压测结果 ... 33
  - 1.5.3 REST 发布模式（Netty 实现）的压测结果 ... 33
  - 1.5.4 REST 发布模式（Spring Boot + Tomcat 实现）的压测结果 ... 34
  - 1.5.5 性能测试总结 ... 34
- 1.6 如何让用户快速使用 ... 35
  - 1.6.1 REST 发布模式的使用指南 ... 35
  - 1.6.2 服务化模式的使用指南 ... 38
  - 1.6.3 嵌入发布模式的使用指南 ... 41
- 1.7 为用户提供 API 文档 ... 43
  - 1.7.1 RESTful API 文档 ... 44
  - 1.7.2 Java API 文档 ... 45

第 2 章 可灵活扩展的消息队列框架的设计与实现 ... 49

- 2.1 背景介绍 ... 50
- 2.2 项目目标 ... 50
  - 2.2.1 简单易用 ... 50
  - 2.2.2 高性能 ... 51
  - 2.2.3 高稳定性 ... 51
- 2.3 架构难点 ... 51
  - 2.3.1 线程模型 ... 51
  - 2.3.2 异常处理 ... 53
  - 2.3.3 优雅关机 ... 53
- 2.4 设计与实现 ... 54
  - 2.4.1 项目结构 ... 54

		2.4.2	项目包的规划	55
		2.4.3	生产者的设计与实现	57
		2.4.4	消费者的设计与实现	58
		2.4.5	启动模块的设计与实现	67
		2.4.6	消息处理器的体系结构	76
		2.4.7	反射机制	79
		2.4.8	模板项目的设计	80
	2.5	使用指南		82
		2.5.1	安装步骤	82
		2.5.2	Java API	83
		2.5.3	与 Spring 环境集成	84
		2.5.4	对服务源码进行注解	85
	2.6	API 简介		87
		2.6.1	Producer API	87
		2.6.2	Consumer API	88
		2.6.3	消息处理器	88
		2.6.4	消息处理器定义的注解	90
	2.7	消息处理机模板项目		91
		2.7.1	快速开发向导	91
		2.7.2	后台监控和管理	92

第 3 章　轻量级的数据库分库分表架构与框架　　93

	3.1	什么是分库分表		94
		3.1.1	使用数据库的三个阶段	94
		3.1.2	在什么情况下需要分库分表	95
		3.1.3	分库分表的典型实例	96

- 3.2 三种分而治之的解决方案 ... 97
  - 3.2.1 客户端分片 ... 97
  - 3.2.2 代理分片 ... 100
  - 3.2.3 支持事务的分布式数据库 ... 101
- 3.3 分库分表的架构设计 ... 102
  - 3.3.1 整体的切分方式 ... 102
  - 3.3.2 水平切分方式的路由过程和分片维度 ... 106
  - 3.3.3 分片后的事务处理机制 ... 107
  - 3.3.4 读写分离 ... 119
  - 3.3.5 分库分表引起的问题 ... 119
- 3.4 流行代理分片框架 Mycat 的初体验 ... 123
  - 3.4.1 安装 Mycat ... 123
  - 3.4.2 配置 Mycat ... 124
  - 3.4.3 配置数据库节点 ... 128
  - 3.4.4 数据迁移 ... 129
  - 3.4.5 Mycat 支持的分片规则 ... 129
- 3.5 流行的客户端分片框架 Sharding JDBC 的初体验 ... 138
  - 3.5.1 Sharding JDBC 简介 ... 138
  - 3.5.2 Sharding JDBC 的功能 ... 139
  - 3.5.3 Sharding JDBC 的使用 ... 141
  - 3.5.4 Sharding JDBC 的使用限制 ... 152
- 3.6 自研客户端分片框架 dbsplit 的设计、实现与使用 ... 153
  - 3.6.1 项目结构 ... 154
  - 3.6.2 包结构和执行流程 ... 155
  - 3.6.3 切片下标命名策略 ... 159
  - 3.6.4 SQL 解析和组装 ... 167
  - 3.6.5 SQL 实用程序 ... 168
  - 3.6.6 反射实用程序 ... 173
  - 3.6.7 分片规则的配置 ... 177

3.6.8　支持分片的 SplitJdbcTemplate 和 SimpleSplitJdbcTemplate 接口 API ················ 179

3.6.9　JdbcTemplate 的扩展 SimpleJdbcTemplate 接口 API ·· 184

3.6.10　用于创建分库分表数据库的脚本工具 ·· 187

3.6.11　使用 dbsplit 的一个简单示例 ·· 192

3.6.12　使用 dbsplit 的线上真实示例展示 ·· 199

第 4 章　缓存的本质和缓存使用的优秀实践　201

4.1　使用缓存的目的和问题 ·· 202

4.2　自相似，CPU 的缓存和系统架构的缓存 ··· 203

  4.2.1　CPU 缓存的架构及性能 ·· 205

  4.2.2　CPU 缓存的运行过程分析 ·· 206

  4.2.3　缓存行与伪共享 ·· 208

  4.2.4　从 CPU 的体系架构到分布式的缓存架构 ·· 218

4.3　常用的分布式缓存解决方案 ·· 221

  4.3.1　常用的分布式缓存的对比 ·· 221

  4.3.2　Redis 初体验 ·· 225

4.4　分布式缓存的通用方法 ·· 229

  4.4.1　缓存编程的具体方法 ·· 229

  4.4.2　应用层访问缓存的模式 ·· 233

  4.4.3　分布式缓存分片的三种模式 ·· 235

  4.4.4　分布式缓存的迁移方案 ·· 238

  4.4.5　缓存穿透、缓存并发和缓存雪崩 ·· 244

  4.4.6　缓存对事务的支持 ·· 246

4.5　分布式缓存的设计与案例 ·· 248

  4.5.1　缓存设计的核心要素 ·· 248

  4.5.2　缓存设计的优秀实践 ·· 250

  4.5.3　关于常见的缓存线上问题的案例 ·· 253

4.6 客户端缓存分片框架 redic 的设计与实现 257
    4.6.1 什么时候需要 redic 258
    4.6.2 如何使用 redic 258
    4.6.3 更多的配置 258
    4.6.4 项目结构 260
    4.6.5 包结构 261
    4.6.6 设计与实现的过程 261

第 5 章 大数据利器之 Elasticsearch   268

5.1 Lucene 简介 269
    5.1.1 核心模块 269
    5.1.2 核心术语 270
    5.1.3 检索方式 271
    5.1.4 分段存储 273
    5.1.5 段合并策略 275
    5.1.6 Lucene 相似度打分 278
5.2 Elasticsearch 简介 286
    5.2.1 核心概念 286
    5.2.2 3C 和脑裂 289
    5.2.3 事务日志 291
    5.2.4 在集群中写索引 294
    5.2.5 集群中的查询流程 295
5.3 Elasticsearch 实战 298
    5.3.1 Elasticsearch 的配置说明 298
    5.3.2 常用的接口 300
5.4 性能调优 305
    5.4.1 写优化 305

	5.4.2 读优化	308
	5.4.3 堆大小的设置	313
	5.4.4 服务器配置的选择	315
	5.4.5 硬盘的选择和设置	316
	5.4.6 接入方式	318
	5.4.7 角色隔离和脑裂	319

第 6 章 全面揭秘分布式定时任务 321

6.1 什么是定时任务 …… 322
6.2 分布式定时任务 …… 341
    6.2.1 定时任务的使用场景 …… 342
    6.2.2 传统定时任务存在的问题 …… 342
    6.2.3 分布式定时任务及其原理 …… 344
6.3 开源分布式定时任务的用法 …… 347
    6.3.1 Quartz 的分布式模式 …… 347
    6.3.2 TBSchedule …… 356
    6.3.3 Elastic-Job …… 365

第 7 章 RPC 服务的发展历程和对比分析 377

7.1 什么是 RPC 服务 …… 378
7.2 RPC 服务的原理 …… 379
    7.2.1 Socket 套接字 …… 379
    7.2.2 RPC 的调用过程 …… 380
7.3 在程序中使用 RPC 服务 …… 382

7.4 RPC 服务的发展历程 ·· 383
　　7.4.1 第一代 RPC：以 ONC RPC 和 DCE RPC 为代表的函数式 RPC ················ 384
　　7.4.2 第二代 RPC：支持面对象的编程 ·· 388
　　7.4.3 第三代 RPC：SOA 和微服务 ··· 398
　　7.4.4 架构的演进 ··· 402
7.5 主流的 RPC 框架 ·· 403
　　7.5.1 Thrift ··· 403
　　7.5.2 ZeroC Ice ·· 410
　　7.5.3 gRPC ··· 418
　　7.5.4 Dubbo ·· 430

第 8 章　Dubbo 实战及源码分析　　436

8.1 Dubbo 的四种配置方式 ·· 437
　　8.1.1 XML 配置 ··· 437
　　8.1.2 属性配置 ·· 440
　　8.1.3 API 配置 ·· 441
　　8.1.4 注解配置 ·· 443
8.2 服务的注册与发现 ··· 446
　　8.2.1 注册中心 ·· 446
　　8.2.2 服务暴露 ·· 449
　　8.2.3 引用服务 ·· 451
8.3 Dubbo 通信协议及序列化探讨 ··· 455
　　8.3.1 Dubbo 支持的协议 ·· 455
　　8.3.2 协议的配置方法 ··· 456
　　8.3.3 多协议暴露服务 ··· 457
　　8.3.4 Dubbo 协议的使用注意事项 ·· 458
　　8.3.5 Dubbo 协议的约束 ·· 459

8.4	Dubbo 中高效的 I/O 线程模型		459
	8.4.1	对 Dubbo 中 I/O 模型的分析	459
	8.4.2	Dubbo 中线程配置的相关参数	460
	8.4.3	在 Dubbo 线程方面踩过的坑	461
	8.4.4	对 Dubbo 中线程使用的建议	462
8.5	集群的容错机制与负载均衡		462
	8.5.1	集群容错机制的原理	462
	8.5.2	集群容错模式的配置方法	464
	8.5.3	六种集群容错模式	464
	8.5.4	集群的负载均衡	465
8.6	监控和运维实践		467
	8.6.1	日志适配	467
	8.6.2	监控管理后台	467
	8.6.3	服务降级	473
	8.6.4	优雅停机	475
	8.6.5	灰度发布	475
8.7	Dubbo 项目线上案例解析		477
	8.7.1	线上问题的通用解决方案	477
	8.7.2	耗时服务耗尽了线程池的案例	480
	8.7.3	容错重试机制引发服务雪崩的案例	481
8.8	深入剖析 Dubbo 源码及其实现		483
	8.8.1	Dubbo 的总体架构设计	483
	8.8.2	配置文件	486
	8.8.3	Dubbo 的核心 RPC	488
	8.8.4	Dubbo 巧妙的 URL 总线设计	491
	8.8.5	Dubbo 的扩展点加载 SPI	492
	8.8.6	Dubbo 服务暴露的过程	493
	8.8.7	服务引用	502
	8.8.8	集群容错和负载均衡	503

8.8.9 集群容错 504
8.8.10 负载均衡 509

第 9 章 高性能网络中间件 512

9.1 TCP/UDP 的核心原理及本质探索 513
　　9.1.1 网络模型 513
　　9.1.2 UDP、IP 及其未解决的问题 515
　　9.1.3 TCP 详解 519
　　9.1.4 是否可以用 UDP 代替 TCP 527
　　9.1.5 网络通信的不可靠性讨论 529
9.2 网络测试优秀实践 530
　　9.2.1 网络测试的关键点 530
　　9.2.2 那些必不可少的网络测试工具 532
　　9.2.3 典型的测试报告 539
9.3 高性能网络框架的设计与实现 544
　　9.3.1 对代理功能的测试及分析 545
　　9.3.2 网络中间件的使用介绍 549
　　9.3.3 内存和缓存的优化 551
　　9.3.4 快速解析流数据 554

第 1 章
如何设计一款永不重复的高性能分布式发号器

在互联网世界里,产生唯一流水号的服务系统俗称发号器,本章将围绕一款专业的开源项目 Vesta(https://gitee.com/robertleepeak/vesta-id-generator)讲解发号器的架构设计思想和使用方式。通过阅读本章,读者可以从发号器的设计思想中学到如何设计和实现一款开源的项目,以及如何从用户的角度出发,定位平台型项目应该提供的功能和特色。读者也可以直接把发号器的参考实现集成到自己的分布式项目中,在自己的现实项目中可以直接使用它的任何发布模式,即装即用;也可以借鉴其中的设计思路和思想,开发自己的分布式发号器。

除了发号器本身,本章按照一款开源项目的声明周期来构思,从设计、实现、验证到使用向导,以及论述遗留的问题等,帮助读者学习如何创建一款平台类软件及其思路,并帮助读者在技术的道路上发展得越来越好。

1.1 可选方案及技术选型

发号器作为分布式服务化系统不可或缺的基础设施之一,在保证系统正确运行和高可用上发挥着不可替代的作用,在不同的互联网公司里有不同的实现方式。本节将介绍在发号器中生成唯一 ID 的思路、方法及其特点。

1.1.1 为什么不用 UUID

UUID 虽然能够保证 ID 的唯一性,但是无法满足业务系统需要的很多其他特性,例如:时间粗略有序性、可反解和可制造性。另外,UUID 产生时使用完全的时间数据,性能比较差,并且 UUID 比较长、占用空间大,会间接导致数据库性能下降;更重要的是,UUID 并不具有有序性,会导致 B+ 树索引在写的时候有过多的随机写操作(连续的 ID 会产生部分顺序写);还有,由于在写的时候不能产生有顺序的 append 操作,而需要进行 insert 操作,将读取整个 B+ 树节点到内存,在插入这条记录后会将整个节点写回磁盘,这种操作在记录占用空间比较大的情况下,性能下降明显。

1.1.2 基于数据库的实现方案

若当前业务系统的 ID 使用数据库的自增字段,而自增字段完全依赖于数据库,则在进行数据库移植、扩容、洗数据、分库分表等操作时会带来很多麻烦。

在数据库分库分表时,有一种方案是通过调整自增字段或者数据库 sequence 的步长来确保跨数据库的 ID 的唯一性,但这仍然是一种强依赖数据库的解决方案,有诸多限制,并且强依赖数据库类型,我们并不推荐采用这种方案。

随着业务的发展,请求的量级在不断增加,导致数据库的性能瓶颈可能会出现。在这种情况下,有些方案会通过设置数据库 sequence 或者表自增字段的步长进行水平伸缩,如图 1-1 所示。

在如图 1-1 所示的方案中有 8 个服务节点,每个服务节点使用一个 sequence 功能来产生 ID,每个 sequence 的起始 ID 是不同的,而且是依次增加的,但步长都是 8。在用于防止产生的 ID 重复时,这种方案实现起来简单,也能达到性能目标,还能水平扩展,但也存在如下问题。

- 服务节点固定,sequence 的步长也固定,将来如果增加了服务节点,则难以再进行水平扩展。

- 仍然依赖于数据库,对数据库会造成压力,因为 ID 的产生在一些场景下也是高频访问的服务。

- 由于多个 sequence 是疏散管理的,所以增加了人员维护的成本。

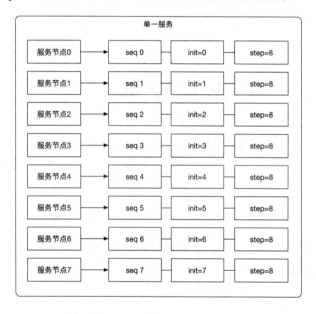

图 1-1

1.1.3 Snowflake 开源项目

Twitter 的 Snowflake 是一个流行的开源的发号器实现,在互联网公司里得到了广泛应用。然而,Snowflake 是通过 Scala 语言实现的,文档简单,发布模式单一,缺少支持和维护,很难在现实项目中直接使用。

1.1.4 小结

由于上面提到的三种方案都有各自的缺陷，所以我们在本章的后续内容中力图实现一个通用、原创的唯一流水号产生器，基于流行的互联网编程语言 Java 实现，这也是本章发号器项目的示例实现，被命名为 Vesta。Vesta 具有全局唯一、粗略有序、可反解和可制造等特性，支持三种发布模式：嵌入发布模式、中心服务器发布模式、REST 发布模式，可以通过 Jar 包的形式嵌入到 Java 开发的任何项目中，也可以通过服务化或者 REST 服务发布，发布样式灵活多样，使用简单、方便、高效。Vesta 还可以根据业务的性能需求，产生最大峰值型和最小粒度型这两种类型的 ID，它的实现架构使其具有高性能、高可用和可伸缩等互联网产品需要的质量属性，是一款通用的高性能的发号器产品。

1.2 分布式系统对发号器的基本需求

在分布式系统中，整体的业务被拆分成多个自治的微服务，每个微服务之间需要通过网络进行通信和交互，由于网络的不确定性，会给系统带来各种各样的不一致问题。为了避免和解决不一致问题，最重要的模式就是做系统之间的实时核对和事后核对，核对的基础就是领域对象及系统间的请求要有唯一 ID 来标识，这样在核对时才能有据可依。

需求是所有设计的起点，一切偏离需求的设计都是"耍流氓"。下面是笔者总结的分布式系统对发号器的基本需求。

1. 全局唯一

有些业务系统可以使用相对小范围的唯一性，例如，如果用户是唯一的，那么同一用户的订单采用的自增序列在用户范围内也是唯一的，但是如果这样设计，订单系统就会在逻辑上依赖用户系统，因此，不如保证 ID 在系统范围内的全局唯一更实用。

分布式系统保证全局唯一的一个悲观策略是使用锁或者分布式锁，但是，只要使用了锁，就会大大地降低性能。

因此，我们决定利用时间的有序性，并且在时间的某个单元下采用自增序列，来达到全局唯一。

2. 粗略有序

在前面讨论了 UUID 的最大问题是无序，任何业务都希望生成的 ID 是有序的，但是在分布式系统中要做到完全有序，就涉及数据的汇聚，当然要用到锁或者分布式锁。考虑到效率，我们只能采用折中的方案：粗略有序。目前有两种主流的方案，一种是秒级有序，另一种是毫秒级有序。这里又有一个权衡和取舍，我们决定支持两种方式，通过配置来决定服务使用其中的某种方式。

3. 可反解

一个 ID 在生成之后，其本身带有很多信息量。在线上排查的时候，我们通常首先看到的是 ID，如果根据 ID 就能知道它是什么时候产生的及是从哪里来的，则这个可反解的 ID 能帮我们很多忙。

如果在 ID 里有了时间且能反解，在存储层面就会省下很多传统的 timestamp 类的字段所占用的空间了，这也是一举两得的设计。

4. 可制造

一个系统即使再高可用也不会保证永远不出问题，那么出了问题怎么办？手工处理。数据被污染了怎么办？洗数据。可是在手工处理或者洗数据时，假如使用了数据库的自增字段，ID 已经被后来的业务覆盖了，那么怎么恢复到系统出问题的时间窗口呢？所以，我们使用的发号器一定要可复制、可恢复、可制造。

5. 高性能

不管哪种业务，订单也好，商品也好，如果有新记录插入，那么一定是业务的核心功能，对性能的要求非常高。ID 的生成取决于网络 I/O 和 CPU 的性能，网络 I/O 一般不是瓶颈，根据经验，单台机器的 TPS 应该能达到 10000/s。

6. 高可用

首先，发号器必须是一个对等的集群，在一台机器挂掉时，请求必须能够转发到其他机器上，重试机制也是必不可少的。然后，如果远程服务宕机，我们还需要有本地的容错方案，本地库的依赖方式可以作为高可用的最后一道屏障。

7. 可伸缩

在分布式系统中，我们永远都不能忽略的是业务量在不断增长，业务的绝对容量不是衡量系统性能的唯一标准，要知道业务是永远增长的，所以，对系统的设计不但要考虑能承受的绝对容量，还必须考虑业务量增长的速度。系统的水平伸缩能否满足业务的增长速度，是衡量系统性能的另一个重要标准。

1.3 架构设计与核心要点

本节聚焦在如何设计和实现一款高效的多场景分布式发号器，从对分布式多场景发号器的需求整理开始，挖掘互联网企业对分布式发号器的期待和需求，并根据确定的核心需求和特色需求，提出设计的解决方案。考虑到不同的用户、性能场景、配置模式和环境的差异，我们力求设计一款多功能、多场景、高性能的互联网发号器，以 Java 语言为基础，给出一个发号器的参考实现，让 Java 领域的小伙伴们在不同的环境下可以快速使用和集成发号器服务。本发号器的参考实现作为一个通用的开源项目，对不同的使用方式提供了相应的用户向导。

1.3.1 发布模式

根据最终的用户使用方式，发布模式可分为嵌入发布模式、中心服务器发布模式和 REST 发布模式。

- 嵌入发布模式：只适用于 Java 客户端，提供了一个本地的 Jar 包，Jar 包是嵌入式的原生服务，需要提前配置本地的机器 ID，但是不依赖于中心服务器。

- 中心服务器发布模式：只适用于 Java 客户端，提供一个服务的客户端 Jar 包，Java 程序像调用本地 API 一样来调用，但是依赖于中心的 ID 产生服务器。
- REST 发布模式：中心服务器通过 Restful API 导出服务，供非 Java 语言客户端使用。

发布模式最后会被记录在生成的 ID 中。也可参考下面数据结构段的发布模式的相关细节。

1.3.2 ID 类型

根据时间的位数和序列号的位数，ID 类型可以分为最大峰值型和最小粒度型。

（1）最大峰值型：采用秒级有序，秒级时间占用 30 位，序列号占用 20 位，如表 1-1 所示。

表 1-1

字段	版本	类型	生成方式	秒级时间	序列号	机器 ID
位数	63	62	60-61	30-59	10-29	0-9

（2）最小粒度型：采用毫秒级有序，毫秒级时间占用 40 位，序列号占用 10 位，如表 1-2 所示。

表 1-2

字段	版本	类型	生成方式	毫秒级时间	序列号	机器 ID
位数	63	62	60-61	20-59	10-19	0-9

最大峰值型能够承受更大的峰值压力，但是粗略有序的粒度有点大；最小粒度型有较细致的粒度，但是每个毫秒能承受的理论峰值有限，为 1024，如果在同一个毫秒有更多的请求产生，则必须等到下一个毫秒再响应。

ID 类型在配置时指定，需要重启服务才能互相切换。

1.3.3 数据结构

1. 机器 ID

为 10 位，2^{10}=1024，也就是说最多支持 1000 多个服务器。中心发布模式和 REST 发布模式一般不会有太多数量的机器,按照设计每台机器 TPS 为 1 万/s 计算,10 台服务器就可以有 10 万/s 的 TPS,基本可以满足大部分的业务需求。

但是考虑到我们在业务服务中可以使用内嵌发布方式,对机器 ID 的需求量变得更大,所以这里最多支持 1024 个服务器。

2. 序列号

(1)最大峰值型:为 20 位,理论上每秒内可平均产生 2^{20}=1 048 576 个 ID,为百万级别。如果系统的网络 I/O 和 CPU 足够强大,则可承受的峰值将达到每毫秒百万级别。

(2)最小粒度型:为 10 位,每毫秒内的序列号总计 2^{10}=1024 个,也就是说每毫秒最多产生 1000 多个 ID,理论上承受的峰值完全不如最大峰值方案。

3. 秒级时间/毫秒级时间

(1)最大峰值型:为 30 位,表示秒级时间,2^{30}/60/60/24/365=34,也就是说可以使用 30 多年。

(2)最小粒度型:为 40 位,表示毫秒级时间,2^{40}/1000/60/60/24/365=34,同样可以使用 30 多年。

4. 生成方式

为 2 位,用来区分三种发布模式:嵌入发布模式、中心服务器发布模式、REST 发布模式。

- 00:嵌入发布模式。
- 01:中心服务器发布模式。
- 02:REST 发布模式。
- 03:保留未用。

5. ID 类型

为 1 位,用来区分两种 ID 类型:最大峰值型和最小粒度型。

- 0：最大峰值型。
- 1：最小粒度型。

6. 版本

为 1 位，用来做扩展位或者扩容时的临时方案。

- 0：默认值。
- 1：表示扩展或者扩容中。用于 30 年后扩展使用，或者在 30 年后 ID 将近用光之时，扩展为秒级时间或者毫秒级时间，来获得系统的移植时间窗口。其实只要扩展一位，就完全可以再用 30 年。

1.3.4 并发

对于中心服务器和 REST 发布方式，ID 生成的过程涉及网络 I/O 和 CPU 操作。ID 的生成基本上是内存到高速缓存的操作，没有磁盘 I/O 操作，网络 I/O 是系统的瓶颈。

相对于网络 I/O 来说，CPU 计算速度是瓶颈，因此，ID 产生的服务使用多线程的方式，对于 ID 生成过程中的竞争点 time 和 sequence，这里使用了多种实现方式。

（1）使用 concurrent 包的 ReentrantLock 进行互斥，这是默认的实现方式，也是追求性能和稳定这两个目标的妥协方案。

（2）使用传统的 synchronized 进行互斥，这种方式的性能稍微逊色一些，通过传入 JVM 参数-Dvesta.sync.lock.impl.key=true 来开启。

（3）使用 concurrent 包的原子变量进行互斥，这种实现方式的性能非常高，但是在高并发环境下 CPU 负载会很高，通过传入 JVM 参数-Dvesta.atomic.impl.key=true 来开启。

1.3.5 机器 ID 的分配

我们将机器 ID 分为两个区段，一个区段服务于中心服务器发布模式和 REST 发布模式，另一个区段服务于嵌入发布模式。

- 0-923：嵌入发布模式，预先配置机器 ID，最多支持 924 台内嵌服务器。
- 924-1023：中心服务器发布模式和 REST 发布模式，最多支持 100 台，最大支持 100×1 万/s 即 100 万/s 的 TPS。

如果嵌入式发布模式、中心服务器发布模式及 REST 发布模式的使用量不符合这个比例，则我们可以动态调整两个区间的值来适应。

另外，各个垂直业务之间具有天生的隔离性，每个业务都可以使用最多 1024 台服务器。

我们实现了 3 种机器 ID 的分配方式。

- 通过共享数据库的方式为发号器服务池中的每个节点生成唯一的机器 ID，这适合服务池中节点比较多的情况。
- 通过配置发号器服务池中每个节点的 IP 的方式确定每个节点的机器 ID，这适合服务池中节点比较少的情况。
- 在 Spring 配置文件中直接配置每个节点的机器 ID，这适合测试时使用。

如果有兴趣，则可以自己实现以 ZooKeeper 为基础的机器 ID 的生成器，这也是一种比较合理的实现方式。

1.3.6　时间同步

运行发号器的服务器需要保证时间的正确性，这里使用 Linux 的定时任务 crontab，周期性地通过时间服务器虚拟集群（全球有 3000 多台服务器）来核准服务器的时间：

```
ntpdate -u pool.ntp.orgpool.ntp.org
```

其中，时间的变动对发号器的影响如下。

（1）调整时间是否会影响 ID 的产生？

- 未重启机器调慢时间，Vesta 抛出异常，拒绝产生 ID。重启机器调快时间，调整后正常产生 ID，在调整时段内没有 ID 产生。
- 重启机器调慢时间，Vesta 将可能产生重复的 ID，系统管理员需要保证不会发生这种情况。重启机器并调快时间，调整后正常产生 ID，在调整时段内没有 ID 产生。

（2）每 4 年一次同步闰秒会不会影响 ID 的产生？

- 原子时钟和电子时钟每 4 年的误差为 1 秒，也就是说电子时钟每 4 年会比原子时钟慢 1 秒，所以，每隔 4 年，网络时钟都会同步一次时间，但是本地机器 Windows、Linux 等不会自动同步时间，需要手工同步，或者使用 ntpdate 向网络时钟同步。
- 由于时钟是调快 1 秒的，调整后不影响 ID 的产生，所以在调整的 1 秒内没有 ID 产生。

1.3.7　设计验证

本节设计的核心要点如下。

（1）根据不同的信息分段构建一个 ID，使 ID 具有全局唯一、可反解和可制造性等特性。

（2）使用秒级别时间或者毫秒级别时间及时间单元内部序列递增的方法保证 ID 粗略有序。

（3）对于中心服务器发布模式和 REST 发布模式，我们使用多线程处理。为了减少多线程间的竞争，我们对竞争点 time 和 sequence 使用 ReentrantLock 来进行互斥，由于 ReentrantLock 内部使用了 CAS，比 JVM 的 synchronized 关键字性能更好，所以在千兆网卡的前提下，至少可达到 1 万/s 的 TPS。

（4）由于我们支持中心服务器发布模式、嵌入式发布模式和 REST 发布模式，所以如果某种模式不可用，就可以回退到其他发布模式；对于生成机器 ID，如果基于数据库的方式不可用，就可以回退到使用本地预配的机器 ID，从而达到服务的最大可用。

（5）由于 ID 的设计，我们最大支持 1024 台服务器，将服务器的机器号分为两个区段，一个从 0 开始向上，一个从 1024 开始向下，并且能够动态调整分界线，满足了可伸缩性。

1.4　如何根据设计实现多场景的发号器

根据 1.3 节的设计方案，本节介绍如何实现多场景发号器，并聚焦于项目结构、实现要点、并发处理等主题，并对关键的代码实现进行注解。

1.4.1 项目结构

首先，我们的多场景发号器支持多种配置模式：嵌入发布模式、中心服务器发布模式、REST发布模式，因此我们对要实现的项目结构做个整体规划，如图1-2所示。

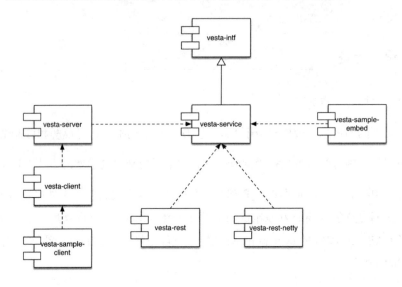

图 1-2

对应的项目结构如下：

```
/vesta-id-generator
/vesta-id-generator/vesta-client
/vesta-id-generator/vesta-doc
/vesta-id-generator/vesta-intf
/vesta-id-generator/vesta-rest
/vesta-id-generator/vesta-rest-netty
/vesta-id-generator/vesta-sample
/vesta-id-generator/vesta-server
/vesta-id-generator/vesta-service
/vesta-id-generator/vesta-theme
/vesta-id-generator/deploy-maven.sh
/vesta-id-generator/make-release.sh
/vesta-id-generator/pom.xml
```

第 1 章　如何设计一款永不重复的高性能分布式发号器

```
/vesta-id-generator/LICENSE
/vesta-id-generator/README.md
```

对应的每个项目元素的职责和功能如下。

- vesta-id-generator：所有项目的父项目。

- vesta-id-generator/vesta-intf：发号器抽象出来的对外的接口。

- vesta-id-generator/vesta-service：实现发号器接口的核心项目。

- vesta-id-generator/vesta-server：把发号器服务通过 Dubbo 服务导出的项目。

- vesta-id-generator/vesta-rest：通过 Spring Boot 启动的 REST 模式的发号器服务器。

- vesta-id-generator/vesta-rest-netty：通过 Netty 启动的 REST 模式的发号器服务器。

- vesta-id-generator/vesta-client：导入发号器 Dubbo 服务的客户端项目。

- vesta-id-generator/vesta-sample：嵌入式部署模式和 Dubbo 服务部署模式的使用示例。

- vesta-id-generator/vesta-doc：包含架构设计文档、压测文档和使用向导等文档。

- vesta-id-generator/deploy-maven.sh：一键发布发号器依赖 Jar 包到 Maven 库。

- vesta-id-generator/make-release.sh：一键打包发号器。

- vesta-id-generator/pom.xml：发号器的 Maven 打包文件。

- vesta-id-generator/LICENSE：开源协议，本项目采用 Apache License 2.0。

- vesta-id-generator/README.md：入门向导文件。

我们基于以下原则划分项目。

- 我们开发的发号器要适用于多种用途、多种场景，我们不能简单地建设一个项目，把所有的需求都堆砌在一起，需要根据功能职责对项目进行划分，因此，我们主要将项目拆分成发号器服务的接口模块、实现模块，针对不同的发布模式的服务导出项目。

- 我们开发的是一个开源项目，希望该开源项目简单实用，使用者下载后根据项目结构即可判断如何使用。因此，我们在根项目中增加了 README 文档，以及更丰富的 doc 项目下的文档，并且提供了一键打包和发布的脚本，还提供了演示使用发号器项目的示例项目。

- 我们分离了发号器的接口项目和实现项目,因为不同场景下的需求不一样,对于 REST 发布模式,不需要依赖发号器的接口和实现;对于 Dubbo 服务的客户端,只需要依赖发号器的接口即可;对于嵌入式发布模式,不但需要依赖发号器的接口,还需要依赖它的实现。

1.4.2　服务接口的定义

根据前面对需求的整理,我们对多场景发号器的接口实现如下:

```
public interface IdService {

    public long genId();

    public Id expId(long id);

    public long makeId(long time, long seq);

    public long makeId(long time, long seq, long machine);

    public long makeId(long genMethod, long time, long seq, long machine);

    public long makeId(long type, long genMethod, long time,
            long seq, long machine);

    public long makeId(long version, long type, long genMethod,
            long time, long seq, long machine);

    public Date transTime(long time);
}
```

其中主要包含如下服务方法(按照重要程度排列)。

- genId():这是分布式发号器的主要 API,用来产生唯一 ID。
- expId(long id):这是产生唯一 ID 的反向操作,可以对一个 ID 内包含的信息进行解读,用人可读的形式来表达。
- makeId(...):用来伪造某一时间的 ID。
- transTime(long time):该方法用于将整型时间翻译成格式化时间。

上面的接口定义简单、清晰、易懂，只定义了必要的功能。

1.4.3 服务接口的实现

在实现类的设计上，我们设计了两层结构：抽象类 AbstractIdServiceImpl 和实体类 IdServiceImpl。抽象类 AbstractIdServiceImpl 实现那些在任何场景下都不变的逻辑，而可变的逻辑被放到了实体类中实现；实体类 IdServiceImpl 则是最通用的实现方式。

实现类的类图如图 1-3 所示。

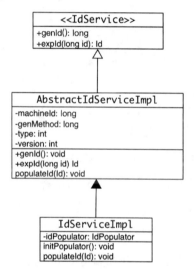

图 1-3

从图 1-3 中可以看到，在抽象类里包含了如下 4 个属性：

```
protected long machineId;
protected long genMethod;
protected long type;
protected long version;
```

这 4 个属性分别代表机器 ID、生成方式、类型和版本。对于任意一个发号器部署实例，这些属性一旦固定下来将不会改变，因此，我们将这些属性和其处理逻辑放到了抽象的父类中。

现在我们来看看产生发号器的逻辑，主逻辑被封装在抽象父类 AbstractIdServiceImpl 中，代码如下：

```java
public long genId() {
    Id id = new Id();

    id.setMachine(machineId);
    id.setGenMethod(genMethod);
    id.setType(type);
    id.setVersion(version);

    populateId(id);

    long ret = idConverter.convert(id);

    // Use trace because it cause low performance
    if (log.isTraceEnabled())
        log.trace(String.format("Id: %s => %d", id, ret));

    return ret;
}
```

我们清晰地看到，在该段代码中首先构造了一个 ID 元数据对象，然后调用了模板回调函数 populateId，模板回调函数是一个抽象的方法：

```java
protected abstract void populateId(Id id);
```

这个抽象方法由子类来实现，子类根据不同的场景会有不同的实现，在这里我们只需要在父类中给子类进行处理的一个机会，子类主要负责根据某一算法生成唯一 ID 的时间和序列号属性，父类则对自己管理的属性机器 ID、生成方式、类型和版本进行赋值。

实现类 IdServiceImpl 通过代理模式代理到某个 IdPopulator 接口的一个实现来计算时间字段和序列号字段，具体代码如下：

```java
public class IdServiceImpl extends AbstractIdServiceImpl {

    private static final String SYNC_LOCK_IMPL_KEY = "vesta.sync.lock.impl.key";

    private static final String ATOMIC_IMPL_KEY = "vesta.atomic.impl.key";

    private IdPopulator idPopulator;

    public IdServiceImpl() {
        super();

        initPopulator();
```

```java
    }

    public IdServiceImpl(String type) {
        super(type);

        initPopulator();
    }

    public IdServiceImpl(IdType type) {
        super(type);

        initPopulator();
    }

    public void initPopulator() {
        if (CommonUtils.isPropKeyOn(SYNC_LOCK_IMPL_KEY)) {
            log.info("The SyncIdPopulator is used.");
            idPopulator = new SyncIdPopulator();
        } else if (CommonUtils.isPropKeyOn(ATOMIC_IMPL_KEY)) {
            log.info("The AtomicIdPopulator is used.");
            idPopulator = new AtomicIdPopulator();
        } else {
            log.info("The default LockIdPopulator is used.");
            idPopulator = new LockIdPopulator();
        }
    }

    protected void populateId(Id id) {
        idPopulator.populateId(id, this.idMeta);
    }
}
```

在 IdPopulator 的实现中需要计算构成唯一 ID 的格式中的另外两个变量：时间和序列号，它们的产生方式是变化多端和多种多样的，因此，我们把这两个变量和处理它们的逻辑封装在子类中，并且提供了多种实现方式。如在上面的架构设计中提到的，我们使用了传统的 Synchronized 锁、ReentrantLock 及 CAS 无锁技术来实现，其中，通过 ReentrantLock 实现是默认的实现方式。可以通过传递 JVM 虚拟机参数来更换其他实现方式：如果 JVM 传递了 vesta.sync.lock.impl.key 参数，则使用 Synchronized 锁的实现方式；如果 JVM 传递了 vesta.atomic.impl.key 参数，则使用 CAS 无锁的实现方式，否则使用默认的 ReentrantLock 的实现方式。

其中，IdPopulator 是个简单的接口，如下所示：

```
public interface IdPopulator {

    void populateId(Id id, IdMeta idMeta);

}
```

IdServiceImpl 通过 IdPopulator 来实现时间和序列号字段的计算，其中有 3 个实现类，包括：AtomicIdPopulator、LockIdPopulator 和 SyncIdPopulator，如图 1-4 所示。

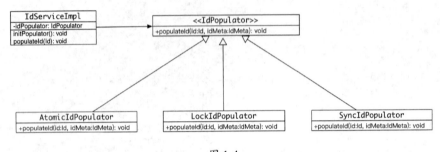

图 1-4

默认的实现类是 LockIdPopulator，定义的时间和序列号属性如下：

```
private long sequence;
private long lastTimestamp;
```

在下面的代码中使用了可重入锁来进行同步的修改，可重入锁比 Synchronized 锁的效率稍高，适合高并发的场景：

```
private Lock lock = new ReentrantLock();
```

完整的实现代码如下：

```
public class LockIdPopulator implements IdPopulator {

    private long sequence = 0;

    private long lastTimestamp = -1;

    private Lock lock = new ReentrantLock();

    public LockIdPopulator() {
        super();
    }
```

```java
    public void populateId(Id id, IdMeta idMeta) {
        lock.lock();
        try {
            long timestamp = TimeUtils.genTime(IdType.parse(id.getType()));
            TimeUtils.validateTimestamp(lastTimestamp, timestamp);

            if (timestamp == lastTimestamp) {
                sequence++;
                sequence &= idMeta.getSeqBitsMask();
                if (sequence == 0) {
                    timestamp = TimeUtils.tillNextTimeUnit(lastTimestamp,
IdType.parse(id.getType()));
                }
            } else {
                lastTimestamp = timestamp;
                sequence = 0;
            }

            id.setSeq(sequence);
            id.setTime(timestamp);

        } finally {
            lock.unlock();
        }
    }
}
```

其中，具体的实现逻辑为：首先查看当前时间是否已经到了下一个时间单位，如果已经到了下一个时间单位，则将序列号清零；如果还在上一个时间单位，就对序列号进行累加，如果累加后越界，就需要等待下一秒再产生唯一 ID。

基于 synchornized 锁的 SyncIdPopulator 实现类与 LockIdPopulator 类似，但是使用传统的 synchornized 锁进行同步，性能稍微逊色一些。

实现代码如下：

```java
public class SyncIdPopulator implements IdPopulator {
    private long sequence = 0;

    private long lastTimestamp = -1;

    public SyncIdPopulator() {
        super();
    }
```

```java
    public synchronized void populateId(Id id, IdMeta idMeta) {
        long timestamp = TimeUtils.genTime(IdType.parse(id.getType()));
        TimeUtils.validateTimestamp(lastTimestamp, timestamp);

        if (timestamp == lastTimestamp) {
            sequence++;
            sequence &= idMeta.getSeqBitsMask();
            if (sequence == 0) {
                timestamp = TimeUtils.tillNextTimeUnit(lastTimestamp,
IdType.parse(id.getType()));
            }
        } else {
            lastTimestamp = timestamp;
            sequence = 0;
        }

        id.setSeq(sequence);
        id.setTime(timestamp);
    }
}
```

最后，我们还通过 CAS 底层基础设施实现了无锁版本，CAS 实现的无锁版本在高并发的场景下，能够高性能地处理唯一 ID 的产生，但是，这里需要解决一个技术难题，就是如何安全地并发修改两个变量：时间字段和序列号字段。这里我们通过使用原子变量引用来实现，对时间和序列号两个字段的修改进行 CAS 保护，使其被高效、安全地修改。

首先，我们需要定义一个联合的数据结构：

```java
    class Variant {

        private long sequence = 0;
        private long lastTimestamp = -1;

    }
```

然后，定义一个原子变量的引用，这个引用的 CAS 操作可以保证实现联合的数据结构 Variant 中的 sequence 和 lastTimestamp 中的任意一个被修改了，都可以安全地得到更新：

```java
    private AtomicReference<Variant> variant = new AtomicReference<Variant>(new Variant());
```

具体的实现代码如下：

```java
    public class AtomicIdPopulator implements IdPopulator {
        class Variant {
```

```java
        private long sequence = 0;
        private long lastTimestamp = -1;

    }

    private AtomicReference<Variant> variant = new AtomicReference<Variant>(new Variant());

    public AtomicIdPopulator() {
        super();
    }

    public void populateId(Id id, IdMeta idMeta) {
        Variant varOld, varNew;
        long timestamp, sequence;

        while (true) {

            // Save the old variant
            varOld = variant.get();

            // populate the current variant
            timestamp = TimeUtils.genTime(IdType.parse(id.getType()));
            TimeUtils.validateTimestamp(varOld.lastTimestamp, timestamp);

            sequence = varOld.sequence;

            if (timestamp == varOld.lastTimestamp) {
                sequence++;
                sequence &= idMeta.getSeqBitsMask();
                if (sequence == 0) {
                    timestamp = TimeUtils.tillNextTimeUnit(varOld.lastTimestamp, IdType.parse(id.getType()));
                }
            } else {
                sequence = 0;
            }

            // Assign the current variant by the atomic tools
            varNew = new Variant();
            varNew.sequence = sequence;
            varNew.lastTimestamp = timestamp;

            if (variant.compareAndSet(varOld, varNew)) {
                id.setSeq(sequence);
                id.setTime(timestamp);
```

```
        break;
    }
  }
}
```

实现的逻辑如下。

（1）取得并保存原来的变量，这个变量包含原来的时间和序列号字段。

（2）基于原来的变量计算新的时间和序列号字段，计算逻辑和 SyncIdPopulator、LockIdPopulator 一致。

（3）计算后，使用 CAS 操作更新原来的变量，在更新的过程中，需要传递保存的原来的变量。

（4）如果保存的原来的变量被其他线程改变了，就需要在这里重新拿到最新的变量，并再次计算和尝试更新。

1.4.4　ID 元数据与长整型 ID 的互相转换

在主流程的 ID 元数据对象中设置了 ID 的各个属性后，可通过转换器类将 ID 的元数据对象转换成长整型的 ID。

转换器类的设计如图 1-5 所示。

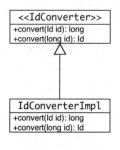

图 1-5

转换器负责将 ID 元数据对象转换成长整型的 ID，或将长整型的 ID 转换成 ID 元数据对象，并且定义了清晰的转换接口，用于将来扩展，能够实现其他类型的转换。

将 ID 元数据对象转换成长整型的 ID 的代码实现如下：

```java
public long convert(Id id) {
    return doConvert(id, IdMetaFactory.getIdMeta(idType));
}

protected long doConvert(Id id, IdMeta idMeta) {
    long ret = 0;

    ret |= id.getMachine();

    ret |= id.getSeq() << idMeta.getSeqBitsStartPos();

    ret |= id.getTime() << idMeta.getTimeBitsStartPos();

    ret |= id.getGenMethod() << idMeta.getGenMethodBitsStartPos();

    ret |= id.getType() << idMeta.getTypeBitsStartPos();

    ret |= id.getVersion() << idMeta.getVersionBitsStartPos();

    return ret;
}
```

如上面的代码实现所示，转换器根据 ID 元数据的信息对象获取每个属性所在 ID 的位数，然后通过左移来实现将各个属性拼接到一个长整型数字里。

另外，在前面的接口设计中，有时需要把一个长整型的 ID 解释成人可读的格式，可从中看到时间、序列号、版本、类型等属性。将长整型的 ID 转换成 ID 元数据对象的代码实现如下：

```java
public Id convert(long id) {
    return doConvert(id, IdMetaFactory.getIdMeta(idType));
}

protected Id doConvert(long id, IdMeta idMeta) {
    Id ret = new Id();

    ret.setMachine(id & idMeta.getMachineBitsMask());

    ret.setSeq((id >>> idMeta.getSeqBitsStartPos()) & idMeta.getSeqBitsMask());

    ret.setTime((id >>> idMeta.getTimeBitsStartPos()) &
```

```
idMeta.getTimeBitsMask());

    ret.setGenMethod((id >>> idMeta.getGenMethodBitsStartPos()) &
idMeta.getGenMethodBitsMask());

    ret.setType((id >>> idMeta.getTypeBitsStartPos()) &
idMeta.getTypeBitsMask());

    ret.setVersion((id >>> idMeta.getVersionBitsStartPos()) &
idMeta.getVersionBitsMask());

    return ret;
}
```

请注意,在上面的代码中使用的是无符号右移操作,因为产生的 ID 包含的每一位二进制位都代表特殊的含义,所以没有数学上的正负意义,最左边的一位二进制也不是用来表示符号的。

另外,我们看到在做无符号右移操作的时候使用了屏蔽字,这用于从 ID 数字中取出我们想要的某个属性的值,具体流程如图 1-6 所示。

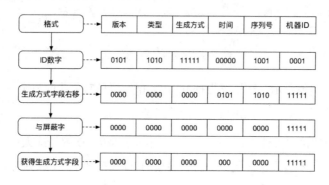

图 1-6

举例说明,假设唯一 ID 的数字包含的生成方式属性为 11111,则可以参考第 2 行的第 3 个方格。图 1-6 只是一个示意图,每个属性的位数和设计不是一一对应的。现在我们想取出生成方式属性的数值 11111。

首先,程序会把 ID 数字整体右移,直到生成方式属性位于最右端:

```
id >>> idMeta.getTypeBitsStartPos()
```

得到的结果可参考图 1-6 中第 3 行的数据。

然后，与屏蔽字进行与操作，得到的结果为生成方式属性，参考图 1-6 中第 5 行的数据：

```
id >>> idMeta.getTypeBitsStartPos()) & idMeta.getTypeBitsMask()
```

屏蔽字参考图 1-6 中第 4 行的数据，实现代码如下：

```java
public long getGenMethodBitsMask() {
    return -1L ^ -1L << genMethodBits;
}
```

这里-1 为 64 位全为 1 的二进制数字，首先将其左移属性值所在位置的位移，生成方式属性从右边开始的位置到数字最右边一位全为 0，再与-1（也就是 64 位全为 1 的二进制数字）进行与操作，结果就形成了屏蔽字，参考图 1-6 中第 4 行的数据。

1.4.5　时间操作

在一个 ID 的生成中，最重要的部分就是时间和序列号的生成，其默认的 LockIdPopulator 类代码实现如下：

```java
private Lock lock = new ReentrantLock();

public void populateId(Id id, IdMeta idMeta) {
    lock.lock();
    try {
        long timestamp = TimeUtils.genTime(IdType.parse(id.getType()));
        TimeUtils.validateTimestamp(lastTimestamp, timestamp);

        if (timestamp == lastTimestamp) {
            sequence++;
            sequence &= idMeta.getSeqBitsMask();
            if (sequence == 0) {
                timestamp = TimeUtils.tillNextTimeUnit(lastTimestamp,
IdType.parse(id.getType()));
            }
        } else {
            lastTimestamp = timestamp;
            sequence = 0;
        }

        id.setSeq(sequence);
        id.setTime(timestamp);

    } finally {
```

```
        lock.unlock();
    }
}
```

该段代码的主逻辑是，如果当前时间已经到了下一秒（或者毫秒），则重置序列号，如果没有到下一秒（或者毫秒），则对当前秒（或者毫秒）的序列号递增。对于这一段核心逻辑，我们使用了可重入锁进行了保护，因为我们要在并发的场景下维护下面这两个成员变量：

```
private long sequence;
private long lastTimestamp;
```

在主逻辑中有一个特殊的场景：假如我们还在同一秒，但是序列号已经用光了，怎么办？在这种情况下，我们只能等待下一秒，这也就是为什么我们设计了最大峰值型和最小粒度型的设计方案。

在这种情况下，我们认为等待的时间不会太长，因为我们不想让线程处于等待状态，所以我们使用自旋锁来实现，这样减少了因线程切换而导致的性能损耗，参考下面的代码：

```
public static long tillNextTimeUnit(final long lastTimestamp, final IdType idType) {
    if (log.isInfoEnabled())
        log.info(String
            .format("Ids are used out during %d. Waiting till next second/milisencond.",lastTimestamp));

    long timestamp = TimeUtils.genTime(idType);
    while (timestamp <= lastTimestamp) {
        timestamp = TimeUtils.genTime(idType);
    }

    if (log.isInfoEnabled())
        log.info(String.format("Next second/milisencond %d is up.",
            timestamp));

    return timestamp;
}
```

另外，在实现的过程中需要校验机器时间是否被调慢了，这是至关重要的，如果机器时间被回调了，服务就会产生重复的 ID，这需要特别注意：

```
public static void validateTimestamp(long lastTimestamp, long timestamp) {
    if (timestamp < lastTimestamp) {
        if (log.isErrorEnabled())
            log.error(String
                .format("Clock moved backwards.  Refusing to generate id for
```

```
%d second/milisecond.",lastTimestamp - timestamp));

            throw new IllegalStateException(
                String.format(
                    "Clock moved backwards. Refusing to generate id for %d
second/milisecond.",lastTimestamp - timestamp));
        }
    }
```

在产生时间字段时,我们需要通过唯一 ID 类型来确定产生的时间单位,并对时间进行编码,通过 TimeUtils.EPOCH 来对时间进行压缩:

```
    public static long genTime(final IdType idType) {
        if (idType == IdType.MAX_PEAK)
            return (System.currentTimeMillis() - TimeUtils.EPOCH) / 1000;
        else if (idType == IdType.MIN_GRANULARITY)
            return (System.currentTimeMillis() - TimeUtils.EPOCH);

        return (System.currentTimeMillis() - TimeUtils.EPOCH) / 1000;
    }
```

1.4.6 机器 ID 的生成

为了应对互联网大规模、高并发的流量,发号器的设计本身就是分布式的、可伸缩的。在发号器进行分布式部署的时候,由于生成的 ID 是由所在机器的机器号进行区分的,不至于生成的 ID 重复,因此生成 ID 的方式是一个非常重要的因素。

我们设计了不同的生成 ID 的方式,参考如图 1-7 所示的类继承图。

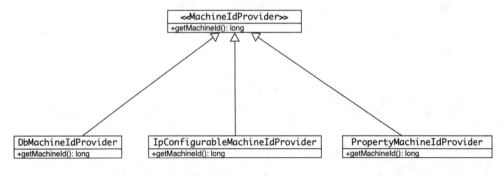

图 1-7

从图 1-7 中可以看到，我们默认提供了 3 种实现方式：PropertyMachineIdProvider、IpConfigurableMachineIdProvider 和 DbMachineIdProvider，下面一一介绍它们的实现和使用场景。

1. PropertyMachineIdProvider

这是基于属性配置进行实现的，也是一种用于测试环境的方式，使用这种方式时，需要在部署的每台机器上配置不同的机器号，这在生产环境中是不现实的。这种实现方式非常简单，直接从配置中获取属性即可：

```java
public class PropertyMachineIdProvider implements MachineIdProvider {
    private long machineId;

    public long getMachineId() {
        return machineId;
    }

    public void setMachineId(long machineId) {
        this.machineId = machineId;
    }
}
```

2. IpConfigurableMachineIdProvider

这种方法适合应用于线上的生产环境中，通过所有 IP 的机器列表为每个机器生成一个唯一的 ID 号，主要适合服务节点比较少的情况。事实上，生成 ID 是轻量级的服务，不会需要太大的服务池，因此这也是一种最常用、最简单的方式。

这种方式的实现也很简单：发布前配置所有服务节点 IP 的映射，每个服务节点必须具有相同的映射，运行时每个服务节点根据本机 IP 取得在 IP 映射中的位置，作为自己的机器号。实现代码如下：

```java
public class IpConfigurableMachineIdProvider implements MachineIdProvider {
    private static final Logger log = LoggerFactory
            .getLogger(IpConfigurableMachineIdProvider.class);

    private long machineId;

    private Map<String, Long> ipsMap = new HashMap<String, Long>();
```

```java
    public IpConfigurableMachineIdProvider() {
        log.debug("IpConfigurableMachineIdProvider constructed.");
    }

    public IpConfigurableMachineIdProvider(String ips) {
        setIps(ips);
        init();
    }

    public void init() {
        String ip = IpUtils.getHostIp();

        if (StringUtils.isEmpty(ip)) {
            String msg = "Fail to get host IP address. Stop to initialize the IpConfigurableMachineIdProvider provider.";

            log.error(msg);
            throw new IllegalStateException(msg);
        }

        if (!ipsMap.containsKey(ip)) {
            String msg = String
                    .format("Fail to configure ID for host IP address %s. Stop to initialize the IpConfigurableMachineIdProvider provider.",
                            ip);

            log.error(msg);
            throw new IllegalStateException(msg);
        }

        machineId = ipsMap.get(ip);

        log.info("IpConfigurableMachineIdProvider.init ip {} id {}", ip,
            machineId);
    }

    public void setIps(String ips) {
        log.debug("IpConfigurableMachineIdProvider ips {}", ips);
        if (!StringUtils.isEmpty(ips)) {
            String[] ipArray = ips.split(",");

            for (int i = 0; i < ipArray.length; i++) {
                ipsMap.put(ipArray[i], (long) i);
            }
```

```
        }
    }
    ......
}
```

3. DbMachineIdProvider

这种方式通过在数据库里面配置机器 ID 来实现，适用于任何情况，但是使用起来比较麻烦，需要依赖数据库。实现代码如下。

```java
public class DbMachineIdProvider implements MachineIdProvider {
    private long machineId;

    private JdbcTemplate jdbcTemplate;

    public DbMachineIdProvider() {
        log.debug("IpConfigurableMachineIdProvider constructed.");
    }

    public void init() {
        String ip = IpUtils.getHostIp();

        if (StringUtils.isEmpty(ip)) {
            String msg = "Fail to get host IP address. Stop to initialize the DbMachineIdProvider provider.";

            log.error(msg);
            throw new IllegalStateException(msg);
        }

        Long id = null;
        try {
            id = jdbcTemplate.queryForObject(
                    "select ID from DB_MACHINE_ID_PROVIDER where IP = ?",
                    new Object[] { ip }, Long.class);
        } catch (EmptyResultDataAccessException e) {
            // Ignore the exception
            log.error("No allocation before for ip {}.", ip);
        }

        if (id != null) {
```

```
            machineId = id;
            return;
        }

        log.info(
                "Fail to get ID from DB for host IP address {}. Next step try to allocate one.",ip);

        int count = jdbcTemplate
                .update("update DB_MACHINE_ID_PROVIDER set IP = ? where IP is null limit 1",ip);

        if (count <= 0 || count > 1) {
            String msg = String
                    .format("Fail to allocte ID for host IP address {}. The {} records are updated. Stop to initialize the DbMachineIdProvider provider.",
                            ip, count);

            log.error(msg);
            throw new IllegalStateException(msg);
        }

        try {
            id = jdbcTemplate.queryForObject(
                    "select ID from DB_MACHINE_ID_PROVIDER where IP = ?",
                    new Object[] { ip }, Long.class);

        } catch (EmptyResultDataAccessException e) {
            // Ignore the exception
            log.error("Fail to do allocation for ip {}.", ip);
        }

        if (id == null) {
            String msg = String
                    .format("Fail to get ID from DB for host IP address {} after allocation. Stop to initialize the DbMachineIdProvider provider.",ip);

            log.error(msg);
            throw new IllegalStateException(msg);
        }

        machineId = id;
    }
    ......
}
```

在上面的代码中，在服务初始化时，服务器会从数据库中捞取本IP在数据库里面配置的机器号。

4. ZooKeeperMachineIdProvider

在设计阶段考虑使用ZooKeeper来生成机器的唯一ID，但是考虑到有多种方案可以替代，所以当前还没有在项目中实现。之所以设计了机器ID提供者的类继承体系，就是为了在需要的时候随时可以增加机器ID提供者的实现类。

1.4.7 小结

本节详细介绍了如何根据设计实现发号器，包括项目结构、服务接口的定义、服务接口的实现、ID元数据与长整型ID的互相转换、时间和序列号的生成和机器ID的生成等主题，对每个主题都详细讲述了实现原理、实现思路和核心要点。

1.5 如何保证性能需求

一款软件的发布必须保证满足性能需求，这通常需要在项目初期提出性能需求，在项目进行中做性能测试来验证。请参考本章开头的Vesta项目链接，下载源码并查看性能测试用例，本节只讨论性能需求，测试结果及改进点。这里，我们的性能需求为：保证每台服务器的TPS达到1万/s以上。

笔者是在自己的IBM Thinkpad X200笔记本电脑上进行测试的，该笔记本电脑的CPU使用的是Intel的双线程技术，机器设备比较老，性能比较低，因此，测试数据的准确性看起来并不太高，但这些都是真实的数据，读者可根据实际情况使用更好的机器进行测试（注：笔记本电脑、客户端服务器跑在同一台机器上，具体数据为：双核2.4GB、I3 CPU、4GB内存）。

1.5.1 嵌入发布模式的压测结果

设置如下。

- 并发数：100

测试结果如表 1-3 所示。

表 1-3

测试	测试 1	测试 2	测试 3	测试 4	测试 5	平均值/最大值
QPS	431000	445000	442000	434000	434000	437200
平均时间（μs）	161	160	168	143	157	157
最大响应时间（ms）	339	304	378	303	299	378

1.5.2 中心服务器发布模式的压测结果

设置如下。

- 并发数：100

测试结果如表 1-4 所示。

表 1-4

测试	测试 1	测试 2	测试 3	测试 4	测试 5	平均值/最大值
QPS	1737	1410	1474	1372	1474	1493
平均时间（μs）	55	67	66	68	65	64
最大响应时间（ms）	785	952	532	1129	1036	1129

1.5.3 REST 发布模式（Netty 实现）的压测结果

设置如下。

- 并发数：100
- Boss 线程数：1

- Worker 线程数：4

测试结果如表 1-5 所示。

表 1-5

测　试	测试 1	测试 2	测试 3	测试 4	测试 5	平均值/最大值
QPS	11001	10611	9788	11251	10301	10590
平均时间（ms）	11	11	11	10	10	11
最大响应时间（ms）	25	21	23	21	21	25

1.5.4　REST 发布模式（Spring Boot + Tomcat 实现）的压测结果

设置如下。

- 并发数：100
- Boss 线程数：1
- Worker 线程数：2
- Executor 线程数：最小为 25，最大为 200

测试结果如表 1-6 所示。

表 1-6

测　试	测试 1	测试 2	测试 3	测试 4	测试 5	平均值/最大值
QPS	4994	5104	5223	5108	5100	5105
平均时间（ms）	20	19	19	19	19	19
最大响应时间（ms）	75	61	61	61	67	75

1.5.5　性能测试总结

根据上面的实测数据，我们得出如下结论。

（1）Netty 服务可到达 11000/s 的 QPS，而 Tomcat 只能达到 5000/s 左右的 QPS。

（2）嵌入发布模式性能最好，每秒可达到 40 万以上。可见线上服务的瓶颈在网络 I/O 通信上。

（3）使用 Dubbo 导入导出的中心服务器发布模式的 QPS 只有不到 2000/s，比 Tomcat 提供的 HTTP 服务的 QPS 还要小，这不符合常理，一方面需要查看 Dubbo RPC 是否需要优化，包括线程池策略、序列化协议、通信协议等；另一方面 REST 使用 Apache AB 测试，嵌入式发布模式使用自己写的客户端测试，需要考虑测试工具是否存在一定的差异。

（4）在测试过程中，LoopBack 虚拟网卡的流量超过 30MB，没有到达千兆网卡的极限，双核心 CPU 的占用率已经接近 200%，也就是说 CPU 已经到达瓶颈。

参考上面总结的第 3 条内容，中心服务器的性能问题需要在后期的版本中跟进和优化，这留给读者继续思考和实践。

1.6　如何让用户快速使用

Vesta 多场景分布式发号器支持嵌入发布模式、中心服务器发布模式、REST 发布模式，每种发布模式的 API 文档及使用指南可参考项目主页的文档链接（http://vesta.cloudate.net/）。

1.6.1　REST 发布模式的使用指南

一款通用的发号器应该支持用户需要的各种使用方式，其中，服务的最主要导出模式就是 REST 服务。只需几个简单的步骤就可以成功搭建 Vesta 的 REST 服务，并且在任何语言中都可以使用 HTTP 来获取全局唯一的 ID。

1.6.1.1　安装与启动

第 1 步，下载最新版本的 REST 发布模式的发布包 vesta-rest-netty-0.0.1-bin.tar.gz，下载地址为 http://vesta.cloudate.net/vesta/bin/vesta-rest-netty-0.0.1-bin.tar.gz。

如果通过源代码方式安装 Vesta 的发布包到自己的 Maven 私服，则可以直接从自己的 Maven 私服下载此安装包：

```
wget http://ip:port/nexus/content/groups/public/com/robert/vesta/vesta-rest-
```

```
netty/0.0.1/vesta-rest-netty-0.0.1-bin.tar.gz
```

第 2 步，解压发布包到任意目录：

```
tar xzvf vesta-rest-netty-0.0.1-bin.tar.gz
```

第 3 步，解压后更改属性文件。属性文件如下：

```
vesta-rest-netty-0.0.1/conf/vesta-rest-netty.properties
```

属性文件的内容如下：

```
vesta.machine=1022
vesta.genMethod=2
vesta.type=0
```

注意：机器 ID 为 1022，如果有多台机器，则递减机器 ID，同一服务中的机器 ID 不能重复；genMethod 为 2，表示使用嵌入发布模式；type 为 0，表示最大峰值型，如果想使用最小粒度型，则设置 type 为 1。

第 4 步，REST 发布模式的默认端口为 8088，可以通过更改启动文件来更改端口号。

这里以 10010 为例，启动文件：

```
vesta-rest-netty/target/vesta-rest-netty-0.0.1/bin/server.sh
```

文件的内容如下：

```
port=10010
```

第 5 步，修改启动脚本，并且赋予执行权限。

进入目录：

```
cd vesta-rest-netty-0.0.1/bin
```

执行命令：

```
chmod 755 *
```

第 6 步，启动服务。

进入目录：

```
cd vesta-rest-netty-0.0.1/bin
```

执行命令：

```
./start.sh
```

第 7 步，如果看到如下消息，则服务启动成功：

```
apppath: /home/robert/vesta/vesta-rest-netty-0.0.1
Vesta Rest Netty Server is started.
```

1.6.1.2 测试 Rest 服务

第 1 步，通过 URL 访问产生一个 ID。

命令：

```
curl http://localhost:10010/genid
```

结果：

```
1138729511026688
```

第 2 步，把产生的 ID 进行反解。

命令：

```
curl http://localhost:10010/expid?id=1138729511026688
```

结果：

```
{"genMethod":0,"machine":1,"seq":0,"time":12235264,"type":0,"version":0}
```

JSON 字符串显示的是反解的 ID 的各个组成部分的数值。

第 3 步，对产生的日期进行反解。

命令：

```
curl http://localhost:10010/transtime?time=12235264
```

结果：

```
Fri May 22 14:41:04 CST 2015
```

第 4 步，使用反解的数据伪造 ID。

命令：

```
http://localhost:8080/makeid?machine=1021&seq=0&time=94990103&genMethod=2&type=0&version=0
```

结果：

```
2305844108284681216
```

1.6.2 服务化模式的使用指南

服务化模式通过 Dubbo 导出 RPC 服务，任何 Java 客户端都可以通过 Dubbo RPC 导入中心服务器导出的发号器服务，也就是说，Java 客户端可以透明地调用 Vesta RPC 服务器提供的发号器服务，就像调用本地 API 一样简单和方便。

1. 服务器安装与启动

第 1 步，下载最新版本的 REST 发布模式的发布包 vesta-lib-0.0.1.tar.gz，下载地址为 http://vesta.cloudate.net/vesta/bin/vesta-lib-0.0.1.tar.gz。

如果通过源代码方式安装 Vesta 的发布包到自己的 Maven 私服，则可以直接从自己的 Maven 私服下载此安装包：

```
wget http://ip:port/nexus/content/groups/public/com/robert/vesta/vesta-server/0.0.1/vesta-server-0.0.1-bin.tar.gz
```

其中，ip:port 是我们的 Maven 私服的地址。

第 2 步，解压发布包到任意目录：

```
tar xzvf vesta-server-0.0.1-bin.tar.gz
```

第 3 步，在解压后更改属性文件。

属性文件如下：

```
/vesta-server-0.0.1/conf/vesta-server.properties
```

文件的内容如下：

```
vesta.service.register.center=multicast://224.5.6.7:1234
vesta.service.port=20880
vesta.machine=1023
vesta.genMethod=1
vesta.type=0.
```

注意：中心服务器发布模式的服务器 RPC 导出的默认端口为 20880，注册中心使用内网广播，我们可以通过更改属性文件来更改端口号和广播地址，或者可以使用 ZooKeeper 作为注册中心。这里，机器 ID 为 1023，如果我们有多台机器，则递减机器 ID，在同一服务中机器 ID 不能重复；产生方法 genMethod 为 1，表示中心服务器发布模式；type 为 0，表示最大峰值型，如果想要使用最小粒度型，则设置为1，本向导为了简单起见，不修改默认的配置属性，例如IP和端口等。

第4步，修改启动脚本，并且赋予执行权限。

进入目录：

```
cd vesta-server-0.0.1/bin
```

执行命令：

```
chmod 755 *
```

第5步，启动服务。

进入目录：

```
cd vesta-server-0.0.1/bin
```

执行命令：

```
./start.sh
```

第6步，如果看到如下消息，则表示服务启动成功：

```
apppath: /home/robert/vesta/vesta-server-0.0.1 Vesta RPC Server is started.
```

2. 在客户端导入服务

第1步，创建示例客户端 Maven 项目。在 Eclipse 开发环境或者其他开发环境中，创建一个 Maven 项目 vesta-sample-client。

第2步，在 Maven 的 pom 文件中添加对 Vesta RPC 客户端包的依赖：

```xml
<dependency>
    <groupId>com.robert.vesta</groupId>
    <artifactId>vesta-client</artifactId>
    <version>0.0.1</version>
</dependency>
```

第3步，添加 Vesta RPC 客户端的属性文件。

添加的属性文件如下：

```
src/main/resources/spring/vesta-client.properties
```

该属性文件的内容如下:

```
vesta.service.register.center=multicast://224.5.6.7:1234
```

这里以网络广播注册中心为例,如果在服务器中配置了 ZooKeeper 注册中心,则这里需要替换为 ZooKeeper 的注册中心地址。

第 4 步,添加 Vesta RPC 客户端的 Spring 环境文件。

添加 Spring 环境文件:

```
src/main/resources/spring/vesta-service-sample.xml
```

该文件的内容如下:

```xml
<?xml version="1.0" encoding="UTF-8"?>
<beans xmlns="http://www.springframework.org/schema/beans"
xmlns:xsi="http://www.w3.org/2001/XMLSchema-instance"
    xmlns:dubbo="http://code.alibabatech.com/schema/dubbo"
   xsi:schemaLocation="http://www.springframework.org/schema/beans
        http://www.springframework.org/schema/beans/spring-beans-2.5.xsd
        http://code.alibabatech.com/schema/dubbo
        http://code.alibabatech.com/schema/dubbo/dubbo.xsd">
    <bean class="org.springframework.beans.factory.config.PropertyPlaceholderConfigurer">
        <property name="locations" value="classpath:spring/vesta-client.properties" />
    </bean>
    <import resource="classpath:spring/vesta-client.xml" />
</beans>
```

第 5 步,编写 Java 类以取得发号器服务的 Spring Bean 并调用服务的产生 ID 的方法:

```java
package org.vesta.sample.client;

import org.springframework.context.ApplicationContext;
import org.springframework.context.support.ClassPathXmlApplicationContext;
import com.robert.vesta.service.bean.Id;
import com.robert.vesta.service.intf.IdService;

public class EmbedSample {
    public static void main(String[] args) {
        ApplicationContext ac = new ClassPathXmlApplicationContext(
            "spring/vesta-client-sample.xml");
        IdService idService = (IdService) ac.getBean("idService");
        // 调用服务
```

```
        long id = idService.genId();
        Id ido = idService.expId(id);
        // 输出结果
        System.out.println(id + ":" + ido);
    }
}
```

第 6 步，程序输出：

1138565321850880:[seq=0,time=12078681,machine=1,genMethod=0,type=0,version=0]

这里，冒号前面的是生成的 ID，后面的中括号显示的是反解的 ID 的组成部分的数值。

1.6.3　嵌入发布模式的使用指南

Vesta 发号器的最简单也最常用的发布模式为嵌入式发布模式，正如其名，嵌入式发布模式是将发号器服务嵌入到业务项目中，并且提供 JVM 进程内的本地服务，是效率最高、配置最简单、使用最方便的一种发布模式。

1. 新项目的使用指南

第 1 步，创建 Maven 项目示例。在 Eclipse 开发环境或者任何其他开发环境下创建一个 Maven 项目 vesta-sample-embed。

第 2 步，增加依赖的嵌入模式的 Jar 包。

如果通过源代码方式安装 Vesta 的发布包到 Maven 私服，则需在 Maven 的 pom 文件中添加对 Vesta 发号器服务包的依赖：

```
<dependency>
    <groupId>com.robert.vesta</groupId>
    <artifactId>vesta-service</artifactId>
    <version>0.0.1</version>
</dependency>
```

如果没有 Maven 私服，则可以下载依赖的 Jar 包 vesta-service-0.0.1.jar（vesta.cloudate.net/vesta/lib/vesta-service-0.0.1.jar），并且添加到当前项目的类路径中。

第 3 步，添加 Vesta 发号器的属性文件：

src/main/resources/spring/vesta-service.properties

文件的内容如下：

```
vesta.machine=1
vesta.genMethod=0
vesta.type=0
```

注意：这里的机器 ID 为 1，如果我们有多台机器，则递增机器 ID，在同一服务中机器 ID 不能重复；生成方式 genMethod 为 0，表示使用嵌入发布模式；type 为 0，表示最大峰值型，如果想要使用最小粒度型，则设置为 1。

第 4 步，添加 Vesta 发号器的 Spring 环境文件：

src/main/resources/spring/vesta-service-sample.xml

文件的内容如下：

```xml
<?xml version="1.0" encoding="UTF-8"?>
<beans xmlns="http://www.springframework.org/schema/beans"
xmlns:xsi="http://www.w3.org/2001/XMLSchema-instance"
xmlns:dubbo=http://code.alibabatech.com/schema/dubbo
xsi:schemaLocation="http://www.springframework.org/schema/beans
http://www.springframework.org/schema/beans/spring-beans-2.5.xsd
http://code.alibabatech.com/schema/dubbo
http://code.alibabatech.com/schema/dubbo/dubbo.xsd">
<bean
class="org.springframework.beans.factory.config.PropertyPlaceholderConfigurer">
<property name="locations" value="classpath:spring/vesta-service.properties" />
</bean>
<import resource="classpath:spring/vesta-service.xml" />
</beans>
```

第 5 步，编写 Java 类取得发号器服务并调用服务：

```java
package org.vesta.sample.embed;
import org.springframework.context.ApplicationContext;
import org.springframework.context.support.ClassPathXmlApplicationContext;
import com.robert.vesta.service.bean.Id;
import com.robert.vesta.service.intf.IdService;
public class EmbedSample {
    public static void main(String[] args) {
        ApplicationContext ac = new ClassPathXmlApplicationContext(
            "spring/vesta-service-sample.xml");
```

```
        IdService idService = (IdService) ac.getBean("idService");
        // 从这里调用服务
        long id = idService.genId();
        Id ido = idService.explainId(id);
        // 输出
        System.out.println(id + ":" + ido);
    }
}
```

第 6 步，程序输出：

```
1138565321850880:[seq=0,time=12078681,machine=1,genMethod=0,type=0,version=0]
```

这里，冒号前面的是生成的 ID，后面中括号显示的是反解的 ID 的组成部分的数值。

2. 已存项目的集成向导

从上面的示例中我们看到，Vesta 发号器的服务是通过 Spring 环境导出的。像其他主流项目一样，如果在我们项目中同样使用了 Spring 环境，则只需在我们的 Spring 环境中导入 Vesta 服务的 IdService 的 Bean：

```
<import resource="classpath:spring/vesta-service.xml" />
```

同时，在 Spring 环境下使用的属性文件中增加机器 ID 的配置即可。

```
vesta.machine=1
```

1.7 为用户提供 API 文档

在设计和实现一款开源的多场景发号器时，我们更多的是站在设计一款平台型框架的角度，不但要设计和开发，还要管理整个开源项目的声明周期，要让每个感兴趣的开发者都有机会尝试和使用我们开发的中间件性质的项目，因此，我们需要对自己的发号器项目提供完整的 API 文档，供开发者使用。

我们提供了 Java 服务的原生 API 和 RESTful 服务 API，前者应用在嵌入发布模式和中心服务器发布模式的客户端中，后者应用在 REST 发布模式中。本节将简单介绍 Java 服务的原生 API 和 RESTful 服务的 API 的使用方法。

1.7.1 RESTful API 文档

1. 产生 ID

描述：根据系统时间产生一个全局唯一的 ID 并且在方法体内返回。

路径：/genid。

参数：N/A。

非空参数：N/A。

示例：http://localhost:8080/genid。

结果：3456526092514361344。

2. 反解 ID

描述：对产生的 ID 进行反解，在响应体内返回反解的 JSON 字符串。

路径：/expid。

参数：id=?。

非空参数：id。

示例：http://localhost:8080/expid?id=3456526092514361344。

结果：{"genMethod":2,"machine":1022,"seq":0,"time":12758739,"type":0,"version":0}。

3. 翻译时间

描述：把长整型的时间转化成可读的格式。

路径：/transtime。

参数：time=?。

非空参数：time。

示例：http://localhost:8080/transtime?time=12758739。

结果：Thu May 28 16:05:39 CST 2015。

4. 制造 ID

描述：通过给定的 ID 元素制造 ID。

路径：/makeid。

参数：genMethod=?&machine=?&seq=?&time=?&type=?&version=?。

非空参数：time、seq。

示 例： http://localhost:8080/makeid?genMethod=2&machine=1022&seq=0&time=12758739&type=0&version=0。

结果：3456526092514361344。

1.7.2 Java API 文档

1. 产生 ID

描述：根据系统时间产生一个全局唯一的 ID 并且在方法体内返回。

类：IdService。

方法：genId。

参数：N/A。

返回类型：long。

示例：long id = idService.genId();。

2. 反解 ID

描述：对产生的 ID 进行反解，在响应体内返回反解的 JSON 字符串。

类：IdService。

方法：expId。

参数：long id。

返回类型：Id。

示例：Id id = idService.expId(3456526092514361344);。

3. 翻译时间

描述：把长整型的时间转化成可读的格式。

类：IdService。

方法：transTime。

参数：long time。

返回类型：Date。

示例：Date date = idService.transTime(12758739);。

4. 制造 ID(1)

描述：通过给定的 ID 元素制造 ID。

类：IdService。

方法：makeId。

参数：long time、long seq。

返回类型：long。

示例：long id = idService.makeId(12758739, 0);。

5. 制造 ID(2)

描述：通过给定的 ID 元素制造 ID。

类：IdService。

方法：makeId。

参数：long machine、long time、long seq。

返回类型：long。

示例：long id = idService.makeId(1, 12758739, 0);。

6. 制造 ID(3)

描述：通过给定的 ID 元素制造 ID。

类：IdService。

方法：makeId。

参数：long genMethod、long machine、long time、long seq。

返回类型：long。

示例：long id = idService.makeId(0, 1, 12758739, 0);。

7. 制造 ID(4)

描述：通过给定的 ID 元素制造 ID。

类：IdService。

方法：makeId。

参数：long type、long genMethod、long machine、long time、long seq。

返回类型：long。

示例：long id = idService.makeId(0, 2, 1, 12758739, 0);。

8. 制造 ID(5)

描述：通过给定的 ID 元素制造 ID。

类:IdService。

方法:makeId。

参数:long version、long type、long genMethod、long machine、long time、long seq。

返回类型:long。

示例:long id = idService.makeId(0, 0, 2, 1, 12758739, 0);。

第 2 章
可灵活扩展的消息队列框架的设计与实现

本章详细介绍了 Kafka 消息队列的中间件的背景、功能特性、架构难点、设计与实现、使用指南、API 简介、后台监控和管理及消息处理机模板项目。本章设计和实现的 kclient 项目提供了许多高级功能，使用起来很方便，在互联网高并发系统中的需求很强烈，如果你正好需要这样的一个项目，则可以直接通过模板项目写一个注解消息处理器；如果你是一名爱好架构设计的开发者，则可以从中学到开发框架和开源项目的优秀实践，了解设计框架时应该思考的各种非功能质量。

kclient 项目已在笔者所在的几家公司里进行了线上应用，发挥了不少作用，但还有一些细节需要改善，例如：提供更多的控制台命令、优化注解、生产者消息持久化等，有些需要改善的细节已被记录在项目的 todo 列表中，如果你对开发框架和平台感兴趣，则请加入本项目，本项目的码云地址是 https://gitee.com/robertleepeak/kclient。

2.1 背景介绍

消息队列在互联网领域里得到了广泛应用，多应用于异步处理、模块之间的解耦和高并发系统的削峰等场景中。在消息队列中表现最好的当属 Apache 开源项目 Kafka，Kafka 是使用支持高并发的 Scala 语言开发的，利用操作系统的缓存原理达到高性能，并且天生具有可分区、分布式等特点，而且有不同语言的客户端，使用起来非常方便。

本章将要讲解的 kclient（https://gitee.com/robertleepeak/kclient）是 Kafka 生产者客户端和消费者客户端的一种简单易用的框架，具有高效集成、高性能、高稳定等特点。在讲解 kclient 的功能特性、架构设计和使用方法之前，我们需要对 Kafka 进行初步学习和了解。kclient 项目及本章的内容基于 Kafka 0.8.2，如果读者是 Kafka 的初学者，则可以直接参考 Kafka 官方在线文档 Kafka 0.8.2 Documentation（http://kafka.apache.org/082/documentation.html），也可以在网上搜索 Kakfa 的其他资料进行学习，需要理解其持久化、分片机制、高可用等原理。

2.2 项目目标

本节将消息队列框架的实现作为一个项目，会给出本项目的目标，重点关注非功能质量等方面的内容。

2.2.1 简单易用

本项目的目标是简化 Kafka 客户端 API 的使用方法，特别是对于消费端的开发，开发者只需实现 MessageHandler 接口或者相关子类，在实现中处理消息并完成业务逻辑，并且在主线程中启动封装的消费端服务器即可。它提供了各种常用的 MessageHandler，这些 MessageHandler 会自动将文本消息转换成领域对象模型或者 JSON 对象等数据结构，让开发者更专注于业务处理。如果使用服务源码注解的方式声明消息处理机的后台，则可以将一个通用的服务方法直接转变成能很好地处理 Kafka 消息队列的处理机，使用起来极其简单，代码一目了然。

在使用方面，它提供了多种使用方式：直接使用 Java API；与 Spring 环境无缝集成；服务源码注解，通过注解声明方式启动 Kafka 消息队列的处理机。

除此之外，它基于注解提供了消息处理机的模板项目，可以根据模板项目通过配置来快速开发 Kafka 的消息处理机。

2.2.2 高性能

本项目在框架级别通过不同的线程池技术来保证处理机的高性能：适合轻量级服务的同步线程模型及适合 I/O 密集型服务的异步线程模型（细分为所有消费者流共享线程池和每个流独享线程池）。另外，在异步线程模型中的线程池也支持有确定的线程数量的线程池和线程数量可自动增减的线程池。

2.2.3 高稳定性

本项目在框架级别上处理了常见的异常，将异常记入错误日志，当系统发生错误时，可用于手工恢复或者清洗数据，并实现了优雅关机和重启等功能。

2.3 架构难点

本节从架构设计的难点入手，提供突破难点的设计思路，给出架构设计难点的解决方案，并在后续的内容中对其具体的实现进行详细讲解。

2.3.1 线程模型

本项目针对不同的场景，提供了同步线程模型和异步线程模型。

1. 同步线程模型

在这种线程模型中，客户端为每个消费者流使用一个线程，每个线程负责从 Kafka 队列里消费消息，并且在同一个线程里处理业务。我们把这些线程称为消费线程，并把这些线程所在的线程池叫作消息消费线程池。这种模型多用于处理轻量级别的业务，例如缓存查询、本地计算等。

2. 异步线程模型

在这种线程模型中，客户端为每个消费者流使用一个线程，每个线程负责从 Kafka 队列里消费消息，并且传递消费得到的消息到后端的异步线程池中，在异步线程池中处理业务。我们仍然把在前面负责消费消息的线程池称为消息消费线程池，把后面的异步线程池称为异步业务线程池。这种线程模型适合重量级的业务，例如在业务中有大量的 I/O 操作、网络 I/O 操作、复杂计算、对外部系统的调用等。

后端的异步业务线程池又细分为所有消费者流共享线程池和每个流独享线程池。

1）所有消费者流共享线程池

所有消费者流共享线程池与每个流独享线程池相比，会创建更少的线程池对象，能节省些许内存，但是，由于多个流共享同一个线程池，所以在数据量较大时，流之间的处理可能会互相影响。例如，一个业务使用了两个区和两个流，它们一一对应，通过生产者指定定制化的散列函数替换默认的 key-hash，实现了一个流（区）用来处理普通用户，另外一个流（区）用来处理 VIP 用户。如果两个流共享一个线程池，则当普通用户的消息大量产生时，VIP 用户数量很少，并且排在了队列的后面，会产生饿死的情况。对于该场景可以使用多个 topic 来解决，一个是普通用户的 topic，一个是 VIP 用户的 topic，但是这样又要多维护一个 topic，客户端发送时需要显式地判断 topic 的目标，也没有多少好处。

2）每个流独享线程池

每个流独享线程池会使用不同的异步业务线程池来处理不同的流里面的消息，互相隔离、互相独立、不互相影响。在不同的流（区）的优先级不同或者消息在不同流（区）中不均衡的情况下表现会更好，当然，创建多个线程池会多使用些许内存，但这并不是一个大问题。

另外，异步业务线程池支持有确定的线程数量的线程池和线程数量可自动增减的线程池。

(1)若核心业务的硬件资源有保证,核心服务有专享的资源池,或者线上流量可预测,则请使用固定数量的线程池。

(2)非核心业务一般混合部署,资源互相调配,若存在线上流量不固定等情况,则请使用线程数量可自动增减的线程池。

2.3.2 异常处理

对于在消息处理过程中产生的业务异常,当前在业务处理的上层捕捉了 Throwable,在专用的错误恢复日志中记录了出错的消息,后续可根据错误恢复日志人工处理错误消息,也可重做或者清洗数据。这里也考虑实现异常的 Listener 体系结构,对异常处理采用监听者模式来实现异常处理器的可插拔等。当前采用简单易用的方式,默认仅打印错误日志。

在默认的异常处理逻辑中,在捕捉异常后会在专用的错误恢复日志中记录错误信息,然后继续处理下一条消息。考虑到可能存在上线失败或者上游消息格式出错等场景,会导致所有消息处理都出错,以至于堆满错误恢复日志,因此,我们需要借助报警和监控系统来解决这种大量异常导致的问题。

2.3.3 优雅关机

消费者本身是一个事件驱动的服务器,类似于 Tomcat:Tomcat 接收 HTTP 请求并返回 HTTP 响应,Consumer 则接收 Kafka 的消息,在处理业务后返回,也可以将处理结果发送到下一个消息队列。所以,消费者本身是非常复杂的,除了线程模型、异常处理、性能、稳定性、可用性等都需要我们考虑。既然消费者是一个后台的服务器,所以我们需要考虑如何优雅地关机,也就是说需要考虑在消费者服务器处理消息时如何关机,才不会因为处理中断而丢失消息。

优雅关机的重点在于:

- 如何知道 JVM 要退出?

- 如何阻止 Daemon 的线程在 JVM 退出后被杀掉？

- 如果 Worker 线程处于阻塞状态，则如何唤醒并退出？

对于第 1 个问题，如果一个后台程序运行在控制台的前台中，则可以通过 Ctrl + C 发送退出信号给 JVM，也可以通过 kill -2 PS_ID 或者 kill -15 PS_ID 发送退出信号，但是不能发送 kill -9 PS_ID，否则进程会无条件地强制退出。JVM 在收到退出信号后，会调用注册的钩子，我们通过注册 JVM 退出钩子进行优雅关机。

对于第 2 个问题，线程分为 Daemon 线程和非 Daemon 线程，一个线程默认继承父线程的 Daemon 属性，如果当前线程池是由 Daemon 线程创建的，则 Worker 线程是 Daemon 线程。如果 Worker 线程是 Daemon 线程，则我们需要在 JVM 退出钩子时等待 Worker 线程完成当前手头处理的消息，再退出 JVM。如果不是 Daemon 线程，则即使 JVM 收到退出信号，也得等待 Worker 线程退出后再退出，不会丢掉正在处理的消息。

对于第 3 个问题，在 Worker 线程从 Kafka 服务器消费消息时，Worker 线程可能处于阻塞状态，这时需要中断线程以退出，在这种场景下没有消息丢失的情况。在 Worker 线程处理业务时有可能有阻塞，例如 I/O、网络 I/O，在指定的退出时间内没有完成，我们也需要中断线程以退出，这时会产生一个 InterruptedException，在异常处理的默认处理器中被捕捉并写入错误日志，Worker 线程随后退出。

2.4 设计与实现

本节根据 2.3 节中的架构设计，详细描述本项目的实现细节，对于关键的设计点会提供相关的源码进行说明。

2.4.1 项目结构

kclient 的整体项目结构如图 2-1 所示。

第 2 章 可灵活扩展的消息队列框架的设计与实现

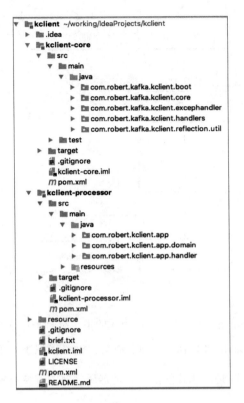

图 2-1

kclient 项目由两个子项目组成：kclient-core 和 kclient-processor。kclient-core 是消息处理器核心逻辑的项目实现，包括启动器、生产者、消费者及消息处理器等；kclient-processor 是一个模板项目，可以通过参考或者复制模板项目快速构建一个以 kclient-core 为基础的消息发送项目和消息处理项目。

2.4.2 项目包的规划

kclient 的包图如图 2-2 所示，可以看出，kclient 由如下几个重要的包组成。

（1）kclient.app 是模板项目的启动类，采用 Spring Boot 实现，在启动的过程中开启了 kclient boot 服务。

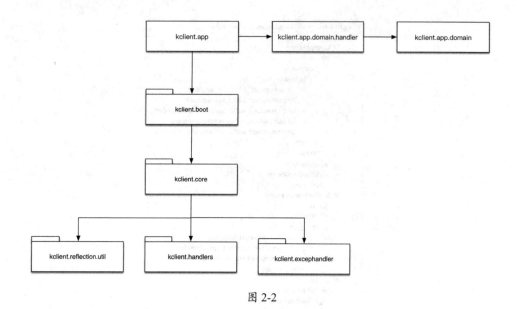

图 2-2

（2）kclient.app.domain.handler 是一个声明式的消息处理器的示例，在其中实现了接收 Dog 的消息，在处理后发给 Cat 的处理器再次进行处理，并且模拟了一个异常处理过程。

（3）kclient.app.domain 是声明式的消息处理器所需要的领域对象模型，包括 Dog 和 Cat 的对象声明。

（4）kclient.boot 包的实现类似于一个控制系统，用来控制 kclient 的整体处理器流程，在启动时会读取声明式的消息处理器示例中的注解，并且分析和保存注解的信息，然后创建相应的生产者和消费者对象，在接收消息时，通过生产者和消费者对象进行消费和发送消息。

（5）kclient.core 包包含生产者和消费者的实现，所有消息发送和消费的核心逻辑都在这里实现，也涉及消费者的多种线程池模型的实现。

（6）kclient.handlers 包包含消息处理器的整体格式转换接口，可以在领域对象模型和各种数据格式之间进行转换。

（7）kclient.excephandler 包含异常处理器，其逻辑是在异常发生时默认做哪些动作，如可以记录信息以后续恢复等。

（8）kclient.reflection.util：由于 kclient.boot 需要读取注解及扫描类等操作，因此需要大量的反射操作，与反射相关的公用逻辑都被封装在这里。

2.4.3 生产者的设计与实现

生产者是对消息发送逻辑进行封装的类，通过指定某个队列的名称，就可以直接将一个领域对象模型或者消息发送出去。

在发送前，生产者会对领域对象模型进行 JSON 序列化，这些都是自动实现的：

```java
public <T> void sendBean2Topic(String topicName, T bean) {
    send2Topic(topicName, JSON.toJSONString(bean));
}
```

在发送前，如果发送的对象是数组类型，则生产者会对数组进行切片，每个切片都发送一次，默认一片包含 20 个消息：

```java
public void send2Topic(String topicName, Collection<String> messages) {
    if (messages == null || messages.isEmpty()) {
        return;
    }

    if (topicName == null)
        topicName = defaultTopic;

    List<KeyedMessage<String, String>> kms = new ArrayList<KeyedMessage<String, String>>();
    int i = 0;
    for (String entry : messages) {
        KeyedMessage<String, String> km = new KeyedMessage<String, String>(
                topicName, entry);
        kms.add(km);
        i++;
        // Send the messages 20 at most once
        if (i % MULTI_MSG_ONCE_SEND_NUM == 0) {
            producer.send(kms);
            kms.clear();
        }
    }

    if (!kms.isEmpty()) {
        producer.send(kms);
    }
}
```

在这里，我们实现的是一个中间件框架，为开发者提供了多种类型的发送 API，例如发送领域对象、消息、JSON 对象、单个对象及数组、集合等的 API，如图 2-3 所示。

图 2-3

2.4.4 消费者的设计与实现

消费者是对消息消费逻辑进行封装的通用类，通过指定某个队列的名称，就可以自动消费这个队列的消息，并通过业务的处理器进行处理。消费者的实现类似于一个服务器的实现，不断地从消息的服务器中获取消息，然后将消息转换成领域对象模型，再由业务的处理器进行处理，并将处理的结果按照处理器配置的出口发送出去。

首先，消费者在初始化时需要指定使用的线程池模型，正如在前面讲解架构难点中的设计时提到的，我们提供了同步线程池模型和异步线程池模型，这些参数都需要在构造函数中传入，在这里我们通过重载的构造器来实现。

使用同步线程池的构造器实现如下：

```
public KafkaConsumer(String propertiesFile, String topic, int streamNum,
        MessageHandler handler) {
```

```
            this(propertiesFile, topic, streamNum, 0, false, handler);
}
```

其中的 streamNum 参数代表创建的消息流的数量，一般将这里的消息流的数量设置成与队列的分片数量一致，如果有多个消费者，那么多个消费者的流数的和等于队列的分片数量。

使用异步固定线程池的构造器实现如下：

```
public KafkaConsumer(String propertiesFile, String topic, int streamNum,
        int fixedThreadNum, boolean isSharedThreadPool,
        MessageHandler handler) {
    this.propertiesFile = propertiesFile;
    this.topic = topic;
    this.streamNum = streamNum;
    this.fixedThreadNum = fixedThreadNum;
    this.isSharedAsyncThreadPool = isSharedThreadPool;
    this.handler = handler;
    this.isAsyncThreadModel = (fixedThreadNum != 0);

    init();
}
```

其中的 fixedThreadNum 参数代表使用的是异步线程池，以及在异步线程池中需要创建的线程数。

使用异步可变线程池的构造器实现如下：

```
public KafkaConsumer(Properties properties, String topic, int streamNum,
int minThreadNum, int maxThreadNum, boolean isSharedThreadPool,
        MessageHandler handler) {
    this.properties = properties;
    this.topic = topic;
    this.streamNum = streamNum;
    this.minThreadNum = minThreadNum;
    this.maxThreadNum = maxThreadNum;
    this.isSharedAsyncThreadPool = isSharedThreadPool;
    this.handler = handler;
    this.isAsyncThreadModel = !(minThreadNum == 0 && maxThreadNum == 0);

    init();
}
```

其中的 minThreadNum 和 maxThreadNum 参数代表使用的是异步线程池，以及在异步线程池中需要创建的最大、最小线程数。

在构造器中都会调用统一的初始化方法，该方法首先校验各个参数的有效性，如果有问题，则抛出异常并终止初始化：

```java
public void init() {
    if (properties == null && propertiesFile == null) {
        log.error("The properties object or file can't be null.");
        throw new IllegalArgumentException(
                "The properties object or file can't be null.");
    }

    if (StringUtils.isEmpty(topic)) {
        log.error("The topic can't be empty.");
        throw new IllegalArgumentException("The topic can't be empty.");
    }

    if (isAsyncThreadModel == true && fixedThreadNum <= 0
            && (minThreadNum <= 0 || maxThreadNum <= 0)) {
        log.error("Either fixedThreadNum or minThreadNum/maxThreadNum is greater than 0.");
        throw new IllegalArgumentException(
                "Either fixedThreadNum or minThreadNum/maxThreadNum is greater than 0.");
    }

    if (isAsyncThreadModel == true && minThreadNum > maxThreadNum) {
        log.error("The minThreadNum should be less than maxThreadNum.");
        throw new IllegalArgumentException(
                "The minThreadNum should be less than maxThreadNum.");
    }

    if (properties == null)
        properties = loadPropertiesfile();

    if (isSharedAsyncThreadPool) {
        sharedAsyncThreadPool = initAsyncThreadPool();
    }

    initGracefullyShutdown();
    initKafka();
}
```

在初始化方法的末尾调用了 initGracefullyShutdown 来初始化优化关机所需的操作,这里通过增加一个虚拟机来关闭钩子事件,也就是说在虚拟机关闭时调用方法 shutdownGracefully:

```java
protected void initGracefullyShutdown() {
    Runtime.getRuntime().addShutdownHook(new Thread() {
        public void run() {
            shutdownGracefully();
        }
```

```
    });
}
```

shutdownGracefully 方法首先设置关闭标志，然后关闭同步线程池或者异步线程池等，接着关闭消费者本身，并将状态设置为已关闭：

```
public void shutdownGracefully() {
    status = Status.STOPPING;

    shutdownThreadPool(streamThreadPool, "main-pool");

    if (isSharedAsyncThreadPool)
        shutdownThreadPool(sharedAsyncThreadPool, "shared-async-pool");
    else
        for (AbstractMessageTask task : tasks) {
            task.shutdown();
        }

    if (consumerConnector != null) {
        consumerConnector.shutdown();
    }

    status = Status.STOPPED;
}
```

这里，关闭线程池是一个非常核心的逻辑，在实现中充分考虑线程池的优雅停止，先通过 shutdown 等待线程池自身结束，然后等待 60 秒，如果没有成功，再调用 shutdownNow 将等待 I/O 的任务中断并退出：

```
private void shutdownThreadPool(ExecutorService threadPool, String alias) {
    log.info("Start to shutdown the thead pool: {}", alias);

    threadPool.shutdown(); // Disable new tasks from being submitted
    try {
        // Wait a while for existing tasks to terminate
        if (!threadPool.awaitTermination(60, TimeUnit.SECONDS)) {
            threadPool.shutdownNow(); // Cancel currently executing tasks
            log.warn("Interrupt the worker, which may cause some task inconsistent. Please check the biz logs.");

            // Wait a while for tasks to respond to being cancelled
            if (!threadPool.awaitTermination(60, TimeUnit.SECONDS))
                log.error("Thread pool can't be shutdown even with interrupting worker threads, which may cause some task inconsistent. Please check the biz logs.");
        }
    } catch (InterruptedException ie) {
        // (Re-)Cancel if current thread also interrupted
```

```
            threadPool.shutdownNow();
            log.error("The current server thread is interrupted when it is trying
to stop the worker threads. This may leave an inconcinstent state. Please check the
biz logs.");

            // Preserve interrupt status
            Thread.currentThread().interrupt();
        }

        log.info("Finally shutdown the thead pool: {}", alias);
    }
```

在初始化 init 方法的最后调用了 initKafka 方法，其中初始化了连接 Kafka 的消费者连接器、流对象及流线程池。这里的流线程池与 Netty 异步线程模型的 Boss 线程有着异曲同工的作用，Netty 中的 Boss 线程用来消费网络请求，而这里的流线程池用来消费 Kafka 队列的消息：

```
    protected void initKafka() {
        if (handler == null) {
            log.error("Exectuor can't be null!");
            throw new RuntimeException("Exectuor can't be null!");
        }

        log.info("Consumer properties:" + properties);
        ConsumerConfig config = new ConsumerConfig(properties);

        isAutoCommitOffset = config.autoCommitEnable();
        log.info("Auto commit: " + isAutoCommitOffset);

        consumerConnector = Consumer.createJavaConsumerConnector(config);

        Map<String, Integer> topics = new HashMap<String, Integer>();
        topics.put(topic, streamNum);
        StringDecoder keyDecoder = new StringDecoder(new
VerifiableProperties());
        StringDecoder valueDecoder = new StringDecoder(
                new VerifiableProperties());
        Map<String, List<KafkaStream<String, String>>> streamsMap =
consumerConnector
                .createMessageStreams(topics, keyDecoder, valueDecoder);

        streams = streamsMap.get(topic);
        log.info("Streams:" + streams);

        if (streams == null || streams.isEmpty()) {
            log.error("Streams are empty.");
            throw new IllegalArgumentException("Streams are empty.");
        }
```

```
        streamThreadPool = Executors.newFixedThreadPool(streamNum);
}
```

到现在为止，我们在消费者中初始化了各种参数、优雅关机、消息队列连接器、所需的流线程等，现在我们需要启动流线程，从消息队列中消费消息。

启动流线程的代码如下：

```
public void startup() {
    if (status != Status.INIT) {
        log.error("The client has been started.");
        throw new IllegalStateException("The client has been started.");
    }

    status = Status.RUNNING;

    log.info("Streams num: " + streams.size());
    tasks = new ArrayList<AbstractMessageTask>();
    for (KafkaStream<String, String> stream : streams) {
        AbstractMessageTask abstractMessageTask = (fixedThreadNum == 0 ? new SequentialMessageTask(
                stream, handler) : new ConcurrentMessageTask(stream,
                handler, fixedThreadNum));
        tasks.add(abstractMessageTask);
        streamThreadPool.execute(abstractMessageTask);
    }
}
```

在 startup 方法中，我们先判断是否是初始化状态，然后将其设置成执行状态，接着将消费消息的任务实现对象添加到流线程池中执行。这里，如前面讲解架构设计时所讲的，消费消息的任务实现分成两种：一种是同步消费消息任务，实现类为 SequentialMessageTask，适用于快速返回的事务型任务；一种是异步消费消息任务，实现类为 ConcurrentMessageTask，适用于耗时任务。

SequentialMessageTask 的代码实现如下：

```
class SequentialMessageTask extends AbstractMessageTask {
    SequentialMessageTask(KafkaStream<String, String> stream,
            MessageHandler messageHandler) {
        super(stream, messageHandler);
    }

    @Override
    protected void handleMessage(String message) {
```

```
            messageHandler.execute(message);
        }
    }
```

实际上，SequentialMessageTask 类似于 Tomcat 的 BIO 线程池模型，当消息到达后分配一个线程来处理消息，一直把这个消息处理完，再释放线程。在代码实现中就是直接同步调用消息处理器的 execute 方法。

ConcurrentMessageTask 的代码实现如下：

```
class ConcurrentMessageTask extends AbstractMessageTask {
    private ExecutorService asyncThreadPool;

    ConcurrentMessageTask(KafkaStream<String, String> stream,
            MessageHandler messageHandler, int threadNum) {
super(stream, messageHandler);
        if (isSharedAsyncThreadPool)
            asyncThreadPool = sharedAsyncThreadPool;
        else {
            asyncThreadPool = initAsyncThreadPool();
        }
    }

    @Override
    protected void handleMessage(final String message) {
        asyncThreadPool.submit(new Runnable() {
            public void run() {
                // if it blows, how to recover
                messageHandler.execute(message);
            }
        });
    }

    protected void shutdown() {
        if (!isSharedAsyncThreadPool)
            shutdownThreadPool(asyncThreadPool, "async-pool-"
                + Thread.currentThread().getId());
    }
}
```

ConcurrentMessageTask 类似于 Tomcat 的 NIO 线程池模型，当消息到达后，由流线程池来获取消息，然后流线程将消息转发给 Worker 线程池来处理任务，是个异步的线程池模型。本实现中的 asyncThreadPool 是类似于 Tomcat 的 Worker 线程池的实现。

这里，异步线程池模型又分为每个流对应一个线程池和多个流共享一个线程池这两种模式，

第 2 章 可灵活扩展的消息队列框架的设计与实现

我们看到，如果每个流对应一个异步线程池，则需要为每个流再创建一个异步线程池，这里通过调用 initAsyncThreadPool 来实现。

我们看到 SequentialMessageTask 和 ConcurrentMessageTask 都继承自 AbstractMessageTask，如图 2-4 所示。

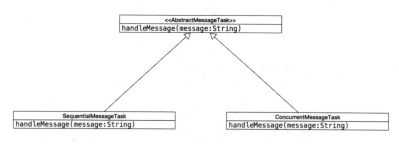

图 2-4

从消息队列接收消息并处理的关键逻辑在父类 AbstractMessageTask 中实现。Abstract MessageTask 的实现代码如下：

```
abstract class AbstractMessageTask implements Runnable {
        protected KafkaStream<String, String> stream;
        protected MessageHandler messageHandler;

        AbstractMessageTask(KafkaStream<String, String> stream,
            MessageHandler messageHandler) {
          this.stream = stream;
          this.messageHandler = messageHandler;
        }

        public void run() {
            ConsumerIterator<String, String> it = stream.iterator();
            while (status == Status.RUNNING) {
                boolean hasNext = false;
                try {
                    // When it is interrupted eg. process is killed, it causes some
duplicate message's processing, because it commits the message in a chunk every 30
seconds.
                    hasNext = it.hasNext();
                } catch (Exception e) {
                    // hasNext() method is implemented by scala, so no checked
                    // exception is declared, in addtion, hasNext() may throw
                    // Interrupted exception when interrupted, so we have to
                    // catch Exception here and then decide if it is interrupted
                    // exception
```

```
                    if (e instanceof InterruptedException) {
                        log.info(
                                "The worker [Thread ID: {}] has been interrupted when retrieving messages from kafka broker. Maybe the consumer is shutting down.",
                                Thread.currentThread().getId());
                        log.error("Retrieve Interrupted: ", e);
                        if (status != Status.RUNNING) {
                            it.clearCurrentChunk();
                            shutdown();
                            break;
                        }
                    } else {
                        log.error(
                                "The worker [Thread ID: {}] encounters an unknown exception when retrieving messages from kafka broker. Now try again.",
                                Thread.currentThread().getId());
                        log.error("Retrieve Error: ", e);
                        continue;
                    }
                }

                if (hasNext) {
                    MessageAndMetadata<String, String> item = it.next();
                    log.debug("partition[" + item.partition() + "] offset["
                            + item.offset() + "] message[" + item.message()
                            + "]");

                    handleMessage(item.message());

                    // if not auto commit, commit it manually
                    if (!isAutoCommitOffset) {
                        consumerConnector.commitOffsets();
                    }
                }
            }
        }

        protected abstract void handleMessage(String message);

        ......
    }
```

这里的实现首先是一个大循环,在大循环的每次处理中都从消息队列中获取一个消息,然后派遣消息给子类去处理,这和实现 Tomcat 服务器非常类似,如下所述。

(1)在大循环的每一次开始时都要判断服务器的状态,如果服务器的状态仍然处于运行中,也就是说没有被关闭或者请求关闭，则进入下一次循环，继续消费消息和处理消息。

（2）通过消费者初始化时创建的消息流对象，判断在消息流中是否有可处理的消息。需要注意的是，如果没有消息，则这个线程会产生 I/O 阻塞，在调用线程池的 shutdownNow 或者进程接收到中断信号时，能使这个 I/O 阻塞中断，因此我们在这里会捕捉中断异常并处理。在中断后，如果发现不是执行状态，就需要结束循环并退出；如果产生了其他异常，则记录异常到日志，并继续下一次循环，对于这条异常日志，最好在报警系统中配置一个报警，做到及时发现问题和解决问题。

（3）如果正确获取了一条消息，则代理到子类中进行处理。子类的处理方式分为同步和异步。如果系统没有开启自动提交，框架则会手工提交消息队列的 offset，让队列的消费者可以消费下一条消息。

2.4.5 启动模块的设计与实现

启动模块就是在应用启动时负责读取注解的消息处理器的信息，并根据信息创建生产者和消费者，然后利用创建的生产者和消费者，对消息队列的消息进行逻辑处理后输出。

处理逻辑大体如图 2-5 所示。

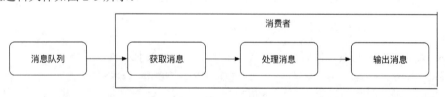

图 2-5

在 kclient.boot 包里有 4 个注解实现，分别是 InputConsumer、OutputProducer、ErrorHandler 和 KafkaHandlers，它们可以在一个类中标记消息处理器方法，其中，在类上标记注解 KafkaHandlers，代表这个类包含消息处理器；在这个类的方法中标记 InputConsumer，代表这个方法的参数来自于一个消息队列；在这个类的方法中标记 OutputProducer，代表这个方法的返回值会被自动发送给另一个消息队列，标记 ErrorHandler 的方法可以用来处理异常。

标记了这些注解的实例如下：

```java
@KafkaHandlers
public class AnimalsHandler {
    @InputConsumer(propertiesFile = "kafka-consumer.properties", topic = "test", streamNum = 1)
    @OutputProducer(propertiesFile = "kafka-producer.properties", defaultTopic = "test1")
    public Cat dogHandler(Dog dog) {
        System.out.println("Annotated dogHandler handles: " + dog);

        return new Cat(dog);
    }


    @InputConsumer(propertiesFile = "kafka-consumer.properties", topic = "test1", streamNum = 1)
    public void catHandler(Cat cat) throws IOException {
        System.out.println("Annotated catHandler handles: " + cat);

        throw new IOException("Man made exception.");
    }

    @ErrorHandler(exception = IOException.class, topic = "test1")
    public void ioExceptionHandler(IOException e, String message) {
        System.out.println("Annotated excepHandler handles: " + e);
    }
}
```

有了这些注解，我们的 KClientBoot 就有了足够的信息，知道如何处理消息，即知道从哪里消费消息，然后将处理后的消息发送到哪里。

KafkaHandlers 的实现代码如下，它只是一个标记，没有任何属性：

```java
@Target({ ElementType.TYPE })
@Retention(RetentionPolicy.RUNTIME)
@Documented
@Component
public @interface KafkaHandlers {
}
```

InputConsumer 的实现代码如下，它包括连接消息队列的属性、队列名称、流的数量、固定线程池的线程数、可变线程池的最大、最小线程数等属性：

```java
@Target({ ElementType.METHOD })
@Retention(RetentionPolicy.RUNTIME)
@Documented
public @interface InputConsumer {
```

```
    String propertiesFile() default "";

    String topic() default "";

    int streamNum() default 1;

    int fixedThreadNum() default 0;

    int minThreadNum() default 0;

    int maxThreadNum() default 0;
}
```

OutputProducer 的实现代码如下,它包括连接消息队列的信息和默认的队列名称等属性:

```
@Target({ ElementType.METHOD })
@Retention(RetentionPolicy.RUNTIME)
@Documented
public @interface OutputProducer {
    String propertiesFile() default "";
    String defaultTopic() default "";
}
```

ErrorHandler 的实现代码如下,它包括能够处理的异常、队列名称等属性:

```
@Target({ ElementType.METHOD })
@Retention(RetentionPolicy.RUNTIME)
@Documented
public @interface ErrorHandler {
    Class<? extends Throwable> exception() default Throwable.class;

    String topic() default "";
}
```

KClientBoot 在初始化时,会读取 Spring 环境中的所有 Bean,如果 Bean 标注有 KafkaHandlers,例如上面的 AnimalsHandler 实现,则对其中的方法进行解析,读取方法上的 InputConsumer、OutputProducer 和 ErrorHandler 注解,然后构造相应的生产者和消费者对象。

实现代码如下:

```
public void init() {
    meta = getKafkaHandlerMeta();

    if (meta.size() == 0)
        throw new IllegalArgumentException(
            "No handler method is declared in this spring context.");
```

```
        for (final KafkaHandlerMeta kafkaHandlerMeta : meta) {
            createKafkaHandler(kafkaHandlerMeta);
        }
    }
```

首先，调用 getKafkaHandlerMeta 方法，这个方法会遍历 Spring 环境中的所有 Bean，如果有注解 KafkaHandlers，则提取其中的处理器方法并转换成 KafkaHandlerMeta，在保留后使用：

```
    protected List<KafkaHandlerMeta> getKafkaHandlerMeta() {
        List<KafkaHandlerMeta> meta = new ArrayList<KafkaHandlerMeta>();

        String[] kafkaHandlerBeanNames = applicationContext
                .getBeanNamesForAnnotation(KafkaHandlers.class);
        for (String kafkaHandlerBeanName : kafkaHandlerBeanNames) {
            Object kafkaHandlerBean = applicationContext
                    .getBean(kafkaHandlerBeanName);
            Class<? extends Object> kafkaHandlerBeanClazz = kafkaHandlerBean
                    .getClass();
            Map<Class<? extends Annotation>, Map<Method, Annotation>> mapData = extractAnnotationMaps(kafkaHandlerBeanClazz);

            meta.addAll(convertAnnotationMaps2Meta(mapData, kafkaHandlerBean));
        }

        return meta;
    }
```

这里调用了 extractAnnotationMaps 来提取 InputConsumer、OutputProducer 和 ErrorHandler 等注解，使用了大量的反射功能，把需要多次使用的反射功能封装在 AnnotationTranversor 的实用类里：

```
    protected Map<Class<? extends Annotation>, Map<Method, Annotation>> extractAnnotationMaps(Class<? extends Object> clazz) {
        AnnotationTranversor<Class<? extends Annotation>, Method, Annotation> annotationTranversor = new AnnotationTranversor<Class<? extends Annotation>, Method, Annotation>(clazz);

        Map<Class<? extends Annotation>, Map<Method, Annotation>> data = annotationTranversor
                .tranverseAnnotation(new AnnotationHandler<Class<? extends Annotation>, Method, Annotation>() {

                    public void handleMethodAnnotation(
                            Class<? extends Object> clazz,
                            Method method,
                            Annotation annotation,
```

```
                    TranversorContext<Class<? extends Annotation>, Method,
Annotation> context) {
                if (annotation instanceof InputConsumer)
                    context.addEntry(InputConsumer.class, method,
                        annotation);
                else if (annotation instanceof OutputProducer)
                    context.addEntry(OutputProducer.class, method,
                        annotation);
                else if (annotation instanceof ErrorHandler)
                    context.addEntry(ErrorHandler.class, method,
                        annotation);
            }

            public void handleClassAnnotation(
                Class<? extends Object> clazz,
                Annotation annotation,
                TranversorContext<Class<? extends Annotation>, Method,
Annotation> context) {
                if (annotation instanceof KafkaHandlers)
                    log.warn(
                        "There is some other annotation {} rather than
@KafkaHandlers in the handler class {}.",
                        annotation.getClass().getName(),
                        clazz.getName());
                }
            });

    return data;
}
```

最后，把提取出来的注解转换成元数据对象，供接下来创建相应的生产者和消费者对象使用：

```
protected List<KafkaHandlerMeta> convertAnnotationMaps2Meta(
        Map<Class<? extends Annotation>, Map<Method, Annotation>> mapData,
        Object bean) {
    List<KafkaHandlerMeta> meta = new ArrayList<KafkaHandlerMeta>();

    Map<Method, Annotation> inputConsumerMap = mapData
        .get(InputConsumer.class);
    Map<Method, Annotation> outputProducerMap = mapData
        .get(OutputProducer.class);
    Map<Method, Annotation> exceptionHandlerMap = mapData
        .get(ErrorHandler.class);

    for (Map.Entry<Method, Annotation> entry : inputConsumerMap.entrySet()) {
```

```java
        InputConsumer inputConsumer = (InputConsumer) entry.getValue();
        KafkaHandlerMeta kafkaHandlerMeta = new KafkaHandlerMeta();

        kafkaHandlerMeta.setBean(bean);
        kafkaHandlerMeta.setMethod(entry.getKey());

        Parameter[] kafkaHandlerParameters = entry.getKey().getParameters();
        if (kafkaHandlerParameters.length != 1)
            throw new IllegalArgumentException(
                    "The kafka handler method can contains only one parameter.");
        kafkaHandlerMeta.setParameterType(kafkaHandlerParameters[0]
                .getType());

        kafkaHandlerMeta.setInputConsumer(inputConsumer);

        if (outputProducerMap != null
                && outputProducerMap.containsKey(entry.getKey()))
            kafkaHandlerMeta
                    .setOutputProducer((OutputProducer) outputProducerMap
                            .get(entry.getKey()));

        if (exceptionHandlerMap != null)
            for (Map.Entry<Method, Annotation> excepHandlerEntry : exceptionHandlerMap
                    .entrySet()) {
                ErrorHandler eh = (ErrorHandler) excepHandlerEntry
                        .getValue();
                if (StringUtils.isEmpty(eh.topic())
                        || eh.topic().equals(inputConsumer.topic())) {
                    kafkaHandlerMeta.addErrorHandlers((ErrorHandler) eh,
                            excepHandlerEntry.getKey());
                }
            }

        meta.add(kafkaHandlerMeta);
    }

    return meta;
}
```

接下来，根据刚才提取的元数据创建 Kafka 处理器，根据处理器方法的参数选择不同的消息处理器，例如，如果声明了 JSONObject 类型，则创建 JSON 消息处理器，如果声明了 Document 类型的参数，则创建 XML 消息处理器：

```java
protected void createKafkaHandler(final KafkaHandlerMeta kafkaHandlerMeta) {
```

```
            Class<? extends Object> paramClazz = kafkaHandlerMeta
                    .getParameterType();

            KafkaProducer kafkaProducer = createProducer(kafkaHandlerMeta);
            List<ExceptionHandler> excepHandlers = createExceptionHandlers
(kafkaHandlerMeta);

            MessageHandler beanMessageHandler = null;
            if (paramClazz.isAssignableFrom(JSONObject.class)) {
                beanMessageHandler = createObjectHandler(kafkaHandlerMeta,
                    kafkaProducer, excepHandlers);
            } else if (paramClazz.isAssignableFrom(JSONArray.class)) {
                beanMessageHandler = createObjectsHandler(kafkaHandlerMeta,
                    kafkaProducer, excepHandlers);
            } else if (List.class.isAssignableFrom(Document.class)) {
                beanMessageHandler = createDocumentHandler(kafkaHandlerMeta,
                    kafkaProducer, excepHandlers);
            } else if (List.class.isAssignableFrom(paramClazz)) {
                beanMessageHandler = createBeansHandler(kafkaHandlerMeta,
                    kafkaProducer, excepHandlers);
            } else {
                beanMessageHandler = createBeanHandler(kafkaHandlerMeta,
                    kafkaProducer, excepHandlers);
            }

            KafkaConsumer kafkaConsumer = createConsumer(kafkaHandlerMeta,
                    beanMessageHandler);
            kafkaConsumer.startup();

            KafkaHandler kafkaHandler = new KafkaHandler(kafkaConsumer,
                    kafkaProducer, excepHandlers, kafkaHandlerMeta);

            kafkaHandlers.add(kafkaHandler);

    }
```

在创建消息处理器时需要创建异常处理器,在InputConsumer和OutputProducer处理失败时,就会调用标记ErrorHandler注解的异常处理器来处理:

```
    private List<ExceptionHandler> createExceptionHandlers(
            final KafkaHandlerMeta kafkaHandlerMeta) {
        List<ExceptionHandler> excepHandlers = new ArrayList<ExceptionHandler>();

        for (final Map.Entry<ErrorHandler, Method> errorHandler :
kafkaHandlerMeta.getErrorHandlers().entrySet()) {
```

```java
            ExceptionHandler exceptionHandler = new ExceptionHandler() {
                public boolean support(Throwable t) {
                    // We handle the exception when the classes are exactly same
                    return errorHandler.getKey().exception() == t.getClass();
                }

                public void handle(Throwable t, String message) {

                    Method excepHandlerMethod = errorHandler.getValue();
                    try {
                        excepHandlerMethod.invoke(kafkaHandlerMeta.getBean(),
                                t, message);

                    } catch (IllegalAccessException e) {
                        // If annotated exception handler is correct, this won't
                        // happen
                        log.error(
                                "No permission to access the annotated exception handler.",
                                e);
                        throw new IllegalStateException(
                                "No permission to access the annotated exception handler. Please check annotated config.",
                                e);
                    } catch (IllegalArgumentException e) {
                        // If annotated exception handler is correct, this won't
                        // happen
                        log.error(
                                "The parameter passed in doesn't match the annotated exception handler's.",
                                e);
                        throw new IllegalStateException(
                                "The parameter passed in doesn't match the annotated exception handler's. Please check annotated config.",
                                e);
                    } catch (InvocationTargetException e) {
                        // If the exception during handling exception occurs,
                        // throw it, in SafelyMessageHandler, this will be
                        // processed
                        log.error(
                                "Failed to call the annotated exception handler.",
                                e);
                        throw new IllegalStateException(
                                "Failed to call the annotated exception handler. Please check if the handler can handle the biz without any exception.",
                                e);
```

```
                }
            }
        };
        
        excepHandlers.add(exceptionHandler);
    }
    
    return excepHandlers;
}
```

这里只讲述 JSON 对象处理器的实现方法，其他实现方法请参考源代码，实现很简单，构造一个 ObjectMessageHandler 并调用 invokeHandler 方法：

```
protected ObjectMessageHandler<JSONObject> createObjectHandler(
        final KafkaHandlerMeta kafkaHandlerMeta,
        final KafkaProducer kafkaProducer,
        List<ExceptionHandler> excepHandlers) {
    
    ObjectMessageHandler<JSONObject> objectMessageHandler = new ObjectMessageHandler<JSONObject>(
            excepHandlers) {
        @Override
        protected void doExecuteObject(JSONObject jsonObject) {
            invokeHandler(kafkaHandlerMeta, kafkaProducer, jsonObject);
        }
        
    };
    
    return objectMessageHandler;
}
```

invokeHandler 方法通过反射调用具体的消息处理器方法并获得结果，根据结果的类型将其转换成文本消息，并通过生产者把处理结果发送出去。注意，这里需要处理不同的异常：

```
private void invokeHandler(final KafkaHandlerMeta kafkaHandlerMeta,
        final KafkaProducer kafkaProducer, Object parameter) {
    Method kafkaHandlerMethod = kafkaHandlerMeta.getMethod();
    try {
        Object result = kafkaHandlerMethod.invoke(
                kafkaHandlerMeta.getBean(), parameter);
        
        if (kafkaProducer != null) {
            if (result instanceof JSONObject)
                kafkaProducer.send(((JSONObject) result).toJSONString());
            else if (result instanceof JSONArray)
```

```
                    kafkaProducer.send(((JSONArray) result).toJSONString());
                else if (result instanceof Document)
                    kafkaProducer.send(((Document) result).getTextContent());
                else
                    kafkaProducer.send(JSON.toJSONString(result));
            }
        } catch (IllegalAccessException e) {
            // If annotated config is correct, this won't happen
            log.error("No permission to access the annotated kafka handler.", e);
            throw new IllegalStateException(
                    "No permission to access the annotated kafka handler. Please check annotated config.",
                    e);
        } catch (IllegalArgumentException e) {
            // If annotated config is correct, this won't happen
            log.error(
                    "The parameter passed in doesn't match the annotated kafka handler's.",
                    e);
            throw new IllegalStateException(
                    "The parameter passed in doesn't match the annotated kafka handler's. Please check annotated config.",
                    e);
        } catch (InvocationTargetException e) {
            // The SafeMessageHanlder has already handled the
            // throwable, no more exception goes here
            log.error("Failed to call the annotated kafka handler.", e);
            throw new IllegalStateException(
                    "Failed to call the annotated kafka handler. Please check if the handler can handle the biz without any exception.",
                    e);
        }
    }
```

2.4.6 消息处理器的体系结构

消息处理器用于把消息转换成不同类型的对象，例如 JSON 对象、Bean 和 XML 文档对象，然后把这个类型传递给子类进行处理，其中，类的继承体系结构如图 2-6 所示。

BeanMessageHandler 将 JSON 字符串的消息转换成一个领域对象，然后将这个领域对象模型传递给子类进行处理。

第 2 章　可灵活扩展的消息队列框架的设计与实现

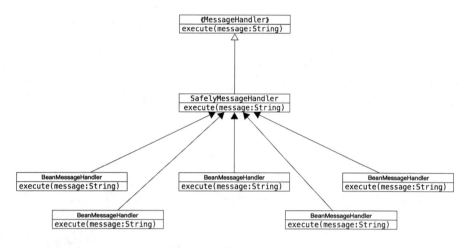

图 2-6

代码实现如下：

```
public abstract class BeanMessageHandler<T> extends SafelyMessageHandler {

    private Class<T> clazz;

    public BeanMessageHandler(Class<T> clazz) {
        super();

        this.clazz = clazz;
    }

    public BeanMessageHandler(Class<T> clazz, ExceptionHandler excepHandler) {
        super(excepHandler);

        this.clazz = clazz;
    }

    protected void doExecute(String message) {
        T bean = JSON.parseObject(message, clazz);
        doExecuteBean(bean);
    }

    protected abstract void doExecuteBean(T bean);
}
```

这里省略了其他类型的消息处理器的代码，所有这些消息处理器都继承自 SafelyMessageHandler。在 SafelyMessageHandler 中对异常进行了处理，如果产生了异常，则调用相应的异常处理器来处理，如果异常处理器处理失败，则通过记录异常日志来手工排查：

```java
public abstract class SafelyMessageHandler implements MessageHandler {
    private List<ExceptionHandler> excepHandlers = new ArrayList<ExceptionHandler>();

    {
        excepHandlers.add(new DefaultExceptionHandler());
    }


    public SafelyMessageHandler(ExceptionHandler excepHandler) {
        this.excepHandlers.add(excepHandler);
    }

    public void execute(String message) {
        try {
            doExecute(message);
        } catch (Throwable t) {
            handleException(t, message);
        }
    }

    protected void handleException(Throwable t, String message) {
        for (ExceptionHandler excepHandler : excepHandlers) {
            if (t.getClass() == IllegalStateException.class
                    && t.getCause() != null
                    && t.getCause().getClass() == InvocationTargetException.class
                    && t.getCause().getCause() != null)
                t = t.getCause().getCause();

            if (excepHandler.support(t)) {
                try {
                    excepHandler.handle(t, message);
                } catch (Exception e) {
                    log.error(
                            "Exception hanppens when the handler {} is handling the exception {} and the message {}. Please check if the exception handler is configured properly.",
                            excepHandler.getClass(), t.getClass(), message);
                    log.error(
                            "The stack of the new exception on exception is, ",
                            e);
                }
            }
        }
    }
```

```
        }
    }

    protected abstract void doExecute(String message);

}
```

2.4.7 反射机制

kclient 项目是个平台级别的中间件项目,需要大量地使用反射和注解,尤其是遍历一个类是否声明了某种类型的注解并提取的这段代码的使用率很高,因此将这块代码抽取出来形成了一个实用类,类代码如下:

```
public class AnnotationTranversor<C, K, V> {
    Class<? extends Object> clazz;

    public AnnotationTranversor(Class<? extends Object> clazz) {
        this.clazz = clazz;
    }

    public Map<C, Map<K, V>> tranverseAnnotation(
            AnnotationHandler<C, K, V> annotationHandler) {
        TranversorContext<C, K, V> ctx = new TranversorContext<C, K, V>();

        for (Annotation annotation : clazz.getAnnotations()) {
            annotationHandler.handleClassAnnotation(clazz, annotation, ctx);
        }

        for (Method method : clazz.getMethods()) {
            for (Annotation annotation : method.getAnnotations()) {
                annotationHandler.handleMethodAnnotation(clazz, method,
                    annotation, ctx);
            }
        }

        return ctx.getData();
    }
}
```

这里使用的是模板回调模式,通过传入一个类及一个回调方法,会自动遍历这个类,如果发现了注解，就调用模板回调，调用者主要使用回调的 AnnotationHandler 获取关心的注解：

```java
public interface AnnotationHandler<C, K, V> {
    public void handleMethodAnnotation(Class<? extends Object> clazz,
            Method method, Annotation annotation,
            TranversorContext<C, K, V> context);

    public void handleClassAnnotation(Class<? extends Object> clazz,
            Annotation annotation, TranversorContext<C, K, V> context);
}
```

2.4.8 模板项目的设计

模板项目是使用 kclient 的一个示例，在该示例中，我们使用 Spring Boot 启动一个 Spring Context：

```java
public class KClientApplication {
    protected static Logger log =
LoggerFactory.getLogger(KClientApplication.class);
    public static void main(String[] args) {
        ApplicationContext ctxBackend = SpringApplication.run(
                KClientApplication.class, args);

        String startupTime = new SimpleDateFormat("yyyy.MM.dd HH:mm:ss z")
                .format(new Date(ctxBackend.getStartupDate()));
        log.info("KClient application starts at: " + startupTime);

        System.out.println("KClient application starts at: " + startupTime);
    }
}
```

KClientApplication 在启动后，会加载同目录下的 KClientController 类：

```java
@RestController
public class KClientController {
    protected static Logger log = LoggerFactory
            .getLogger(KClientApplication.class);

    private ApplicationContext ctxKafkaProcessor = new ClassPathXmlApplicationContext(
            "kafka-application.xml");

    @RequestMapping("/")
    public String hello() {
```

```java
        return "Greetings from kclient processor!";
    }

    @RequestMapping("/status")
    public String status() {
        return "Handler Number: [" + getKClientBoot().getKafkaHandlers().size()
            + "]";
    }

    @RequestMapping("/stop")
    public String stop() {
        log.info("Shutdowning KClient now...");
        getKClientBoot().shutdownAll();

        String startupTime = new SimpleDateFormat("yyyy.MM.dd HH:mm:ss z")
                .format(new Date(ctxKafkaProcessor.getStartupDate()));
        log.info("KClient application stops at: " + startupTime);

        return "KClient application stops at: " + startupTime;
    }

    @RequestMapping("/restart")
    public String restart() {
        log.info("Shutdowning KClient now...");
        getKClientBoot().shutdownAll();

        log.info("Restarting KClient now...");
        ctxKafkaProcessor = new ClassPathXmlApplicationContext(
                "kafka-application.xml");

        String startupTime = new SimpleDateFormat("yyyy.MM.dd HH:mm:ss z")
                .format(new Date(ctxKafkaProcessor.getStartupDate()));
        log.info("KClient application restarts at: " + startupTime);

        return "KClient application restarts at: " + startupTime;
    }

    private KClientBoot getKClientBoot() {
        return (KClientBoot) ctxKafkaProcessor.getBean("kClientBoot");
    }
}
```

KClientController 类是一个 Spring 的控制器，在初始化时构造 Spring 环境并加载配置 kafka-application.xml，在这个 XML 里面只包含下面两个 Bean 的声明，一个是我们刚才实现的 kClientBoot 的实例，一个是扫描消息处理器的 Bean：

```
<bean name="kClientBoot" class="com.robert.kafka.kclient.boot.KClientBoot"
init-method="init"/>
```

```
<context:component-scan base-package="com.robert.kclient.app.handler" />
```

到这里，KClientBoot 已被加载，并且在被初始化时若调用了 init 方法，就调用了其 startup 方法。这时，KClientBoot 开始工作，从消息队列中消费消息，并将消费的消息转发给声明的 AnimalsHandler 来处理。

我们在 Spring 的控制器中实现了 kclient 的控制台命令，可以用来查看 kclient 的服务器状态及停止或者重启 kclient 处理器程序。

2.5 使用指南

kclient 提供了三种使用方法，对于每一种方法，按照下面的步骤可快速构建 Kafka 生产者和消费者程序。

2.5.1 安装步骤

首先，在下载源代码后，在项目根目录下执行如下命令来安装打包文件到我们的 Maven 本地库：

```
mvn install
```

接着，在我们的项目 pom.xml 文件中添加对 kclient 的依赖：

```
<dependency>
    <groupId>com.robert.kafka</groupId>
    <artifactId>kclient-core</artifactId>
    <version>0.0.1</version>
</dependency>
```

然后，根据 Kafka 官方文档搭建 Kafka 环境，并创建两个 Topic：test1 和 test2。

最后，从 Kafka 安装目录的 config 目录下复制 kafka-consumer.properties 和 kafka-producer.properties 到我们的项目类路径下，通常是 src/main/resources 目录下。

2.5.2　Java API

Java API 提供了最直接、最简单的使用 kclient 的方法。

构建 Producer 的示例如下:

```
KafkaProducer kafkaProducer = new KafkaProducer("kafka-producer.properties", "test");

for (int i = 0; i < 10; i++) {
    Dog dog = new Dog();
    dog.setName("Yours " + i);
    dog.setId(i);
    kafkaProducer.sendBean2Topic("test", dog);

    System.out.format("Sending dog: %d \n", i + 1);

    Thread.sleep(100);
}
```

构建 Consumer 的示例如下:

```
DogHandler mbe = new DogHandler();

KafkaConsumer kafkaConsumer = new KafkaConsumer("kafka-consumer.properties", "test", 1, mbe);
try {
    kafkaConsumer.startup();

    try {
        System.in.read();
    } catch (IOException e) {
        e.printStackTrace();
    }
} finally {
    kafkaConsumer.shutdownGracefully();
}
public class DogHandler extends BeanMessageHandler<Dog> {
    public DogHandler() {
        super(Dog.class);
    }

    protected void doExecuteBean(Dog dog) {
        System.out.format("Receiving dog: %s\n", dog);
    }
}
```

这里，需要根据队列的分区和消费者的数量来设置流的数量（通过 KafkaConsumer 的构造器参数 streamNum）。假如队列里有 4 个分区，只有一个消费者，则需要设置 4 个流，如果有两个消费者，则对每个消费者设置两个流，每个流默认对应一个消息处理线程，采用手工提交模式，由框架来处理细节。

2.5.3　与 Spring 环境集成

kclient 可以与 Spring 环境无缝集成，我们可以像使用 Spring Bean 一样来使用 KafkaProducer 和 KafkaConsumer。

构建 Producer 的示例如下：

```
    ApplicationContext ac = new
ClassPathXmlApplicationContext("kafka-producer.xml");

    KafkaProducer kafkaProducer = (KafkaProducer) ac.getBean("producer");

    for (int i = 0; i < 10; i++) {
    Dog dog = new Dog();
        dog.setName("Yours " + i);
        dog.setId(i);
        kafkaProducer.send2Topic("test", JSON.toJSONString(dog));

        System.out.format("Sending dog: %d \n", i + 1);

        Thread.sleep(100);
    }
    <bean name="producer" class="com.robert.kafka.kclient.core.KafkaProducer"
init-method="init">
    <property name="propertiesFile" value="kafka-producer.properties"/>
        <property name="defaultTopic" value="test"/>
    </bean>
```

构建 Consumer 的示例如下：

```
    ApplicationContext ac = new ClassPathXmlApplicationContext( "kafka-consumer.xml");
    KafkaConsumer kafkaConsumer = (KafkaConsumer) ac.getBean("consumer"); try
{ kafkaConsumer.startup();
```

DogHandler 的代码如下：

```
    try {
        System.in.read();
    } catch (IOException e) {
        e.printStackTrace();
    }
} finally {
        kafkaConsumer.shutdownGracefully();
}
public class DogHandler extends BeanMessageHandler<Dog> {
    public DogHandler() {
        super(Dog.class);
    }

    protected void doExecuteBean(Dog dog) {
        System.out.format("Receiving dog: %s\n", dog);
    }
}
```

afka-consumer.xml 的配置如下：

```
<bean name="dogHandler" class="com.robert.kafka.kclient.sample.api.DogHandler" />

<bean name="consumer" class="com.robert.kafka.kclient.core.KafkaConsumer" init-method="init">
    <property name="propertiesFile" value="kafka-consumer.properties" />
    <property name="topic" value="test" />
    <property name="streamNum" value="1" />
    <property name="handler" ref="dogHandler" />
</bean>
```

这里，需要根据队列的分区和消费者的数量来设置流的数量（通过 XML 配置中的 streamNum）。假如队列有 4 个分区，只有一个消费者，那么需要设置 4 个流，如果有两个消费者，则对每个消费者设置两个流，每个流默认对应一个消息处理线程，采用手工提交模式，由框架来处理细节。

2.5.4 对服务源码进行注解

kclient 提供了类似 Spring 声明式的编程方法，并使用注解声明 Kafka 的处理器方法，所有线程模型、异常处理、服务启动和关闭等都由后台服务自动完成，极大程度地简化了 API 的使用方法，提高了开发者的工作效率。

使用注解声明 Kafka 消息处理器：

```java
@KafkaHandlers
public class AnnotatedDogHandler {
    @InputConsumer(propertiesFile = "kafka-consumer.properties", topic = "test", streamNum = 1)
    @OutputProducer(propertiesFile = "kafka-producer.properties", defaultTopic = "test1")
    public Cat dogHandler(Dog dog) {
        System.out.println("Annotated dogHandler handles: " + dog);

        return new Cat(dog);
    }

    @InputConsumer(propertiesFile = "kafka-consumer.properties", topic = "test1", streamNum = 1)
    public void catHandler(Cat cat) throws IOException {
        System.out.println("Annotated catHandler handles: " + cat);

        throw new IOException("Man made exception.");
    }

    @ErrorHandler(exception = IOException.class, topic = "test1")
    public void ioExceptionHandler(IOException e, String message) {
        System.out.println("Annotated excepHandler handles: " + e);
    }
}
```

注解启动程序：

```java
public static void main(String[] args) {
    ApplicationContext ac = new ClassPathXmlApplicationContext(
            "annotated-kafka-consumer.xml");

    try {
        System.in.read();
    } catch (IOException e) {
        e.printStackTrace();
    }
}
```

注解 Spring 环境配置：

```xml
<bean name="kclientBoot" class="com.robert.kafka.kclient.boot.kclientBoot" init-method="init"/>

<context:component-scan base-package="com.robert.kafka.kclient.sample.annotation" />
```

2.6 API 简介

2.6.1 Producer API

KafkaProducer 类提供了丰富的 API 来发送不同类型的消息，支持发送字符串消息、一个普通的 Bean 及 JSON 对象等。在这些 API 中可以指定发送到某个 Topic，也可以不指定而使用默认的 Topic。对于发送的数据，支持带 Key 值的消息和不带 Key 值的消息。

发送字符串的消息：

```
public void send(String message);
public void send2Topic(String topicName, String message);
public void send(String key, String message);
public void send2Topic(String topicName, String key, String message);
public void send(Collection<String> messages);
public void send2Topic(String topicName, Collection<String> messages);
public void send(Map<String, String> messages);
public void send2Topic(String topicName, Map<String, String> messages);
```

发送 Bean 的消息：

```
public <T> void sendBean(T bean);
public <T> void sendBean2Topic(String topicName, T bean);
public <T> void sendBean(String key, T bean);
public <T> void sendBean2Topic(String topicName, String key, T bean);
public <T> void sendBeans(Collection<T> beans);
public <T> void sendBeans2Topic(String topicName, Collection<T> beans);
public <T> void sendBeans(Map<String, T> beans);
public <T> void sendBeans2Topic(String topicName, Map<String, T> beans);
```

发送 JSON 对象的消息：

```
public void sendObject(JSONObject jsonObject);
public void sendObject2Topic(String topicName, JSONObject jsonObject);
public void sendObject(String key, JSONObject jsonObject);
public void sendObject2Topic(String topicName, String key, JSONObject jsonObject);
public void sendObjects(JSONArray jsonArray);
public void sendObjects2Topic(String topicName, JSONArray jsonArray);
public void sendObjects(Map<String, JSONObject> jsonObjects);
```

```
public void sendObjects2Topic(String topicName, Map<String, JSONObject> jsonObjects);
```

2.6.2 Consumer API

KafkaConsumer 类提供了丰富的构造函数来指定 Kafka 消费者服务器的各项参数，包括线程池策略、线程池类型、流数量等。

使用 PROPERTIES 文件初始化：

```
public KafkaConsumer(String propertiesFile, String topic, int streamNum, MessageHandler handler);
public KafkaConsumer(String propertiesFile, String topic, int streamNum, int fixedThreadNum, MessageHandler handler);
public KafkaConsumer(String propertiesFile, String topic, int streamNum, int fixedThreadNum, boolean isSharedThreadPool, MessageHandler handler);
public KafkaConsumer(String propertiesFile, String topic, int streamNum, int minThreadNum, int maxThreadNum, MessageHandler handler);
public KafkaConsumer(String propertiesFile, String topic, int streamNum, int minThreadNum, int maxThreadNum, boolean isSharedThreadPool,MessageHandler handler);
```

使用 PROPERTIES 对象初始化：

```
public KafkaConsumer(Properties properties, String topic, int streamNum, MessageHandler handler);
public KafkaConsumer(Properties properties, String topic, int streamNum, int fixedThreadNum, MessageHandler handler);
public KafkaConsumer(Properties properties, String topic, int streamNum, int fixedThreadNum, boolean isSharedThreadPool, MessageHandler handler);
public KafkaConsumer(Properties properties, String topic, int streamNum, int minThreadNum, int maxThreadNum, MessageHandler handler);
public KafkaConsumer(Properties properties, String topic, int streamNum, int minThreadNum, int maxThreadNum, boolean isSharedThreadPool,MessageHandler handler);
```

2.6.3 消息处理器

消息处理器结构提供了一个基本接口，并且提供了不同的抽象类实现不同层次的功能，让功能得到最大化的重用，并且互相解耦，开发者可以根据需求选择某个抽象类来继承和使用。

接口定义：

```
public interface MessageHandler {
    public void execute(String message);
}
```

安全处理异常抽象类：

```
public abstract class SafelyMessageHandler implements MessageHandler {
    public void execute(String message) {
        try {
            doExecute(message);
        } catch (Throwable t) {
            handleException(t, message);
        }
    }

    protected void handleException(Throwable t, String message) {
        for (ExceptionHandler excepHandler : excepHandlers) {
            if (t.getClass() == IllegalStateException.class
                    && t.getCause() != null
                    && t.getCause().getClass() == InvocationTargetException.class
                    && t.getCause().getCause() != null)
                t = t.getCause().getCause();

            if (excepHandler.support(t)) {
                try {
                    excepHandler.handle(t, message);
                } catch (Exception e) {
                    log.error(
                            "Exception hanppens when the handler {} is handling the exception {} and the message {}. Please check if the exception handler is configured properly.",
                            excepHandler.getClass(), t.getClass(), message);
                    log.error(
                            "The stack of the new exception on exception is, ",
                            e);
                }
            }
        }
    }

    protected abstract void doExecute(String message);
```

面向类型的抽象类：

```
public abstract class BeanMessageHandler<T> extends SafelyMessageHandler {...}
public abstract class BeansMessageHandler<T> extends SafelyMessageHandler {...}
```

```
public abstract class DocumentMessageHandler extends SafelyMessageHandler {...}
public abstract class ObjectMessageHandler extends SafelyMessageHandler {...}
public abstract class ObjectsMessageHandler extends SafelyMessageHandler {...}
```

2.6.4 消息处理器定义的注解

正如前面讲到的，kclient 可以通过注解来声明 Kafka 的消息处理器。kclient 提供了 KafkaHandlers、InputConsumer、OutputProducer、ErrorHandler 这 4 种注解。

KafkaHandlers：

```
@Target({ ElementType.TYPE })
@Retention(RetentionPolicy.RUNTIME)
@Documented
@Component
public @interface KafkaHandlers {
}
```

InputConsumer：

```
@Target({ ElementType.METHOD })
@Retention(RetentionPolicy.RUNTIME)
@Documented
public @interface InputConsumer {
    String propertiesFile() default "";

    String topic() default "";

    int streamNum() default 1;

    int fixedThreadNum() default 0;

    int minThreadNum() default 0;

    int maxThreadNum() default 0;
}
```

OutputProducer：

```
@Target({ ElementType.METHOD })
@Retention(RetentionPolicy.RUNTIME)
@Documented
public @interface OutputProducer {
String propertiesFile() default "";
```

```
    String defaultTopic() default "";
}
```

ErrorHandler：

```
@Target({ ElementType.METHOD })
@Retention(RetentionPolicy.RUNTIME)
@Documented
public @interface ErrorHandler {
    Class<? extends Throwable> exception() default Throwable.class;

    String topic() default "";
}
```

2.7 消息处理机模板项目

2.7.1 快速开发向导

通过下面的步骤可以快速开发 Kafka 的处理机服务。

（1）从本项目下载 kclient-processor 项目模板，并且根据业务需要修改 pom.xml，然后导入 Eclipse。

（2）根据业务的需要，更改 com.robert.kclient.app.handler 包下的 AnimalsHandler 类的名称，并且修改处理器的注解。可以加入业务服务对消息的逻辑进行处理：

```
@KafkaHandlers
public class AnimalsHandler {
    @InputConsumer(propertiesFile = "kafka-consumer.properties", topic = "test", streamNum = 1)
    @OutputProducer(propertiesFile = "kafka-producer.properties", defaultTopic = "test1")
    public Cat dogHandler(Dog dog) {
        System.out.println("Annotated dogHandler handles: " + dog);

        return new Cat(dog);
    }
```

```
        @InputConsumer(propertiesFile = "kafka-consumer.properties", topic = "test1",
streamNum = 1)
    public void catHandler(Cat cat) throws IOException {
        System.out.println("Annotated catHandler handles: " + cat);

        throw new IOException("Man made exception.");
    }

    @ErrorHandler(exception = IOException.class, topic = "test1")
    public void ioExceptionHandler(IOException e, String message) {
        System.out.println("Annotated excepHandler handles: " + e);
    }
}
```

(3)通过 mvn package 即可打包包含 Spring Boot 功能的自启动 Jar 包。

(4)通过 java -jar kclient-processor.jar 即可启动服务。

2.7.2 后台监控和管理

kclient 模板项目提供了后台管理接口来监控和管理消息处理服务。

(1)欢迎词,用来校验服务是否启动成功:

```
curl http://localhost:8080/
```

(2)服务的状态,用来显示处理器的数量:

```
curl http://localhost:8080/status
```

(3)重启服务:

```
curl http://localhost:8080/restart
```

(4)停止服务:

```
curl http://localhost:8080/stop
```

第 3 章
轻量级的数据库分库分表架构与框架

在互联网行业里，由于有庞大的用户量存在，所以会产生海量的请求，这些请求产生的交易数据和信息都需要存储在关系型数据库中。由于数据量很大，单个数据库的表已经难以容纳所有数据，所以产生了分库分表的需求。分库分表，顾名思义，就是使用多个库和多个表甚至多个数据库实例来存储海量的数据。本章将介绍分库分表产生的背景、通用的分库分表的设计思路及使用分库分表的优秀实践，并介绍流行的代理分库分表框架 Mycat 和客户端分库分表框架 Sharding JDBC，还提供了一款自研的客户端代理分库分表框架 dbsplit（http://githud.com/robertleepeak/dbsplit），以帮助读者理解如何设计可伸缩的分库分表框架。相信学完本章，读者不但会使用分库分表框架，还会在企业内部的项目里自己开发一套简单易用的数据库分库分表框架，来满足企业对数据存储系统的可伸缩的需求。

3.1 什么是分库分表

数据量在不断增加,我们应该怎样存储这些海量的交易数据?用户量也在不断增加,访问能否依旧流畅地进行?目前,数据拆分是这两个问题的主流解决方案。数据拆分是对数据进行分而治之的通用概念,在数据库存储方面是通过分库分表来实现数据拆分的,对数据的拆分主要体现在两个方面:垂直拆分和水平拆分。

- 垂直拆分:根据业务的维度,将原本的一个库(表)拆分为多个库(表),每个库(表)与原有的结构不同。

- 水平拆分:根据分片(sharding)算法,将一个库(表)拆分为多个库(表),每个库(表)依旧保留原有的结构。

上面的两种拆分方法可能会同时存在,在互联网应用的开发过程中,通常先进行垂直拆分,使单体应用形成多个微服务结构,在微服务中再进行水平库(表)拆分。

那么我们怎么定义分库分表呢?为了分散数据库的压力,我们会采用分库分表的方案,将一个表结构分为多个表,或者将一个表的数据分片后放入多个表,这些表可以放在同一个库里,也可以放到不同的库里,甚至可以放在不同的数据库实例上。

3.1.1 使用数据库的三个阶段

我们的应用基本都需要使用数据库,随着数据库中数据量的增加,我们对数据库的使用通常经历以下三个阶段。

1. 单库单表

单库单表是最常见的数据库设计,例如,有一张用户表(以下简称 User 表)被放在数据库中,所有用户的信息都被存储在数据库的这张 User 表中。

2. 单库多表

随着用户量的增加，User 表的数据量越来越大，当数据量达到一定程度时，对 User 表的查询会渐渐变慢，从而影响整个数据库的性能。如果使用 MySQL 的低版本，则还有一个更严重的问题：当需要添加一个列时，MySQL 会锁表，在此期间的所有读写操作只能等待。

这时，可以通过某种规则将 User 表里面的数据进行水平切分，产生多个结构完全一样的表，例如 User0、User1……User$N$，等等，则这些表的数据加起来刚好是一份完整的全量数据。

3. 多库多表

随着数据量的增加，单台数据库的存储空间也许就不够用了，并且随着查询量的增加，单台数据库的服务器已经没办法支撑这些查询，因为单表的数据量太大，所以在增加和减少索引时需要耗费的时间会很长。

这时可以再对数据库进行水平切分，将切分的数据库和表水平地分散到不同的数据库实例上。

3.1.2 在什么情况下需要分库分表

首先，如果在一个库中的表数据超过了一定的数量，例如在 MySQL 的表中达到千万级别，就需要考虑进行分表，这样，数据就被分散在不同的表上，单表的索引大小得到了控制，会提升查询性能，对索引及表结构的变更会很方便和高效。当数据库实例的吞吐量达到性能的瓶颈时，我们需要扩展数据库实例，让每个数据库实例承担其中一部分数据库的请求，分解总体的大请求量带来的压力。现在，大多数数据库实例都可以创建多个数据库，那么为什么在分库分表中要创建多个数据库呢？因为，如果在扩容时有多个数据库，则只要通过 DBA 的操作，就可以将不同的数据库移动到不同的数据库实例中，在应用层不用对数据库和表的配置进行变更，只需增加对实例的引用。

这里总结一下在什么情况下需要分库分表。

- 如果在数据库中表的数量达到了一定的量级，则需要进行分表，分解单表的大数据量对索引查询带来的压力,并方便对索引和表结构的变更。

- 如果数据库的吞吐量达到了瓶颈,就需要增加数据库实例,利用多个数据库实例来分解大量的数据库请求带来的系统压力。
- 如果希望在扩容时对应用层的配置改变最少,就需要在每个数据库实例中预留足够的数据库数量。

3.1.3 分库分表的典型实例

假设我们的某个业务使用了 User 表,而 User 表有 16 亿条数据记录,若将对这 16 亿条数据记录进行的增删改查等操作放在一个数据库的单表中,则性能一定不会太好。根据经验,一般的数据库如 MySQL,单表存储 5000 万条数据记录已经达到极限。所以,我们需要对数据进行分片存储:首先,按照 5000 万条数据记录一个单位来切分,将这 16 亿条数据记录切分成 32 个切片,如图 3-1 所示。

图 3-1

如果将这 32 个切片对应 32 个数据库表,并把它们放入一个数据库实例和一个数据库中,那么单个数据库实例的网卡 I/O、内存、CPU 和磁盘性能是有限的,随着数据访问频率的增加,会导致单个实例和单个库遇到瓶颈。因此,我们需要把这 32 个表分散到多个数据库和多个数据库实例中,对数据库实例和数据库表的数量的评估,请参考《分布式服务架构:原理、设计与实战》第 3 章关于服务化系统容量评估和性能保障的内容。

这里给出一个实例,如图 3-2 所示,将上面提到的有 16 亿条数据记录的 User 表拆分成 4 个数据库实例,每个实例有两个数据库,每个数据库有 4 个表。

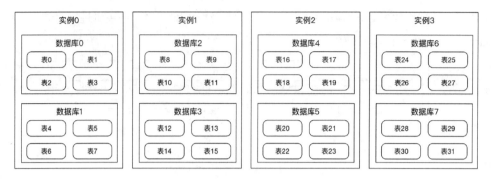

图 3-2

3.2 三种分而治之的解决方案

拆分的方式有两种：垂直拆分和水平拆分，分库分表是对数据库拆分的一种解决方案。根据分库分表方案中实施切片逻辑的层次不同，我们将分库分表的实现方案分成三大类：客户端分片、代理分片和支持事务的分布式数据库。

3.2.1 客户端分片

顾名思义，客户端分片就是使用分库分表的数据库的应用层直接操作分片逻辑，分片规则需要在同一个应用的多个节点间进行同步，每个应用层都嵌入一个操作切片的逻辑实现（分片规则），这一般通过依赖 Jar 包来实现，如图 3-3 所示。

具体的实现方式分为三种：在应用层直接实现、通过定制 JDBC 协议实现、通过定制 ORM 框架实现。

1. 在应用层直接实现

这是一种非常通用、简单的解决方案，直接在应用层读取分片规则，然后解析分片规则，根据分片规则实现切分的路由逻辑，从应用层直接决定每次操作应该使用哪个数据库实例、数据库及哪个数据库的表等，如图 3-4 所示。一般在公司内部会将这些逻辑进行封装，打包成一个 Jar 包供公司内部的项目使用。

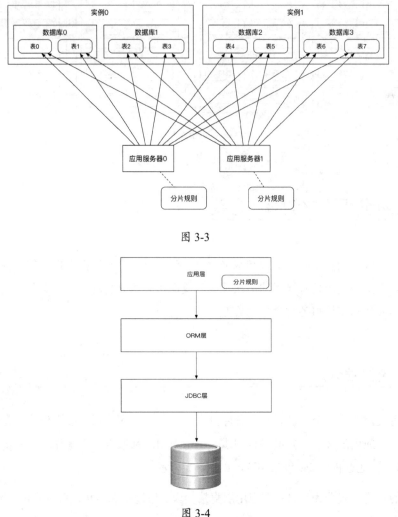

图 3-3

图 3-4

这种解决方案虽然侵入了业务，但是实现起来比较简单，适合快速上线，而且切分逻辑是自己开发的，如果在生产上产生了问题，则都比较容易解决。但是，这种实现方式会让数据库保持的连接比较多，这要看应用服务器池的节点数量，需要提前进行容量评估。

笔者曾工作过的几家大型互联网公司都有内部的分库分表实现，多数采用在应用层直接实业务逻辑的实现，待业务逻辑实现以后，在代理层配置路由规则即可。其架构如图 3-7 所示。

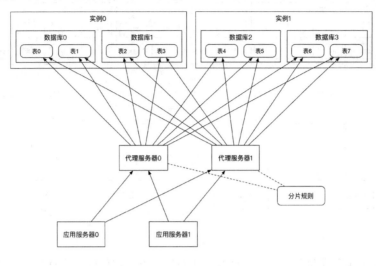

图 3-7

这种方案的优点是让应用层的开发人员专注于业务逻辑的实现，把分库分表的配置留给代理层做；缺点是增加了代理层。尽管代理层是轻量级的转发协议，但是毕竟要实现 JDBC 协议的解析，并通过分片的路由规则来路由请求，对每个数据库操作都增加了一层网络传输，这对性能是有影响的，需要维护增加的代理层，也有硬件成本，还要有能够解决 Bug 的技术专家，成本很高。

通过代理分片实现的框架有 Cobar 和 Mycat 等。

3.2.3 支持事务的分布式数据库

现在有很多产品如 OceanBase、TiDB 等都对外提供可伸缩的体系架构，并提供一定的分布式事务支持，将可伸缩的特点和分布式事务的实现包装到分布式数据库内部实现，对使用者透明，使用者不需要直接控制这些特性，例如，TiDB 对外提供 JDBC 的接口，让应用层像使用 MySQL 等传统数据库一样来使用 TiDB，而不需要关注其内部是如何伸缩、分片及处理分布式事务的，等等。如图 3-8 所示。

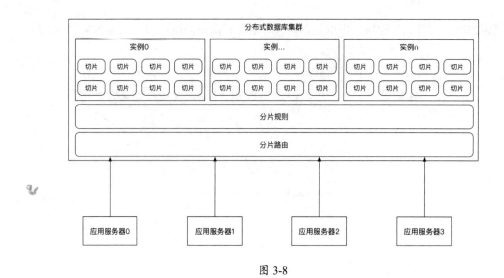

图 3-8

笔者曾在金融和支付公司工作，金融行业在技术方面偏保守，毕竟是与钱打交道的，每天的交易流水上亿很正常。在各种交易系统中，我们通常采用对事务支持较好的关系型数据库，鲜有采用其他类型的数据库，而这些分布式数据库更适合实现非交易系统，例如大数据日志系统、统计系统、查询系统、社交网站等。

3.3 分库分表的架构设计

这里介绍设计分库分表框架时应该考虑的设计要点，并给出相应的解决方案，为后面实现分库分表框架 dbsplit 提供理论支撑。

3.3.1 整体的切分方式

简单来说，数据的切分就是通过某种特定的条件，将我们存放在同一个数据库中的数据分散存放到多个数据库（主机）中，以达到分散单台设备负载的效果，即分库分表。

数据的切分根据其切分规则的类型，可以分为如下两种切分模式。

- 垂直（纵向）切分：把单一的表拆分成多个表，并分散到不同的数据库（主机）上。
- 水平（横向）切分：根据表中数据的逻辑关系，将同一个表中的数据按照某种条件拆分到多台数据库（主机）上。

1. 垂直切分

一个数据库由多个表构成，每个表对应不同的业务，垂直切分是指按照业务将表进行分类，将其分布到不同的数据库上，这样就将数据分担到了不同的库上（专库专用）。

案例如下：

```
#有如下几张表

---------------+---------------+------------------
用户信息(User)+ 交易记录(Pay)+  商品(Commodity)|
---------------+---------------+------------------
```

针对以上案例，垂直切分就是根据每个表的不同业务进行切分，比如 User 表、Pay 表和 Commodity 表，将每个表切分到不同的数据库上。

垂直切分的优点如下。

- 拆分后业务清晰，拆分规则明确。
- 系统之间进行整合或扩展很容易。
- 按照成本、应用的等级、应用的类型等将表放到不同的机器上，便于管理。
- 便于实现动静分离、冷热分离的数据库表的设计模式。
- 数据维护简单。

垂直切分的缺点如下。

- 部分业务表无法关联（Join），只能通过接口方式解决，提高了系统的复杂度。
- 受每种业务的不同限制，存在单库性能瓶颈，不易进行数据扩展和提升性能。
- 事务处理复杂。

垂直切分除了用于分解单库单表的压力，也用于实现冷热分离，也就是根据数据的活跃度进行拆分，因为对拥有不同活跃度的数据的处理方式不同。

我们可将本来可以在同一个表中的内容人为地划分为多个表。所谓"本来"，是指按照关系型数据库第三范式的要求，应该在同一个表中，将其拆分开就叫作反范化（Denormalize）。

例如，对配置表的某些字段很少进行修改时，将其放到一个查询性能较高的数据库硬件上；对配置表的其他字段更新频繁时，则将其放到另一个更新性能较高的数据库硬件上。

这里我们再举一个例子，在微博系统的设计中，一个微博对象包括文章标题、作者、分类、创建时间等属性字段，这些字段的变化频率低，查询次数多，叫作冷数据。而博客的浏览量、回复数、点赞数等类似的统计信息，或者别的变化频率比较高的数据，叫作活跃数据或者热数据。我们把冷热数据分开存放，就叫作冷热分离，在 MySQL 的数据库中，冷数据查询较多，更新较少，适合用 MyISAM 引擎，而热数据更新比较频繁，适合使用 InnoDB 存储引擎，这也是垂直拆分的一种。

我们推荐在设计数据库表结构时，就考虑垂直拆分，根据冷热分离、动静分离的原则，再根据使用的存储引擎的特点，对冷数据可以使用 MyISAM，能更好地进行数据查询；对热数据可以使用 InnoDB，有更快的更新速度，这样能够有效提升性能。

其次，对读多写少的冷数据可配置更多的从库来化解大量查询请求的压力；对于热数据，可以使用多个主库构建分库分表的结构，请参考下面关于水平切分的内容，后续的 3.3 节、3.4 节和 3.5 节提供了不同的分库分表的具体实施方案。

注意，对于一些特殊的活跃数据或者热点数据，也可以考虑使用 Memcache、Redis 之类的缓存，等累计到一定的量后再更新数据库，例如，在记录微博点赞数量的业务中，点赞数量被存储在缓存中，每增加 1000 个点赞，才写一次数据。

2. 水平切分

与垂直切分对比，水平切分不是将表进行分类，而是将其按照某个字段的某种规则分散到多个库中，在每个表中包含一部分数据，所有表加起来就是全量的数据。简单来说，我们可以将对数据的水平切分理解为按照数据行进行切分，就是将表中的某些行切分到一个数据库表中，而将其他行切分到其他数据库表中。

这种切分方式根据单表的数据量的规模来切分，保证单表的容量不会太大，从而保证了单表的查询等处理能力，例如将用户的信息表拆分成 User1、User2 等，表结构是完全一样的。我们通常根据某些特定的规则来划分表，比如根据用户的 ID 来取模划分。

例如，在博客系统中，当读取博客的量很大时，就应该采取水平切分来减少每个单表的压力，并提升性能。以微博表为例，当同时有 100 万个用户在浏览时，如果是单表，则单表会进行 100 万次请求，假如是单库，数据库就会承受 100 万次的请求压力；假如将其分为 100 个表，并且分布在 10 个数据库中，每个表进行 1 万次请求，则每个数据库会承受 10 万次的请求压力，虽然这不可能绝对平均，但是可以说明问题，这样压力就减少了很多，并且是成倍减少的。

水平切分的优点如下。

- 单库单表的数据保持在一定的量级，有助于性能的提高。
- 切分的表的结构相同，应用层改造较少，只需要增加路由规则即可。
- 提高了系统的稳定性和负载能力。

水平切分的缺点如下。

- 切分后，数据是分散的，很难利用数据库的 Join 操作，跨库 Join 性能较差。
- 拆分规则难以抽象。
- 分片事务的一致性难以解决。
- 数据扩容的难度和维护量极大。

综上所述，垂直切分和水平切分的共同点如下。

- 存在分布式事务的问题。
- 存在跨节点 Join 的问题。
- 存在跨节点合并排序、分页的问题。
- 存在多数据源管理的问题。

在了解这两种切分方式的特点后，我们就可以根据自己的业务需求来选择，通常会同时使用这两种切分方式，垂直切分更偏向于业务拆分的过程，在技术上我们更关注水平切分的方案。

3.3.2 水平切分方式的路由过程和分片维度

这里讲解水平切分的路由过程和分片维度。

1. 水平切分的路由过程

我们在设计表时需要确定对表按照什么样的规则进行分库分表。例如，当有新用户时，程序得确定将此用户的信息添加到哪个表中；同理，在登录时我们需要通过用户的账号找到数据库中对应的记录，所有这些都需要按照某一规则进行路由请求，因为请求所需要的数据分布在不同的分片表中。

针对输入的请求，通过分库分表规则查找到对应的表和库的过程叫作路由。例如，分库分表的规则是 user_id % 4，当用户新注册了一个账号时，假设用户的 ID 是 123，我们就可以通过 123 % 4 = 3 确定此账号应该被保存在 User3 表中。当 ID 为 123 的用户登录时，我们可通过 123 % 4 = 3 计算后，确定其被记录在 User3 中。

2. 水平切分的分片维度

对数据切片有不同的切片维度，可以参考 Mycat 提供的切片方式（见 3.4 节），这里只介绍两种最常用的切片维度。

1）按照哈希切片

对数据的某个字段求哈希，再除以分片总数后取模，取模后相同的数据为一个分片，这样的将数据分成多个分片的方法叫作哈希分片。

按照哈希分片常常应用于数据没有时效性的情况，比如所有数据无论是在什么时间产生的，都需要进行处理或者查询，例如支付行业的客户要求可以对至少 1 年以内的交易进行查询和退款，那么 1 年以内的所有交易数据都必须停留在交易数据库中，否则就无法查询和退款。如果这家公司在一年内能做 10 亿条交易，假设每个数据库分片能够容纳 5000 万条数据，则至少需要 20 个表才能容纳 10 亿条交易。在路由时，我们根据交易 ID 进行哈希取模来找到数据属于哪个分片，因此，在设计系统时要充分考虑如何设计数据库的分库分表的路由规则。

这种切片方式的好处是数据切片比较均匀，对数据压力分散的效果较好，缺点是数据分散后，对于查询需求需要进行聚合处理。

2）按照时间切片

与按照哈希切片不同，这种方式是按照时间的范围将数据分布到不同的分片上的，例如，我们可以将交易数据按照月进行切片，或者按照季度进行切片，由交易数据的多少来决定按照什么样的时间周期对数据进行切片。

这种切片方式适用于有明显时间特点的数据，例如，距离现在 1 个季度的数据访问频繁，距离现在两个季度的数据可能没有更新，距离现在 3 个季度的数据没有查询需求，针对这种情况，可以通过按照时间进行切片，针对不同的访问频率使用不同档次的硬件资源来节省成本：假设距离现在 1 个季度的数据访问频率最高，我们就用更好的硬件来运行这个分片；假设距离现在 3 个季度的数据没有任何访问需求，我们就可以将其整体归档，以方便 DBA 操作。

在实际的生产实践中，按照哈希切片和按照时间切片都是常用的分库分表方式，并被广泛使用，有时可以结合使用这两种方式，例如：对交易数据先按照季度进行切片，然后对于某一季度的数据按照主键哈希进行切片。

3.3.3 分片后的事务处理机制

本节讲解分片后的事务处理机制。

1. 分布式事务

由于我们将单表的数据切片后存储在多个数据库甚至多个数据库实例中，所以依靠数据库本身的事务机制不能满足所有场景的需要。但是，我们推荐在一个数据库实例中的操作尽可能使用本地事务来保证一致性，跨数据库实例的一系列更新操作需要根据事务路由在不同的数据源中完成，各个数据源之间的更新操作需要通过分布式事务处理。

这里只介绍实现分布式操作一致性的几个主流思路，保证分布式事务一致性的具体方法请参考《分布式服务架构：原理、设计与实战》中第 2 章的内容。

主流的分布式事务解决方案有三种：两阶段提交协议、最大努力保证模式和事务补偿机制。

1）两阶段提交协议

两阶段提交协议将分布式事务分为两个阶段，一个是准备阶段，一个是提交阶段，两个阶段都由事务管理器发起。基于两阶段提交协议，事务管理器能够最大限度地保证跨数据库操作的事务的原子性，是分布式系统环境下最严格的事务实现方法。符合 J2EE 规范的 AppServer（例如：Websphere、Weblogic、Jboss 等）对关系型数据库数据源和消息队列都实现了两阶段提交协议，只需在使用时配置即可。如图 3-9 所示。

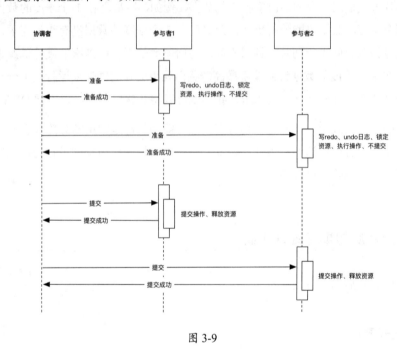

图 3-9

但是，两阶段提交协议也带来了性能方面的问题，难于进行水平伸缩，因为在提交事务的过程中，事务管理器需要和每个参与者进行准备和提交的操作的协调，在准备阶段锁定资源，在提交阶段消费资源，但是由于参与者较多，锁定资源和消费资源之间的时间差被拉长，导致响应速度较慢，在此期间产生死锁或者不确定结果的可能性较大。因此，在互联网行业里，为了追求性能的提升，很少使用两阶段提交协议。

另外，由于两阶段提交协议是阻塞协议，在极端情况下不能快速响应请求方，因此有人提出了三阶段提交协议，解决了两阶段提交协议的阻塞问题，但仍然需要事务管理器在参与者之间协调，才能完成一个分布式事务。

2）最大努力保证模式

这是一种非常通用的保证分布式一致性的模式，很多开发人员一直在使用，但是并未意识到这是一种模式。最大努力保证模式适用于对一致性要求并不十分严格但是对性能要求较高的场景。

具体的实现方法是，在更新多个资源时，将多个资源的提交尽量延后到最后一刻处理，这样的话，如果业务流程出现问题，则所有的资源更新都可以回滚，事务仍然保持一致。唯一可能出现问题的情况是在提交多个资源时发生了系统问题，比如网络问题等，但是这种情况是非常罕见的，一旦出现这种情况，就需要进行实时补偿，将已提交的事务进行回滚，这和我们常说的 TCC 模式有些类似。

下面是使用最大努力保证模式的一个样例，在该样例中涉及两个操作，一个是从消息队列消费消息，一个是更新数据库，需要保证分布式的一致性。

（1）开始消息事务。

（2）开始数据库事务。

（3）接收消息。

（4）更新数据库。

（5）提交数据库事务。

（6）提交消息事务。

这时，从第 1 步到第 4 步并不是很关键，关键的是第 5 步和第 6 步，需要将其放在最后一起提交，尽最大努力保证前面的业务处理的一致性。到了第 5 步和第 6 步，业务逻辑处理完成，这时只可能发生系统错误，如果第 5 步失败，则可以将消息队列和数据库事务全部回滚，保持一致。如果第 5 步成功，第 6 步遇到了网络超时等问题，则这是唯一可能产生问题的情况，在这种情况下，消息的消费过程并没有被提交到消息队列，消息队列可能会重新发送消息给其他消息处理服务，这会导致消息被重复消费，但是可以通过幂等处理来保证消除重复消息带来的影响。

当然，在使用这种模式时，我们要充分考虑每个资源的提交顺序。我们在生产实践中遇到的一种反模式，就是在数据库事务中嵌套远程调用，而且远程调用是耗时任务，导致数据库事务被拉长,最后拖垮数据库。因此,上面的案例涉及的是消息事务嵌套数据库事务,在这里必须进行充分评估和设计,才可以规避事务风险。

3)事务补偿机制

显然,在对性能要求很高的场景中,两阶段提交协议并不是一种好方案,最大努力保证模式也会使多个分布式操作互相嵌套,有可能互相影响。这里,我们给出事务补偿机制,其性能很高,并且能够尽最大可能地保证事务的最终一致性。

在数据库分库分表后,如果涉及的多个更新操作在某一个数据库范围内完成,则可以使用数据库内的本地事务保证一致性;对于跨库的多个操作,可通过补偿和重试,使其在一定的时间窗口内完成操作,这样就可以实现事务的最终一致性,突破事务遇到问题就滚回的传统思路。

如果采用事务补偿机制,则在遇到问题时,我们需要记录遇到问题的环境、信息、步骤、状态等,后续通过重试机制使其达到最终一致性,详细内容可以参考《分布式服务架构:原理、设计与实战》第 2 章,彻底理解 ACID 原理、CAP 理论、BASE 原理、最终一致性模式等内容。

2. 事务路由

无论使用上面哪种方法实现分布式事务,都需要对分库分表的多个数据源路由事务,一般通过对 Spring 环境的配置,为不同的数据源配置不同的事务管理器(TransactionManager),这样,如果更新操作在一个数据库实例内发生,便可以使用数据源的事务来处理。对于跨数据源的事务,可通过在应用层使用最大努力保证模式和事务补偿机制来达成事务的一致性。当然,有时我们需要通过编写程序来选择数据库的事务管理器,根据实现方式的不同,可将事务路由具体分为以下三种。

1)自动提交事务路由

自动提交事务通过依赖 JDBC 数据源的自动提交事务特性,对任何数据库进行更新操作后会自动提交事务,不需要开发人员手工操作事务,也不需要配置事务,实现起来很简单,但是只能满足简单的业务逻辑需求。

在通常情况下,JDBC 在连接创建后默认设置自动提交为 true,当然,也可以在获取连接后手工修改这个属性,代码如下:

```
connnection conn = null;
```

```
try{
    conn = getConnnection();
    conn.setAutoCommit(true);
    // 数据库操作
    ..........................
    conn.commit();
}catch(Throwable e){
    if(conn!=null){
        try {
            conn.rollback();
        } catch (SQLException e1) {
            e1.printStackTrace();
        }
    }
    
    throw new RuntimeException(e);
}finally{
    if(conn!=null){
        try {
            conn.close();
        } catch (SQLException e) {
            e.printStackTrace();
        }
    }
}
```

我们基本不需要使用原始的 JDBC API 来改变这些属性，这些操作一般都会被封装在我们使用的框架中。3.6 节介绍的开源数据库分库分表框架 dbsplit 默认使用的就是这种模式。

2）可编程事务路由

我们在应用中通常采用 Spring 的声明式的事务来管理数据库事务，在分库分表时，事务处理是个问题，在一个需要开启事务的方法中，需要动态地确定开启哪个数据库实例的事务，也就是说在每个开启事务的方法调用前就必须确定开启哪个数据源的事务。下面使用伪代码来说明如何实现一个可编程事务路由的小框架。

首先，通过 Spring 配置文件展示可编程事务小框架是怎么使用的：

```xml
<?xml version="1.0"?>
<beans>
    <bean id="sharding-db-trx0"class="org.springframework.jdbc.datasource.DataSourceTransactionManager">
        <property name="dataSource">
            <ref bean="sharding-db0" />
        </property>
```

```xml
        </bean>
        <bean id="sharding-db-trx1"
            class="org.springframework.jdbc.datasource.DataSourceTransactionManager">
            <property name="dataSource">
                <ref bean="sharding-db1" />
            </property>
        </bean>
        <bean id="sharding-db-trx2"
            class="org.springframework.jdbc.datasource.DataSourceTransactionManager">
            <property name="dataSource">
                <ref bean="sharding-db2" />
            </property>
        </bean>
        <bean id="sharding-db-trx3"
            class="org.springframework.jdbc.datasource.DataSourceTransactionManager">
            <property name="dataSource">
                <ref bean="sharding-db3" />
            </property>
        </bean>

        <bean id="shardingTransactionManager" class="com.robert.dbsplit.core.ShardingTransactionManager">
            <property name="proxyTransactionManagers">
                <map value-type="org.springframework.transaction.PlatformTransactionManager">
                    <entry key="sharding0" value-ref="sharding-db-trx0" />
                    <entry key="sharding1" value-ref="sharding-db-trx1" />
                    <entry key="sharding2" value-ref="sharding-db-trx2" />
                    <entry key="sharding3" value-ref="sharding-db-trx3" />
                </map>
            </property>
        </bean>

    <aop:config>
        <aop:advisor advice-ref="txAdvice" pointcut="execution(* com.robert.biz.*insert(..))"/>
        <aop:advisor advice-ref="txAdvice" pointcut="execution(* com.robert.biz.*update(..))"/>
        <aop:advisor advice-ref="txAdvice" pointcut="execution(* com.robert.biz.*delete(..))"/>
    </aop:config>
    <tx:advice id="txAdvice" transaction-manager="shardingTransactionManager">
        <tx:attributes>
            <tx:method name="*" rollback-for="java.lang.Exception"/>
```

```
        </tx:attributes>
    </tx:advice>

</beans>
```

这里使用 Spring 环境的 aop 和 tx 标签来拦截 com.robert.biz 包下的所有插入、更新和删除的方法，当指定的包的方法被调用时，就会使用 Spring 提供的事务 Advice，Spring 的事务 Advice(tx:advice)会使用事务管理器来控制事务，如果某个方法发生了异常，那么 Spring 的事务 Advice 就会使 shardingTransactionManager 回滚相应的事务。

我们看到 shardingTransactionManager 的类型是 ShardingTransactionManager，这个类型是我们开发的一个组合的事务管理器，这个事务管理器聚合了所有分片数据库的事务管理器对象，然后根据某个标记来路由到不同的事务管理器中，这些事务管理器用来控制各个分片的数据源的事务。

这里的标记是什么呢？我们在调用方法时，会提前把分片的标记放进 ThreadLocal 中，然后在 ShardingTransactionManager 的 getTransaction 方法被调用时，取得 ThreadLocal 中存的标记，最后根据标记来判断使用哪个分片数据库的事务管理器对象。

为了通过标记路由到不同的事务管理器，我们设计了一个专门的 ShardingContextHolder 类，在该类的内部使用了一个 ThreadLocal 类来指定分片数据库的关键字，在 ShardingTransactionManager 中通过取得这个标记来选择具体的分片数据库的事务管理器对象。因此，这个类提供了 setShard 和 getShard 的方法，setShard 用于使用者编程指定使用哪个分片数据库的事务管理器，而 getShard 用于 ShardingTransactionManager 获取标记并取得分片数据库的事务管理器对象。相关代码如下：

```java
public class ShardingContextHolder<T> {
    private static final ThreadLocal shardHolder = new ThreadLocal();

    public static <T> void setShard(T shard) {
        Validate.notNull(shard, "请指定某个分片数据库！");
        shardHolder.set(shard);
    }

    public static <T> T getShard() {
        return (T) shardHolder.get();
    }
}
```

有了ShardingContextHolder类后，我们就可以在ShardingTransactionManager中根据给定的分片配置将事务操控权路由到不同分片的数据库的事务管理器上，实现很简单，如果在ThreadLocal中存储了某个分片数据库的事务管理器的关键字，就使用那个分片的数据库的事务管理器：

```java
public class ShardingTransactionManager implements PlatformTransactionManager {
    private Map<Object, PlatformTransactionManager> proxyTransactionManagers =
        new HashMap<Object, PlatformTransactionManager>();

    protected PlatformTransactionManager getTargetTransactionManager() {
        Object shard = ShardingContextHolder.getShard();
        Validate.notNull(shard, "必须指定一个路由的shard! ");
        return targetTransactionManagers.get(shard);
    }
    public void setProxyTransactionManagers(Map<Object, PlatformTransactionManager> targetTransactionManagers) {
        this.targetTransactionManagers = targetTransactionManagers;
    }

    public void commit(TransactionStatus status) throws TransactionException {
        getProxyTransactionManager().commit(status);
    }

    public TransactionStatus getTransaction(TransactionDefinition definition) throws TransactionException {
        return getProxyTransactionManager().getTransaction(definition);
    }

    public void rollback(TransactionStatus status) throws TransactionException {
        getProxyTransactionManager().rollback(status);
    }
}
```

有了这些使用类，我们的可编程事务路由小框架就实现了，这样在某个具体的服务开始之前，我们就可以使用如下代码来控制使用某个分片的数据库的事务管理器了：

```java
RoutingContextHolder.setShard("sharding0");
return userService.create(user);
```

3）声明式事务路由

在上一小节实现了可编程事务路由的小框架，这个小框架通过让开发人员在ThreadLocal

中指定数据库分片并编程实现。大多数分库分表框架会实现声明式事务路由，也就是在实现的服务方法上直接声明事务的处理注解，注解包含使用哪个数据库分片的事务管理器的信息，这样，开发人员就可以专注于业务逻辑的实现，把事务处理交给框架来实现。

下面是笔者在实际的线上项目中实现的声明式事务路由的一个使用实例：

```
@TransactionHint(table = "INVOICE", keyPath = "0.accountId")
public void persistInvoice(Invoice invoice) {
    // Save invoice to DB
    this.createInvoice(invoice);

    for (InvoiceItem invoiceItem : invoice.getItems()) {
        invoiceItem.setInvId(invoice.getId());
        invoiceItemService.createInvoiceItem(invoice.getAccountId(), invoiceItem);
    }

    // Save invoice to cache
    invoiceCacheService.set(invoice.getAccountId(),
invoice.getInvPeriodStart().getTime(), invoice.getInvPeriodEnd().getTime(),
        invoice);

    // Update last invoice date to Account
    Account account = new Account();
    account.setId(invoice.getAccountId());
    account.setLstInvDate(invoice.getInvPeriodEnd());

    accountService.updateAccount(account);
}
```

在这个实例中，我们开发了一个持久发票的服务方法。持久发票的服务方法用来保存发票信息和发票项的详情信息，这里，发票与发票项这两个领域对象具有父子结构关系。由于在设计过程中通过账户 ID 对这个父子表进行分库分表，因此在进行事务路由时，也需要通过账户 ID 控制使用哪个数据库分片的事务管理器。在这个实例中，我们配置了 TransactionHint，TransactionHint 的声明如下：

```
@Target({ElementType.METHOD})
@Retention(RetentionPolicy.RUNTIME)
@Documented
public @interface TransactionHint {
    String table() default "";

    String keyPath() default "";
}
```

可以看到，TransactionHint 包含了两个属性，第 1 个属性 table 指定这次操作涉及分片的数据库表，第 2 个属性指定这次操作根据哪个参数的哪个字段进行分片路由。该实例通过 table 指定了 INVOICE 表，并通过 keyPath 指定了使用第 1 个参数的字段 accountId 作为路由的关键字。

这里的实现与可编程事务路由的小框架实现类似，在方法 persistInvoice 被调用时，根据 TransactionHint 提供的操作的数据库表名称，在 Spring 环境的配置中找到这个表的分库分表的配置信息，例如：一共分了多少个数据库实例、数据库和表。

下面是在 Spring 环境中配置的 INVOICE 表和 INVOICE_ITEM 表的具体信息，我们看到它们一共使用了两个数据库实例，每个实例有两个库，每个库有 8 个表，使用水平下标策略。配置如下：

```xml
<bean name="billingInvSplitTable" class="com.robert.dbsplit.core.SplitTable"init-method="init">

    <property name="dbNamePrefix" value="billing_inv"/>
    <property name="tableNamePrefix" value="INVOICE"/>

    <property name="dbNum" value="2"/>
    <property name="tableNum" value="8"/>

    <property name="splitStrategyType" value="HORIZONTAL"/>
    <property name="splitNodes">
        <list>
            <ref bean="splitNode0"/>
            <ref bean="splitNode1"/>
        </list>
    </property>

    <property name="readWriteSeparate" value="true"/>
</bean>

<bean name="billingInvItemSplitTable" class="com.robert.dbsplit.core.SplitTable"
    init-method="init">

    <property name="dbNamePrefix" value="billing_inv"/>
    <property name="tableNamePrefix" value="INVOICE_ITEM"/>

    <property name="dbNum" value="2"/>
    <property name="tableNum" value="8"/>
```

```xml
        <property name="splitStrategyType" value="HORIZONTAL"/>
        <property name="splitNodes">
            <list>
                <ref bean="splitNode0"/>
                <ref bean="splitNode1"/>
            </list>
        </property>

        <property name="readWriteSeparate" value="true"/>
    </bean>
```

然后，在方法被调用时通过 AOP 进行拦截，根据 TransactionHint 配置的路由的主键信息 keyPath = "0.accountId"，得知这次根据第 0 个参数 Invoice 的 accountID 字段来路由，根据 Invoice 的 accountID 的值来计算这次持久发票表具体涉及哪个数据库分片，然后把这个数据库分片的信息保存到 ThreadLocal 中。具体的实现代码如下：

```
SimpleSplitJdbcTemplate simpleSplitJdbcTemplate = 
        (SimpleSplitJdbcTemplate) ReflectionUtil.getFieldValue(field 
SimpleSplitJdbcTemplate, invocation.getThis());

Method method = invocation.getMethod();
// Convert to th method of implementation class
method = targetClass.getMethod(method.getName(), method.getParameter Types());

TransactionHint[] transactionHints = method.getAnnotationsByType
(TransactionHint.class);
    if (transactionHints == null || transactionHints.length < 1) 
        throw new IllegalArgumentException("The method " + method + " includes illegal 
transaction hint.");
    TransactionHint transactionHint = transactionHints[0];

String tableName = transactionHint.table();
String keyPath = transactionHint.keyPath();

String[] parts = keyPath.split("\\.");
int paramIndex = Integer.valueOf(parts[0]);

Object[] params = invocation.getArguments();
Object splitKey = params[paramIndex];

if (parts.length > 1) {
    String[] paths = Arrays.copyOfRange(parts, 1, parts.length);
    splitKey = ReflectionUtil.getFieldValueByPath(splitKey, paths);
}

SplitNode splitNode = simpleSplitJdbcTemplate.decideSplitNode(tableName,
```

splitKey);

```
ThreadContextHolder.INST.setContext(splitNode);
```

ThreadContextHolder 是一个单例的对象,在该对象里封装了一个 ThreadLocal,用来存储某个方法在某个线程下关联的分片信息:

```java
public class ThreadContextHolder<T> {
    public static final ThreadContextHolder<SplitNode> INST = new ThreadContextHolder<SplitNode>();

    private ThreadLocal<T> contextHolder = new ThreadLocal<T>();

    public T getContext() {
        return contextHolder.get();
    }

    public void setContext(T context) {
        contextHolder.set(context);
    }
}
```

接下来与可编程式事务路由类似,实现一个定制化的事务管理器,在获取目标事务管理器时,通过我们在 ThreadLocal 中保存的数据库分片信息,获得这个分片数据库的事务管理器,然后返回:

```java
public class RoutingTransactionManager implements PlatformTransactionManager {
    protected PlatformTransactionManager getTargetTransactionManager() {
        SplitNode splitNode = ThreadContextHolder.INST.getContext();
        return splitNode.getPlatformTransactionManager();
    }

    public void commit(TransactionStatus status) throws TransactionException {
        getTargetTransactionManager().commit(status);
    }

    public TransactionStatus getTransaction(TransactionDefinition definition) throws TransactionException {
        return getTargetTransactionManager().getTransaction(definition);
    }

    public void rollback(TransactionStatus status) throws TransactionException {
        getTargetTransactionManager().rollback(status);
    }
}
```

3.6 节介绍的开源数据库分库分表框架 dbsplit 是一个分库分表的简单示例实现，在笔者所工作的公司内部有内部版本，在内部版本中实现了声明式事务路由，但是这部分功能并没有开源到 dbsplit 项目，原因是有些与业务结合的逻辑无法分离。如果感兴趣，则可以加入我们的开源项目开发中。

3.3.4 读写分离

在实际应用中的绝大多数情况下读操作远大于写操作。MySQL 提供了读写分离的机制，所有写操作必须对应到主库（Master），读操作可以在主库（Master）和从库（Slave）机器上进行。主库与从库的结构完全一样，一个主库可以有多个从库，甚至在从库下还可以挂从库，这种一主多从的方式可以有效地提高数据库集群的吞吐量。

在 DBA 领域一般配置主-主-从或者主-从-从两种部署模型。

所有写操作都先在主库上进行，然后异步更新到从库上，所以从主库同步到从库机器有一定的延迟，当系统很繁忙时，延迟问题会更加严重，从库机器数量的增加也会使这个问题更严重。

此外，主库是集群的瓶颈，当写操作过多时会严重影响主库的稳定性，如果主库挂掉，则整个集群都将不能正常工作。

根据以上特点，我们总结一些最佳实践如下。

- 当读操作压力很大时，可以考虑添加从库机器来分解大量读操作带来的压力，但是当从库机器达到一定的数量时，就需要考虑分库来缓解压力了。
- 当写压力很大时，就必须进行分库操作了。
- 可能会因为种种原因，集群中的数据库硬件配置等会不一样，某些性能高，某些性能低，这时可以通过程序控制每台机器读写的比重来达到负载均衡，这需要更加复杂的读写分离的路由规则。

3.3.5 分库分表引起的问题

分库分表按照某种规则将数据的集合拆分成多个子集合，数据的完整性被打破，因此在某种场景下会产生多种问题。

1. 扩容与迁移

在分库分表后,如果涉及的分片已经达到了承载数据的最大值,就需要对集群进行扩容。扩容是很麻烦的,一般会成倍地扩容。

通用的扩容方法包括如下 5 个步骤。

(1)按照新旧分片规则,对新旧数据库进行双写。

(2)将双写前按照旧分片规则写入的历史数据,根据新分片规则迁移写入新的数据库。

(3)将按照旧的分片规则查询改为按照新的分片规则查询。

(4)将双写数据库逻辑从代码中下线,只按照新的分片规则写入数据。

(5)删除按照旧分片规则写入的历史数据。

这里,在第 2 步迁移历史数据时,由于数据量很大,通常会导致不一致,因此,先清洗旧的数据,洗完后再迁移到新规则的新数据库下,再做全量对比,对比后评估在迁移的过程中是否有数据的更新,如果有的话就再清洗、迁移,最后以对比没有差距为准。

如果是金融交易数据,则最好将动静数据分离,随着时间的流逝,某个时间点之前的数据是不会被更新的,我们就可以拉长双写的时间窗口,这样在足够长的时间流逝后,只需迁移那些不再被更新的历史数据即可,就不会在迁移的过程中由于历史数据被更新而导致代理不一致。

在数据量巨大时,如果数据迁移后没法进行全量对比,就需要进行抽样对比,在进行抽样对比时要根据业务的特点选取一些具有某类特征性的数据进行对比。

在迁移的过程中,数据的更新会导致不一致,可以在线上记录迁移过程中的更新操作的日志,迁移后根据更新日志与历史数据共同决定数据的最新状态,来达到迁移数据的最终一致性。

2. 分库分表维度导致的查询问题

这里我们分析分库分表中的查询问题。

在分库分表以后,如果查询的标准是分片的主键,则可以通过分片规则再次路由并查询;

但是对于其他主键的查询、范围查询、关联查询、查询结果排序等，并不是按照分库分表维度来查询的。

例如，用户购买了商品，需要将交易记录保存下来，那么如果按照买家的纬度分表，则每个买家的交易记录都被保存在同一表中，我们可以很快、很方便地查到某个买家的购买情况，但是某个商品被购买的交易数据很有可能分布在多张表中，查找起来比较麻烦。反之，按照商品维度分表，则可以很方便地查找到该商品的购买情况，但若要查找到买家的交易记录，则会比较麻烦。

所以常见的解决方式如下。

（1）在多个分片表查询后合并数据集，这种方式的效率很低。

（2）记录两份数据，一份按照买家纬度分表，一份按照商品维度分表。

（3）通过搜索引擎解决，但如果实时性要求很高，就需要实现实时搜索。

实际上，在高并发的服务平台下，交易系统是专门做交易的，因为交易是核心服务，SLA的级别比较高，所以需要和查询系统分离，查询一般通过其他系统进行，数据也可能是冗余存储的。

这里再举个例子，在某电商交易平台下，可能有买家查询自己在某一时间段的订单，也可能有卖家查询自己在某一时间段的订单，如果使用了分库分表方案，则这两个需求是难以满足的。因此，通用的解决方案是，在交易生成时生成一份按照买家分片的数据副本和一份按照卖家分片的数据副本，查询时分别满足之前的两个需求，因此，查询的数据和交易的数据可能是分别存储的，并从不同的系统提供接口。

另外，在电商系统中，在一个交易订单生成后，一般需要引用到订单中交易的商品实体，如果简单地引用，若商品的金额等信息发生变化，则会导致原订单上的商品信息也会发生变化，这样买家会很疑惑。因此，通用的解决方案是在交易系统中存储商品的快照，在查询交易时使用交易的快照，因为快照是个静态数据，永远都不会更新，所以解决了这个问题。可见查询的问题最好在单独的系统中使用其他技术来解决，而不是在交易系统中实现各类查询功能；当然，也可以通过对商品的变更实施版本化，在交易订单中引用商品的版本信息，在版本更新时保留商品的旧版本，这也是一种不错的解决方案。

最后，关联的表有可能不在同一数据库中，所以基本不可能进行联合查询，需要借助大数据技术来实现，也就是上面所说的第 3 种方法，即通过大数据技术统一聚合和处理关系型数据库的数据，然后对外提供查询操作，请参考第 5 章的内容。

通过大数据方式来提供聚合查询的方式如图 3-10 所示。

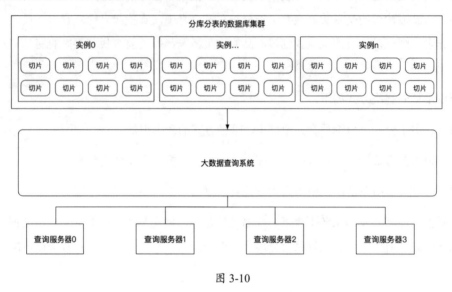

图 3-10

3. 跨库事务难以实现

要避免在一个事务中同时修改数据库 db0 和数据库 db1 中的表，因为操作起来很复杂，对效率也会有一定的影响。请参考 3.3.3 节的内容。

4. 同组数据跨库问题

要尽量把同一组数据放到同一台数据库服务器上，不但在某些场景下可以利用本地事务的强一致性，还可以使这组数据自治。以电商为例，我们的应用有两个数据库 db0 和 db1，分库分表后，按照 id 维度，将卖家 A 的交易信息存放到 db0 中。当数据库 db1 挂掉时，卖家 A 的交易信息不受影响，依然可以正常使用。也就是说，要避免数据库中的数据依赖另一数据库中的数据。

3.4　流行代理分片框架 Mycat 的初体验

Mycat（http://www.mycat.io/）是一个开源的分布式数据库系统，也是一款强大的数据库中间件，实现了 MySQL、JDBC 协议，前端用户可以将它看作一个数据库代理，用 MySQL 客户端工具和命令行访问，在其后端可以用 MySQL 原生（Native）协议与多个 MySQL 服务器通信；也可以用 JDBC 协议与大多数主流数据库服务器通信，其核心功能是分表分库，即将一个大表水平地分割为 N 个小表，存储在后端 MySQL 服务器或者其他数据库里。

本节的内容是基于 Mycat 1.6 的一个初体验，让读者对 3.2.2 节中讲到的代理分片实现方法有个大致理解，读者可以先学完 3.4～3.6 节，再去相应的主页下载最新版本进行实践，就会对分库分表有宏观的理解和体验，并能灵活运用这些方法和方案来解决实际的问题，还能基于 3.5 节实现的 dbsplit 自研一套对业务行之有效的分库分表框架。

实验机器环境为：CentOS 6.8（两台）、JDK 8、Mycat 1.6、MySQL 5.1.73。

实验机器为：

- server1 192.168.1.214 MySQL
- server2 192.168.1.216 Mycat JDK

3.4.1　安装 Mycat

Mycat 依赖 Java 环境，所以需要安装 JDK，直接使用如下命令安装 Java 环境：

```
yum -y install java
```

我们需要 jps、jmap 等命令定位问题时，执行：

```
yum -y install java-devel
```

下载 Mycat：

```
#执行在 server2
```

```
mkdir -p /usr/local/mycat && cd /usr/local/mycat

wget -c -t5 -O Mycat-1.6.tar.gz
http://dl.mycat.io/1.6-RELEASE/Mycat-server-1.6-RELEASE-20161028204710-linux.tar
.gz

tar xvf Mycat-1.6.tar.gz -C ./
```

Mycat 大概的目录结构如下：

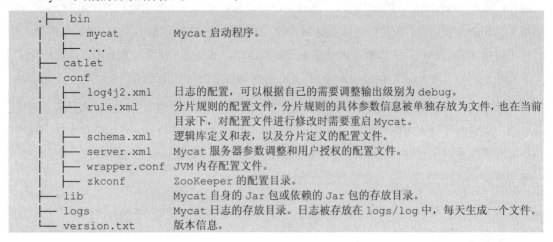

3.4.2 配置 Mycat

1. 配置 Mycat 服务器参数

首先进行一次备份：

```
cp conf/server.xml conf/server.xml.bak
```

编辑 Mycat 服务器的参数文件，调整用户授权。

通过以下命令打开配置文件：

```
vim conf/server.xml
```

跳转到文件尾部，编辑如下内容：

```
<!--此处定义的用户标签为 Client 连接 Mycat 的用户名和密码；权限标签配置相关数据库及表读写的
权限-->
```

```xml
<user name="root">
        <property name="password">test</property>
        <property name="schemas">TESTDB</property>
        <!--<property name="readOnly">true</property>-->
</user>

<!-- 表级 DML 权限设置    -->
<!--
<privileges check="false">
        <schema name="TESTDB" dml="0110" >
            <table name="tb01" dml="0000"></table>
            <table name="tb02" dml="1111"></table>
            <table name="t_rune" dal="1111"</table>
        </schema>
</privileges>

-->
<!--此处定义连接 IP 的白名单和连接 SQL 的黑名单-->
<!-- 全局 SQL 防火墙设置 -->
<!--
<firewall>
<whitehost>
    <host user="mycat" host="127.0.0.1"></host>
</whitehost>
<blacklist check="true">
    <property name="selelctAllow">false</property>
</blacklist>
</firewall>
-->
```

2. 配置逻辑库表和分片定义

假设我们有如下表结构，表名为 t_rune：

```
+--------------------+-------+-------------+---------------------+
| ID                 | LEVEL | EXTEND_ATTR | UID                 |
+--------------------+-------+-------------+---------------------+
| 298599220716244992 |   1   | {}          | 298321762779664384  |
| 298600412901019648 |   0   | {}          | 298321762779664384  |
| 298682157746884608 |   3   | {"129":2}   | 298667788531142656  |
| 298684200884637696 |   2   | {}          | 298667788531142656  |
| 298685806279659520 |   2   | {}          | 298667788531142656  |
| 298686594007699456 |   2   | {}          | 298667788531142656  |
| 298687219567169536 |   2   | {}          | 298667788531142656  |
| 298688215626289152 |   1   | {}          | 298667788531142656  |
```

```
| 298689820996145152 |   1  | {}                 | 298667788531142656 |
+--------------------+------+--------------------+--------------------+
```

我们为这个表结构配置分库分表。

先进行一次备份：

```
cp conf/schema.xml conf/schema.xml.bak。
```

然后，配置逻辑库定义和表，以及分片定义的配置文件。

使用以下命令打开配置文件：

```
vim conf/schema.xml
```

这里选择根据 UID 进行水平切分，配置文件如下：

```xml
<?xml version="1.0"?>
<!DOCTYPE mycat:schema SYSTEM "schema.dtd">
<mycat:schema xmlns:mycat="http://io.mycat/">
        <!--定义逻辑数据库TESTDB、逻辑表t_rune、主键、切分规则mod-long和数据库节点(dn1,dn2,dn3) -->
        <schema name="TESTDB" checkSQLschema="false" sqlMaxLimit="100">
                <table name="t_rune"  primaryKey="uid" dataNode="dn1,dn2,dn3" rule="mod-long" >
                </table>
        </schema>

        <!--定义每个数据库节点相关的信息-->
        <dataNode name="dn1" dataHost="server1" database="db1" />
        <dataNode name="dn2" dataHost="server1" database="db2" />
        <dataNode name="dn3" dataHost="server1" database="db3" />

        <!--等同于以上配置<dataNodename="dn$1-3" dataHost="server1" database="db$1-3"/> -->
        <!--定义主机信息及MySQL的用户密码-->
        <dataHost name="server1" maxCon="1000" minCon="10" balance="0"
                        writeType="0" dbType="mysql" dbDriver="native" switchType="1"  slaveThreshold="100">
                <!--心跳检测语句-->
                <heartbeat>select user()</heartbeat>
                <!-- 远程数据库的配置信息 -->
                <writeHost host="192.168.1.214" url="192.168.1.214:3306" user="root"
                        password="test">
                </writeHost>
        </dataHost>
</mycat:schema>
```

3. 配置切片规则

在上面的 schema.xml 文件中定义了分片规则：rule="mod-long"，此时编辑 conf/rule.xml 文件，添加分片规则的具体参数信息。

使用以下命令打开配置文件：

```
vim conf/rule.xml
```

然后，编辑如下：

```xml
<tableRule name="mod-long">
    <rule>
        <columns>uid</columns>
        <algorithm>mod-long</algorithm>
    </rule>
</tableRule>


<function name="mod-long" class="io.mycat.route.function.PartitionByMod">
    <!--注意，这里填写数据库的节点数，否则无法分片-->
    <property name="count">3</property>
</function>
```

对于 tableRule 节点，请注意：

- name 属性指定唯一的名字，用于标识不同的表规则，在 schema.xml 里面引用这个名字；
- 内嵌的 rule 标签指定对物理表中的哪一列进行拆分和使用什么路由算法，这里指定对 t_rune 表的 uid 进行分片，分片算法为 mod-long；
- columns 标签指定要拆分的列名；
- algorithm 标签引用了 function 标签中的 name 属性，具体的路由规则在 function 标签中定义，我们看见使用的数据库节点数为 3。

对于 function 节点，请注意：

- name 指定算法的名字；
- class 指定路由算法的具体的类名，此处使用求模法；

- property 是具体的算法需要用到的属性,在这里指定节点总数。

具体的切片算法规则请参考 3.4.5 节。

3.4.3　配置数据库节点

配置 server1 数据库节点,其中使用的用户名和密码与 schema.xml 文件中配置的用户名和密码相同,用户名为 root,密码为 test,通过下面的命令允许 server2 远程连接,授权 SQL 语句如下:

```
grant all privileges on *.* to 'root'@'192.168.1.216' identified by 'test' with grant option;
flush privileges;
```

创建配置文件中的数据库节点 db1、db2、db3:

```
create database db1 character set utf8;
create database db2 character set utf8;
create database db3 character set utf8;
```

在测试环境中确认两台机器防火墙关闭:

```
server iptables stop
```

返回到 server1 中启动 Mycat:

```
cd /usr/local/mycat

./bin/mycat start

[root@Centos6-8-TestEnv mycat]# netstat -ntlp
Active Internet connections (only servers)
Proto Recv-Q Send-Q Local Address           Foreign Address         State       PID/Program name
tcp        0      0 127.0.0.1:32000         0.0.0.0:*               LISTEN      8613/java
tcp        0      0 :::1984                 :::*                    LISTEN      8613/java
tcp        0      0 :::8066                 :::*                    LISTEN      8613/java
#在这里要确保 8066 端口在监听请求,此端口为 Mycat 服务器的默认端口
tcp        0      0 :::60743                :::*                    LISTEN      8613/java
tcp        0      0 :::43303                :::*                    LISTEN      8613/java
```

```
tcp        0      0 :::9066                 :::*                    LISTEN      8613/java
```

3.4.4 数据迁移

现在我们把未分库分表数据库的数据导入分库分表的数据库里。

注意，Mycat 在执行 INSERT 语句时需要完整的 INSERT 语句，因此，执行下面的命令：

```
mysqldump -uroot -p -c --skip-add-locks databaseName t_rune > /t_rune.sql

# -c 参数不可少，-c 的全称为-complete-insert，表示使用完整的 insert 语句，包括列名。
# --skip-add-locks 表示导数据时不加锁，加锁容易导致死锁。
```

在 Mycat 中导入数据：

```
mysql -uroot -ptest -h192.168.1.216 -P8066 TESTDB #连接 Mycat

source /t_rune.sql #导入数据
```

成功后可以在 server2 中看到 db1、db2、db3 中已经存入数据。如果出现了错误，则可以查看 logs/mycat.log 文件中的错误日志。

注意，在连接 Mycat 进行查表（select * from TABLE）时，对于 Mycat 默认 100 条 SQL 的限制，可在 schema.xml 文件中的 sqlMaxLimit="100" 一行进行修改。

3.4.5 Mycat 支持的分片规则

在 3.3.2 节中提到了两种简单的分片规则：按照哈希切片和按照时间切片，这里介绍 Mycat 支持的更多的分片规则配置。

1. 枚举法

可通过在配置文件中配置可能的枚举 ID 来配置分片规则，使用规则如下：

```
<tableRule name="sharding-by-intfile">
    <rule>
        <!--标识将要分片的表字段-->
```

```xml
    <columns>user_id</columns>
    <!--分片函数-->
    <algorithm>enum-map</algorithm>
  </rule>
</tableRule>

<function name="enum-map"
class="org.opencloudb.route.function.PartitionByFileMap">
    <!--标识配置文件的名称-->
    <property name="mapFile">partition-hash-int.txt</property>
    <!--type 默认值为 0，0 表示 Integer，非 0 表示 String-->
    <property name="type">0</property>
    <!--所有的节点配置都是从 0 开始的，0 代表、点 1-->
    <property name="defaultNode">0</property>
</function>
```

partition-hash-int.txt 配置如下：

```
10000=0
10010=1
DEFAULT_NODE=1
```

defaultNode 小于 0 表示不设置默认节点，大于等于 0 表示设置默认节点。

默认节点的作用为：在枚举分片时，如果碰到不识别的枚举值，就让它路由到默认的节点。如果不配置默认的节点（defaultNode 值小于 0，表示不配置默认节点），则遇到不识别的枚举值时就会报错：

```
like this: can't find datanode for sharding column:user_uid val:ffffffff
```

2. 固定分片的 Hash 算法

可在配置文件中配置固定分片的 Hash 算法，使用规则如下：

```xml
<tableRule name="shading-by-fixed-binary">
  <rule>
    <!--标识将要分片的表字段-->
    <columns>user_id</columns>
    <!--分片函数-->
    <algorithm>fixed-binary </algorithm>
  </rule>
</tableRule>

<function name="fixed-binary"
class="org.opencloudb.route.function.PartitionByLong">
```

```xml
<!--分片个数列表-->
<property name="partitionCount">2,1</property>
<!--分片范围列表,分区长度最大支持 1024 个槽-->
<property name="partitionLength">256,512</property>
</function>
```

本条规则类似于十进制的求模运算,区别在于它是二进制的操作,是取分区表字段(ID)的二进制低 10 位,即将 ID 二进制&1111111111 的值作为槽的索引,然后根据分区的信息计算所在的区。假设我们定义 count、length 两个数组,它们的长度必须一致,与配置中的 partitionCount 和 partitionLength 相对应,那么必须满足 sum(count[i]*length[i]) = 1024 的条件,也就是说最多分成 1024 个槽,且 count 和 length 两个向量的点积恒等于 1024,但是每个区存储的数据不均匀。

本例的分区策略表示将所有的数据水平分成 3 份,前两份各占 25%,第 3 份占 50%,如下所示:

```
          |<---------------------1024------------------------>|
          |<----256--->|<----256--->|<-----------512---------->|
          | partition0 | partition1 |        partition2        |
```

我们看到,占有 256 分片的部分有两个,占有 512 分片的部分有 1 个,加起来一共是 1024 个分片,因为 ID 的 10 个低位二进制位表示正好有 1024 个数字。

接下来,我们使用可编程的方法来创建一个与这样的配置有同等效果的 PartitionUtil 对象:

```
int[] count = new int[] { 2, 1 };
int[] length = new int[] { 256, 512 };
PartitionUtil pu = new PartitionUtil(count, length);
```

分别以 offerId 字段或 memberId 字段进行分区,根据上述分区策略拆分的路由结果如下。首先,为 offerId 和 memberId 初始化数值:

```
int DEFAULT_STR_HEAD_LEN = 8; // cobar 默认会配置为此值
long offerId = 12345;
String memberId = "qiushuo";
```

若根据 offerId 分配,则计算得到的 partNo1 等于 0,即按照上述分区策略,offerId 为 12345 时将会被分配到 partition0 中:

```
int partNo1 = pu.partition(offerId);
```

若根据 memberId 分配,则 partNo2 将等于 2,即按照上述分区策略,memberId 为 qiushuo 时将会被分到 partition2 中。

```
int partNo2 = pu.partition(memberId, 0, DEFAULT_STR_HEAD_LEN);
```

在前面的示例中我们看到的是不均匀的分配,如果需要平均分配设置,例如平均分为 4 个分片,则我们也要保证这个公式 partitionCount*partitionLength=1024 成立,也就是要分成 1024 个槽及 4 个分区,每个分区有 256 槽,需要进行如下配置:

```xml
<function name="fixed-hash" class="org.opencloudb.route.function.PartitionByLong">
    <property name="partitionCount">4</property>
    <property name="partitionLength">256</property>
</function>
```

3. 范围约定

可在配置文件中约定字段范围映射的分区,使用规则如下:

```xml
<tableRule name="auto-sharding-long">
    <rule>
        <!--标识将要分片的表字段-->
        <columns>user_id</columns>
        <!--分片函数-->
        <algorithm>range-long</algorithm>
    </rule>
</tableRule>

<function name="range-long"
class="org.opencloudb.route.function.AutoPartitionByLong">
    <!--配置文件路径-->
    <property name="mapFile">autopartition-long.txt</property>
</function>
```

autopartition-long.txt:

```
# K=1000,M=10000.
0-500M=0
500M-1000M=1
1000M-1500M=2

# 或者使用下面的纯数字表达法
# 0-10000000=0
# 10000001-20000000=1
```

在配置文件中,等号前面的是范围,格式为 start-end,等号后面的是分区节点索引。所有的节点配置都是从 0 开始的,0 代表节点 1,此配置非常简单,即预先指定可能的 ID 范围到某个分片。

4. 求模法

可在配置文件中配置求模法，使用规则如下：

```xml
<tableRule name="mod-long">
    <rule>
      <!--标识将要分片的表字段-->
      <columns>user_id</columns>
      <!--分片函数-->
      <algorithm>mod-long</algorithm>
    </rule>
</tableRule>

<function name="mod-long" class="org.opencloudb.route.function.PartitionByMod">
    <!--注意，这里填写数据库的节点数，否则无法分片-->
    <property name="count">3</property>
</function>
```

这种配置非常明确，即根据 ID 进行十进制求模运算，运算结果为分区索引。

5. 日期列分区法

可在配置文件中配置按照日期拆分的分区法，使用规则如下：

```xml
<tableRule name="sharding-by-date">
    <rule>
      <!--标识将要分片的表字段-->
      <columns>create_time</columns>
      <!--分片函数-->
      <algorithm>sharding-by-date</algorithm>
    </rule>
</tableRule>

<function name="sharding-by-date" class="org.opencloudb.route.function.PartitionByDate">
    <property name="dateFormat">yyyy-MM-dd</property>
    <property name="sBeginDate">2015-01-01</property>
    <property name="sPartitionDay">10</property>
</function>
```

在以上配置中配置了开始日期、分区天数，即默认从开始日期算起，每隔 10 天就会产生一个分片，我们使用一个类似 Junit 的验证伪代码来表达：

```
Assert.assertEquals(true, 0 == partition.calculate("2015-01-01"));
Assert.assertEquals(true, 0 == partition.calculate("2015-01-10"));
```

```
Assert.assertEquals(true, 1 == partition.calculate("2015-01-11"));
Assert.assertEquals(true, 12 == partition.calculate("2015-05-01"));
```

6. 通配取模

通配取模是求模法和范围约定分片法的结合，可在配置文件中配置取模信息和映射信息，使用规则如下：

```xml
<tableRule name="sharding-by-pattern">
<rule>
        <!--标识将要分片的表字段-->
        <columns>user_id</columns>
        <!--分片函数-->
        <algorithm>sharding-by-pattern</algorithm>
    </rule>
</tableRule>

<function name="sharding-by-pattern" class="org.opencloudb.route.function.PartitionByPattern">
    <!--求模基数-->
    <property name="patternValue">256</property>
    <!--默认节点-->
    <property name="defaultNode">2</property>
    <!-- 配置文件路径-->
    <property name="mapFile">partition-pattern.txt</property>
</function>
```

partition-pattern.txt：

```
#范围开始-范围结束=分区索引
1-32=0
33-64=1
65-96=2
97-128=3
129-160=4
161-192=5
193-224=6
225-256=7
0-0=7
```

配置的第 1 行 1-32=0 代表对 user_id%256 后的分布范围，如果值为 1-32，则在分区 1，以此类推；第 2 行 33-64=1 代表 user_id%256 后的分布范围，如果值为 33-64，则在分区 2，如果 user_id 不是数据，则会分配在 defaultNode（默认节点）。

7. ASCII 码求模通配

可在配置文件中配置 ASCII 码求模通配，使用规则如下：

```xml
<tableRule name="sharding-by-prefixpattern">
    <rule>
        <!--标识将要分片的表字段-->
        <columns>user_id</columns>
        <!--分片函数-->
        <algorithm>sharding-by-prefixpattern</algorithm>
    </rule>
</tableRule>
<function name="sharding-by-pattern" class=" PartitionByPrefixPattern">
    <!--求模基数-->
    <property name="patternValue">256</property>
    <!--ASCII 截取的位数-->
    <property name="prefixLength">5</property>
    <!-- 配置文件路径-->
    <property name="mapFile">partition-pattern.txt</property>
</function>
```

partition-pattern.txt：

```
# 范围开始-范围结束=分区索引
1-4=0
5-8=1
9-12=2
13-16=3
17-20=4
21-24=5
25-28=6
29-32=7
0-0=7
```

第 1 行 1-4=0 代表 user_id 字段前 Prefilxlength 位 ASCII 码的和%256 后的结果分布的范围，如果结果在 1-4，则在分区 1，以此类推。

这种方式类似于上面通配取模的方式，只不过采取的是从列值获取前 prefixLength 位，在对每一位的 ASCII 码求和后对 patternValue 进行取模，即 sum(user_id 中前 prefixLength 位 ASCII 码)%patternValue，然后获取的值在某个通配范围内，通配后面配置的数字就是分片数。ASCII 编码和代表的数字如下：

- 48-57：0-9（阿拉伯数字）。

- 64：@（符号）。

- 65-90：A-Z（大写字母）。

- 97-122：a-z（小写字母）。

例如，我们使用类似 Junit 的伪代码验证如下：

```
String idVal="gf89f9a";
Assert.assertEquals(true, 0==autoPartition.calculate(idVal));

idVal="8df99a";
Assert.assertEquals(true, 4==autoPartition.calculate(idVal));

idVal="8dhdf99a";
Assert.assertEquals(true, 3==autoPartition.calculate(idVal));
```

8. 编程指定

可在配置文件中配置编程指定方法，使用规则如下：

```xml
<tableRule name="sharding-by-substring">
    <rule>
        <!--标识将要分片的表字段-->
        <columns>user_id</columns>
        <!--分片函数-->
        <algorithm>sharding-by-substring</algorithm>
    </rule>
</tableRule>

<function name="sharding-by-substring" class="org.opencloudb.route.function.PartitionDirectBySubString">
    <!--从 0 开始-->
    <property name="startIndex">0</property>
    <property name="size">2</property>
    <property name="partitionCount">8</property>
    <property name="defaultPartition">0</property>
</function>
```

此方法为直接根据字符子串计算分区号，这里指定的子串必须是数字，由应用传递这些参数指定子串，显式指地定分区号在字段中的位置，包括 startIndex 和 size 两个配置字段。例如，user_id=05-100000002，在此配置中，代表根据 user_id 中从 startIndex=0 开始，截取 size=2 位数字，即 05，05 就是获取的分区，将无法提取分区的情况默认分配到 defaultPartition，在此例中为 0。

9. 截取数字哈希解析

这个规则是前面编程指定方法的扩展，对指定的子串进行哈希来求出分区值，可在配置文件中配置截取数字哈希解析，使用规则如下：

```xml
<tableRule name="sharding-by-stringhash">
<rule>
        <!--标识将要分片的表字段-->
        <columns>user_id</columns>
        <!--分片函数-->
        <algorithm>sharding-by-stringhash</algorithm>
    </rule>
</tableRule>

<function name="sharding-by-substring" class="org.opencloudb.route.function.PartitionByString">
<property name="partionLength">512</property>
<property name="partitonCount">2</property>
<property name="hashSlice">0:2</property>
</function>
```

这里，hashSlice 表示字符串范围，为 0 时指的是 str.length()，为-1 时指的是 str.length()-1。更多的范围表达示例如下：

```
"2"  -> (0,2)
"1:2" -> (1,2)
"1:"  -> (1,0)
"-1:" -> (-1,0)
":-1" -> (0,-1)
":"   -> (0,0)
```

我们通过伪代码给出一个使用最后 4 个字符作为分片哈希字段的案例：

```
rule = new PartitionByString();
rule.setPartitionLength("512");
rule.setPartitionCount("2");
rule.init();
//last 4 characters
rule.setHashSlice("-4:0");
idVal = "aaaabbb0000";
Assert.assertEquals(true, 0 == rule.calculate(idVal));
idVal = "aaaabbb2359";
Assert.assertEquals(true, 0 == rule.calculate(idVal));
```

10. 一致性 Hash

可在配置文件中配置一致性 Hash，使用规则如下：

```xml
<tableRule name="sharding-by-murmur">
    <rule>
        <!--标识将要分片的表字段-->
        <columns>user_id</columns>
        <!--分片函数-->
        <algorithm>murmur</algorithm>
    </rule>
</tableRule>
<function name="murmur"
class="org.opencloudb.route.function.PartitionByMurmurHash">
    <!-- 默认是 0-->
    <property name="seed">0</property>
    <!-- 要分片的数据库节点数量，必须指定 -->

    <property name="count">2</property>
    <!-- 一个实际的数据库节点被映射为这么多虚拟节点，默认是 160 倍，即虚拟节点数是物理节点数的 160 倍-->

    <property name="virtualBucketTimes">160</property>
</function>
```

一致性 Hash 算法有效解决了分布式数据的扩容问题，前面的规则都存在数据扩容难题，需要使用双写方案才能平滑迁移，请参考 4.4.4 节中关于一致性哈希的内容。

3.5 流行的客户端分片框架 Sharding JDBC 的初体验

在数据拆分中，当当的开源组件 Sharding JDBC 是一种优秀的解决方案，接下来我们就对该组件进行了解。

3.5.1 Sharding JDBC 简介

Sharding JDBC 是一款轻量级的 Java 框架，诞生于当当网，主要解决数据在分库分表后的操作问题，是一套完整的解决方案。

在实际使用中，Sharding JDBC 操作十分简便，易于理解。我们只需要在 Maven 中直接添加依赖即可，无须额外部署服务，并且与主流的 ORM 开源框架兼容，便于旧代码的迁移。如果我们的项目使用的是 Spring，那么只需要简单修改 Spring 的配置文件即可。

在功能实现上，Sharding JDBC 不但完整地实现了分库分表，还支持读写分离及生成分布式 ID 的功能。在 Sharding JDBC 中对事务的支持也十分完善，基本覆盖了实际开发中主流的使用场景。支持的功能如下。

（1）完全支持非跨库事务，例如：仅分表，或者分库但是路由的结果在单库中。

（2）完全支持因逻辑异常导致的跨库事务。例如：在同一个事务中跨两个库更新。在更新完毕后抛出空指针，则两个库的内容都能回滚。

（3）不支持因网络、硬件异常导致的跨库事务。例如：在同一个事务中跨两个库更新，在更新完毕后、未提交之前，第 1 个库死机，则第 2 个库的数据会被提交。

Sharding JDBC 的整体架构如图 3-11 所示。

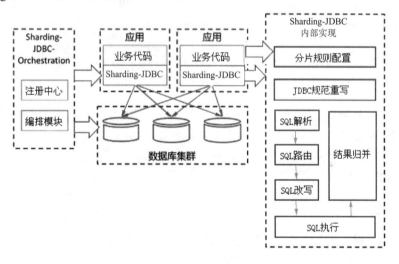

图 3-11

3.5.2 Sharding JDBC 的功能

本节简单介绍 Sharding JDBC 具体实现了哪些功能。

1. 分库分表

在分库分表后,我们最关心的就是原有的 SQL 语句能否正常执行,例如查询、插入、分组、排序等操作。不过不用担心,Sharding JDBC 已帮我们全部实现了。

在功能上,Sharding JDBC 支持聚合、分组、排序、LIMIT、TOP、=、BETWEEN、IN 等查询操作,此外还对级联、笛卡尔积、内外连接查询有良好的支持。

Sharding JDBC 在查询方面的优异表现,离不开分片策略的支持。在 Sharding JDBC 中主要提供了三种分片策略(分片策略指我们执行的 SQL 最终定位到哪个库及哪张表里):StandardShardingStrategy、ComplexShardingStrategy 和 InlineShardingStrategy。

值得一提的是,由于不同的应用有不同的业务逻辑,所以分片策略的实现也不完全相同,与业务紧密相关,所以在 Sharding JDBC 框架中并未提供默认的分片策略,而是定义了三种分片策略的规范,也就是我们所说的接口,将最终的实现交给应用开发者来实施。

- StandardShardingStrategy:标准分片策略,只支持单分片键,提供对 SQL 语句中的=、IN、BETWEEN、AND 的分片操作支持。
- ComplexShardingStrategy:复合分片策略,支持多分片键,同样提供对 SQL 语句中的=、IN、BETWEEN、AND 的分片操作支持。
- InlineShardingStrategy:Inline 表达式分片策略,使用 Groovy 的 Inline 表达式,提供对 SQL 语句中的=和 IN 的分片操作支持。例如:t_user_${user_id % 8}表示 t_user 表根据 user_id 按 8 取模分成 8 个表,表名称依次为 t_user_0、t_user_1……t_user_7。

2. 读写分离

为了缓解数据库的压力,我们将写入操作和读取操作分为不同的数据源,将写库称为主库,将读库称为从库,一个主库可配置多个从库。

出于对性能方面的考量,Sharding JDBC 并不支持强一致性分布式事务,前面已经详细讲过。

3. 分布式主键

在没有进行分库分表时,主键自动生成是我们应用的基本需求,在实际开发中我们可以采用主键自增、列生成序列的方式来实现全局唯一主键。

但是在分库分表后，被分割的表存在于不同的库中，或者存在于同一库中。此时，若想继续使用主键生成或列生成序列的方式便行不通，主键会出现重复，不再唯一，在业务上肯定行不通，这时就需要引入外部功能来解决唯一性的问题。

对于全局唯一性的问题，目前有许多第三方解决方案，比如：依靠特定算法生成不重复键 UUID 等，或者通过引入全局 ID 生成服务，或者通过时间戳等形式解决。

在 Sharding JDBC 中也提供了一种主键生成机制，集中采用 snowflake 算法实现，生成的数据为 64bit 的整型数据，以保证数据的全局唯一性。

4. 兼容性

对于一个应用来说，在系统设计之初并不会考虑分库分表的问题，而是在系统发展到一定的业务量之后，数据量过大导致数据库性能下降，此时就不得不引入分库分表来解决性能问题。但是，此时也有一个棘手的问题，就是引入分库分表后与原有系统该如何兼容。

在兼容性上，对于 Sharding JDBC 来说可以完全不用操心，Sharding JDBC 可与任意 ORM 框架兼容，例如：JPA、Hibernate、Mybatis、Spring JDBC Template 或直接使用 JDBC，并且支持任意第三方数据库连接池，例如 DBCP、C3P0、BoneCP、Druid 等。

现阶段，绝大多数应用都以 Spring+SpringMVC +MyBatis（SSM）的形式存在，下面我们通过在 SSM 中与 Sharding JDBC 集成来演示具体操作。

3.5.3 Sharding JDBC 的使用

1. 核心概念

这里先讲解 Sharding JDBC 的一些核心概念。

- LogicTable：水平拆分的数据表，合并成一张表并统一对外的总称，也叫作逻辑表。例如：订单表被拆分为 10 张表，分别是 t_order_0~t_order_9，那么它们的逻辑表名就是 t_order，也就是我们在应用程序中的 mapper 配置文件里写的表名。

- ActualTable：在水平拆分后的数据库中真实存在的表，即在如上所述的实例中的 t_order_0~t_order_9。

- DataNode：数据拆分的最小单元，由数据源的名称和数据表的名称组成，都是实际存在的库（表），不是逻辑库（表），例如 ds_1.t_order_0（在默认拆分后，各个数据库的表结构都相同）。

- BindingTable：按照一个分片键进行拆分的两张数据库表，也叫作绑定表。例如，订单表和订单明细表均按照 order_id 进行拆分，按照 order_id 进行路由规则，则这两张表互为 BindingTable 表。值得注意的是，在 BindingTable 关系表之间的关联查询并不会出现笛卡尔积关联的情况，所以 BindingTable 关系表的查询效率很高，建议统一使用这种方式建表。

- ShardingColumn：数据库表的分片字段。例如，订单表按照 order_id 字段进行取模分片，这个 order_id 就是 ShardingColumn。值得注意的是，在程序中执行 SQL 时，如果在该 SQL 中无分片字段，那么执行效率会很低，尤其是在查询时，所以不建议使用。

- ShardingAlgorithm：分片路由算法，在将数据拆分后，Sharding JDBC 通过分片算法对 SQL 操作进行路由，具体的分片路由将在分片策略中实现，通常使用 Hash 取模实现。Sharading JDBC 支持使用=、BETWEEN、IN 进行查询操作。

2. 数据库创建（MySQL）

首先，我们需要先进行数据库的创建。在本案例中，我们先创建两个数据库 ds_0、ds_1，每个库分别包含 t_order_0、t_order_1、t_order_item_0 和 t_order_item_1 这 4 张表，逻辑表为 t_order 和 t_order_item。

创建数据库 ds_0：

```
CREATE DATABASE ds_0;
CREATE TABLE t_order_0 (
  order_id INT NOT NULL,
    user_id  INT NOT NULL,
    status varchar(32) NOT NULL,
    PRIMARY KEY (order_id)
);
```

```sql
CREATE TABLE t_order_1 (
  order_id INT NOT NULL,
    user_id  INT NOT NULL,
    status varchar(32) NOT NULL,
    PRIMARY KEY (order_id)
);

CREATE TABLE t_order_item_0 (
  item_id INT NOT NULL,
    order_id INT NOT NULL,
    status varchar(32) NOT NULL,
    user_id INT NOT NULL,
    PRIMARY KEY (item_id)
);

CREATE TABLE t_order_item_1 (
  item_id INT NOT NULL,
    order_id INT NOT NULL,
    status varchar(32) NOT NULL,
    user_id INT NOT NULL,
    PRIMARY KEY (item_id)
);
```

创建数据库 ds_1：

```sql
CREATE TABLE t_order_0 (
  order_id INT NOT NULL,
    user_id  INT NOT NULL,
    status varchar(32) NOT NULL,
    PRIMARY KEY (order_id)
);

CREATE TABLE t_order_1 (
  order_id INT NOT NULL,
    user_id  INT NOT NULL,
    status varchar(32) NOT NULL,
    PRIMARY KEY (order_id)
);

CREATE TABLE t_order_item_0 (
  item_id INT NOT NULL,
    order_id INT NOT NULL,
    user_id INT NOT NULL,
    status varchar(32) NOT NULL,
    PRIMARY KEY (item_id)
);
```

```
CREATE TABLE t_order_item_1 (
  item_id INT NOT NULL,
    order_id INT NOT NULL,
    user_id INT NOT NULL,
    status varchar(32) NOT NULL,
    PRIMARY KEY (item_id)
);
```

3. 搭建程序

(1) 创建 Maven 工程, 如图 3-12 所示。

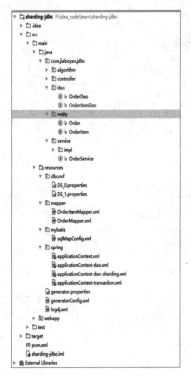

图 3-12

(2) 导入 Spring、MyBatis、Sharding JDBC 相关的 pom 依赖:

```
<properties>
    <!-- Spring 版本号 -->
    <spring.version>4.3.2.RELEASE</spring.version>
    <!-- MyBatis 版本号 -->
```

```xml
            <mybatis.version>3.4.1</mybatis.version>
            <!-- Spring-Mybatis 版本号-->
            <spring-mybatis.version>1.3.0</spring-mybatis.version>
            <!-- Log4j 日志版本号 -->
            <slf4j.version>1.7.12</slf4j.version>
            <slf4j-log4j.version>1.7.12</slf4j-log4j.version>
            <log4j.version>1.2.17</log4j.version>
            <!--JSON 转换版本：-->
            <jackson.version>2.5.0</jackson.version>
            <!--Sharding JDBC 版本-->
            <Sharding JDBC.version>2.0.1</Sharding JDBC.version>
        </properties>

        <dependencies>
            <!-- 引入Sharding JDBC 核心模块 -->
            <dependency>
                <groupId>io.shardingjdbc</groupId>
                <artifactId>Sharding JDBC-core</artifactId>
                <version>${Sharding JDBC.version}</version>
            </dependency>
            <!-- Sharding JDBC 和 Spring -->
            <dependency>
                <groupId>io.shardingjdbc</groupId>
                <artifactId>Sharding JDBC-core-spring-namespace</artifactId>
                <version>${Sharding JDBC.version}</version>
            </dependency>
            <dependency>
                <groupId>junit</groupId>
                <artifactId>junit</artifactId>
                <version>4.11</version>
                <scope>test</scope>
            </dependency>
            <!—与Sprimg、MyBatis、Log 4j 相关的配置依赖省略>
        </dependencies>
```

（3）由于 Sharding JDBC 与 Spring 进行了整合，所以 Sharding JDBC 以 Spring 配置文件的形式存在，这里主要给出 Sharding JDBC 的配置：

```xml
    <?xml version="1.0" encoding="UTF-8"?>
    <beans xmlns="http://www.springframework.org/schema/beans"
        xmlns:xsi="http://www.w3.org/2001/XMLSchema-instance"
xmlns:context=http://www.springframework.org/schema/context
        xmlns:sharding="http://shardingjdbc.io/schema/shardingjdbc/sharding"
        xsi:schemaLocation="http://www.springframework.org/schema/beans
                    http://www.springframework.org/schema/beans/spring-beans.xsd
                    http://www.springframework.org/schema/context
```

```xml
                    http://www.springframework.org/schema/context/spring-context.xsd
                    http://shardingjdbc.io/schema/shardingjdbc/sharding
                    http://shardingjdbc.io/schema/shardingjdbc/sharding/sharding.xsd">

        <context:property-placeholder location="classpath:/dbconf/DS_0.properties" ignore-unresolvable="true" />
        <context:property-placeholder location="classpath:/dbconf/DS_1.properties" ignore-unresolvable="true" />

        <bean id="ds_0" class="org.apache.commons.dbcp.BasicDataSource" destroy-method="close">
            <property name="driverClassName" value="${ds_1.jdbc.driver}" />
            <property name="url" value="${ds_1.jdbc.url}" />
            <property name="username" value="${ds_1.jdbc.username}" />
            <property name="password" value="${ds_1.jdbc.password}" />
        </bean>

        <bean id="ds_1" class="org.apache.commons.dbcp.BasicDataSource" destroy-method="close">
            <property name="driverClassName" value="${ds_2.jdbc.driver}" />
            <property name="url" value="${ds_2.jdbc.url}" />
            <property name="username" value="${ds_2.jdbc.username}" />
            <property name="password" value="${ds_2.jdbc.password}" />
        </bean>

        <!--数据库路由使用user_id-->
        <sharding:standard-strategy id="databaseShardingStrategy" sharding-column="user_id" precise-algorithm-class="com.jiaboyan.jdbc.algorithm.DatabaseShardingAlgorithm"/>

        <!--Order表路由使order_id-->
        <sharding:standard-strategy id="orderTableShardingStrategy" sharding-column="order_id" precise-algorithm-class="com.jiaboyan.jdbc.algorithm.TableShardingAlgorithm"/>

        <!--OrderItem表路由使用order_id-->
        <sharding:standard-strategy id="orderItemTableShardingStrategy" sharding-column="order_id" precise-algorithm-class="com.jiaboyan.jdbc.algorithm.TableShardingAlgorithm"/>

        <!--分片路由规则-->
        <sharding:data-source id="shardingDataSource">
            <sharding:sharding-rule data-source-names="ds_0,ds_1">
                <sharding:table-rules>
                    <sharding:table-rule logic-table="t_order" actual-data-nodes
```

```xml
="ds_${0..1}.t_order_${0..1}" database-strategy-ref="databaseShardingStrategy" table-strategy-ref="orderTableShardingStrategy" />
            <sharding:table-rule logic-table="t_order_item" actual-data-nodes="ds_${0..1}.t_order_item_${0..1}" database-strategy-ref="databaseShardingStrategy" table-strategy-ref="orderItemTableShardingStrategy" />
        </sharding:table-rules>
    </sharding:sharding-rule>
</sharding:data-source>

<bean id="sqlSessionFactory" class="org.mybatis.spring.SqlSessionFactoryBean">
    <property name="dataSource" ref="shardingDataSource" />
    <property name="configLocation" value="classpath:mybatis/sqlMapConfig.xml" />
    <property name="mapperLocations" value="classpath:mapper/*Mapper.xml" />
</bean>

<bean class="org.mybatis.spring.mapper.MapperScannerConfigurer">
    <property name="basePackage" value="com.jiaboyan.jdbc.dao"></property>
    <property name="sqlSessionFactoryBeanName" value="sqlSessionFactory"/>
</bean>
</beans>
```

（4）下面对 Sharding JDBC 的配置文件进行详细讲解。

- <sharding:data-source/>：定义 Sharding JDBC 数据源。如表 3-1 所示。

表 3-1

名 称	类 型	是否必填	说 明
id	属性	是	定义 Spring Bean 的 id，也就是数据源的 id，如果有多个数据源，则该 id 相当于多个数据源的集合
sharding:sharding-rule	标签	是	数据库（表）的分片规则
sharding:props	标签	是	Sharding JDBC 的其余配置

- <sharding:sharding-rule/>：数据库（表）分片规则，如表 3-2 所示。

表 3-2

名 称	类 型	是否必填	说 明
data-source-names	属性	是	配置数据源的 Bean 列表，配置所有需要被 Sharding JDBC 管理的数据源 bean id，如果分库且有多个数据源，则将多个 bean id 以逗号分隔
sharding:table-rules	标签	是	数据表分片规则列表

- <sharding:table-rules/>：表分片规则列表，如表 3-3 所示。

表 3-3

名称	类型	是否必填	说明
sharding:table-rule	标签	是	表分片规则

- <sharding:table-rule/>：表分片规则，如表 3-4 所示。

表 3-4

名称	类型	是否必填	说明
logic-table	属性	是	逻辑表，例如 t_order_01、t_order_02 的逻辑表名称 t_order
actual-data-nodes	属性	是	真实的数据节点，由数据源名 + 表名组成，以小数点分隔，多个表以逗号分隔，支持 inline 表达式
database-strategy-ref	属性	否	分库策略，对应 sharding:xxx-strategy 中的 id（见下文）
table-strategy-ref	属性	否	分表策略，对应 sharding:xxx-strategy 中的 id（见下文）

备注：这里对 inline 表达式进行说明。${begin..end}表示范围区间，在 inline 表达式中如果存在连续多个 "${...}" 表达式，那么解析后的结果将会根据每个子表达式进行笛卡尔组合，例如，inline 表达式为 t_order_${['x', 'y']}_${1..2}，那么最终会被解析为 t_order_x_1、t_order_x_2、t_order_y_1 和 t_order_y_2。

- <sharding:props/>：Sharding JDBC 相关的属性配置，如表 3-5 所示。

表 3-5

名称	类型	是否必填	说明
prop	标签	否	sql.show：在日志中是否开启 SQL 显示，默认值为 false。 executor.size：工作线程的数量，默认值为 CPU 核数

- <sharding:standard-strategy />：标准分片策略（单分片键），如表 3-6 所示。

表 3-6

名称	类型	是否必填	说明
id	标签	是	Spring 注入的 Bean 名称
sharding-column	标签	是	分片列名
precise-algorithm-class	标签	是	自定义的分片算法类全称，用于 where 后的分片键条件判断=、IN
range-algorithm-class	标签	否	自定义的分片算法类全称，用于 where 后的分片键条件判断 BETWEEN

（5）Sharding JDBC 的数据库路由规则为 user_id 取模运算分片：

```
    public class DatabaseShardingAlgorithm implements PreciseShardingAlgorithm
<Integer> {
```

```
        public String doSharding(Collection<String> availableTargetNames,
PreciseShardingValue<Integer> shardingValue) {
            for (String each : availableTargetNames) {
                if (each.endsWith(shardingValue.getValue() % 2 + "")) {
                    return each;
                }
            }
            throw new UnsupportedOperationException();
        }
    }
```

Sharding JDBC 的表路由规则为 user_id 取模运算路由：

```
        public class TableShardingAlgorithm implements
PreciseShardingAlgorithm<Integer> {
            public String doSharding(Collection<String> availableTargetNames,
PreciseShardingValue<Integer> shardingValue) {
                for (String each : availableTargetNames) {
                    if (each.endsWith(shardingValue.getValue() % 2 + "")) {
                        return each;
                    }
                }
                throw new UnsupportedOperationException();
            }
        }
```

（6）Dao 层的相关配置如下。

OrderMapper.xml：

```
<?xml version="1.0" encoding="UTF-8"?>
<!DOCTYPE mapper PUBLIC "-//mybatis.org//DTD Mapper 3.0//EN" "http://mybatis.org/dtd/mybatis-3-mapper.dtd">
<mapper namespace="com.jiaboyan.jdbc.dao.OrderDao">

  <resultMap id="BaseResultMap" type="com.jiaboyan.jdbc.entity.Order">
    <id column="order_id" jdbcType="BIGINT" property="orderId" />
    <result column="user_id" jdbcType="INTEGER" property="userId" />
    <result column="status" jdbcType="VARCHAR" property="status" />
  </resultMap>

  <sql id="Base_Column_List">
    order_id, user_id, status
  </sql>

  <delete id="delete" parameterType="java.lang.Long">
    delete from t_order
    where order_id = #{orderId,jdbcType=BIGINT}
```

```xml
    </delete>

    <insert id="insert" parameterType="com.jiaboyan.jdbc.entity.Order" >
        insert into t_order (order_id,user_id,status)
        values (#{orderId,jdbcType=BIGINT},#{userId,jdbcType=INTEGER},#{status,jdbcType=VARCHAR})
    </insert>
</mapper>
```

OrderItemMapper.xml：

```xml
<?xml version="1.0" encoding="UTF-8" ?>
<!DOCTYPE mapper PUBLIC "-//mybatis.org//DTD Mapper 3.0//EN" "http://mybatis.org/dtd/mybatis-3-mapper.dtd" >
<mapper namespace="com.jiaboyan.jdbc.dao.OrderItemDao" >

    <resultMap id="BaseResultMap" type="com.jiaboyan.jdbc.entity.OrderItem" >
        <id column="order_item_id" property="orderItemId" jdbcType="BIGINT" />
        <result column="order_id" property="orderId" jdbcType="BIGINT" />
        <result column="user_id" property="userId" jdbcType="INTEGER" />
        <result column="status" property="status" jdbcType="VARCHAR"/>
    </resultMap>


    <sql id="Base_Column_List" >
        order_item_id, order_id, user_id, status
    </sql>

    <delete id="delete" parameterType="java.lang.Long" >
        delete from t_order_item
        where order_id = #{orderId,jdbcType=BIGINT}
    </delete>

    <insert id="insert" parameterType="com.jiaboyan.jdbc.entity.OrderItem" useGeneratedKeys="true" keyProperty="orderItemId" >
        insert into t_order_item (order_item_id, order_id, user_id, status
        )
        values (
            #{orderItemId,jdbcType=BIGINT},
            #{orderId,jdbcType=BIGINT},
            #{userId,jdbcType=INTEGER},
            #{status,jdbcType=VARCHAR}
        )
    </insert>

    <select id="selectAll" resultMap="BaseResultMap">
        SELECT
```

```
      i.*
    FROM
    t_order o, t_order_item i
    WHERE
    o.order_id = i.order_id
  </select>
</mapper>
```

OrderDao.java：

```java
public interface OrderDao {

    int delete(Long orderId);

    int insert(Order record);

}
```

OrderItemDao.java：

```java
public interface OrderItemDao {

    int delete(Long orderItemId);

    int insert(OrderItem record);

    List<Order> selectAll();
}
```

（7）测试用例如下：

```java
public class OrderDaoTest {

    private ApplicationContext applicationContext;

    @Before
    public void setUp(){
        applicationContext = new ClassPathXmlApplicationContext(
                "spring/applicationContext.xml");
    }

    @Test
    public void demo(){
        OrderDao orderDao = (OrderDao) applicationContext.getBean("orderDao");
        OrderItemDao orderItemDao = (OrderItemDao) applicationContext.getBean("orderItemDao");
        System.out.println("1.Insert--------------");
        long forStart = 0;
```

```java
            long forEnd = 10;
            for (int x = 0; x < 10; x++) {
                for(long y = forStart; y < forEnd; y++){
                    int userId = x;
                    long orderId = x+y;
                    long orderItemId = x+y;

                    Order order = new Order();
                    order.setOrderId(orderId);
                    order.setUserId(userId);
                    order.setStatus("INSERT_ORDER_TEST");
                    orderDao.insert(order);

                    OrderItem orderItem = new OrderItem();
                    orderItem.setOrderItemId(orderItemId);
                    orderItem.setOrderId(orderId);
                    orderItem.setUserId(userId);
                    orderItem.setStatus("INSERT_ORDER_ITEM_TEST");
                    orderItemDao.insert(orderItem);
                }
                forStart = forEnd;
                forEnd+=10;
            }
        System.out.println(orderItemDao.selectAll());
    }
}
```

3.5.4　Sharding JDBC 的使用限制

虽然 Sharding JDBC 使用起来简单方便，也通俗易懂，但还是有一些操作没有完全实现，或者存在对某些功能支持得不太友好的情况。

由于 SQL 语法灵活复杂，分库分表后的查询和单库多表时的查询场景不完全相同，所以难免会出现与单库多表不兼容的 SQL，导致执行失败。以下列出了 Sharding JDBC 中的一些使用限制。

- 不支持 HAVING，例如：SELECT COUNT(col1) as count_num FROM tbl_name GROUP BY col1 HAVING count_num> val1。

- 不支持 UNION 和 UNION ALL，例如：SELECT * FROM tbl_name1 UNION SELECT * FROM tbl_name2。

- 不支持 OR，例如：SELECT * FROM tbl_name WHERE column1 = value1 OR column1 = value2。

- 不支持批量 INSERT，INSERT 语句只能插入一条数据，例如：INSERT INTO tbl_name (col1, col2, …) VALUES (val1, val2,….), (val3, val4,….)。

- 不支持 DISTINCT 聚合，例如：SELECT DISTINCT (column2) FROM tbl_name WHERE column1 = value1。

- 不支持多子查询嵌套，例如：SELECT COUNT(*) FROM (SELECT * FROM t_order o WHERE o.id IN (SELECT id FROM t_order WHERE status = ?))。

3.6　自研客户端分片框架 dbsplit 的设计、实现与使用

dbsplit（https://gitee.com/robertleepeak/dbsplit）扩展了 Spring 的 JdbcTemplate，在 JdbcTemplate 上增加了分库分表、读写分离和失效转移等功能，并与 Spring JDBC 保持相同的风格，简单实用，避免了外部依赖，不需要类似 Cobar 和 Mycat 的代理服务器，堪称可伸缩的 Spring JdbcTemplate，它具有如下优点。

- 对单库单表扩展了 JdbcTemplate 模板，使其成为一个简单的 ORM 框架，可以直接对领域对象模型进行持久和搜索操作，并且实现了读写分离。

- 它提供的分库分表操作的 API 与 JdbcTemplate 保持同样的风格，不但提供了一个简单的 ORM 框架，可以直接对领域对象模型进行持久和搜索操作，还实现了数据分片和读写分离等高级功能。

- 已扩展的 dbsplit 与原有的 JdbcTemplate 完全兼容，对于特殊的需求，完全可以使用原有的 JdbcTemplate 提供的底层功能来满足，也就是说使用 JDBC 的方式来解决特殊化的问题。这里面体现了通用和专用原则，通用原则解决 80%的事情，专用原则解决剩余的 20%的事情。

- 提供了一个简单易用的脚本，可以一次性建立多库多表。

下面详细介绍 dbsplit 的设计思路和实现过程等内容。

3.6.1 项目结构

首先介绍 dbsplit 开源项目的结构，这个项目由 dbsplit-core 和 dbsplit-tool 这两个子项目组成，dbsplit-core 包含客户端实现分库分表的核心逻辑，dbsplit-tool 是创建分库分表的脚本工具。其项目结构如图 3-13 所示。

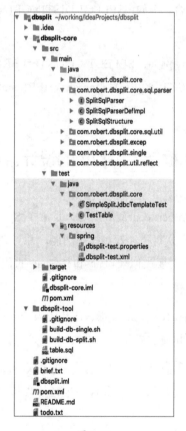

图 3-13

如图 3-13 所示，所有的分库分表逻辑都在 dbsplit-core 子项目中实现，其中，src/main/java 是核心实现的代码，所有的分片策略、配置对象、SQL 解析逻辑、反射代码等都在这个项目中实现，本项目最终对外输出 SimpleSplitJdbcTemplate 类，这个类提供了支持分片的各种数据库操作。

在 dbsplit-core 项目中的测试代码 src/main/test 里包含了使用 SimpleSplitJdbcTemplate 提供

的功能实现的示例,这个示例展示了如何灵活地使用 dbsplit-core 对外输出的功能。

另一个项目 dbsplit-tool 包含了脚本工具,这些脚本工具可以用来一次性创建分库分表的多个分片表,使用起来非常方便。

3.6.2 包结构和执行流程

从项目源码(https://gitee.com/robertleepeak/dbsplit)中,我们看到包的依赖关系如图 3-14 所示。

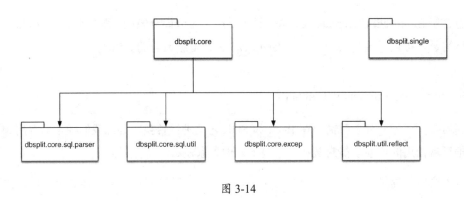

图 3-14

下面逐一介绍 src/main/java 下包含的包的职责和功能。

1. com.robert.dbsplit.core

包含了所有分库分表的核心逻辑的实现,内部封装了分片数据库寻找分片的策略和解析 SQL 的实现,也包括数据库分片的配置对象的封装等,并对外提供了 SimpleSplitJdbcTemplate 类,是 dbsplit 对外提供的接口类。

2. com.robert.dbsplit.core.sql.parser

用于解析某个输入的 SQL,找到 SQL 的必要组成部分,并把这些部分存储到一个对象里,在分片确定后,再次组装分片后的 SQL 输出。

3. com.robert.dbsplit.core.sql.util

包含了 OrmUtil 类和 SqlUtil 类的实现，这两个类封装了常用的数据库操作的通用逻辑，比如：从一个 Java Bean 中生成 SQL、SQL 字段与 Java Bean 字段名字的转换，等等。

4. com.robert.dbsplit.excep

包含了 dbsplit 使用的定制化异常。

5. com.robert.dbsplit.single

包含了 SimpleJdbcTemplate 类，这个类不是用来做分库分表的，而是对 Spring JdbcTemplate 的深度封装，提供了更高层的可以对 Java Bean 进行增删改查的 API。

6. com.robert.dbsplit.util.reflect

因为在实现分库分表时需要在 Bean 和 SQL 之间进行转换，因此我们经常需要用到反射，我们把经常使用的反射功能封装在这个包下，供大家使用。

有了这些包提供的功能，下面给出通过分库分表实现的创建一个实体的全流程，如图 3-15 所示。

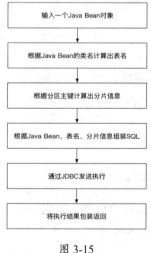

图 3-15

下面详细解析该插入实体案例的工作流程。

（1）使用方首先需要声明一个 Java Bean：

```java
public class TestTable {
    private long id;
    private String name;

    public enum Gender {
        MALE, FEMALE;

        public static Gender parse(int value) {
            for (Gender gender : Gender.values()) {
                if (value == gender.ordinal())
                    return gender;
            }
            return null;
        }
    };

    private Gender gender;
    private String lstUpdUser;
    private Date lstUpdTime;

    public long getId() {
        return id;
    }

    public void setId(long id) {
        this.id = id;
    }

    public String getName() {
        return name;
    }

    public void setName(String name) {
        this.name = name;
    }

    public Gender getGender() {
        return gender;
    }

    public void setGender(Gender gender) {
        this.gender = gender;
    }
```

```java
    public String getLstUpdUser() {
        return lstUpdUser;
    }

    public void setLstUpdUser(String lstUpdUser) {
        this.lstUpdUser = lstUpdUser;
    }

    public Date getLstUpdTime() {
        return lstUpdTime;
    }

    public void setLstUpdTime(Date lstUpdTime) {
        this.lstUpdTime = lstUpdTime;
    }

    @Override
    public String toString() {
        return JSON.toJSONString(this);
    }
}
```

（2）然后使用下面的方法调用 SimpleSplitJdbcTemplate 类的 insert 方法，传入分库主键及一个初始化了的 Java Bean：

```java
TestTable testTable = new TestTable();
testTable.setId(id);
testTable.setName("Alice-" + id);
testTable.setGender(Gender.MALE);
testTable.setLstUpdTime(new Date());
testTable.setLstUpdUser("SYSTEM");

simpleSplitJdbcTemplate.insert(id, testTable);
```

（3）根据 Java Bean 的类名 TestTable 计算得到表名 TEST_TABLE。

（4）根据传入的分区主键的值及配置的表的分片信息，计算出当前 SQL 应该被发往哪个数据库分片：

```xml
<bean name="splitTable" class="com.robert.dbsplit.core.SplitTable"
    init-method="init">

    <property name="dbNamePrefix" value="test_db" />
    <property name="tableNamePrefix" value="TEST_TABLE" />

    <property name="dbNum" value="2" />
```

```xml
        <property name="tableNum" value="4" />

        <property name="splitStrategyType" value="HORIZONTAL" />
        <property name="splitNodes">
            <list>
                <ref bean="splitNode1" />
                <ref bean="splitNode2" />
            </list>
        </property>

        <property name="readWriteSeparate" value="true" />

    </bean>
```

(5) 构造具有分片信息的数据库 SQL：

```
insert into TEST_TABLE_3 values (1001, 'Robert', 0, sys, '2018-12-13 00:00:01');
```

(6) 执行 SQL 并返回执行结果。

3.6.3 切片下标命名策略

在分库分表中，切片后的数据以切片对应的表为单位，一个表是一个切片，多个切片分布在不同的数据库上，甚至分布在不同的数据库实例上，多个表、多个数据库和多个数据库实例的下标命名一般分为三种策略：水平下标策略（数据库和表下标累积的策略）、垂直下标策略（数据库和表下标归零的策略）和两种混合策略。dbsplit 框架支持前两种策略，可以在 Spring 环境中配置。

这里进行举例说明，假设应用场景为：两个数据库实例，每个数据库实例有两个数据库，每个数据库有 4 个表，总计两个实例、4 个库和 16 张表。

1. 水平下标策略（数据库和表下标累积的策略）

所有数据库和所有表的下标都在同一个范围空间内，并不重复：

```
inst0
--db0
----table0
----table1
----table2
```

```
----table3
--db1
----table4
----table5
----table6
----table7
inst1
--db2
----table8
----table9
----table10
----table11
--db3
----table12
----table13
----table14
----table15
```

在这种 Hash 策略下,对下标的计算如下:

```
TABLE_INDEX = i % (2*2*4)
DB_INDEX = TABLE_INDEX / 4
INST_INDEX = DB_INDEX / 2
```

使用公式表达如下:

```
TABLE_INDEX = i % (INST_NUM * DB_NUM * TABLE_NUM)
DB_INDEX = TABLE_INDEX / TABLE_NUM
INST_INDEX = DB_INDEX / INST_NUM;
```

2. 垂直下标策略(数据库和表下标归零的策略)

数据库在实例范围内重复,表在数据库范围内重复:

```
inst0
--db0
----table0
----table1
----table2
----table3
--db1
----table0
----table1
----table2
----table3
inst1
--db0
```

```
----table0
----table1
----table2
----table3
--db1
----table0
----table1
----table2
----table3
```

在这种 Hash 策略下,对下标的计算如下:

```
TABLE_INDEX = i % 4
DB_INDEX = i / 4 % 2
INST_INDEX = i / 4 / 2 % 2
```

使用公式表达如下:

```
TABLE_INDEX = i % TABLE_NUM
DB_INDEX =  i / TABLE_NUM % DB_NUM
INST_INDEX = i / TABLE_NUM / DB_NUM % INST_NUM
```

3. 混合策略 1

数据库在实例范围内不重复,表在数据库范围内重复:

```
inst0
--db0
----table0
----table1
----table2
----table3
--db1
----table0
----table1
----table2
----table3
inst1
--db2
----table0
----table1
----table2
----table3
--db3
----table0
```

```
----table1
----table2
----table3
```

在这种 Hash 策略下，对下标的计算如下：

```
TABLE_INDEX = i % 4
DB_INDEX = i / 4 % 4
INST_INDEX = DB_INDEX / 2
```

使用公式表达如下：

```
TABLE_INDEX = i % TABLE_NUM
DB_INDEX  =  i / TABLE_NUM % DB_NUM
INST_INDEX = DB_INDEX /  INST_NUM
```

4. 混合策略 2

数据库在实例范围内重复，表在数据库范围内不重复：

```
inst0
--db0
----table0
----table1
----table2
----table3
--db1
----table4
----table5
----table6
----table7
inst1
--db0
----table8
----table9
----table10
----table11
--db1
----table12
----table13
----table14
----table15
```

在这种 Hash 策略下，对下标的计算如下：

```
TABLE_INDEX = i % (2 * 2 * 4)
DB_INDEX = TABLE_INDEX / 4 % 2
```

```
INST_INDEX = TABLE_INDEX / 2 % 2
```

使用公式表达如下:

```
TABLE_INDEX = i % (INST_NUM * DB_NUM * TABLE_NUM)
DB_INDEX = TABLE_INDEX / TABLE_NUM % DB_NUM
INST_INDEX = TABLE_INDEX / DB_NUM % INST_NUM
```

在 dbsplit 中实现了水平下标策略（数据库和表下标累积的策略）和垂直下标策略（数据库和表下标归零的策略），分别对应代码 HorizontalHashSplitStrategy 和 VerticalHashSplitStrategy，它们都实现了 SplitStrategy 接口，这个接口描述了下标计算的几种方法，枚举类 SplitStrategyType 包含这两个下标策略的命名。

HorizontalHashSplitStrategy、VerticalHashSplitStrategy 和 SplitStrategy 的继承类如图 3-16 所示。

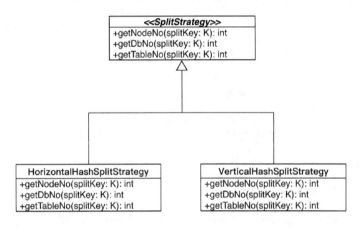

图 3-16

在 SplitStrategy 中只有 3 种方法，用来获取某个分区主键对应的数据库实例下标、数据库下标和节点下标：

```
public interface SplitStrategy {
    public <K> int getNodeNo(K splitKey);

    public <K> int getDbNo(K splitKey);

    public <K> int getTableNo(K splitKey);
}
```

水平下标策略（数据库和表下标累积的策略）的实现如下：

```
public class HorizontalHashSplitStrategy implements SplitStrategy {
```

```java
    private int portNum;
    private int dbNum;
    private int tableNum;

    public HorizontalHashSplitStrategy() {
        // Placeholder
    }

    public HorizontalHashSplitStrategy(int portNum, int dbNum, int tableNum) {
        this.portNum = portNum;
        this.dbNum = dbNum;
        this.tableNum = tableNum;
    }

    public int getNodeNo(Object splitKey) {
        return getDbNo(splitKey) / dbNum;
    }

    public int getDbNo(Object splitKey) {
        return getTableNo(splitKey) / tableNum;
    }

    public int getTableNo(Object splitKey) {
        int hashCode = calcHashCode(splitKey);
        return hashCode % (portNum * dbNum * tableNum);
    }

    private int calcHashCode(Object splitKey) {
        int hashCode = splitKey.hashCode();
        if (hashCode < 0)
            hashCode = -hashCode;

        return hashCode;
    }
}
```

这个实现对应在上面介绍水平下标策略（数据库和表下标累积的策略）时的计算公式。

垂直下标策略（数据库和表下标归零的策略）的实现如下：

```java
public class VerticalHashSplitStrategy implements SplitStrategy {
    private int portNum;
    private int dbNum;
    private int tableNum;

    public VerticalHashSplitStrategy() {
    }
```

```java
public VerticalHashSplitStrategy(int portNum, int dbNum, int tableNum) {
    this.portNum = portNum;
    this.dbNum = dbNum;
    this.tableNum = tableNum;
}

public int getPortNum() {
    return portNum;
}

public void setPortNum(int portNum) {
    this.portNum = portNum;
}

public int getTableNum() {
    return tableNum;
}

public void setTableNum(int tableNum) {
    this.tableNum = tableNum;
}

public int getDbNum() {
    return dbNum;
}

public void setDbNum(int dbNum) {
    this.dbNum = dbNum;
}

public int getNodeNo(Object splitKey) {
    int hashCode = calcHashCode(splitKey);
    return hashCode % portNum;
}

public int getDbNo(Object splitKey) {
    int hashCode = calcHashCode(splitKey);
    return hashCode / portNum % dbNum;
}

public int getTableNo(Object splitKey) {
    int hashCode = calcHashCode(splitKey);
    return hashCode / portNum / dbNum % tableNum;
}

private int calcHashCode(Object splitKey) {
```

```
    int hashCode = splitKey.hashCode();
    return hashCode;
  }
}
```

这个实现对应在上面介绍垂直下标策略（数据库和表下标归零的策略）时的计算公式。

在枚举类 SplitStrategyType 中定义了垂直下标策略（数据库和表下标归零的策略）和垂直下标策略（数据库和表下标归零的策略）这两种类型：

```
public enum SplitStrategyType {
    VERTICAL("vertical"), HORIZONTAL("horizontal");

    private String value;

    SplitStrategyType(String value) {
        this.value = value;
    }

    public String toString() {
        return value;
    }
}
```

我们在 Spring 环境文件中看到，表的分区路由的配置使用了如下类型：

```xml
<bean name="splitTable" class="com.robert.dbsplit.core.SplitTable"
    init-method="init">

    <property name="dbNamePrefix" value="test_db" />
    <property name="tableNamePrefix" value="TEST_TABLE" />

    <property name="dbNum" value="2" />
    <property name="tableNum" value="4" />

    <property name="splitStrategyType" value="HORIZONTAL" />

    <property name="splitNodes">
        <list>
            <ref bean="splitNode1" />
            <ref bean="splitNode2" />
        </list>
    </property>

    <property name="readWriteSeparate" value="true" />

</bean>
```

3.6.4 SQL 解析和组装

我们从上面的实例中看到,在保存一个 Java Bean 实体到数据库的过程中,需要通过 Bean 转换成 SQL,然后解析 SQL,在确定分片后,再组装成分片后的 SQL。解析 SQL 和组装 SQL 是由接口 SplitSqlParser、类 SplitSqlParserDefImpl 和 SplitSqlStructure 实现的。

它们之间的关系如图 3-17 所示。

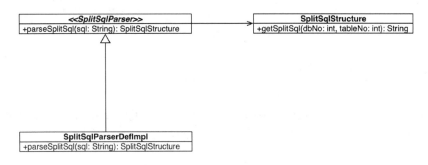

图 3-17

我们看到接口 SplitSqlParser 只包含一个重要的方法,就是解析 SQL:

```
public interface SplitSqlParser {
    public static final SplitSqlParser INST = new SplitSqlParserDefImpl();

    public SplitSqlStructure parseSplitSql(String sql);
}
```

在其实现类 SplitSqlParserDefImpl 中使用了阿里巴巴的 Druid 框架对 SQL 进行解析,在解析后提取表名等信息,存放在 SplitSqlStructure 类型的对象中。

在根据前面讲到的切片下标命名策略计算出这次 SQL 执行的数据库分片后,就确定了数据库和表的下标,这时调用 SplitSqlStructure 的 getSplitSql 方法把分片后的 SQL 组装好并返回。代码如下:

```
public String getSplitSql(int dbNo, int tableNo) {
    if (sqlType == null || StringUtils.isEmpty(dbName)
            || StringUtils.isEmpty(tableName)
            || StringUtils.isEmpty(previousPart)
            || StringUtils.isEmpty(sebsequentPart))
        throw new IllegalStateException(
            "The split SQL should be constructed after the SQL is parsed
```

```
completely.");

    StringBuffer sb = new StringBuffer();
    sb.append(previousPart).append(" ");
    sb.append(dbName).append("_").append(dbNo);
    sb.append(".");
    sb.append(tableName).append("_").append(tableNo).append(" ");
    sb.append(sebsequentPart);

    return sb.toString();
}
```

3.6.5　SQL 实用程序

SQL 实用程序用来帮助我们从 Java Bean 生成数据库 SQL 语句的逻辑，其中包含两个类：SqlUtil 和 OrmUtil。

在 SqlUtil 类中包含了生成插入、更新、删除和查询 SQL 的具体实现，这里以生成插入数据的 SQL 语句为例来解读代码：

```
public static <T> SqlRunningBean generateInsertSql(T bean,
    String databasePrefix, String tablePrefix, int databseIndex,
    int tableIndex) {
  final StringBuilder sb = new StringBuilder();
  sb.append("insert into ");

  if (StringUtils.isEmpty(tablePrefix))
      tablePrefix = OrmUtil.javaClassName2DbTableName(bean.getClass()
          .getSimpleName());

  sb.append(getQualifiedTableName(databasePrefix, tablePrefix,
      databseIndex, tableIndex));

  sb.append("(");

  final List<Object> params = new LinkedList<Object>();

  new FieldVisitor<T>(bean).visit(new FieldHandler() {
      public void handle(int index, Field field, Object value) {
          if (index != 0)
              sb.append(",");

          sb.append(OrmUtil.javaFieldName2DbFieldName(field.getName()));
```

```java
            if (value instanceof Enum)
                value = ((Enum<?>) value).ordinal();

            params.add(value);
        }
    });

    sb.append(") values (");
    sb.append(OrmUtil.generateParamPlaceholders(params.size()));
    sb.append(")");

    return new SqlRunningBean(sb.toString(), params.toArray());
}
```

其中的重要实现逻辑是生成带下标的数据库名和表名，这需要通过之前讲解的切片下标命名策略计算出这次 SQL 执行的数据库分片才能确定，具体的实现封装在 OrmUtil.javaClassName2DbTableName 和 SqlUtil.getQualifiedTableName 方法中，现在分别看看它们的实现。

在 OrmUtil 类中包含的都是 Java Bean 字段名与数据库名的转换等实现方法，这里要讲解的是 javaClassName2DbTableName 方法，它用于把 Java Bean 的类名转换成对应的数据库表名。在默认情况下，Java Bean 的类名采用驼峰命（例如：userEntity）名法，而数据库的命名采用下画线分割的命名法（例如：user_ENTITY），具体的实现代码如下：

```java
public static String javaClassName2DbTableName(String name) {
    StringBuilder sb = new StringBuilder();

    for (int i = 0; i < name.length(); i++) {
        if (Character.isUpperCase(name.charAt(i)) && i != 0) {
            sb.append("_");
        }

        sb.append(Character.toUpperCase(name.charAt(i)));

    }
    return sb.toString();
}
```

接下来解析如何生成带有分片下标的表名，其实现方法为 SqlUtil 类的 getQualifiedTableName，请参考下面的源码实现：

```java
private static String getQualifiedTableName(String databasePrefix,
        String tablePrefix, int dbIndex, int tableIndex) {
    StringBuffer sb = new StringBuffer();
```

```
    if (!StringUtils.isEmpty(databasePrefix))
        sb.append(databasePrefix);

    if (dbIndex != -1)
        sb.append("_").append(dbIndex).append(".");

    if (!StringUtils.isEmpty(tablePrefix))
        sb.append(tablePrefix);

    if (tableIndex != -1)
        sb.append("_").append(tableIndex).append(" ");

    return sb.toString();
}
```

我们看到,数据库名和表名都增加了下标后缀,并且按照 SQL 的格式进行了组装并返回。

接下来看看在 generateInsertSql 方法中生成字段列表的部分,这里使用了 FieldVisitor 的 visit 方法,这个方法使用了访问者的设计模式,让使用者可以很轻松地处理一个 Java Bean 的字段。我们发现,在访问者模式中发现字段时就会回调,然后通过 OrmUtil 类里的 javaFieldName2DbFieldName 方法把每个 Java Bean 的字段转换成数据库的字段名称,其实现代码如下:

```
public static String javaFieldName2DbFieldName(String name) {
    StringBuilder sb = new StringBuilder();

    for (int i = 0; i < name.length(); i++) {
        if (Character.isUpperCase(name.charAt(i))) {
            sb.append("_");
        }

        sb.append(Character.toUpperCase(name.charAt(i)));
    }
    return sb.toString();
}
```

这里实现了将驼峰命名方式(例如:userName)的 Java 字段转换成下画线分割(例如:USER_NAME)的数据库表字段的命名方式。

在 generateInsertSql 方法的实现最后,我们通过 OrmUtil 的 generateParamPlaceholders 方法来生成字段的占位符,具体实现代码如下:

```
public static String generateParamPlaceholders(int count) {
    StringBuilder sb = new StringBuilder();
```

```java
    for (int i = 0; i < count; i++) {
        if (i != 0)
            sb.append(",");
        sb.append("?");
    }
    
    return sb.toString();
}
```

最后，把生成的 SQL 和 SQL 需要使用的参数值封装成一个 SqlRunningBean 对象并返回。

下面看看返回的 SqlRunningBean 的结构：

```java
public static class SqlRunningBean {
    private String sql;
    private Object[] params;
    
    public SqlRunningBean(String sql, Object[] params) {
        this.sql = sql;
        this.params = params;
    }
    
    public String getSql() {
        return sql;
    }
    
    public void setSql(String sql) {
        this.sql = sql;
    }
    
    public Object[] getParams() {
        return params;
    }
    
    public void setParams(Object[] params) {
        this.params = params;
    }
}
```

我们看到，SqlRunningBean 包含分片后的 SQL 语句及执行 SQL 语句所需的参数信息，这些信息将被传递给后续的 SimpleSplitJdbcTemplate，在确定具体的分片所使用的数据源后，发给数据库执行。

在 OrmUtil 中还有一个重要的方法，该方法用于将查询返回的 ResultSet 中某一行的数据转换为领域对象模型，具体的实现方法如下：

```java
    public static <T> T convertRow2Bean(ResultSet rs, Class<T> clazz) {
        try {
            T bean = clazz.newInstance();

            ResultSetMetaData rsmd = (ResultSetMetaData) rs.getMetaData();
            for (int i = 1; i <= rsmd.getColumnCount(); i++) {
                int columnType = rsmd.getColumnType(i);
                String columnName = rsmd.getColumnName(i);
                String fieldName = OrmUtil
                        .dbFieldName2JavaFieldName(columnName);
                String setterName = ReflectionUtil
                        .fieldName2SetterName(fieldName);

                if (columnType == Types.SMALLINT) {
                    Method setter = ReflectionUtil.searchEnumSetter(clazz,
                            setterName);
                    Class<?> enumParamClazz = setter.getParameterTypes()[0];
                    Method enumParseFactoryMethod = enumParamClazz.getMethod(
                            "parse", int.class);
                    Object value = enumParseFactoryMethod.invoke(
                            enumParamClazz, rs.getInt(i));

                    setter.invoke(bean, value);
                } else {
                    Class<? extends Object> param = null;
                    Object value = null;
                    switch (columnType) {
                    case Types.VARCHAR:
                        param = String.class;
                        value = rs.getString(i);
                        break;
                    case Types.BIGINT:
                        param = long.class;
                        value = rs.getLong(i);
                        break;
                    case Types.INTEGER:
                        param = int.class;
                        value = rs.getInt(i);
                        break;
                    case Types.DATE:
                        param = Date.class;
                        value = rs.getTimestamp(i);
                        break;
                    case Types.TIMESTAMP:
                        param = Date.class;
                        value = rs.getTimestamp(i);
                        break;
                    default:
```

```
                log.error("Dbsplit doesn't support column {} type {}.",
                        columnName, columnType);
                throw new Exception("Db column not supported.");
            }

            Method setter = clazz.getMethod(setterName, param);
            setter.invoke(bean, value);
        }
    }

    return bean;
} catch (Exception e) {
    log.error("Fail to operator on ResultSet metadata for clazz {}.",
            clazz);
    log.error("Exception--->", e);
    throw new IllegalStateException(
            "Fail to operator on ResultSet metadata.", e);
}
```

这里,我们看到了针对不同类型的返回字段使用了不同的处理逻辑,尤其是对枚举类型的处理比较特殊。枚举类型在持久到数据库之后变成了整型数据,因此在查询返回时需要进行反序列化。我们一般会在枚举类中声明一个反序列化的方法,这样在反序列化时就可以找到该方法,将数据库里面的整型转换成枚举类型的值并返回。

下面是枚举定义中的一种反序列化的方法:

```
public enum Gender {
    MALE, FEMALE;

    public static Gender parse(int value) {
        for (Gender gender : Gender.values()) {
            if (value == gender.ordinal())
                return gender;
        }
        return null;
    }
};
```

3.6.6 反射实用程序

我们开发的 dbsplit 是一个中间件平台,也是一个框架,因此需要把 80% 的公用逻辑封装在框架中，而不需要具体的业务开发人员来关注。我们在实现一个类似平台性质的框架项目时，经常需要进行各类反射操作，反射操作并不困难，但是一些反射操作会被经常重复使用，如果每次都写一样的代码，则代码会变得很啰嗦，而且不易于维护，因此在这个框架里，笔者将经常用到的反射都封装到一个实用程序里，在使用时直接引用即可。

在反射包 dbsplit.util.reflect 中有两个主要的类：FieldHandler 和 FieldVisitor，其中，FieldVisitor 是一个 Vistitor 设计模式的实现，在发现每个字段时会传递给 FieldHandler 的实现来处理，FieldHandler 的实现是使用方提供的。如图 3-18 所示。

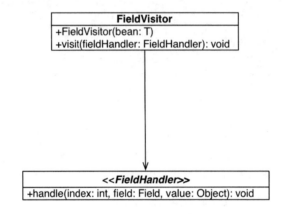

图 3-18

我们先看看使用方要实现的接口 FieldHandler：

```
public interface FieldHandler {
    public void handle(int index, Field field, Object value);
}
```

FieldVisitor 在发现一个字段时，就会把这个字段所在的索引、字段的对象及字段的值传递给 FieldHandler，FieldHandler 的实现就可以用这些信息来做自己的事情了。

现在看看 FieldVisitor 的实现代码：

```
public class FieldVisitor<T> {
    private static final Logger log = LoggerFactory
            .getLogger(FieldVisitor.class);

    private T bean;

    public FieldVisitor(T bean) {
```

```java
        this.bean = bean;
    }

    public void visit(FieldHandler fieldHandler) {
        List<Field> fields = ReflectionUtil.getClassEffectiveFields(bean
                .getClass());

        int count = 0;
        for (int i = 0; i < fields.size(); i++) {
            Field field = fields.get(i);

            Object value = null;
            try {
                boolean access = field.isAccessible();

                field.setAccessible(true);
                value = field.get(bean);

                if (value != null) {
                    if (value instanceof Number
                            && ((Number) value).doubleValue() == -1d)
                        continue;

                    if (value instanceof List)
                        continue;

                    fieldHandler.handle(count++, field, value);
                }

                field.setAccessible(access);
            } catch (IllegalArgumentException e) {
                log.error("Fail to obtain bean {} property {}.", bean, field);
                log.error("Exception--->", e);
            } catch (IllegalAccessException e) {
                log.error("Fail to obtain bean {} property {}.", bean, field);
                log.error("Exception--->", e);
            }
        }
    }
}
```

我们看到,在这段代码中首先通过ReflectionUtil的getClassEffectiveFields方法获得这个Java Bean 类型定义的所有字段,对每个字段获取相关的信息,然后调用传递进来的实现 FieldHandler 接口的实现类的 handle 方法,为调用者处理每个字段提供了时机。这里的访问者设计模式(Visitor Pattern)是经典的设计模式之一,希望每个开发者在开发的过程中都不要忘记设计模式,要合理地使用设计模式，这能让你在完成任务时事半功倍。

最后，我们看到在 dbsplit.util.reflect 里还有一个重要的类——ReflectionUtil，它里面封装了多个常用的反射相关的代码，我们以在上面使用到的 getClassEffectiveFields 来说明它的实现：

```java
public static List<Field> getClassEffectiveFields(
        Class<? extends Object> clazz) {
    List<Field> effectiveFields = new LinkedList<Field>();

    while (clazz != null) {
        Field[] fields = clazz.getDeclaredFields();
        for (Field field : fields) {
            if (!field.isAccessible()) {
                try {
                    Method method = clazz
                            .getMethod(fieldName2GetterName(field.getName()));

                    if (method.getReturnType() != field.getType()) {
                        log.error(
                                "The getter for field {} may not be correct.",
                                field);
                        continue;
                    }
                } catch (NoSuchMethodException e) {
                    log.error(
                            "Fail to obtain getter method for non-accessible field {}.",
                            field);
                    log.error("Exception--->", e);

                    continue;
                } catch (SecurityException e) {
                    log.error(
                            "Fail to obtain getter method for non-accessible field {}.",
                            field);
                    log.error("Exception--->", e);

                    continue;
                }

            }
            effectiveFields.add(field);
        }
        clazz = clazz.getSuperclass();
    }
```

```
        return effectiveFields;
    }
```

在这个实现中，我们只需获取有 getter 字段的信息，因此要校验 getter 方法的有效性，抛弃那些声明私有的但是还没有有效 getter 的字段。

3.6.7 分片规则的配置

正如在前面讲到的，我们将数据的分片分布到不同的数据库上，甚至分布到不同的数据库实例上，那么一个数据库表到底要有多少个分片、数据库和数据库实例，这是需要进行容量评估的，请参考《分布式服务架构：原理、设计与实战》中第 3 章的内容，这里只讲解如何配置这些信息。

为了实现分片后配置路由信息的功能，我们提供了三个类：SplitNode、SplitTable 和 SplitTablesHolder，其中，SplitTablesHolder 是一个容器类，用来存储所有应用需要的 SplitTable；一个 SplitTable 包含了这个表的分片有多少个数据库和表的信息，SplitTable 里面有个集合，保存着 SplitNode 的集合，代表这个 SplitTable 会分布到多少个数据库实例上。

这些类的关系如图 3-19 所示。

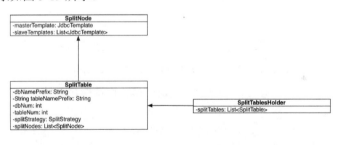

图 3-19

先看一下 SplitTablesHolder 的实现，其中主要包含一个 SplitTable 的集合变量，在需要时通过 searchSplitTable 查找相应的 SplitTable：

```
public class SplitTablesHolder {
    private List<SplitTable> splitTables;

    private HashMap<String, SplitTable> splitTablesMapFull;
```

```java
    private HashMap<String, SplitTable> splitTablesMap;
    ......
    public SplitTable searchSplitTable(String dbName, String tableName) {
        return splitTablesMapFull.get(constructKey(dbName, tableName));
    }
    ......
}
```

然后看一下 SplitTable 的代码，其中主要包含数据库名的前缀、表名的前缀、数据库和表的分片数量等，以及切分策略和读写分离等：

```java
public class SplitTable {
    private String dbNamePrefix;
    private String tableNamePrefix;

    private int dbNum;
    private int tableNum;

    private SplitStrategyType splitStrategyType = SplitStrategyType.VERTICAL;
    private SplitStrategy splitStrategy;
    private List<SplitNode> splitNodes;

    private boolean readWriteSeparate = true;
    ......
}
```

最后看一下 SplitNode 的实现，其中包含了这个数据库实例的主实例的 JdbcTemplate（masterTemplate），以及多个从实例的 JdbcTemplate（slaveTemplates），这是用来实现读写分离的。如果在配置中开启了读写分离，则会将查询操作轮询地路由到这些数据库的从实例上：

```java
public class SplitNode {
    private JdbcTemplate masterTemplate;
    private List<JdbcTemplate> slaveTemplates;

    ......

    public JdbcTemplate getRoundRobinSlaveTempate() {
        long iterValue = iter.incrementAndGet();

        // Still race condition, but it doesn't matter
        if (iterValue == Long.MAX_VALUE)
            iter.set(0);
```

```
            return slaveTemplates.get((int) iterValue % slaveTemplates.size());
    }
}
```

3.6.8 支持分片的 SplitJdbcTemplate 和 SimpleSplitJdbcTemplate 接口 API

有了切片下标命名策略、SQL 解析和组装、SQL 实用程序、反射实用程序、分片规则的配置的实现后，现在我们来看看我们对外暴露的两个接口类 SplitJdbcTemplate 和 SimpleSplitJdbcTemplate。SplitJdbcTemplate 实现了 SplitJdbcOperations 接口，里面包含类似于 Spring JdbcTemplate 的 API，包含了增删改查操作，唯一不同的是，每个方法都要传入一个分区主键；SimpleSplitJdbcTemplate 则是一个类似于支持分片的 ORM 的实现，里面包含了针对普通的 Java Bean 的增删改查方法，开发人员在使用这个 API 时不需要再操作 SQL，直接将声明的 Java Bean 传入指定的 API 即可实现增删改查操作。

这些类的实现关系的类图如图 3-20 所示。

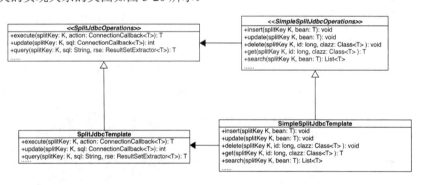

图 3-20

首先，我们看一下 SplitJdbcOperations，它里面的方法对应着 Spring JdbcTemplate 的方法，包含众多的针对 SQL 的增删改查操作，但是在每个操作中都增加了分区主键的参数，开发人员只要传入分区主键，其他使用方式便和 Spring JdbcTemplate 保持统一：

```
public interface SplitJdbcOperations {
    public <T, K> T execute(K splitKey, ConnectionCallback<T> action)
            throws DataAccessException;

    public <T, K> T execute(K splitKey, StatementCallback<T> action)
            throws DataAccessException;
```

```
    public <T, K> T query(K splitKey, String sql, ResultSetExtractor<T> rse)
            throws DataAccessException;


    public <T, K> T queryForObject(K splitKey, String sql,
            RowMapper<T> rowMapper) throws DataAccessException;
    public <K> Map<String, Object> queryForMap(K splitKey, String sql)
            throws DataAccessException;

    public <T, K> List<T> queryForList(K splitKey, String sql,
            Class<T> elementType) throws DataAccessException;

    public <K> SqlRowSet queryForRowSet(K splitKey, String sql)
            throws DataAccessException;

    public <K> int update(K splitKey, String sql) throws DataAccessException;
    ......
}
```

所有的这些方法都是在 SplitJdbcTemplate 中实现的，现在我们以一个 update 方法为例，来讲述它的实现过程。这个 update 方法的代码实现非常简单，我们通过一个模板回调模式把控制权传递给 SplitActionRunner 的 runSplitAction 方法，在这个方法中将 SQL 分片化，然后传递给回调的 doSplitAction 方法，在这里通过一个普通的 JdbcTemplate 执行 SQL 并返回结果：

```
public <K> int update(K splitKey, String sql, PreparedStatementSetter pss)
        throws DataAccessException {
    return splitActionRunner.runSplitAction(splitKey, sql,
        new SplitAction<Integer>() {
            public Integer doSplitAction(JdbcTemplate jt, String sql) {
                Integer ret = jt.update(sql, pss);
                return ret;
            }
        });
}
```

现在看看 SplitActionRunner 的实现：

```
protected SplitActionRunner splitActionRunner = new SplitActionRunner();

class SplitActionRunner {
    <T, K> T runSplitAction(K splitKey, String sql,
            SplitAction<T> splitAction) {
                log.debug("runSplitAction entry, splitKey {} sql {}", splitKey, sql);
```

```java
            SplitSqlStructure splitSqlStructure = SplitSqlParser.INST
                    .parseSplitSql(sql);

            String dbName = splitSqlStructure.getDbName();
            String tableName = splitSqlStructure.getTableName();

            SplitTable splitTable = splitTablesHolder.searchSplitTable(dbName,
                    tableName);

            SplitStrategy splitStrategy = splitTable.getSplitStrategy();

            int nodeNo = splitStrategy.getNodeNo(splitKey);
            int dbNo = splitStrategy.getDbNo(splitKey);
            int tableNo = splitStrategy.getTableNo(splitKey);

            List<SplitNode> splitNodes = splitTable.getSplitNodes();

            SplitNode sn = splitNodes.get(nodeNo);
            JdbcTemplate jt = getJdbcTemplate(sn, false);

            sql = splitSqlStructure.getSplitSql(dbNo, tableNo);

            log.debug(
                    "runSplitAction do action, splitKey {} sql {} dbName {} tableName {} nodeNo {} dbNo {} tableNo {}",
                    splitKey, sql, dbName, tableName, nodeNo, dbNo, tableNo);
            T result = splitAction.doSplitAction(jt, sql);

            log.debug(
                    "runSplitAction return, {} are returned, splitKey {} sql {}",
                    result, splitKey, sql);
            return result;
        }
    }
```

我们一眼就可以看出，这里使用了之前讲到的切片下标命名策略、SQL 解析和组装、SQL 实用程序、反射实用程序、分片规则的配置等实现。由于有了这些基础实现，通过现在的程序就可以很轻松地完成分库分表的操作，这也是我们设计程序时应该达到的目的。作为一名开发者，我们设计程序就像设计微服务一样，不能只简单地实现业务逻辑，还应该将业务逻辑抽象出一些小的程序单元，然后把这些小的程序单元按照一定的逻辑进行组合，就可以完成不同的业务需求，并实现程序逻辑的编排，这也是微服务的思想。其实微服务并不是一个全新的概念，在 Linux 的输入输出管道中就有微服务的概念，每个命令都是一个自治的功能性工具，多个工具通过管道连接，就可以完成各种各样的功能。

接下来，我们继承自 SplitJdbcOperations 接口，提供了一个新的更加上层、抽象的 SimpleSplitJdbcOperations 类，这个类的操作不针对 SQL，使用者不需要知道 SQL，也不用操作 SQL，而是直接把 Java 的领域对象模型 Java Bean 传入即可，所有 SQL 的生成、分片的确定都由 dbsplit 框架来实现：

```
public interface SimpleSplitJdbcOperations extends SplitJdbcOperations {
    public <K, T> void insert(K splitKey, T bean);

    public <K, T> void update(K splitKey, T bean);

    public <K, T> void delete(K splitKey, long id, Class<T> clazz);

    public <K, T> T get(K splitKey, long id, final Class<T> clazz);

    public <K, T> T get(K splitKey, String key, String value,
            final Class<T> clazz);

    public <K, T> List<T> search(K splitKey, T bean);

    public <K, T> List<T> search(K splitKey, T bean, String name,
            Object valueFrom, Object valueTo);

    public <K, T> List<T> search(K splitKey, T bean, String name, Object value);
}
```

现在来看看 SimpleSplitJdbcOperations 的实现类 SimpleSplitJdbcTemplate，其中主要提供的是针对 Java Bean 的增删改查等操作，代码如下：

```
public class SimpleSplitJdbcTemplate extends SplitJdbcTemplate implements
    SimpleSplitJdbcOperations {
    ......
    public <K, T> void insert(K splitKey, T bean) {
        doUpdate(splitKey, bean.getClass(), UpdateOper.INSERT, bean, -1);
    }

    public <K, T> void update(K splitKey, T bean) {
        doUpdate(splitKey, bean.getClass(), UpdateOper.UPDATE, bean, -1);
    }
```

```java
    public <K, T> void delete(K splitKey, long id, Class<T> clazz) {
        doUpdate(splitKey, clazz, UpdateOper.DELETE, null, id);
    }

    public <K, T> T get(K splitKey, long id, final Class<T> clazz) {
        return doSelect(splitKey, clazz, "id", new Long(id));
    }

    public <K, T> List<T> search(K splitKey, T bean) {
        return doSearch(splitKey, bean, null, null, null, SearchOper.NORMAL);
    }
    ......
}
```

可以看到，增删改查等方法被直接代理到 doUpdate、doSelect 和 doSearch 等方法中，在这些方法中，我们使用之前实现的程序单元进行编排实现即可。以 doUpdate 为例，通过之前讲解的切片下标命名策略、SQL 解析和组装、SQL 实用程序、反射实用程序、分片规则的配置等程序单元实现即可：

```java
    protected <K, T> void doUpdate(K splitKey, final Class<?> clazz,
                                   UpdateOper updateOper, T bean, long id) {
        log.debug(
                "SimpleSplitJdbcTemplate.doUpdate, the split key: {}, the clazz: {}, the updateOper: {}, the split bean: {}, the ID: {}.",
                splitKey, clazz, updateOper, bean, id);

        SplitTable splitTable = splitTablesHolder.searchSplitTable(OrmUtil
                .javaClassName2DbTableName(clazz.getSimpleName()));

        SplitStrategy splitStrategy = splitTable.getSplitStrategy();
        List<SplitNode> splitNdoes = splitTable.getSplitNodes();

        String dbPrefix = splitTable.getDbNamePrefix();
        String tablePrefix = splitTable.getTableNamePrefix();

        int nodeNo = splitStrategy.getNodeNo(splitKey);
        int dbNo = splitStrategy.getDbNo(splitKey);
        int tableNo = splitStrategy.getTableNo(splitKey);

        log.info(
                "SimpleSplitJdbcTemplate.doUpdate, splitKey={} dbPrefix={} tablePrefix={} nodeNo={} dbNo={} tableNo={}.",
                splitKey, dbPrefix, tablePrefix, nodeNo, dbNo, tableNo);

        SplitNode sn = splitNdoes.get(nodeNo);
```

```
        JdbcTemplate jt = getWriteJdbcTemplate(sn);

        SqlRunningBean srb = null;
        switch (updateOper) {
           case INSERT:
                srb = SqlUtil.generateInsertSql(bean, dbPrefix, tablePrefix, dbNo,
                    tableNo);
                break;
           case UPDATE:
                srb = SqlUtil.generateUpdateSql(bean, dbPrefix, tablePrefix, dbNo,
                    tableNo);
                break;
           case DELETE:
                srb = SqlUtil.generateDeleteSql(id, clazz, dbPrefix, tablePrefix,
                    dbNo, tableNo);
                break;
        }

        log.debug(
            "SimpleSplitJdbcTemplate.doUpdate, the split SQL: {}, the split params: {}.",
            srb.getSql(), srb.getParams());
        long updateCount = jt.update(srb.getSql(), srb.getParams());
        log.info("SimpleSplitJdbcTemplate.doUpdate, update record num: {}.",
            updateCount);
    }
```

到现在为止，我们看到了实现分库分表操作框架的全部主流程。

3.6.9 JdbcTemplate 的扩展 SimpleJdbcTemplate 接口 API

在 dbsplit 中有一个 dbsplit.single 的包，这个包并不是用来分库分表的，而是用来扩展 Spring JdbcTemplate 接口 API 的，提供了更高层的抽象的 API，可以直接对一个 Java Bean 进行增删改查，可以算作一个简单易用的小的 ORM 框架的实现。

如图 3-21 所示是实现的类图。

实际上，在 Spring JdbcTemplate 中增加了如下方法，这些方法都被定义在 SimpleJdbcOperations 中：

```
public interface SimpleJdbcOperations {
    public <T> void insert(T bean);
```

```
    public <T> void update(T bean);

    public <T> void delete(long id, Class<T> clazz);

    public <T> T get(long id, final Class<T> clazz);

    public <T> T get(String name, Object value, final Class<T> clazz);

    public <T> List<T> search(final T bean);

    public <T> List<T> search(String sql, Object[] params, final Class<T> clazz);
}
```

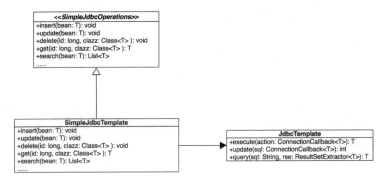

图 3-21

接口 SimpleJdbcOperations 的实现类 SimpleJdbcTemplate 继承自 Spring 的 JdbcTemplate 接口，也就是说与 Spring 的 JdbcTemplate 完全兼容，并且提供了更好用的 API。

该实现非常简单，这是因为我们使用了之前实现的 SQL 使用程序，等等，这些功能已经建设完毕，在这里只要使用即可实现目的，写程序也要运用微服务的思想，让我们的程序尽可能被重用：

```
public class SimpleJdbcTemplate extends JdbcTemplate implements
        SimpleJdbcOperations {

    private static final Logger log = LoggerFactory
            .getLogger(SimpleJdbcTemplate.class);

    public <T> void insert(T bean) {
        SqlRunningBean srb = SqlUtil.generateInsertSql(bean);

        log.debug("Insert, the bean: {} ---> the SQL: {} ---> the params: {}",
```

```
            bean, srb.getSql(), srb.getParams());

    this.update(srb.getSql(), srb.getParams());
}

public <T> void update(T bean) {
    SqlRunningBean srb = SqlUtil.generateUpdateSql(bean);

    log.debug("Update, the bean: {} ---> the SQL: {} ---> the params: {}",
            bean, srb.getSql(), srb.getParams());

    this.update(srb.getSql(), srb.getParams());
}

public <T> void delete(long id, Class<T> clazz) {
    SqlRunningBean srb = SqlUtil.generateDeleteSql(id, clazz);

    log.debug("Delete, the bean: {} ---> the SQL: {} ---> the params: {}",
            id, srb.getSql(), srb.getParams());

    this.update(srb.getSql(), srb.getParams());
}

public <T> T get(long id, final Class<T> clazz) {
    SqlRunningBean srb = SqlUtil.generateSelectSql("id", id, clazz);

    T bean = this.queryForObject(srb.getSql(), srb.getParams(),
            new RowMapper<T>() {
                public T mapRow(ResultSet rs, int rowNum)
                        throws SQLException {
                    return OrmUtil.convertRow2Bean(rs, clazz);
                }
            });
    return bean;
}

public <T> T get(String name, Object value, final Class<T> clazz) {
    SqlRunningBean srb = SqlUtil.generateSelectSql(name, value, clazz);

    T bean = this.queryForObject(srb.getSql(), srb.getParams(),
            new RowMapper<T>() {
                public T mapRow(ResultSet rs, int rowNum)
                        throws SQLException {
                    return OrmUtil.convertRow2Bean(rs, clazz);
                }
            });
    return bean;
```

```
}

public <T> List<T> search(final T bean) {
    SqlRunningBean srb = SqlUtil.generateSearchSql(bean);

    List<T> beans = this.query(srb.getSql(), srb.getParams(),
        new RowMapper<T>() {
            public T mapRow(ResultSet rs, int rowNum)
                throws SQLException {
                return (T) OrmUtil.convertRow2Bean(rs, bean.getClass());
            }
        });
    return beans;
}

public <T> List<T> search(String sql, Object[] params, final Class<T> clazz)
{
    List<T> beans = this.query(sql, params, new RowMapper<T>() {
        public T mapRow(ResultSet rs, int rowNum) throws SQLException {
            return (T) OrmUtil.convertRow2Bean(rs, clazz);
        }
    });
    return beans;
}
```

3.6.10 用于创建分库分表数据库的脚本工具

这里讲解一个用于创建分库分表的脚本，这个脚本可以一次性地按照规则在多个 MySQL 实例上创建多个数据库和表，并在每一个数据库实例上创建一个统一的用户，并分配相应的权限给此用户。

这个脚本是 dbsplit 框架的一部分，如果你在寻找数据库分库分表的轻量级解决方案，则请参考 dbsplit 的实现和应用场景，它是一个兼容 Spring JDBC 的支持分库分表的轻量级的数据库中间件，使用起来简单、方便，性能接近于直接使用 JDBC，并且能够无缝地与 Spring 结合，又具有很好的可维护性。

使用方法如下：

```
Usage: $0 -i [INSTANCE_STR] -m [DB_PREFIX] -n [TABLE_SQL_FILE] -x [DB_SPLIT_NUM]
-y [TABLE_SPLIT_NUM] -a [USER] -b [PASSWORD] -c [ROOT_USER] -d [ROOT_PASSWORD] -l
```

```
[CONNECTION_HOST] -t

  Descriptions:
  -i : instances string.
  -m : db name.
  -n : table file name.
  -x : db number.
  -y : table number.
  -a : user name to be created.
  -b : password for the user name to be created.
  -c : root user.
  -d : password for root user.
  -l : for the connection host.
  -t : debug sql output.
```

使用示例如下:

```
  Example1: $0 -i "localhost:3306,localhost:3306" -m test_db -n table.sql -x 2 -y 2 -a test_user -b test_password -c root -d youarebest -l localhost -t Example2: $0 -i "localhost:3306,localhost:3306" -m test_db -n table.sql -x 2 -y 2 -a test_user -b test_password -c root -d youarebest -l localhost
```

源码实现如下:

```
  #!/bin/bash

  insts=localhost:3306,localhost:3306

  db_prefix=test_db
  table_sql_file=table.sql

  db_num=2
  table_num=2

  user_name=test_user
  password=test_password

  root_user_name=root
  root_password=cool

  debug=FALSE

  conn_host=localhost

  build_db() {
    inst=$1
    inst_arr=(${inst//:/ })
```

```bash
    host=${inst_arr[0]}
    port=${inst_arr[1]}

    db=$2
    db_no=$3

    echo "info: building instance $inst db $db db no $db_no"

    for ((k=0;k<$table_num;k++)); do
   ((table_no=$table_num*$db_no+$k))

     echo "info: building instance $inst db $db db no $db_no table $table_no"

     sql_command="sed 's/"'$index'"/$table_no/g' ./$table_sql_file | tr -t '\n' '\0'"
     sql_create_table=`eval "$sql_command"`

     if [[ $debug = 'TRUE' ]]; then
         echo "Create Table SQL: $sql_create_table"
     fi
     mysql -u$root_user_name -p$root_password -e "$sql_create_table" $db 2> /dev/null

    done
  }

  build_inst() {
    inst=$1
    inst_arr=(${inst//:/ })

    host=${inst_arr[0]}
    port=${inst_arr[1]}

    inst_no=$2

    echo "info: building instance $inst no $inst_no"

    sql_delete_user="delete from mysql.user where user = '$user_name'; flush privileges"

    if [[ $debug = 'TRUE' ]]; then
      echo "Delete User SQL: $sql_delete_user"
    fi
    mysql -u$root_user_name -p$root_password -e "$sql_delete_user" 2> /dev/null

    mysql -u$root_user_name -p$root_password -e "create user '$user_name'@'$conn_host' identified by '$password'"
```

```
        for ((j=0;j<$db_num;j++)); do
          ((db_no=$db_num*$inst_no+$j))

          create_database_sql="drop database if exists ${db_prefix}_${db_no};create database ${db_prefix}_${db_no}"

          if [[ $debug = 'TRUE' ]]; then
            echo "Create Database SQL: $create_database_sql"
          fi
          mysql -u$root_user_name -p$root_password -e "$create_database_sql" 2> /dev/null

          assign_rights_sql="grant all privileges on ${db_prefix}_${db_no}.* to '$user_name'@'$conn_host' identified by '$password';flush privileges"

          if [[ $debug = 'TRUE' ]]; then
            echo "Assign Rights SQL: $assign_rights_sql"
          fi
          mysql -u$root_user_name -p$root_password -e "assign_rights_sql" 2> /dev/null

          build_db $inst ${db_prefix}_${db_no} $db_no
        done
      }

    main() {
        echo "properties: insts=$insts db_prefix=$db_prefix table_sql_file=$table_sql_file db_num=$db_num table_num=$table_num user_name=$user_name password=$password root_user_name=$root_user_name root_password=$root_password"

        insts_arr=(${insts//,/ })
        insts_num=${#insts_arr[@]}

        for ((i=0;i<$insts_num;i++)); do
          build_inst ${insts_arr[$i]} $I
        done
    }

    PrintUsage()
    {
    cat << EndOfUsageMessage

       Usage: $0 -i [INSTANCE_STR] -m [DB_PREFIX] -n [TABLE_SQL_FILE] -x [DB_SPLIT_NUM] -y [TABLE_SPLIT_NUM] -a [USER] -b [PASSWORD] -c [ROOT_USER] -d [ROOT_PASSWORD] -l [CONNECTION_HOST] -t

        Descriptions:
```

```
        -i : instances string.
        -m : db name.
        -n : table file name.
        -x : db number.
        -y : table number.
        -a : user name to be created.
        -b : password for the user name to be created.
        -c : root user.
        -d : password for root user.
        -l : for the connection host.
        -t : debug sql output.

        Example1: $0 -i "localhost:3306,localhost:3306" -m test_db -n table.sql -x
2 -y 2 -a test_user -b test_password -c root -d youarebest -l localhost -t
        Example2: $0 -i "localhost:3306,localhost:3306" -m test_db -n table.sql -x
2 -y 2 -a test_user -b test_password -c root -d youarebest -l localhost

    EndOfUsageMessage
    }

    InvalidCommandSyntaxExit()
    {
            echo "Invalid command\n`PrintUsage`"
            exit;
    }

    if [ $# -eq 0 ]
    then
        echo "`PrintUsage`"
        exit 1
    fi


    while getopts "i:m:n:x:y:a:b:c:d:l:t" arg
    do
            case $arg in
                i)
                    insts=$OPTARG
                    ;;
                m)
                    db_prefix=$OPTARG
                    ;;
                n)
                    table_sql_file=$OPTARG
                    ;;
                x)
                    db_num=$OPTARG
```

```
            ;;
        y)
            table_num=$OPTARG
            ;;
        a)
            user_name=$OPTARG
            ;;
        b)
            password=$OPTARG
            ;;
        c)
            root_user_name=$OPTARG
            ;;
        d)
            root_password=$OPTARG
            ;;
        l)
            conn_host=$OPTARG
            ;;
        t)
            debug=TRUE
            ;;
        ?)
            echo "`InvalidCommandSyntaxExit`"
            exit 1
            ;;
    esac
done
```

当然,这里所分享的脚本仅仅是一个示例,在本计划中,这个脚本需要支持三种分库分表的策略:数据库和表下标累积的策略、数据库和表下标归零的策略、两种混合策略,当前的脚本只支持第 1 种策略。

需要注意,这个建库脚本不支持建立主从关系,但是可以在建立主库和从库后再手工建立主从关系。

3.6.11 使用 dbsplit 的一个简单示例

我们已经完整地实现了一个具有分库分表功能的框架 dbsplit,现在让我们提供一个示例,来演示在我们的应用中怎么使用这个框架,也可以参考 dbsplit 项目 dbsplit-core/src/main/test 中的源代码。

首先，假设在我们的应用中有个表需要进行增删改查操作，它的 DDL 脚本如下：

```sql
drop table if exists TEST_TABLE_$I;
create table TEST_TABLE_$I
(
   ID bigint not null,
   NAME varchar(128) not null,
   GENDER              smallint default 0,
   LST_UPD_USER        varchar(128) default "SYSTEM",
   LST_UPD_TIME        timestamp default now(),
   primary key(id),
   unique key UK_NAME(NAME)
);
```

我们把这个 DDL 脚本保存到 table.sql 文件中，然后需要准备好一个 MySQL 的数据库实例，实例端口为 localhost:3307，因为环境的限制，我们用了一个数据库实例来模拟两个数据库实例，两个数据库实例使用同一个端口。我们为 TEST_TABLE 设计了两个数据库实例、每个实例有两个数据库、每个数据库有 4 个表，共 16 个分片表。

我们使用脚本创建用于分片的多个数据库和表，脚本代码如下：

```
build-db-split.sh -i "localhost:3307,localhost:3307" -m test_db -n table.sql -x 2 -y 4 -a test_user -b test_password -c root -d youarebest -l localhost -t
```

这里需要提供系统 root 用户的用户名和密码。然后登录 MySQL 的命令行客户端，看到一共创建了 4 个数据库，前两个数据库属于数据库实例 1，后两个数据库属于数据库实例 2，每个数据库有 4 个表：

```
mysql> show databases;
+--------------------+
| Database           |
+--------------------+
| information_schema |
| test               |
| test_db_0          |
| test_db_1          |
| test_db_2          |
| test_db_3          |
+--------------------+
6 rows in set (0.01 sec)

mysql> use test_db_0;
```

```
Database changed
mysql> show tables;
+---------------------+
| Tables_in_test_db_0 |
+---------------------+
| TEST_TABLE_0        |
| TEST_TABLE_1        |
| TEST_TABLE_2        |
| TEST_TABLE_3        |
+---------------------+
4 rows in set (0.00 sec)
```

因此,我们一共创建了 16 个分片表。

然后,定义对应这个数据库表的领域对象模型,在这个领域对象模型中不需要任何注解,这是一个绿色的 POJO:

```java
public class TestTable {
    private long id;
    private String name;

    public enum Gender {
        MALE, FEMALE;

        public static Gender parse(int value) {
            for (Gender gender : Gender.values()) {
                if (value == gender.ordinal())
                    return gender;
            }
            return null;
        }
    };

    private Gender gender;
    private String lstUpdUser;
    private Date lstUpdTime;

    public long getId() {
        return id;
    }

    public void setId(long id) {
        this.id = id;
    }

    public String getName() {
        return name;
```

```java
    }

    public void setName(String name) {
        this.name = name;
    }

    public Gender getGender() {
        return gender;
    }

    public void setGender(Gender gender) {
        this.gender = gender;
    }

    public String getLstUpdUser() {
        return lstUpdUser;
    }

    public void setLstUpdUser(String lstUpdUser) {
        this.lstUpdUser = lstUpdUser;
    }

    public Date getLstUpdTime() {
        return lstUpdTime;
    }

    public void setLstUpdTime(Date lstUpdTime) {
        this.lstUpdTime = lstUpdTime;
    }

    @Override
    public String toString() {
        return JSON.toJSONString(this);
    }
}
```

因为我们的应用程序需要保存这个实体,所以需要生成唯一的 ID。发号器的设计和使用请参考第 1 章,这里配置一个发号器服务即可,代码如下:

```xml
<bean id="idService" class="com.robert.vesta.service.factory.IdServiceFactoryBean"init-method="init">
    <property name="providerType" value="PROPERTY" />

    <property name="machineId" value="${vesta.machine}" />
</bean>
```

接下来,在 Spring 环境中定义这个表的分片信息,包括数据库名称、表名称、数据库分片数、表的分片数，以及读写分离等信息。在本实例中我们指定数据库的前缀为 test_db，数据库的表名为 TEST_TABLE，每个实例有两个数据库，每个数据库有 4 张表，分片采用水平下标策略，并且打开读写分离：

```xml
<bean name="splitTable" class="com.robert.dbsplit.core.SplitTable"
    init-method="init">

    <property name="dbNamePrefix" value="test_db" />
    <property name="tableNamePrefix" value="TEST_TABLE" />

    <property name="dbNum" value="2" />
    <property name="tableNum" value="4" />

    <property name="splitStrategyType" value="HORIZONTAL" />
    <property name="splitNodes">
        <list>
            <ref bean="splitNode1" />
            <ref bean="splitNode2" />
        </list>
    </property>

    <property name="readWriteSeparate" value="true" />

</bean>
```

我们看到，这个 splitTable 引用了两个数据库实例节点：splitNode1 和 splitNode2，它们的声明如下：

```xml
<bean name="splitNode1" class="com.robert.dbsplit.core.SplitNode">
    <property name="masterTemplate" ref="masterTemplate0" />
    <property name="slaveTemplates">
        <list>
            <ref bean="slaveTemplate00"></ref>
        </list>
    </property>
</bean>

<bean name="splitNode2" class="com.robert.dbsplit.core.SplitNode">
    <property name="masterTemplate" ref="masterTemplate1" />
    <property name="slaveTemplates">
        <list>
            <ref bean="slaveTemplate10"></ref>
        </list>
    </property>
</bean>
```

每个数据库实例节点都引用了一个数据库主模板及若干个数据库从模板,这是用来实现读写分离的。因为我们打开了读写分离设置,所以,所有读操作都将由 dbsplit 路由到数据库的从模板上,将数据库的主从模板的声明引用到我们声明的数据库的数据源上,因为我们是在本地做测试的,所以这些数据源都指向了本地的 MySQL 数据库 localhost:3307:

```xml
<bean id="masterTemplate0" class="org.springframework.jdbc.core.JdbcTemplate"
    abstract="false" lazy-init="false" autowire="default"
    dependency-check="default">
    <property name="dataSource">
        <ref bean="masterDatasource0" />
    </property>
</bean>

<bean id="slaveTemplate00" class="org.springframework.jdbc.core.JdbcTemplate"
    abstract="false" lazy-init="false" autowire="default"
    dependency-check="default">
    <property name="dataSource">
        <ref bean="slaveDatasource00" />
    </property>
</bean>
```

到现在为止,我们定义好了表的分片信息,把这个表加入 SplitTablesHolder 的 Bean 中,代码如下:

```xml
<bean name="splitTablesHolder" class="com.robert.dbsplit.core.SplitTablesHolder"
    init-method="init">
    <property name="splitTables">
        <list>
            <ref bean="splitTable" />
        </list>
    </property>
</bean>
```

接下来需要声明我们的 SimpleSplitJdbcTemplate 的 Bean,它需要引用 SplitTablesHolder 的 Bean,并配置读写分离的策略,配置代码如下:

```xml
<bean name="simpleSplitJdbcTemplate"
class="com.robert.dbsplit.core.SimpleSplitJdbcTemplate">
    <property name="splitTablesHolder" ref="splitTablesHolder" />
    <property name="readWriteSeparate" value="${dbsplit.readWriteSeparate}" />
</bean>
```

有了 SimpleSplitJdbcTemplate 的 Bean,就可以把它导出给我们的服务层来使用了。这里通过一个测试用例来演示，在测试用例中初始化刚才配置的 Spring 环境，从 Spring 环境中获取 SimpleSplitJdbcTemplate 的 Bean simpleSplitJdbcTemplate，然后在实例的方法中插入 TEST_TABLE 的记录，再把这条记录查询出来，代码如下：

```java
public void testSimpleSplitJdbcTemplate() {
    SimpleSplitJdbcTemplate simpleSplitJdbcTemplate = (SimpleSplitJdbcTemplate) applicationContext
            .getBean("simpleSplitJdbcTemplate");
    IdService idService = (IdService) applicationContext
            .getBean("idService");

    // Make sure the id generated is not align multiple of 1000
    Random random = new Random(new Date().getTime());
    for (int i = 0; i < random.nextInt(16); i++)
        idService.genId();

    long id = idService.genId();
    System.out.println("id:" + id);

    TestTable testTable = new TestTable();
    testTable.setId(id);
    testTable.setName("Alice-" + id);
    testTable.setGender(Gender.MALE);
    testTable.setLstUpdTime(new Date());
    testTable.setLstUpdUser("SYSTEM");

    simpleSplitJdbcTemplate.insert(id, testTable);

    TestTable q = new TestTable();

    TestTable testTable1 = simpleSplitJdbcTemplate.get(id, id,
            TestTable.class);

    AssertJUnit.assertEquals(testTable.getId(), testTable1.getId());
    AssertJUnit.assertEquals(testTable.getName(), testTable1.getName());
    AssertJUnit.assertEquals(testTable.getGender(), testTable1.getGender());
    AssertJUnit.assertEquals(testTable.getLstUpdUser(),
            testTable1.getLstUpdUser());
    // mysql store second as least time unit but java stores miliseconds, so
    // round up the millisends from java time
    AssertJUnit.assertEquals(
            (testTable.getLstUpdTime().getTime() + 500) / 1000 * 1000,
            testTable1.getLstUpdTime().getTime());

    System.out.println("testTable1:" + testTable1);
}
```

3.6.12 使用 dbsplit 的线上真实示例展示

笔者在多个公司内部开发了 dbsplit 项目的内部版本，帮助笔者实现了可伸缩的很多高并发服务。如下所示为一个计费系统使用 dbsplit 的内部版本实现发票服务的代码，其中省略了一些不相干的代码：

```java
public class InvoiceServiceImpl implements InvoiceService {

    @Autowired
    private SimpleSplitJdbcTemplate invoiceTemplate;

    @Autowired
    private InvoiceItemService invoiceItemService;

    @Autowired
    private BillingIdService idService;

    @Autowired
    private InvoiceCacheService invoiceCacheService;

    @Autowired
    private AccountService accountService;

    public void createInvoice(Invoice invoice) {
        if (invoice.getId() == -1) {
            long id = idService.genId();
            invoice.setId(id);
        }

        invoice.setLstUpdTime(new Date());

        log.debug("InvoiceServiceImpl.createInvoice: {}.", invoice);
        invoiceTemplate.insert(invoice.getAccountId(), invoice);
    }

    @TransactionHint(table = "INVOICE", keyPath = "0.accountId")
    public void persistInvoice(Invoice invoice) {
        // Save invoice to DB
        this.createInvoice(invoice);

        for (InvoiceItem invoiceItem : invoice.getItems()) {
            invoiceItem.setInvId(invoice.getId());
            invoiceItemService.createInvoiceItem(invoice.getAccountId(), invoiceItem);
        }
```

```java
        // Save invoice to cache
        invoiceCacheService.set(invoice.getAccountId(), invoice.getInvPeriod
Start().getTime(), invoice.getInvPeriodEnd().getTime(),
            invoice);

        // Update last invoice date to Account
        Account account = new Account();
        account.setId(invoice.getAccountId());
        account.setLstInvDate(invoice.getInvPeriodEnd());

        accountService.updateAccount(account);
    }

    public void updateInvoice(Invoice invoice) {
        invoice.setLstUpdTime(new Date());

        log.debug("InvoiceServiceImpl.updateInvoice: {}.", invoice);
        invoiceTemplate.update(invoice.getAccountId(), invoice);
    }

    ......
}
```

可以看到，以我们自己开发的 dbsplit 分库分表的框架为基础，来开发支持分库分表的发票服务就显得很简单，因为所有通用的基础设施都在框架中实现了，在开发业务逻辑代码时就不用关心这些可伸缩的非功能质量的特性，而是专注于业务逻辑的实现。上面的发票服务的实现既清晰又简单，开发效率也很高。

当然，在码云上提供的这个分库分表框架只是一个参考实现，并不包含所有的内部版本的功能，我们需要持续完善这个框架，如果感兴趣，则可以联系笔者，加入到该框架的开发者队伍中。

第 4 章
缓存的本质和缓存使用的优秀实践

在人类与洪水作斗争的过程中，水库的作用很重要：在发洪水时可以蓄水，缓解洪水对下游的冲击；在干旱时可以把水放出来，以供人们使用。在互联网世界里，我们也应用了同样的思想，通过缓存和消息队列来化解海量的读请求和写请求对后端数据库服务造成的压力。本章从在 CPU 架构中使用的缓存引出了在系统架构中应用的缓存，又讲到分布式缓存在应用系统中的应用，着重描述了分布式缓存在互联网项目里的应用场景和目的，在不同的场景下给出不同的解决方案，也给出了设计分布式缓存方案的优秀实践，以及一些常见的线上生产事故的案例，这些都可以帮助读者避免一些常见的缓存问题。本章最后给出了一个客户端缓存分片框架 redic（https://gitee.com/robertleepeak/redic）的实现，读者可以借鉴此框架的实现思路，也可以开箱即用。

4.1 使用缓存的目的和问题

我们使用缓存的目的是加快计算机读取数据的速度，并有效地减少底层关键组件如核心应用、数据库等的压力。但对缓存的使用也会牺牲其他方面的优势，比如牺牲了数据的强一致性，只要数据出现了副本，则如何保持副本之间的数据与原有数据的一致性就是一个大问题，这就回到了我们在《分布式服务架构：原理、设计与实战》第 2 章中关于 CAP、BASE 原理的解读，如果副本之间的数据与原有数据保持强一致性，就会牺牲可用性，否则就得按照 BASE 原则实现最终一致性，这才能保证一定的可用性。

因此，我们在使用缓存提高读操作性能的同时，一定会失去一定的一致性，但是这不能阻止我们使用缓存。在某些场景下对读取缓存的一致性要求并不很高，因此可以牺牲一定的一致性，来换取高性能。

这里以 12306 查询余票的设计模块为案例来说明缓存对性能和一致性的权衡。假设 12306 火车票售票系统要满足的需求是能承载峰值查询为 10 万次/秒的余票信息请求查询，且查询结果能容忍和实际系统在一定程度上的不一致，但是滞后不能超过 5 秒，则我们可以给出如图 4-1 所示的设计方案。

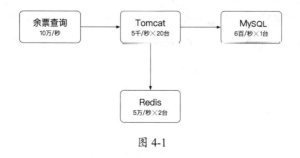

图 4-1

在这里，我们通过容量评估（可参考《分布式服务架构：原理、设计与实战》第 3 章的相关内容）的方式进行设计。

（1）假设 Tomcat 的吞吐量为 5000/s，则 Tomcat 台数 = 100000 / 5000 = 20 台。

（2）假设 Redis 的吞吐量为 50000/s，则 Redis 台数 = 100000 / 50000 = 2 台。

（3）假设 MySQL 的查询吞吐量为 1000/s，列车总量为 3000 辆，缓存 5 秒过期，余票查询操作在 5 秒内给数据库传递的访问量最多为 3000/5s=600/s，MySQL 台数 = 600 / 1000 ≈ 1 台。

我们针对查询系统允许有 5 秒的时间窗口，也就是系统可以提供不超过 5 秒的不一致行为，这样就可以设计分布式缓存来提高性能，化解海量查询请求带来的系统压力。

从上面的示例可以看出，使用分布式缓存会产生不一致的问题，因此在评估一个系统方案是否要使用缓存时，不但要看使用缓存能否提高性能、能提高多少性能，还要看为了提高性能牺牲的一致性能否让用户接受，等等。使用缓存的终极目的是提高性价比，而不是单纯地提高系统的性能而不计成本。

这里，我们总结了适合使用缓存的场景，以及不适合使用缓存的场景。

适合使用缓存的场景如下：

- 读密集型的应用；
- 存在热数据的应用；
- 对响应时效要求较高；
- 对一致性要求不严格；
- 需要实现分布式锁的时候。

不适合使用缓存的场景如下：

- 读少；
- 更新频繁；
- 对一致性要求严格。

4.2 自相似，CPU 的缓存和系统架构的缓存

在有着较多的流量和复杂计算的系统环境下，我们往往需要使用缓存，而使用缓存的典型场景莫过于 CPU 体系架构。CPU 体系架构对资源具有高度的竞争力，数十年来 CPU 厂商都在

不断更新自己的架构，希望能在性能上脱颖而出，而 CPU 体系架构也由当初的单核心演进到现在的多核心，就如软件系统由独立系统演进到分布式系统一样，相应地 CPU 的缓存系统也面临了从一到多、从简单到复杂的演变。

从 CPU 体系架构到系统架构，再到分布式架构，无不重复使用相似的缓存方案，这些方案虽有不同，但是原理相似。缓存在计算机中的应用如图 4-2 所示。

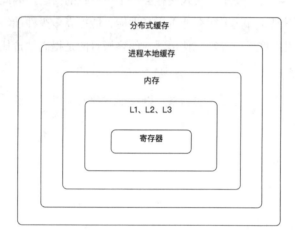

图 4-2

在几何学中有个术语叫作分形，指的是一个粗糙或零碎的几何形状可以被分成很多部分，且每一部分都近似于整体缩小后的形状，即具有自相似的性质。我们普遍认为具有"分形"的事物都有一种整体的美，而遍布我们身边的大小事物都充斥着这种细微和整体的分形自相似，例如：雪花（见图 4-3）、黑洞、植物、几何图形等。

图 4-3

第 4 章 缓存的本质和缓存使用的优秀实践

整体和细微的自相似是一种普遍的存在，可能导致事物从宏观和微观上面对的问题有相似性。因此，我们有时为了解决事物整体面临的问题，需要探究其细微的方面。

4.2.1 CPU 缓存的架构及性能

Intel 的 Skylake 的 CPU 缓存架构如图 4-4 所示。

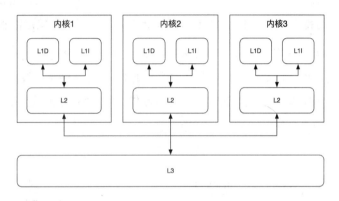

图 4-4

可以看到，缓存被分为 L1、L2、L3 这 3 层，CPU 在运行中首先使用自己的寄存器，然后使用速度更快的 L1 缓存，其中：L1D 缓存数据；L1I 缓存指令；L1 缓存和次快的 L2 缓存同步数据；L2 缓存和 L3 缓存同步数据，我们可以认为 L3 缓存和内存同步数据。

为什么会有这么多级的缓存呢？因为每级缓存的速度差异都很大，越快的缓存容量越小，成本越高，工艺制作越难。根据经验，我们认为目前 CPU 的缓存性能差异如表 4-1 所示（参考了卡耐基梅隆大学在 2014 年的教案等）。

表 4-1

存 储	大 小	CPU 周期	时 间
寄存器	16 个 8/16/32/64 位的通用寄存器	1 个 CPU 周期内	与周期同步
L1	32KB（外加 32KB 指令）	4 个 CPU 周期左右	约 1ns
L2	256KB	12 个 CPU 周期左右	约 3ns
L3	8MB	40 个 CPU 周期左右	约 10ns
内存	在 64 位系统下一般最大用 48 位的地址空间，内存可寻址最大为 256TB 的空间	40 个 CPU 周期+60ns 左右（和内存型号及内存自身的频率相关）	约 70ns（280 个 CPU 周期）

在表 4-1 中，我们需要注意以下内容。

- L1、L2、L3 的最小读写单位是 64bit（8 字节）。
- L2 的周期已包含 L1（miss）的周期，L3 的周期已包含 L2（miss）的周期。
- 内存访问应该还有 TLB（虚拟地址页表缓存）miss 的情况，会增加少量周期。

其实，CPU 的寄存器的整体大小为 2KB 左右，在 64 位下不止 RAX、RBX、RCX、RDX、RSI、RDI、RSP、RBP、R8-R15（共 8 个）这 16 个通用寄存器，例如，IntelCPU 还有多媒体寄存器 MMX、新的寄存器 ZMM、YMM、XMM、控制寄存器、调试寄存器等。

因为内存和 CPU 缓存在性能上存在差异，所以对 CPU 的密集运算是越少访问内存则越好，比如在发生一次写操作时，如果这个内存访问能命中 L2 缓存，则是比较高效的；但是如果 L2 没命中，L3 也没命中，则会变成一次读内存的重操作，影响并发的性能；同理，对于正常的锁操作，在缓存不命中时会耗时较多。

4.2.2 CPU 缓存的运行过程分析

现在流行设计多核心的 CPU 架构，为了便于理解，我们先看一个 CPU 核心对缓存操作的流程，其整体流程为：若核心（Core）访问（读或写）L1 缓存时没有命中（miss），则访问 L2 缓存和 L3 缓存，在 L3 缓存也没有命中时才操作内存。

在独占（exclusive）模式下，多级缓存的存取流程为：在 L1 缓存中通过 LRU 策略逐出的数据会被同步到 L2，在 L2 中被逐出的数据会被同步到 L3，在 L3 中逐出的写入的数据则被同步到内存。

缓存操作的最小单元叫作缓存单元（cache line），也可称之为缓存行，每个缓存单元缓存 64bit（8Byte）的数据，通过内存单元的物理地址来访问缓存。另外，我们常看到 8WAY、16WAY 这种单位被用来描述缓存，其实，缓存在使用时是通过类似二维数组的形式来存取的，这里的列就是 WAY，例如 8WAY 就是 8 列，在访问时通过物理地址的高位和中位，从列（WAY）和行（SET）中选中一个缓存单元。

缓存单元在使用中也会存在一些隐藏的性能隐患，下一节会讲解缓存行对应用系统的性能

第 4 章　缓存的本质和缓存使用的优秀实践

影响的案例、原理和解决方案。

影响性能的最大问题就是缓存未命中，具体的缓存未命中和缓存命中的情况如下。

（1）缓存未命中的情况如下。

- 对于单核心的读操作，会先检查缓存，在缓存中没有数据时会载入数据到缓存中。
- 对于单核心的写操作，与读操作类似，会先检查缓存，在缓存中没有数据时会载入数据到缓存中，然后执行写操作，这里写操作只是简单地写了载入的缓存，并不操作内存，需要注意，老的 Pentium 默认会直接写内存，而不是载入数据到缓存后写缓存。

（2）缓存命中的情况如下。

- 如果读操作命中缓存，则直接使用数据。
- 如果这里是写操作，则也直接操作缓存，而不主动同步到内存。

整个缓存的使用流程如下（见图 4-5，取自 AMD 技术文档）。

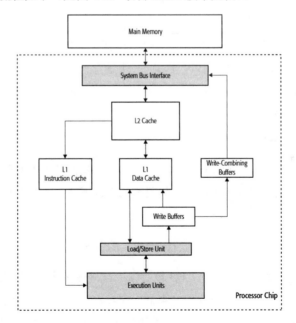

图 4-5

（1）CPU 的执行单元（Execution Unit）解析 L1 指令缓存（L1 Instruction Cache）中的指令，

来预测后续的执行指令。

（2）通过这些指令，计算单元具体处理 L1 数据缓存（L1 Data Cache）和寄存器中的数据的计算。

（3）将计算的结果更新写操作缓冲区（Write Buffers），再到 L1 数据缓存，若要同步缓存中的数据到内存，则通过硬件实现的写缓冲逻辑（Write-Combining Buffers）可靠地异步刷新数据到系统总线及内存，这类似于一个写消息队列的操作过程。

这里讲解的是整个单核心访问数据的流程，我们注意到，CPU 通过缓存提高性能的一个关键点是在写操作时只写缓存，不会同步写缓存数据到内存，而是通过硬件级别的异步操作写回内存。而在多核心访问缓存时就会存在数据不同步的问题，需要进行数据的同步控制。

4.2.3 缓存行与伪共享

我们在前面了解到，在计算机系统中，内存是以缓存行为单位存储的，一个缓存行存储字节的数量为 2 的倍数。在不同的机器上，缓存行的大小为 32 字节到 256 字节不等，通常来说为 64 字节。伪共享指的是在多个线程同时读写同一个缓存行的不同变量时，尽管这些变量之间没有任何关系，但是在多个线程之间仍然需要同步，从而导致性能下降的情况。在多处理器结构的系统中，伪共享是影响性能的主要因素之一，由于很难通过走查代码的方式定位伪共享的问题，因此我们把伪共享称为"性能杀手"。

为了通过增加线程数来达到计算能力的水平扩展，我们必须确保多个线程不能同时对一个变量或者缓存行进行读写。我们可以通过代码测试来解析多个线程读写一个变量导致性能下降的情况。

首先，我们必须先了解系统内存的组织形式，如图 4-6 所示。

从图 4-6 中可以看到，线程 1 在 CPU 核心 1 上读写变量 X，同时线程 2 在 CPU 核心 2 上读写变量 Y。不幸的是，变量 X 和变量 Y 在同一个缓存行上，每一个线程为了对缓存行进行读写，都要竞争并获得缓存行的读写权限，如果线程 2 在 CPU 核心 2 上获得了对缓存行进行读写的权限，那么线程 1 必须刷新它的缓存后才能在核心 1 上获得读写权限，这就导致这个缓存行在不同的线程间多次通过 L3 缓存来交换最新复制的数据，极大地影响了多核心 CPU 的性能。

如果这些 CPU 的核心在不同的插槽上,性能就会变得更糟。

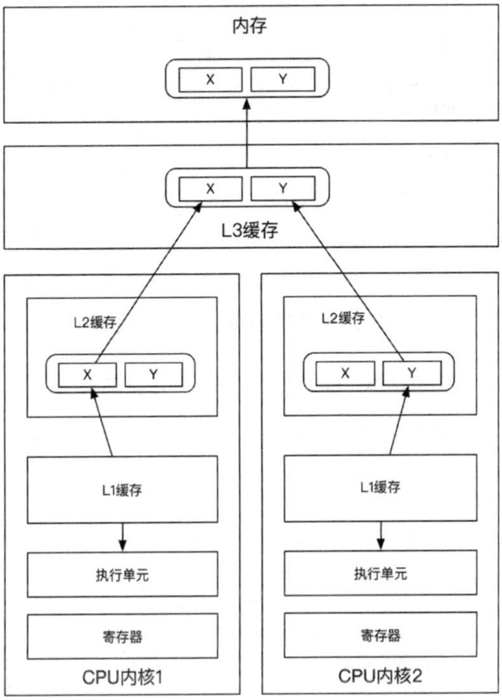

图 4-6

现在,我们学习 JVM 对象的内存模型。所有的 Java 对象都有 8 字节的对象头,前 4 个字节用来保存对象的哈希码和锁的状态,前 3 个字节用来存储哈希码,最后一个字节用来存储锁的状态,一旦对象上锁,这 4 个字节都会被拿出对象外,并用指针进行链接;剩下的 4 个字节用来存储对象所属类的引用。对于数组来讲,还有一个保存数组大小的变量,为 4 字节。每个对象的大小都会对齐到 8 字节的倍数,不够 8 字节的部分需要填充。为了保证效率,Java 编译器在编译 Java 对象时,会通过字段类型对 Java 对象的字段进行排序,如表 4-2 所示。

表 4-2

顺　序	类　　型	字 节 数 量
1	double	8 字节
2	long	8 字节
3	int	4 字节
4	float	4 字节

续表

顺 序	类 型	字节数量
5	Short	2字节
6	char	2字节
7	boolean	1字节
8	byte	1字节
9	对象引用	4字节或者8字节
10	子类字段	重新排序

因此，我们可以在任意字段之间通过填充长整型的变量，把热点变量隔离在不同的缓存行中，通过减少伪同步，在多核心 CPU 中能够极大地提高效率。

下面通过一个测试用例来验证我们的理论分析的正确性：

```java
package com.robert.concurrency.cacheline;

/**
 *
 * @author: 李艳鹏
 * @since: Jun 11, 2017 1:01:29 AM
 * @version: 1.0
 */
public final class FalseSharingDemo {

    // 测试用的线程数
    private final static int NUM_THREADS = 4;

    // 测试的次数
    private final static int NUM_TEST_TIMES = 10;

    // 无填充、无缓存行对齐的对象类
    static class PlainHotVariable {

        public volatile long value = 0L;

    }

    // 有填充、有缓存行对齐的对象类
    static final class AlignHotVariable extends PlainHotVariable {

        public long p1, p2, p3, p4, p5, p6;

    }
```

```java
static final class CompetitorThread extends Thread {

    private final static long ITERATIONS = 500L * 1000L * 1000L;

    private PlainHotVariable plainHotVariable;

    public CompetitorThread(final PlainHotVariable plainHotVariable) {
        this.plainHotVariable = plainHotVariable;
    }

    @Override
    public void run() {
        // 一个线程对一个变量进行大量的存取操作
        for (int i = 0; i < ITERATIONS; i++) {
            plainHotVariable.value = i;
        }

    }

}

public static long runOneTest(PlainHotVariable[] plainHotVariables) throws Exception {
    // 开启多个线程进行测试
    CompetitorThread[] competitorThreads = new CompetitorThread[plainHotVariables.length];
    for (int i = 0; i < plainHotVariables.length; i++) {
        competitorThreads[i] = new CompetitorThread(plainHotVariables[i]);
    }

    final long start = System.nanoTime();
    for (Thread t : competitorThreads) {
        t.start();
    }

    for (Thread t : competitorThreads) {
        t.join();
    }

    // 统计每次测试使用的时间
    return System.nanoTime() - start;
}

public static boolean runOneCompare(int theadNum) throws Exception {
    PlainHotVariable[] plainHotVariables = new PlainHotVariable [theadNum];

    for (int i = 0; i < theadNum; i++) {
```

```java
            plainHotVariables[i] = new PlainHotVariable();
        }

        // 进行无填充、无缓存行对齐的测试
        long t1 = runOneTest(plainHotVariables);

        AlignHotVariable[] alignHotVariable = new AlignHotVariable[theadNum];

        for (int i = 0; i < NUM_THREADS; i++) {
            alignHotVariable[i] = new AlignHotVariable();
        }

        // 进行有填充、有缓存行对齐的测试

        long t2 = runOneTest(alignHotVariable);

        System.out.println("Plain: " + t1);
        System.out.println("Align: " + t2);

        // 返回对比结果
        return t1 > t2;
    }

    public static void runOneSuit(int threadsNum, int testNum) throws Exception {
        int expectedCount = 0;
        for (int i = 0; i < testNum; i++) {
            if (runOneCompare(threadsNum))
                expectedCount++;
        }

        // 计算有填充、有缓存行对齐的测试场景下响应时间更短的情况的概率
        System.out.println("Radio (Plain < Align) : " + expectedCount * 100D / testNum + "%");
    }

    public static void main(String[] args) throws Exception {
        runOneSuit(NUM_THREADS, NUM_TEST_TIMES);
    }
}
```

在上面的代码示例中，我们做了 10 次测试，通过每次对不填充的变量和填充的变量进行大量读写所花费的时间对比，来判断伪共享对性能的影响。在每次对比中，我们首先创建了具有 4 个普通对象的数组，在每个对象里包含一个长整型的变量，由于长整型占用 8 个字节，对象头占用 8 个字节，每个对象占用 16 个字节，4 个对象占用 64 个字节，因此，它们很有可能在

同一个缓存行内：

```
...
// 无填充、无缓存行对齐的对象类
static class PlainHotVariable {
    public volatile long value = 0L;
}
...
PlainHotVariable[] plainHotVariables = new PlainHotVariable[theadNum];

for (int i = 0; i < theadNum; i++) {
    plainHotVariables[i] = new PlainHotVariable();
}
...
```

注意，这里 value 必须是 volatile 修饰的变量，这样其他线程才能看到它的变化。

接下来创建具有 4 个填充对象的数组，在每个对象里包含一个长整型的变量，后面填充 6 个长整型的变量，由于长整型占用 8 个字节，对象头占用 8 个字节，每个对象占用 64 个字节，4 个对象占用 4 个 64 字节大小的空间，因此，每个对象正好与 64 字节对齐时会有效消除伪竞争：

```
...
// 有填充、有缓存行对齐的对象类
static final class AlignHotVariable extends PlainHotVariable {
    public long p1, p2, p3, p4, p5, p6;
}
...
AlignHotVariable[] alignHotVariable = new AlignHotVariable[theadNum];

for (int i = 0; i < NUM_THREADS; i++) {
    alignHotVariable[i] = new AlignHotVariable();
}
...
```

针对上面创建的对象数组，我们开启 1.2.4 线程，每个线程对数组中的一个变量进行大量的存取操作，对比测试结果如下。

1 线程：

```
Plain: 3880440094
Align: 3603752245
Plain: 3639901291
Align: 3633625092
Plain: 3623244143
Align: 3840919263
Plain: 3601311736
Align: 3695416688
Plain: 3837399466
Align: 3629233967
Plain: 3672411584
Align: 3622377013
Plain: 3678894140
Align: 3614962801
Plain: 3685449655
Align: 3578069018
Plain: 3650083667
Align: 4108272016
Plain: 3643323254
Align: 3840311867
Radio (Plain > Align) : 60.0%
```

2 线程：

```
Plain: 17403262079
Align: 3946343388
Plain: 3868304700
Align: 3650775431
Plain: 12111598939
Align: 4224862180
Plain: 4805070043
Align: 4130750299
Plain: 15889926613
Align: 3901238050
Plain: 12059354004
Align: 3771834390
Plain: 16744207113
Align: 4433367085
Plain: 4090413088
Align: 3834753740
Plain: 11791092554
Align: 3952127226
Plain: 12125857773
Align: 4140062817
Radio (Plain > Align) : 100.0%
```

4 线程：

```
Plain: 12714212746
Align: 7462938088
Plain: 12865714317
Align: 6962498317
Plain: 18767257391
Align: 7632201194
Plain: 12730329600
Align: 6955849781
Plain: 12246997913
Align: 7457147789
Plain: 17341965313
Align: 7333927073
Plain: 19363865296
Align: 7323193058
Plain: 12201435415
Align: 7279922233
Plain: 12810166367
Align: 7613635297
Plain: 19235104612
Align: 7398148996
Radio (Plain > Align) : 100.0%
```

从上面的测试结果可以看到，使用填充的数组进行测试时花费的时间，普遍少于使用不填充的数组进行测试的时间，并且随着线程数的增加，如果使用不填充的数组，那么系统的性能随之下降，可伸缩性也变得越来越弱，如图 4-7 所示。

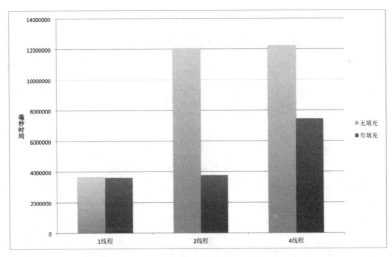

图 4-7

尽管我们不能精确地知道系统是如何分配我们的对象的，但是测试结果验证了我们的理论分析的正确性。

实际上，著名的无锁队列 Disruptor 通过解决伪共享的问题来提高效率，它通过在 RingBuffer 的游标和 BatchEventProcessor 的序列变量之后填充变量，并使之与 64 字节大小的缓存行对齐，来解决伪竞争的问题。

我们在上面看到缓存行的机制在多线程环境下会产生伪共享，现在我们学习另一个由于缓存行影响性能的示例：

```java
package com.robert.concurrency.cacheline;

/**
 *
 * @author: 李艳鹏
 * @since: Jun 11, 2017 1:01:29 AM
 * @version: 1.0
 */
public final class CacheLineDemo {

    // 缓存行的大小为 64 个字节，即 8 个长整型
    private final static int CACHE_LINE_LONG_NUM = 8;

    // 用于测试的缓存行的数量
    private final static int LINE_NUM = 1024 * 1024;

    // 一次测试的次数
    private final static int NUM_TEST_TIMES = 10;

    // 构造能够填充 LINE_NUM 个缓存行的数组
    private static final long[] values = new long[CACHE_LINE_LONG_NUM * LINE_NUM];

    public static long runOneTestWithAlign() {

        final long start = System.nanoTime();

        // 进行顺序读取测试，期待在存取每个缓存行的第 1 个长整型变量时，系统自动缓存整个缓存行，本行的后续存取都会命中缓存
        for (int i = 0; i < CACHE_LINE_LONG_NUM * LINE_NUM; i++)
            values[i] = i;

        return System.nanoTime() - start;
```

```java
    }

    public static long runOneTestWithoutAlign() {
        final long start = System.nanoTime();

        // 按照缓存行的步长进行跳跃读取测试,期待每次读取一行中的一个元素,每次读取都不会命中缓存
        for (int i = 0; i < CACHE_LINE_LONG_NUM; i++)
            for (int j = 0; j < LINE_NUM; j++)
                values[j * CACHE_LINE_LONG_NUM + i] = i * j;

        return System.nanoTime() - start;
    }

    public static boolean runOneCompare() {
        long t1 = runOneTestWithAlign();
        long t2 = runOneTestWithoutAlign();

        System.out.println("Sequential: " + t1);
        System.out.println("      Leap: " + t2);

        return t1 < t2;
    }

    public static void runOneSuit(int testNum) throws Exception {
        int expectedCount = 0;
        for (int i = 0; i < testNum; i++) {
            if (runOneCompare())
                expectedCount++;
        }

        // 计算在顺序访问数组的测试场景下,响应时间更短的情况的概率

        System.out.println("Radio (Sequential < Leap): " + expectedCount * 100D / testNum + "%");
    }

    public static void main(String[] args) throws Exception {
        runOneSuit(NUM_TEST_TIMES);
    }
}
```

在上面的示例中,我们创建了1024×1024×8个长整型数组。首先,我们顺序访问每个长整型数组,按照前面对缓存行的分析,每8个长整型数组占用一个缓存行,也就是说我们存取8个长整型数组才需要去L3缓存交换一次数据,这大大提高了缓存的使用效率。然后,我们换

一种方式进行测试，每次跳跃性地访问数组，每次以一行为步长进行跳跃，期待每次访问一个元素时，操作系统都从 L3 缓存取数据，结果如下：

```
Sequential: 11092440
      Leap: 66234827
Sequential: 9961470
      Leap: 62903705
Sequential: 7785285
      Leap: 64447613
Sequential: 7981995
      Leap: 73487063
Sequential: 8779595
      Leap: 74127379
Sequential: 10012716
      Leap: 67089382
Sequential: 8437842
      Leap: 79442009
Sequential: 13377366
      Leap: 80074056
Sequential: 11428147
      Leap: 81245364
Sequential: 9514993
      Leap: 69569712
Radio (Sequential < Leap): 100.0%
```

通过对上面的结果进行分析，可以发现，顺序访问的速度每次都快于跳跃访问的速度，这验证了我们前面对缓存行的理论分析。

总之，我们需要对 JVM 的实现机制及操作系统内核有所了解，才能找到系统性能的瓶颈，最终提高系统的性能，进一步提高系统的用户友好性。

4.2.4　从 CPU 的体系架构到分布式的缓存架构

前面主要描述了 CPU 的缓存架构，CPU 需要通过定义内存类型及一致性协议来解决多核心下的性能和一致性等问题。其实，多个 CPU 核心间协同工作的问题，类似于我们在系统缓存架构上要面对的一些问题，例如，缓存架构的高并发、高可用、可伸缩等。

其实，我们可以将 CPU 的寄存器看作运算单元的一部分，将 L1 缓存看作分布式节点中的本地内存，将 L2 和 L3 缓存看作共用的 Redis 这样的通用缓存，将内存看作数据库与 Elasticsearch

这样的真正的数据源，如表 4-3 所示。

表 4-3

CPU 架构	系 统 架 构
寄存器	分布式节点中的本地内存
L1 缓存	分布式节点中的本地内存
L2 缓存	分布式节点中的本地内存
L3 缓存	Redis 等分布式缓存
内存	数据库、Elasticsearch 等数据存储

上面的 CPU 使用缓存的思路，同样可以应用在分布式系统设计中。为了加快访问数据的速度，我们大量地使用内存进行计算，甚至将分布式节点的内存作为缓存，称之为分布式缓存。在分布式缓存的设计中，我们会面对 CPU 使用缓存时面临的相同问题，这里亟待我们解决的就是缓存高可用和缓存高并发的问题。

1. 缓存高可用

在互联网中，一般的缓存方案都是基于分片的主从来实现的，通过分片来分割大数据的查询，通过主从来完成高可用和部分高性能需求，通过多个副本，可以化解查询带来的性能压力。

虽然在互联网中基本使用异步复制的主从模型，但是如果对缓存的高可用性要求较高，则主从复制也可以通过强一致协议来完成，即写事务从主节点开始，主节点发送事务给从节点，所有从节点都返回收到数据的信息给主节点，然后主节点返回成功。在这个过程中的都是内存操作，所有主节点和从节点都通过异步写数据来保证同步，如图 4-8 所示。

2. 缓存高并发

我们可将缓存的高并发需求看作纯网络 I/O 的问题。笔者曾经做过测试，MySQL 可以在命中内存索引的情况下达到 10 万每秒的 QPS，而 Redis 大致也是同样的表现，甚至比 MySQL 的性能更高，毕竟仅仅是内存和网络 I/O 操作。

还有提升缓存访问性能的其他办法，例如，在 Scaling Memcache at Facebook 论文提到的案例中，对所有缓存的依赖进行了分析，然后把所有没有依赖关系的缓存访问变成并行执行，把有依赖关系的保留串行执行。比如，要获取一个商品的信息，则需要同时获取商品的类目、城市、门店、优惠卷等信息，而由于商品的类型不同，可能要获取的这些信息的具体字段不同，所以只能串行获取商品的类型，然后并行获取类目、城市、门店、优惠卷等缓存信息，这样可递归生成一个缓存的查询树，根据这个查询树来访问缓存。如图4-9所示。

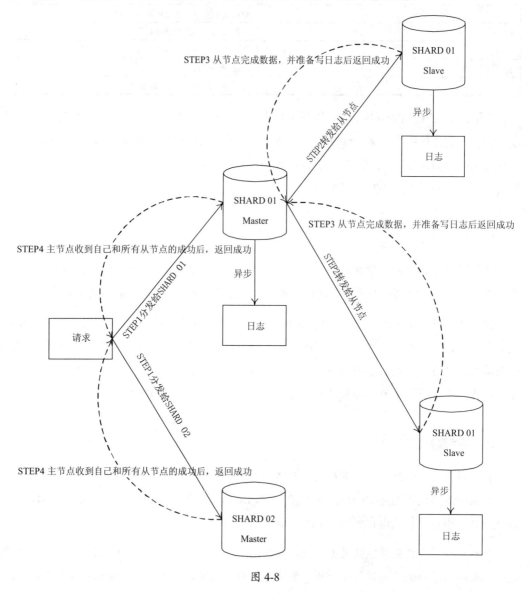

图 4-8

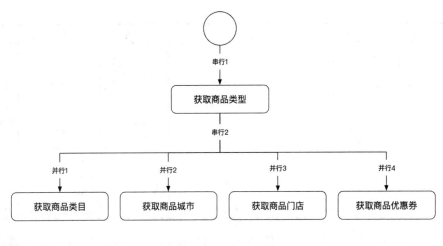

图 4-9

我们从图 4-9 中可以看到，获取商品类型和获取商品类目、城市、门店、优惠券这五个操作有依赖关系，因此，我们把它们安排成串行执行，先获取商品类型，再获取商品类目、城市、商品门店和优惠券等，对应着串行 1 和串行 2 的标记；对商品类目、城市、门店和优惠券的获取没有任何依赖关系，都可以独立获取，因此，我们并行地获取商品类目、城市、门店和优惠券，对应图 4-9 中的并行 1、并行 2、并行 3 和并行 4。

4.3　常用的分布式缓存解决方案

现在，缓存解决方案已经比较成熟了，本节会介绍一些有代表性的方案，包括 Redis、Memcached 和 Tair 等。

4.3.1　常用的分布式缓存的对比

常用的分布式缓存包括 Redis、Memcached 和阿里巴巴的 Tair（见表 4-4），因为 Redis 提供的数据结构比较丰富且简单易用，所以 Redis 的使用广泛。

表 4-4

分布式缓存	数据结构	持久	复制模型	线程模型	存储结构	高可用
Redis	string list hash set zset	RDB AOF	主从复制 主从链	单线程	压缩串 字典 跳跃表	主从 Sentinel Cluster
Memcache	key/value	依赖第三方组件	依赖第三方组件	多线程	Slab	第三方组件
Tair	同 Redis	由存储结构决定	Cluster	多线程	MDB（内存） RDB（Redis） FDB（持久化） LDB（Level DB）	Cluster

我们从以下几方面来对比最常用的 Redis 和 Memcache，有助于在生产实践中进行技术选型。

1. 数据类型

Redis 一共支持 5 种数据类型，每种数据类型对应不同的数据结构，有简单的 String 类型、压缩串、字典、跳跃表等。跳跃表是比较新型的数据结构，常用于高性能的查找，可以达到 $\log_2^N$ 的查询速度，而且跳跃表相对于红黑树，在更新时变更的节点较少，更易于实现并发操作。

Memcache 只支持对键值对的存储，并不支持其他数据结构。

2. 线程模型

Redis 使用单线程实现，Memcache 等使用多线程实现，因此，我们不推荐在 Redis 中存储太大的内容，否则会阻塞其他请求。

因为缓存操作都是内存操作，只有很少的计算操作，所以在单线程下性能很好。Redis 实现的单线程的非阻塞网络 I/O 模型，适合快速地操作逻辑，有复杂的长逻辑时会影响性能。对于长逻辑应该配置多个实例来提高多核 CPU 的利用率，也就是说，可以使用单机器多端口来配置多个实例，官方的推荐是一台机器使用 8 个实例。它实现的非阻塞 I/O 模型基于 libevent 库中关于 epoll 的两个文件加上自己简单实现的事件通知模型，简单小巧，作者的思想就是保持实现简单、减少依赖。由于在服务器中只有一个线程，因此提供了管道来合并请求和批量执行，缩短了通信消耗的时间。

Memcache 也使用了非阻塞 I/O 模型，但是使用了多线程，可以应用于多种场景，请求的逻辑可大可小、可长可短，不会出现一个逻辑复杂的请求阻塞对其他请求的响应的场景。它直接依赖 libevent 库实现，依赖比较复杂，损失了在一些特定环境下的高性能。

3. 持久机制

Redis 提供了两种持久机制，包括 RDB 和 AOF，前者是定时的持久机制，但是在出现宕机时可能会出现数据丢失，后者是基于操作日志的持久机制。

Memcahe 并不提供持久机制，因为 Memache 的设计理念就是设计一个单纯的缓存，缓存的数据都是临时的，不应该是持久的，也不应该是一个大数据的数据库，缓存未命中时回源查询数据库是天经地义的，但是可以通过第三方库 MemcacheDB 来支持它的持久性。

4. 客户端

常见的 Redis Java 客户端 Jedis 使用阻塞 I/O，但是可以配置连接池，并提供了一致性哈希分片的逻辑，也可以使用在 4.6 节中介绍的开源的客户端分片框架 redic。

Memecache 的客户端包括 Memcache Java Client、Spy Client、XMemcache 等，Memcache Java Client 使用阻塞 I/O，而 Spy Client/XMemcache 使用非阻塞 I/O。

我们知道，阻塞 I/O 不需要额外的线程，非阻塞 I/O 会开启额外的请求线程（在 Boss 线程池里）监听端口，一个请求在处理后就释放工作者线程（在 Worker 线程池中），请求线程在监听到有返回结果时，一旦有 I/O 返回结果就被唤醒，然后开始处理响应数据并写回网络 Socket 连接，所以从理论上来讲，非阻塞 I/O 的吞吐量和响应能力会更高。

5. 高可用

Redis 支持主从节点复制配置，从节点可使用 RDB 和缓存的 AOF 命令进行同步和恢复。Redis 还支持 Sentinel 和 Cluster（从 3.0 版本开始）等高可用集群方案。

Memecache 不支持高可用模型，可使用第三方 megagent 代理，当一个实例宕机时，可以连接另外一个实例来实现。

6. 对队列的支持

Redis 本身支持 lpush/brpop、publish/subscribe/psubscribe 等队列和订阅模式。

Memcache 不支持队列，可通过第三方 MemcachQ 来实现。

7. 事务

Redis 提供了一些在一定程度上支持线程安全和事务的命令，例如：multi/exec、watch、inc 等。由于 Redis 服务器是单线程的，任何单一请求的服务器操作命令都是原子的，但是跨客户端的操作并不保证原子性，所以对于同一个连接的多个操作序列也不保证事务。

Memcached 的单个命令也是线程安全的，单个连接的多个命令序列不是线程安全的，它也提供了 inc 等线程安全的自加命令，并提供了 gets/cas 保证线程安全。

8. 数据淘汰策略

Redis 提供了丰富的淘汰策略，包括 maxmemory、maxmemory-policy、volatile-lru、allkeys-lru、volatile-random、allkeys-random、volatile-ttl、noeviction(return error)等。

Memecache 在容量达到指定值后，就基于 LRU（Least Recently Used）算法自动删除不使用的缓存。在某些情况下 LRU 机制反倒会带来麻烦，会将不期待的数据从内存中清除，在这种情况下启动 Memcache 时，可以通过"M"参数禁止 LRU 算法。

9. 内存分配

Redis 为了屏蔽不同平台之间的差异及统计内存占用量等，对内存分配函数进行了一层封装，在程序中统一使用 zmalloc、zfree 系列函数,；这些函数位于 zmalloc.h/zmalloc.c 文件中。封装就是为了屏蔽底层平台的差异，同时方便自己实现相关的统计函数。具体的实现方式如下。

（1）若系统中存在 Google 的 TC_MALLOC 库，则使用 tc_malloc 一族的函数代替原本的 malloc 一族的函数。

（2）若当前系统是 Mac 系统，则使用系统的内存分配函数。

（3）对于其他情况，在每一段分配好的空间前面同时多分配一个定长的字段，用来记录分配的空间大小，通过这种方式来实现简单有效的内存分配。

Memcache 采用 slab table 的方式分配内存，首先把可得的内存按照不同的大小来分类，在使用时根据需求找到最接近于需求大小的块分配，来减少内存碎片，但是这需要进行合理配置才能达到效果。

从上面的对比可以看到，Redis 在实现和使用上更简单，但是功能更强大，效率更高，应用也更广泛。下面将对 Redis 进行初步介绍，给初学者一个初体验式的学习引导。

4.3.2 Redis 初体验

Redis 是一个开源的能够存储多种数据对象的 Key-Value 存储系统，使用 ANSI C 语言编写，可以仅仅当作内存数据库使用，也可以作为以日志为存储方式的数据库系统，并提供多种语言的 API。

1. 使用场景

我们通常把 Redis 当作一个非本地缓存来使用，很少用到它的一些高级功能。在使用中最容易出问题的是用 Redis 来保存 JSON 数据，因为 Redis 不像 Elasticsearch 或者 PostgreSQL 那样可以很好地支持 JSON 数据，所以我们经常把 JSON 当作一个大的 String 直接放到 Redis 中，但现在的 JSON 数据都是连环嵌套的，每次更新时都要先获取整个 JSON，然后更改其中一个字段再放上去。一个常见的 JSON 数据的 Java 对象定义如下：

```
public class Commodity {
    private long price;
    private String title;
    ……
}
```

在海量请求的前提下，在 Redis 中每次更新一个字段，比如销量字段，都会产生较大的流量。在实际情况下，JSON 字符串往往非常复杂，体积达到数百 KB 都是有可能的，导致在频繁更新数据时使网络 I/O 跑满，甚至导致系统超时、崩溃。

因此，Redis 官方推荐采用哈希来保存对象，比如有 3 个商品对象，ID 分别是 123、124 和 12345，我们通过哈希把它们保存在 Redis 中，在更新其中的字段时可以这样做：

```
HSET commodity:123 price 100
HSET commodity:124 price 101
HSET commodity:12345 price 101

HSET commodity:123 title banana
HSET commodity:124 title apple
HSET commodity:12345 title orange
```

也就是说，用商品的类型名和 ID 组成一个 Redis 哈希对象的 KEY。在获取某一属性时只需这样做就可以获取单独的属性：

```
HGET commodity: 12345
```

2. Redis 的高可用方案：哨兵

Redis 官方推出了一个集群管理工具，叫作哨兵（Sentinel），负责在节点中选出主节点，按照分布式集群的管理办法来操作集群节点的上线、下线、监控、提醒、自动故障切换（主备切换），且实现了著名的 RAFT 选主协议，从而保证了系统选主的一致性。

这里给出一个哨兵的通用部署方案。哨兵节点一般至少要部署 3 份，可以和被监控的节点放在一个虚拟机中，常见的哨兵部署如图 4-10 所示。

在这个系统中，初始状态下的机器 A 是主节点，机器 B 和机器 C 是从节点。

由于有 3 个哨兵节点，每个机器运行 1 个哨兵节点，所以这里设置 quorum = 2，也就是在主节点无响应后，有至少两个哨兵无法与主节点通信，则认为主节点宕机，然后在从节点中选举新的主节点来使用。

在发生网络分区时，若机器 A 所在的主机网络不可用，则机器 B 和机器 C 上的两个 Sentinel 实例会启动 failover 并把机器 B 选举为主节点。

Sentinel 集群的特性保证了机器 B 和机器 C 上的两个 Sentinel 实例得到了关于主节点的最新配置。但是机器 A 上的 Sentinel 节点依然持有旧的配置，因为它与外界隔离了。

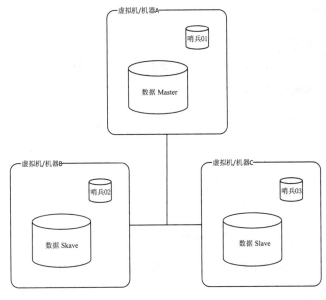

图 4-10

在网络恢复后,我们知道机器 A 上的 Sentinel 实例将会更新它的配置。但是,如果客户端所连接的主机节点也被网络隔离,则客户端将依然可以向机器 A 的 Redis 节点写数据,但是在网络恢复后,机器 A 的 Redis 节点就会变成一个从节点,那么,在网络隔离期间,客户端向机器 A 的 Redis 节点写入的数据将会丢失,这是不可避免的。如果把 Redis 当作缓存来使用,那么我们也许能容忍这部分数据的丢失,但是若把 Redis 当作一个存储系统来使用,就无法容忍这部分数据的丢失了,因为 Redis 采用的是异步复制,在这样的场景下无法避免数据的丢失。

在这里,我们可以通过以下配置来配置每个 Redis 实例,使得数据不会丢失:

```
min-slaves-to-write 1
min-slaves-max-lag 10
```

通过上面的配置,当一个 Redis 是主节点时,如果它不能向至少一个从节点写数据(上面的 min-slaves-to-write 指定了 slave 的数量),则它将会拒绝接收客户端的写请求。由于复制是异步的,所以主节点无法向从节点写数据就意味着从节点要么断开了连接,要么没在指定的时间内向主节点发送同步数据的请求。

所以,采用这样的配置,可以排除网络分区后主节点被孤立但仍然写入数据,从而导致数据丢失的场景。

3. Redis 集群

Redis 在 3.0 中也引入了集群的概念，用于解决一些大数据量和高可用的问题，但是，为了达到高性能的目的，集群不是强一致性的，使用的是异步复制，在数据到主节点后，主节点返回成功，数据被异步地复制给从节点。

首先，我们来学习 Redis 的集群分片机制。Redis 使用 CRC16(key) mod 16384 进行分片，一共分 16384 个哈希槽，比如若集群有 3 个节点，则我们按照如下规则分配哈希槽：

（1）A 节点包含 0-5500 的哈希槽；

（2）B 节点包含 5500-11000 的哈希槽；

（3）C 节点包含 11000-16384 的哈希槽。

这里设置了 3 个主节点和 3 个从节点，集群分片如图 4-11 所示。

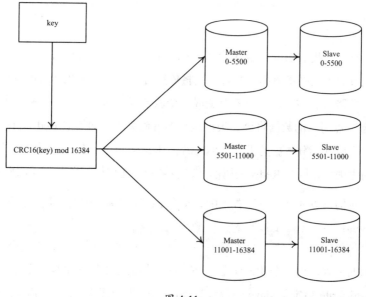

图 4-11

在图 4-11 中一共有 3 个 Redis 主从服务器的复制节点，其中任意两个节点之间都是相互连通的，客户端可以与其中任意一个节点相连接，然后访问集群中的任意一个节点，对其进行存取和其他操作。

那么 Redis 是怎么做到的呢？首先，在 Redis 的每个节点上都会存储哈希槽信息，我们可以将它理解为是一个可以存储两个数值的变量，这个变量的取值范围是 0-16383。根据这些信息，我们就可以找到每个节点负责的哈希槽，进而找到数据所在的节点。Redis 集群实际上是一个集群管理的插件，当我们提供一个存取的关键字时，就会根据 CRC16 的算法得出一个结果，然后把结果除以 16384 求余数，这样每个关键字都会对应一个编号为 0-16383 的哈希槽，通过这个值找到对应的插槽所对应的节点，然后直接自动跳转到这个对应的节点上进行存取操作。但是这些都是由集群的内部机制实现的，我们不需要手工实现。

4.4 分布式缓存的通用方法

笔者所在的多家互联网公司大量使用了缓存，对分布式缓存的应用可谓遍地开花，笔者曾供职的一家社交媒体网站，号称是世界上使用缓存最多的公司。毋庸置疑，缓存帮助我们解决了很多性能问题，甚至帮助我们解决了一些并发问题。

4.4.1 缓存编程的具体方法

各种分布式缓存如 Redis，都提供了不同语言的客户端 API，我们可以使用这些 API 直接访问缓存，也可以通过注解等方法使用缓存。

1．编程法

编程法指通过编程的方式直接访问缓存，伪代码如下：

```
String userKey = ...;
User user = (User)cacheService.getObject(userKey);

if (user == null) {
   User user = (User)userDBService.getUser(userKey);

   if (user != null)
       cacheService.setObject(userKey, user);
```

```
    }
    return user;
```

这种方法实现起来简单，但是每次使用时都得敲入类似上面这样的一段代码，很烦琐，可以将这部分内容抽象成一个框架，请参考下面的小节。

2．Spring 注入法

spring-data-redis 项目（https://projects.spring.io/spring-data-redis）实现了注入法，通过 Bean 注入就可以直接使用 Spring 的缓存模板提供的方法。

首先，引入 spring-data-redis 包：

```xml
<dependencies>
    <dependency>
        <groupId>org.springframework.data</groupId>
        <artifactId>spring-data-redis</artifactId>
        <version>2.0.2.RELEASE</version>
    </dependency>
</dependencies>
```

然后在 Spring 环境下进行如下配置：

```xml
<bean id="jedisConnFactory"
    class="org.springframework.data.redis.connection.jedis.JedisConnectionFactory"
    p:use-pool="true"/>

<!--redis 模板定义 -->
<bean id="redisTemplate"
    class="org.springframework.data.redis.core.RedisTemplate"
    p:connection-factory-ref="jedisConnFactory"/>
```

再通过 Spring 环境注入使用的服务中：

```java
public class UserLinkService{

    // 注入 Redis 的模板
    @Autowired
    private RedisTemplate<String, String> template;

    // 把模板当作 ListOperations 接口类型注入，也可以当作 Value、Set、Zset、HashOperations 接口类型注入
    @Resource(name="redisTemplate")
```

```java
    private ListOperations<String, String> listOps;

    public void addLink(String userId, URL url) {
        //使用注入的接口类型
        listOps.leftPush(userId, url.toExternalForm());
        //直接使用模板
        redisTemplate.boundListOps(userId).leftPush(url.toExternalForm());
    }
}
```

3．注解法

spring-data-redis 项目（https://projects.spring.io/spring-data-redis）实现了注解法，通过注解就可以在一个方法内部使用缓存，缓存操作都是透明的，我们不再需要重复写上面的一段代码。

首先，引入相应的依赖包：

```xml
<dependency>
    <groupId>org.springframework.data</groupId>
    <artifactId>spring-data-redis</artifactId>
    <version>1.6.0.RELEASE</version>
</dependency>
<dependency>
    <groupId>redis.clients</groupId>
    <artifactId>jedis</artifactId>
    <version>2.7.3</version>
</dependency>
```

然后，通过一个配置 Bean 配置 Redis 连接信息，这个配置 Bean 会通过 Spring 环境下的 Bean 扫描载入：

```java
package com.robert.cache.redis;

import org.springframework.cache.CacheManager;
import org.springframework.cache.annotation.CachingConfigurerSupport;
import org.springframework.cache.annotation.EnableCaching;
import org.springframework.context.annotation.Bean;
import org.springframework.context.annotation.Configuration;
import org.springframework.data.redis.cache.RedisCacheManager;
import org.springframework.data.redis.connection.RedisConnectionFactory;
import org.springframework.data.redis.connection.jedis.JedisConnectionFactory;
import org.springframework.data.redis.core.RedisTemplate;
```

```java
@Configuration
@EnableCaching
public class RedisCacheAnnotationConfig extends CachingConfigurerSupport {

    @Bean
    public JedisConnectionFactory redisConnectionFactory() {
        JedisConnectionFactory redisConnectionFactory = new JedisConnectionFactory();

        redisConnectionFactory.setHostName("127.0.0.1");
        redisConnectionFactory.setPort(6379);
        return redisConnectionFactory;
    }

    @Bean
    public RedisTemplate<String, String> redisTemplate(RedisConnectionFactory cf) {
        RedisTemplate<String, String> redisTemplate = new RedisTemplate<String, String>();
        redisTemplate.setConnectionFactory(cf);
        return redisTemplate;
    }

    @Bean
    public CacheManager cacheManager(RedisTemplate redisTemplate) {
        RedisCacheManager cacheManager = new RedisCacheManager(redisTemplate);

        // 这是默认的过期时间，默认为不过期(0)
        cacheManager.setDefaultExpiration(3000);
        return cacheManager;
    }

}
```

再在 Spring 环境下载入这些配置：

```xml
<context:component-scan base-package="com.defonds.bdp.cache.redis" />
```

最后，我们就可以通过注解来使用 Redis 缓存了，这样我们的代码就简单得多了：

```java
@Cacheable("user")
public User getUser(String userId) {
    logger.debug("userId=?, user=?", userId, user);
    return this.userService.getUser(userId);
}
```

4.4.2 应用层访问缓存的模式

应用层访问分布式缓存的服务架构模式分为：双读双写、异步更新和串联模式。

1. 双读双写

双读双写的架构如图 4-12 所示。

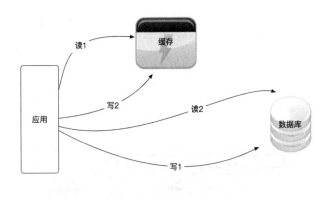

图 4-12

这是我们最常用的缓存服务架构模式，对于读操作，我们先读缓存，如果缓存不存在这份数据，则再读数据库，读取数据库后再回写缓存；对于写操作，我们先写数据库，再写缓存。

这种方式实现起来简单，但是对应用层不透明，应用层需要处理读写顺序的逻辑，可参考 4.4.1 节。

2. 异步更新

异步更新的架构如图 4-13 所示。

在异步更新的方式中，应用层只读写缓存，在这种情况下，全量数据会被保存在缓存中，并且不设置缓存系统的过期时间，由异步的更新服务将数据库里变更的或者新增的数据更新到缓存中。也有通过 MySQL 的 binlog 将 MySQL 中的更新操作推送到缓存的实现方法，这种方法和异步更新如出一辙，以 Facebook 的方案（请参考论文 *Scaling Memcache at Facebook*）为例，如图 4-14 所示。

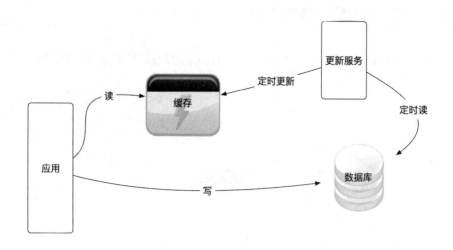

图 4-13

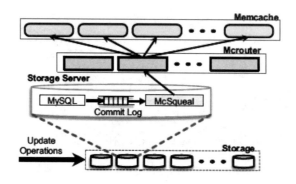

图 4-14

这种方法实现起来稍微复杂,增加了更新服务,这里的更新服务需要定时调度任务的设计,请参考第 6 章的内容,这需要更多的开发和运维成本,在设计异步服务时要充分保证异步服务的可用性,要有完善的监控和报警,否则缓存数据将和数据库不一致。但是在这种模式下性能最好,因为应用层读缓存即可,不需要读取数据库。

3. 串联模式

串联模式的架构如图 4-15 所示。

第 4 章 缓存的本质和缓存使用的优秀实践

图 4-15

在这种串联模式下,应用直接在缓存上进行读写操作,缓存作为代理层,根据需要和配置与数据库进行读写操作。

在微服务的设置中并不推荐采用这种服务的串联模式,因为它在应用和数据库中间增加了一层代理层,需要设计和维护这多出的一层,还要保证高可用性,成本较高,但是这种模式有着特殊的场景,比如我们需要在代理层开启缓存加速,例如 Varnish 等。

4.4.3 分布式缓存分片的三种模式

在互联网行业里,我们做的都是用户端的产品,有调查称中国有 6 亿互联网用户,这么多的用户会给互联网应用带来了海量的请求,这也需要存储海量的数据,因此,单机的缓存满足不了对海量数据缓存的需求。我们通常通过多个缓存节点来缓存大量的临时数据,来加速缓存的存取速度,例如,可以把微博的粉丝关系存储在缓存中,在获取某个用户有权限看见的微博时,我们就可以使用这些粉丝关系,粉丝关系的数据量非常大,一个大 V 用户可能有几千万或者上亿的关注量,可想而知,我们需要多大的内存才能够存储这么多的粉丝关系。

在通用的解决方案中,我们会对这些大数据量进行切片,数据被分成大小相等的分片,一个缓存节点负责存储其中的多个分片。分片通常有三种实现方式,包括客户端分片、代理分片和集群分片。

1. 客户端分片

对缓存进行客户端分片的方案如图 4-16 所示。

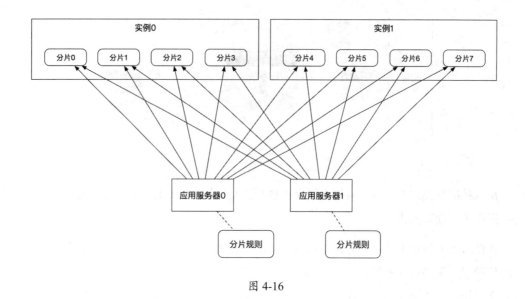

图 4-16

客户端分片通过应用层直接操作分片逻辑，分片规则需要在同一个应用的多个节点间保存，每个应用层都嵌入一个操作切片的逻辑实现，一般通过依赖 Jar 包来实现。笔者曾工作过的几家大的互联网公司都有内部的缓存分片的实现，多数是采用在应用层直接实现的方式，应用层分片的性能更好，实现简单，有问题时容易定位和修复，4.6 节介绍的开源项目 redic（https://gitee.com/robertleepeak/redic）也是采用这种方案实现的。

这种解决方案的性能很好，实现起来比较简单，适合快速上线，而且切分逻辑是自己开发的，如果在生产上出了问题，则都比较容易解决；但是它侵入了业务逻辑的实现，会让缓存服务器保持的应用程序连接比较多，这要看应用服务器池的节点数量，需要提前进行容量评估，请参考《分布式服务架构：原理、设计与实战》第 3 章的内容。

2．代理分片

对缓存进行代理分片的方案如图 4-17 所示。

代理分片就是在应用层和缓存服务器中间增加一个代理层，把分片的路由规则配置在代理层，代理层对外提供与缓存服务器兼容的接口给应用层，应用层的开发人员不用关心分片规则，只需关心业务逻辑的实现，待业务逻辑实现以后，在代理层配置路由规则即可。

第 4 章 缓存的本质和缓存使用的优秀实践

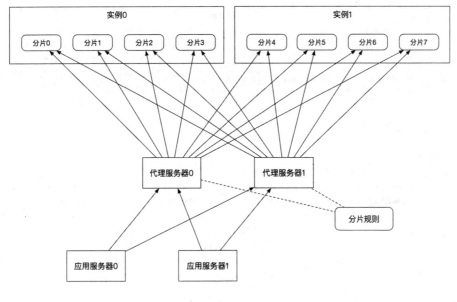

图 4-17

这种方案的好处是让应用层开发人员专注于业务逻辑的实现，把缓存分片的配置留给代理层做，具体可以由运维人员来实施；缺点是增加了代理层。尽管代理层是轻量级的转发协议，但是毕竟要实现缓存协议的解析，并通过分片的路由规则来路由请求，对每个缓存操作都增加了一层代理网络传输，对性能是有影响的，对增加的代理层也需要进行维护，也有硬件成本，还要有能够解决 Bug 的技术专家，成本很高。

流行的 Codis 框架就是代理分片的典型实现。

3．集群分片

缓存自身提供的集群分片方案如图 4-18 所示。

有的缓存自身提供了集群功能，集群可以实现分片和高可用特性，我们只需要把它们当成一个由多个缓存服务器节点组成的大缓存机器来使用即可，分片和高可用等对应用层是透明的，由运维人员配置即可使用，典型的就是 Redis 3.0 提供的 Cluster。我们已经在 4.3.2 节介绍了 Redis 集群。

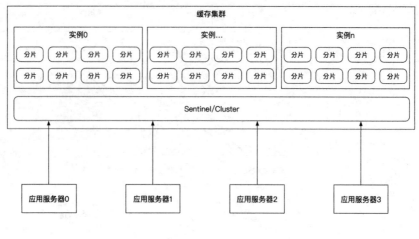

图 4-18

4.4.4 分布式缓存的迁移方案

处理分布式缓存迁移是比较困难的，通常我们将其分为平滑迁移和停机迁移。这里讲解通用的迁移方案，扩容实际上是迁移的一种特殊案例，我们在下面学习的方案全部适用。我们会在讲解该方案的过程中，以扩容为例来说明相应的步骤和实现细节。

1．平滑迁移

平滑迁移适合对可用性要求较高的场景，例如，线上的交易服务对缓存依赖较大，不能忍受停机带来的业务损失，也没有交易的低峰期，我们对此只能采用平滑迁移的方式。

平滑迁移使用的是双写方案，方案分成 4 个步骤：双写、迁移历史数据、切读、下双写。

这种方式还有一个变种，就是不需要迁移老数据，在第 1 步中双写后，在一定的时间里通过新规则对新缓存进行写入，新缓存已经有了足够的数据，这样我们就不用再迁移旧数据，直接进入第 3 步即可。

首先，假设我们的应用现在使用了具有两个分片的缓存集群，通过关键字哈希的方式进行路由，如图 4-19 所示。

第 4 章　缓存的本质和缓存使用的优秀实践

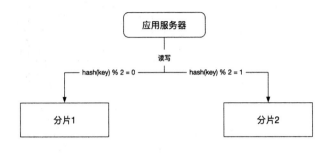

图 4-19

因为两个分片已经不能满足缓存容量的需求，所以现在需要扩容到 4 个分片，达到原来两倍的缓存总大小，因此我们需要迁移。

迁移的具体过程如下。

第 1 步，双写。按照新规则和旧规则同时往新缓存和旧缓存中写数据，如图 4-20 所示。

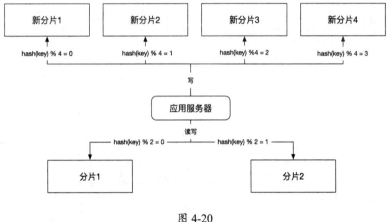

图 4-20

这里，我们仍然按照旧的规则，也就是关键字哈希除以 2 取余来路由分片，同时按照新的规则，也就是关键字哈希除以 4 取余来路由到新的 4 个分片上，来完成数据的双写。

这个步骤有优化的空间，因为是在成倍扩容的场景下，所以我们不需要准备 4 个全新的分片。新规则中前两个分片的数据，其实是旧规则中两个分片数据的子集，并且规则一致，所以我们可以重用前两个分片，也就是说一共需要两个新的分片，用来处理关键字哈希取余后 2 和 3 的情况；使用旧的缓存分片来处理关键字哈希取余后 0 和 1 的情况即可。如图 4-21 所示。

• 239 •

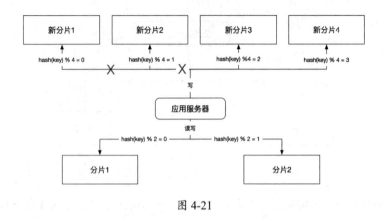

图 4-21

第 2 步，迁移历史数据。把旧缓存集群中的历史数据读取出来，按照新的规则写到新的缓存集群中，如图 4-22 所示。

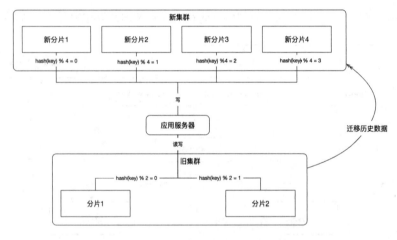

图 4-22

在这个过程中，我们需要迁移历史数据，在迁移的过程中可能需要迁移工具，这也需要一部分开发工作量。在迁移后，我们还需要对迁移的数据进行验证，表明我们的数据迁移成功。

在某些应用场景下，缓存数据并不是应用强依赖的，在缓存里获取不到数据，可以回源到数据库获取，因此在这种场景下通过容量评估，数据库可以承受回源导致的压力增加，就可以避免迁移旧数据。在另一种场景下，缓存数据一般是具有时效性的，应用在双写期间不断向新的集群中写入新数据，历史数据会逐渐过时，并被从旧的集群中删除，在一定的时间流逝后，在新的集群中自然就有了最新的数据，也就不再需要迁移历史数据了，但是这需要进行评估和验证。

第 3 步，切读。把应用层所有的读操作路由到新的缓存集群上，如图 4-23 所示。

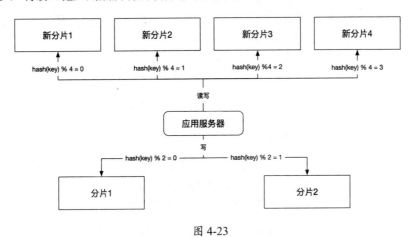

图 4-23

这一步把应用中读取的操作的缓存数据源转换成新的缓存集群，这时应用的读写操作已经完全发生在新的数据库集群上了。这一步一般不需要上线代码，我们会在一开始上双写时就实现开关逻辑，这里只需要将读的开关切换到新的集群即可。

第 4 步，下线双写。把写入旧的集群的逻辑下线，如图 4-24 所示。

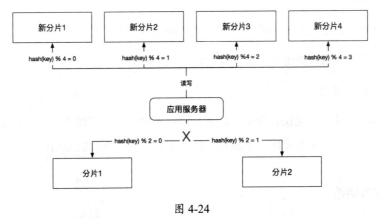

图 4-24

这一步通常是在双写和切读后验证没有任何问题，并保证数据一致性的情况下，才把这部分代码下线的。同时可以把旧的分片下线，如果是扩容的场景，并且重用了旧的分片 1 和分片 2，则还可以清理分片 1 和分片 2 中的冗余数据。

2. 停机迁移

停机迁移的方法比较简单，通常分为停止应用、迁移历史数据、更改应用的数据源、启动应用这 4 个步骤，如图 4-25 所示。

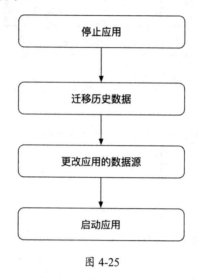

图 4-25

具体的迁移步骤如下。

（1）停机应用，先将应用停止服务。

（2）迁移历史数据，按照新的规则把历史数据迁移到新的缓存集群中。

（3）更改应用的数据源配置，指向新的缓存集群。

（4）重新启动应用。

这种方式的好处是实现比较简单、高效，能够有效避免数据的不一致，但是需要由业务方评估影响，一般在晚上交易量比较小或者非核心服务的场景下比较适用。

3. 一致性哈希

实际上，Redis 的客户端 Jedis 本身实现了基于一致性哈希的客户端路由框架，这种框架的好处是便于动态扩容，当一致性哈希中的节点的负载较高时，我们可以动态地插入更多的节点，来减少已存节点的压力。

一致性哈希算法是在 1997 年由麻省理工学院的 Karger 等人在解决分布式缓存问题时提出的一种方案，设计目标是解决网络中的热点问题，后来在分布式系统中也得到了广泛应用。研究过 Redis 和 Memcache 缓存的人一般都了解一致性哈希算法，他们都在客户端实现了一致性哈希。

一致性哈希的逻辑如图 4-26 所示。

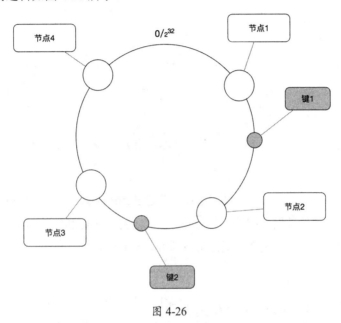

图 4-26

在收到访问一个主键的请求后，可通过下面的流程寻找这个主键的存储节点。

（1）求出 Redis 服务器（节点）的哈希值，并将其配置到 0-2^{32} 的圆（continuum）上。

（2）采用同样的方法求出存储数据的键的哈希值，并映射到相同的圆上。

（3）从数据映射到的位置开始顺时针查找，找到的第 1 台服务器就是将数据保存的位置。

（4）如果在寻找的过程中超过 2^{32} 仍然找不到节点，就会保存到第 1 台服务器上。

在扩容的场景下添加一台服务器节点 5 时，只有在圆上增加服务器的位置到逆时针方向的第一台服务器上的键会受到影响，如图 4-27 所示。

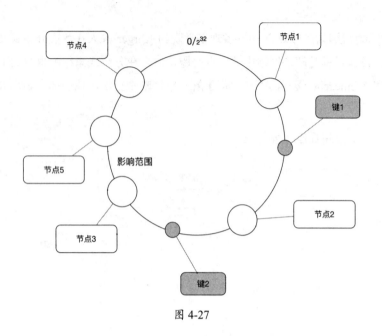

图 4-27

我们看到,在节点 3 和节点 4 之间增加了节点 5,影响范围是节点 3 到节点 5 之间的数据,而并不影响其他节点的数据,因此,这为缓存的扩容提供了便利性,当缓存压力增加且缓存容量不够时,我们通常可以通过在线增加节点的方式来完成扩容。

4.4.5 缓存穿透、缓存并发和缓存雪崩

缓存穿透、缓存并发和缓存雪崩是常见的由于并发量大而导致的缓存问题,本节讲解其产生原因和解决方案。

缓存穿透通常是由恶意攻击或者无意造成的;缓存并发是由设计不足造成的;缓存雪崩是由缓存同时失效造成的,三种问题都比较典型,也是难以防范和解决的。本节给出通用的解决方案,以供在缓存设计的过程中参考和使用。

1. 缓存穿透

缓存穿透指的是使用不存在的 key 进行大量的高并发查询,这导致缓存无法命中,每次请求都要穿透到后端数据库系统进行查询,使数据库压力过大,甚至使数据库服务被压死。

我们通常将空值缓存起来，再次接收到同样的查询请求时，若命中缓存并且值为空，就会直接返回，不会透传到数据库，避免缓存穿透。当然，有时恶意袭击者可以猜到我们使用了这种方案，每次都会使用不同的参数来查询，这就需要我们对输入的参数进行过滤，例如，如果我们使用 ID 进行查询，则可以对 ID 的格式进行分析，如果不符合产生 ID 的规则，就直接拒绝，或者在 ID 上放入时间信息，根据时间信息判断 ID 是否合法，或者是否是我们曾经生成的 ID，这样可以拦截一定的无效请求。

当然，每个设计人员都应该对服务的可用性和健壮性负责，应该建设健壮的服务，让我们的服务像不倒翁一样，因此，我们需要对服务设计限流和熔断等功能，请参考《分布式服务架构：原理、设计与实战》中第 1 章关于微服务设计模式的内容。

2．缓存并发

缓存并发的问题通常发生在高并发的场景下，当一个缓存 key 过期时，因为访问这个缓存 key 的请求量较大，多个请求同时发现缓存过期，因此多个请求会同时访问数据库来查询最新数据，并且回写缓存，这样会造成应用和数据库的负载增加，性能降低，由于并发较高，甚至会导致数据库被压死。

我们通常有 3 种方式来解决这个问题。

1）分布式锁

使用分布式锁，保证对于每个 key 同时只有一个线程去查询后端服务，其他线程没有获得分布式锁的权限，因此只需要等待即可。这种方式将高并发的压力转移到了分布式锁，因此对分布式锁的考验很大。

2）本地锁

与分布式锁类似，我们通过本地锁的方式来限制只有一个线程去数据库中查询数据，而其他线程只需等待，等前面的线程查询到数据后再访问缓存。但是，这种方法只能限制一个服务节点只有一个线程去数据库中查询，如果一个服务有多个节点，则还会有多个数据库查询操作，也就是说在节点数量较多的情况下并没有完全解决缓存并发的问题。

3）软过期

软过期指对缓存中的数据设置失效时间，就是不使用缓存服务提供的过期时间，而是业务层在数据中存储过期时间信息,由业务程序判断是否过期并更新,在发现了数据即将过期时,将缓存的时效延长,程序可以派遣一个线程去数据库中获取最新的数据,其他线程这时看到延长了的过期时间,就会继续使用旧数据,等派遣的线程获取最新数据后再更新缓存。

也可以通过异步更新服务来更新设置软过期的缓存,这样应用层就不用关心缓存并发的问题了。

3. 缓存雪崩

缓存雪崩指缓存服务器重启或者大量缓存集中在某一个时间段内失效,给后端数据库造成瞬时的负载升高的压力,甚至压垮数据库的情况。

通常的解决办法是对不同的数据使用不同的失效时间,甚至对相同的数据、不同的请求使用不同的失效时间,例如,我们要缓存 user 数据,会对每个用户的数据设置不同的缓存过期时间,可以定义一个基础时间,假设 10 秒,然后加上一个两秒以内的随机数,过期时间为 10~12 秒,就会避免缓存雪崩。

4.4.6 缓存对事务的支持

在使用 Redis 缓存的业务场景时经常会有这样的需求:要求递减一个变量,如果递减后变量小于等于 0,则返回一个标志;如果成功,则返回剩余的值,类似于数据库事务的实现。

在实现中需要注意服务器端的多线程问题及客户端的多线程问题。在服务器端可以利用服务器单线程执行 LUA 脚本来保证,或者通过 WATCH、EXEC、DISCARD、EXEC 来保证。

在 Redis 中支持 LUA 脚本,由于 Redis 使用单线程实现,因此我们首先给出 LUA 脚本的实现方案。在如下代码中,我们看到变量被递减,并判断是否将小于 0 的操作放到 LUA 脚本里,利用 Redis 的单线程执行的特性完成这个原子递减的操作:

```
/**
 * Implemented by LUA. Minus a key by a value, then return the left value.
 * If the left value is less than 0, return -1; if error, return -1.
 *
 * @param key
 *          the key of the redis variable.
```

```
 * @param value
 *          the value to minus off.
 * @return the value left after minus. If it is less than 0, return -1; if
 *         error, return -1.
 */
public long decrByUntil0Lua(String key, long value) {
    // If any error, return -1.
    if (value <= 0)
        return -1;

    // The logic is implemented in LUA script which is run in server thread,
    // which is single thread in one server.
    String script = " local leftvalue = redis.call('get', KEYS[1]); "
          + " if ARGV[1] - leftvalue > 0 then return nil; else "
          + " return redis.call('decrby', KEYS[1], ARGV[1]); end; ";

    Long leftValue = (Long) jedis.eval(script, 1, key, "" + value);

    // If the left value is less than 0, return -1.
    if (leftValue == null)
        return -1;

    return leftValue;
}
```

还可以通过 Redis 对事务的支持方法 watch 和 multi 来实现，类似于一个 CAS 方法的实现，如果对热数据有竞争，则会返回失败，然后重试直到成功：

```
/**
 * Implemented by CAS. Minus a key by a value, then return the left value.
 * If the left value is less than 0, return -1; if error, return -1.
 *
 * No synchronization, because redis client is not shared among multiple
 * threads.
 *
 * @param key
 *          the key of the redis variable.
 * @param value
 *          the value to minus off.
 * @return the value left after minus. If it is less than 0, return -1; if
 *         error, return -1.
 */
public long decrByUntil0Cas(String key, long value) {
    // If any error, return -1.
    if (value <= 0)
        return -1;

    // Start the CAS operations.
```

```java
jedis.watch(key);

// Start the transation.
Transaction tx = jedis.multi();

// Decide if the left value is less than 0, if no, terminate the
// transation, return -1;
String curr = tx.get(key).get();
if (Long.valueOf(curr) - value < 0) {
    tx.discard();
    return -1;
}

// Minus the key by the value
tx.decrBy(key, value);

// Execute the transaction and then handle the result
List<Object> result = tx.exec();

// If error, return -1;
if (result == null || result.isEmpty()) {
    return -1;
}

// Extract the first result
for (Object rt : result) {
    return Long.valueOf(rt.toString());
}

// The program never comes here.
return -1;
}
```

4.5 分布式缓存的设计与案例

本节介绍使用分布式缓存的优秀实践和线上案例,这些案例是笔者在多家互联网公司里积累并形成的优秀实践,能够帮助读者在生产实践中避免很多不必要的生产事故。

4.5.1 缓存设计的核心要素

我们在应用中决定使用缓存时,通常需要进行详细的设计,因为设计缓存架构看似简单,

第 4 章 缓存的本质和缓存使用的优秀实践

实则不然，里面蕴含了很多深奥的原理，如果使用不当，则会造成很多生产事故，甚至是服务雪崩之类的严重问题。

笔者在做设计评审的过程中，总结了所有与缓存设计相关的设计点，这里列出来供大家参考。

（1）容量规划

- 缓存内容的大小
- 缓存内容的数量
- 淘汰策略
- 缓存的数据结构
- 每秒的读峰值
- 每秒的写峰值

（2）性能优化

- 线程模型
- 预热方法
- 缓存分片
- 冷热数据的比例

（3）高可用

- 复制模型
- 失效转移
- 持久策略
- 缓存重建

（4）缓存监控

- 缓存服务监控
- 缓存容量监控

- 缓存请求监控

- 缓存响应时间监控

（5）注意事项

- 是否有可能发生缓存穿透

- 是否有大对象

- 是否使用缓存实现分布式锁

- 是否使用缓存支持的脚本（Lua）

- 是否避免了 Race Condition

笔者在这里把这些设计点提供给读者，请读者在做缓存设计时把每一项作为一个思考的起点，思考我们在设计缓存时是否想到了这些点，避免读者在设计的过程中因忽略某一项而导致严重的线上事故发生。

4.5.2　缓存设计的优秀实践

笔者在做设计评审的过程中，总结了一些开发人员在设计缓存系统时的优秀实践，如下所述。

1. 优秀实践1

缓存系统主要消耗的是服务器的内存，因此，在使用缓存时必须先对应用需要缓存的数据大小进行评估，包括缓存的数据结构、缓存大小、缓存数量、缓存的失效时间，然后根据业务情况自行推算在未来一定时间内的容量的使用情况，根据容量评估的结果来申请和分配缓存资源，否则会造成资源浪费或者缓存空间不够。

2. 优秀实践2

建议将使用缓存的业务进行分离，核心业务和非核心业务使用不同的缓存实例，从物理上进行隔离，如果有条件，则请对每个业务使用单独的实例或者集群，以减小应用之间互相影响的可能性。笔者经常听说有的公司应用了共享缓存,造成缓存数据被覆盖,以及缓存数据错乱的线上事故。

3. 优秀实践 3

根据缓存实例提供的内存大小推算应用需要使用的缓存实例数量,一般在公司里会成立一个缓存管理的运维团队,这个团队会将缓存资源虚拟成多个相同内存大小的缓存实例,例如,一个实例有 4GB 内存,在应用申请时可以按需申请足够的实例数量来使用,对这样的应用需要进行分片,请参考 4.4.3 节。这里需要注意,如果我们使用了 RDB 备份机制,每个实例使用 4GB 内存,则我们的系统需要大于 8GB 内存,因为 RDB 备份时使用了 copy-on-write 机制,需要 fork 出一个子进程,并且复制一份内存,因此需要双份的内存存储大小。

4. 优秀实践 4

缓存一般是用来加速数据库的读操作的,一般先访问缓存,后访问数据库,所以缓存的超时时间的设置是很重要的。笔者曾经在一家互联网公司遇到过由于运维操作失误导致缓存超时设置得较长,从而拖垮服务的线程池,最终导致服务雪崩的情况。

5. 优秀实践 5

所有的缓存实例都需要添加监控,这是非常重要的,我们需要对慢查询、大对象、内存使用情况做可靠的监控。

6. 优秀实践 6

我们不推荐多个业务共享一个缓存实例,但是由于成本控制的原因,这种情况经常出现,我们需要通过规范来限制各个应用使用的 key 有唯一的前缀,并进行隔离设计,避免产生缓存互相覆盖的问题。

7. 优秀实践 7

任何缓存的 key 都必须设定缓存失效时间,且失效时间不能集中在某一点,否则会导致缓存占满内存或者缓存雪崩。

8. 优秀实践 8

低频访问的数据不要放在缓存中,如我们前面所说的,我们使用缓存的主要目的是提高读取性能,曾经有个小伙伴设计了一套定时的批处理系统,由于批处理系统需要对一个大的数据模型进行计算,所以该小伙伴把这个数据模型保存在每个节点的本地缓存中,并通过消息队列接收更新的消息来维护本地缓存中模型的实时性,但是这个模型每个月只用了一次,所以这样使用缓存是很浪费的。既然是批处理任务,就需要把任务进行分割,进行批量处理,采用分而治之、逐步计算的方法,得出最终的结果即可。

9. 优秀实践 9

缓存的数据不易过大,尤其是 Redis,因为 Redis 使用的是单线程模型,在单个缓存 key 的数据过大时,会阻塞其他请求的处理。

10. 优秀实践 10

对于存储较多 value 的 key,尽量不要使用 HGETALL 等集合操作,该操作会造成请求阻塞,影响其他应用的访问。

11. 优秀实践 11

缓存一般用于在交易系统中加速查询的场景,有大量的更新数据时,尤其是批量处理时,请使用批量模式,但是这种场景较少。

12. 优秀实践 12

如果对性能的要求不是非常高,则尽量使用分布式缓存,而不要使用本地缓存,因为本地缓存在服务的各个节点之间复制,在某一时刻副本之间是不一致的,如果这个缓存代表的是开关,而且分布式系统中的请求有可能会重复,就会导致重复的请求走到两个节点,一个节点的开关是开,一个节点的开关是关,如果请求处理没有做到幂等,就会造成处理重复,在严重情况下会造成资金损失。

13. 优秀实践 13

在写缓存时一定要写入完全正确的数据，如果缓存数据的一部分有效、一部分无效，则宁可放弃缓存，也不要把部分数据写入缓存，否则会造成空指针、程序异常等。

14. 优秀实践 14

在通常情况下，读的顺序是先缓存，后数据库；写的顺序是先数据库，后缓存。

15. 优秀实践 15

在使用本地缓存（如 ehcache）时，一定要严格控制缓存对象的个数及声明周期。由于 JVM 的特性，过多的缓存对象会极大影响 JVM 的性能，甚至导致内存溢出等。

16. 优秀实践 16

在使用缓存时，一定要有降级处理，尤其是对关键的业务环节，缓存有问题或者失效时也要能回源到数据库进行处理。

4.5.3　关于常见的缓存线上问题的案例

笔者在多家互联网公司负责架构方案评审和线上事故复盘，这里列举其中的一些典型案例，供大家参考和借鉴。

1. 案例 1

现象：

某应用程序的数据库负载瞬时升高。

原因：

在应用程序中对使用的大量缓存 key 设置了同一个固定的失效时间，当缓存失效时，会造成在一段时间内同时访问数据库，造成数据库的压力较大。

总结：

在使用缓存时需要进行缓存设计，要充分考虑如何避免常见的缓存穿透、缓存雪崩、缓存并发等问题，尤其是对于高并发的缓存使用，需要对 key 的过期时间进行随机设置，例如，将过期时间设置为 10 秒+random(2)，也就是将过期时间随机设置成 10～12 秒。

2. 案例 2

现象：

导致迁移前后两个系统的核心操作重复。

原因：

在迁移的过程中，重复的流量进入了不同的节点，由于使用了本地缓存存储迁移开关，而迁移开关在开关打开的瞬间导致各个节点的开关状态不一致，有的是开、有的是关，所以对于不同节点的流量的处理重复，一个走了开关开的逻辑，一个走了开关关的逻辑。

总结：

避免使用本地缓存来存储迁移开关，迁移开关应该在有状态的订单上标记。

3. 案例 3

现象：

某模块设计使用了缓存加速数据库的读操作的性能，但发现数据库负载并没有明显下降。

原因：

由于这个模块的使用方查询请求的数据在数据库中不存在，是非法的数据，所以导致缓存没有命中，每次都穿透到数据库，且量级较大。

第4章 缓存的本质和缓存使用的优秀实践

总结：

在使用缓存时需要进行缓存设计，要充分考虑如何避免常见的缓存穿透、缓存雪崩、缓存并发等问题，尤其是对高并发的缓存使用，需要对无效的 key 进行缓存，以抵挡恶意的或者无意的对无效缓存查询的攻击或影响。

4. 案例 4

现象：

监控系统报警，Redis 中单个哈希键占用的空间巨大。

原因：

应用系统使用了哈希键，哈希键本身有过期时间，但是哈希键里面的每个键值对没有过期时间。

总结：

在设计 Redis 的过程中，如果有大量的键值对要保存，则请使用字符串键的数据库类型，并对每个键都设置过期时间，请不要在哈希键内部存储一个没有边界的集合数据。实际上，无论是对缓存、内存还是对数据库的设计，如果使用任意一个集合的数据结构，则都要考虑为它设置最大限制，避免内存用光，最常见的是集合溢出导致的内存溢出的问题。

5. 案例 5

现象：

某业务项目由于缓存宕机导致业务逻辑中断，数据不一致。

原因：

Redis 进行主备切换，导致瞬间内应用连接 Redis 异常，应用并没有对缓存做降级处理。

总结：

对于核心业务，在使用缓存时一定要有降级方案。常见的降级方案是在数据库层次预留足够的容量，在某一部分缓存出现问题时，可以让应用暂时回源到数据库继续业务逻辑，而不应该中断业务逻辑，但是这需要严格的容量评估，请参考《分布式服务架构：原理设计与实战》第 3 章的内容。

6. 案例6

现象：

某应用系统负载升高，响应变慢，发现应用进行频繁 GC，甚至出现 OutOfMemroyError: GC overhead limt exceed 的错误日志。

原因：

因为这个项目是个历史项目，使用了 Hibernate ORM 框架，在 Hibernate 中开启了二级缓存，使用了 Ehcache；但是在 Ehcache 中没有控制缓存对象的个数，缓存对象增多，导致内存紧张，所以进行了频繁的 GC 操作。

总结：

使用本地缓存（如 Ehcache、OSCache、应用内存）时，一定要严格控制缓存对象的个数及声明周期。

7. 案例7

现象：

某个正常运行的应用突然报警线程数过高，之后很快就出现了内存溢出。

原因：

由于缓存连接数达到最大限制，应用无法连接缓存，并且超时时间设置得较大，导致访问缓存的服务都在等待缓存操作返回，由于缓存负载较高，处理不完所有的请求，但是这些服务都在等待缓存操作返回，服务这时在等待，并没有超时，就不能降级并继续访问数据库。这在 BIO 模式下线程池就会撑满，使用方的线程池也都撑满；在 NIO 模式下一样会使服务的负载增加，服务响应变慢，甚至使服务被压垮。

总结：

在使用远程缓存（如 Redis、Memcached）时，一定要对操作超时时间进行设置，这是非常关键的，一般我们设计缓存作为加速数据库读取的手段，也会对缓存操作做降级处理，因此推荐使用更短的缓存超时时间，如果一定要给出一个数字，则希望是 100 毫秒以内。

8. 案例 8

现象：

某项目使用缓存存储业务数据，上线后出现错误问题，开发人员束手无策。

原因：

开发人员不知道如何发现、排查、定位和解决缓存问题。

总结：

在设计缓存时要有降级方案，在遇到问题时首先使用降级方法，还要设计完善的监控和报警功能，帮助开发人员快速发现缓存问题，进而来定位和解决问题。

9. 案例 9

现象：

某项目在使用缓存后，开发测试通过，到生产环境后，服务却出现了不可预知的问题。

原因：

该应用的缓存 key 与其他应用缓存 key 冲突，导致互相覆盖，出现逻辑错误。

总结：

在使用缓存时一定要有隔离的设计，可以通过不同的缓存实例来做物理隔离，也可以通过各个应用的缓存 key 使用不同的前缀进行逻辑隔离。

4.6 客户端缓存分片框架 redic 的设计与实现

从理论上讲，与客户端分片相比，代理分片的核心优势是可以主动检测服务端的状态，从而完成主从的切换，同时可以更容易地修改分片的策略，但是实现起来比较复杂，多了一个故障点。而客户端分片一般可以完全满足需求，Redis 的代理分片框架可以参考 Codis，这里重点介绍缓存分片框架。

redic（https://gitee.com/robertleepeak/redic）是一个简单易用的 Redis 缓存客户端，与 Spring 无缝结合，简单导入 Spring 环境或者配置 Redic Bean 即可使用，并且支持读写分离和数据分片路由。

4.6.1 什么时候需要 redic

ShardedJedisPool 是 Jedis 基于一致性 Hash 实现的，当某个节点出现问题时，缓存操作会自动漂移到这个节点后面的节点，这些操作都是不透明的，如果线上出现问题，则定位问题比较困难。redic 采用简单的哈希取模来路由分片数据，实现简单、性能好并且容易定位问题。因此，在需要一个简单有效的缓存分片框架时，可以使用 redic。

4.6.2 如何使用 redic

redic 开箱即用，使用起来非常简单：首先，在 Spring 环境下声明 redic Bean；然后配置缓存连接字符串，如果有多个缓存分片，则使用逗号分隔即可；最后，直接在程序中像使用 Jedis 一样来使用 redic。

第 1 步，导入开发测试使用的 Spring 环境：

```
<import resource="classpath:spring/application-context-redic-dev.xml"/>
```

第 2 步，配置单节点属性：

```
redic.cache.node.conn1=localhost:6379
```

第 3 步，使用 redic：

```
Redic redic = (Redic) applicationContext.getBean("redic");
redic.set("name", "robert");
AssertJUnit.assertEquals("robert", redic.get("name"));
```

4.6.3 更多的配置

这里介绍单节点开发配置、多节点线上配置、多节点读写分离线上配置的方法。

1. 单节点开发配置的方法如下。

在 Spring 环境下配置单节点的 Redic Bean：

```
(1) <bean id="redic" class="com.robert.redis.redic.Redic" init-method="init">
       <property name="nodeConnStrs">
          <list>
             <value>${redic.cache.node.conn1}</value>
          </list>
       </property>
    </bean>
```

属性文件配置如下：

```
redic.cache.node.conn1=localhost:6379
```

2. 多节点生产配置的方法如下。

在 Spring 环境下配置多节点的 Redic Bean：

```
<bean id="redic" class="com.robert.redis.redic.Redic" init-method="init">
   <property name="nodeConnStrs">
      <list>
         <value>${redic.cache.node.conn1}</value>
         <value>${redic.cache.node.conn2}</value>
      </list>
   </property>
</bean>
```

属性文件配置如下：

```
redic.cache.node.conn1=ip1:6379,ip2:6379
redic.cache.node.conn2=ip3:6379,ip4:6379
```

3. 多节点读写分离线上配置的方法如下。

在 Spring 环境下配置多节点的 Redic Bean：

```
<bean id="redic" class="com.robert.redis.redic.Redic" init-method="init">
   <property name="readWriteSeparate" value=${redic.cache.readWriteSeparate}>
   <property name="nodeConnStrs">
      <list>
         <value>${redic.cache.node.conn1}</value>
         <value>${redic.cache.node.conn2}</value>
      </list>
   </property>
</bean>
```

属性文件配置如下:

```
redic.cache.readWriteSeparate=true
redic.cache.node.conn1=ip1:6379,ip2:6379
redic.cache.node.conn2=ip3:6379,ip4:6379
```

4.6.4 项目结构

本节讲解 redic 缓存分片框架的项目结构,它的项目结构如图 4-28 所示。

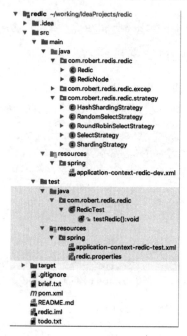

图 4-28

在 src/main/java 下是 redic 的核心实现,里面包括核心的 redic Bean、分片节点、分片策略、读写分离等功能的实现。

在 src/resources/spring 下提供了一个示例配置文件:application-context-redic-dev.xml,里面包含一个简单的 redic Bean 配置。

在 src/test/java/com/robert/redis/redic 下有一个测试用例,用来说明如何使用 redic。

4.6.5 包结构

redic 的项目实现并不复杂，一共包含 3 个主要的包：redic、redic.strategy 和 redic.excep。

三个包的主要功能如下。

- redic：包含主要的核心类 Redic 和 RedicNode，前者是 redic 提供的 API 的 Bean，继承自 Jedis 并与 Jedis API 完全兼容，后者是分片的缓存节点的封装。
- redic.strategy：包含 SelectStrategy 和 ShardingStrategy 两个策略接口及它们的实现，前者在读写分离的场景下用来选择从哪个从节点读取数据，后者是用来路由分片策略的实现。
- redic.excep：框架的异常类。

4.6.6 设计与实现的过程

客户端的缓存分片是在应用层实现分片的路由规则，应用层的每个节点与每个分片服务器保持一个连接，在一个数据存取请求发起时，redic 会根据分片路由规则找到需要使用的缓存分片节点，然后在这个分片节点上进行操作。如果开启了读写分离模式，则 redic 框架会根据一定的算法把查询请求路由到从节点上，如果有多个从节点，则可以使用轮询算法或者随机算法。整体的分片路由模式如图 4-29 所示。

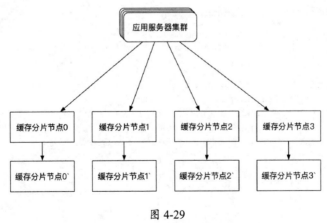

图 4-29

redic 通过多个核心类来实现上面客户端分片的逻辑，总体的实现类图如图 4-30 所示。

可伸缩服务架构：框架与中间件

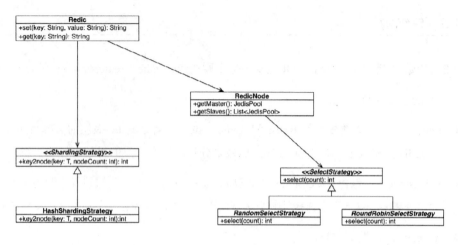

图 4-30

这里，redic 通过 Spring Bean 的形式将一个 API 接口提供给使用方，使用方简单地在 Spring 中配置 Redic Bean 即可使用。我们首先看一下这个类的实现，代码如下：

```java
public class Redic extends Jedis {
    protected final Logger log = LoggerFactory.getLogger(Redic.class);

    private List<RedicNode> redicNodes = new ArrayList<RedicNode>();

    private ShardingStrategy shardingStategy = new HashShardingStrategy();

    private boolean readWriteSeparate = false;

    private List<String> nodeConnStrs;

    public Redic() {
    }

    public Redic(List<String> nodeConnStrs) {
        if (StringUtils.isEmpty(nodeConnStrs)) {
            log.error("The nodeConnStrs {} for Redic is invalid.", nodeConnStrs);
            throw new IllegalArgumentException(
                "The nodeConnStrs for Redic is invalid.");
        }

        this.nodeConnStrs = nodeConnStrs;
        init();
    }

    public void init() {
```

```java
    for (String nodeConnStr : nodeConnStrs)
        this.addNode(nodeConnStr);

    log.info("There are {} nodes.", redicNodes.size());
}

public Redic addNode(String nodeConnStr) {
    String[] nodes = nodeConnStr.split(RedicNode.NODE_SEPARATOR);

    return addNode(nodes[0], Arrays.asList(Arrays.copyOf(nodes, 1)));
}

public Redic addNode(String jedisConnStr, List<String> slaveConnStrs) {
    redicNodes.add(new RedicNode(jedisConnStr, slaveConnStrs));

    return this;
}

protected <T> Jedis getWrite(T key) {
    int nodeIndex = shardingStategy.key2node(key, redicNodes.size());
    RedicNode redicNode = redicNodes.get(nodeIndex);

    return redicNode.getMaster().getResource();
}

protected <T> Jedis getRead(T key) {
    int nodeIndex = shardingStategy.key2node(key, redicNodes.size());
    RedicNode redicNode = redicNodes.get(nodeIndex);

    if (!readWriteSeparate)
        return redicNode.getMaster().getResource();

    return redicNode.getRoundRobinSlaveRedicNode().getResource();
}

@Override
public String set(String key, String value) {
    Jedis jedis = getWrite(key);
    String ret = jedis.set(key, value);
    jedis.close();

    return ret;
}

@Override
public String set(String key, String value, String nxxx, String expx,
        long time) {
    Jedis jedis = getWrite(key);
```

```
        String ret = jedis.set(key, value, nxxx, expx, time);
        jedis.close();

        return ret;
    }

    @Override
    public String get(String key) {
        Jedis jedis = getRead(key);
        String ret = jedis.get(key);
        jedis.close();

        return ret;
    }
    ......
}
```

首先，redic 类继承自原生 Jedis，提供了与 Jedis 完全一致的 API，并且覆盖了原有 Jedis 的 API 的实现，实现了基于关键字哈希的路由规则。因此我们看到在 redic 里有一个 RedicNode 对象的集合，这个集合里的每个元素就是一个分片节点，每次请求都会根据哈希规则落到其中某个节点进行处理，这里默认使用关键字哈希的路由规则。路由规则封装在接口 ShardingStrategy 和实现类 HashShardingStrategy 中。

在 ShardingStrategy 里只有一个方法，定义了从关键字映射缓存分片节点的方法：

```
public interface ShardingStrategy {
    public <T> int key2node(T key, int nodeCount);
}
```

实现类 HashShardingStrategy 的实现代码如下：

```
public class HashShardingStrategy implements ShardingStrategy {
    public <T> int key2node(T key, int nodeCount) {
        int hashCode = key.hashCode();
        return hashCode % nodeCount;
    }
}
```

我们发现，在上段代码中是根据关键字的哈希值除以节点数取余来找到对应节点的，使用者可以指定是否实现读写分离，一旦实现了读写分离，便通过 getRead 和 getWrite 方法实现，其内部通过 RedicNode 里的 getMaster 和 getRoundRobinSlaveRedicNode 方法实现。RedicNode 的源码如下：

```
public class RedicNode {
```

```java
public static final String NODE_SEPARATOR = ",";

public static final String HOST_PORT_SEPARATOR = ":";

private JedisPool master;
private List<JedisPool> slaves;

public SelectStrategy selectStrategy;

public RedicNode(JedisPool master, List<JedisPool> slaves) {
    this.master = master;
    this.slaves = slaves;
    this.selectStrategy = new RoundRobinSelectStrategy();
}

public RedicNode(JedisPool master, List<JedisPool> slaves,
    SelectStrategy selectStrategy) {
    this.master = master;
    this.slaves = slaves;
    this.selectStrategy = selectStrategy;
}

public RedicNode(String masterConnStr, List<String> slavesConnStrs) {
    String[] masterHostPortArray = masterConnStr.split(HOST_PORT_SEPARATOR);
    this.master = new JedisPool(new GenericObjectPoolConfig(),
    masterHostPortArray[0], Integer.valueOf(masterHostPortArray[1]));

        this.slaves = new ArrayList<JedisPool>();
        for (String slaveConnStr : slavesConnStrs) {
            String[] slaveHostPortArray = slaveConnStr
    .split(HOST_PORT_SEPARATOR);
            this.slaves.add(new JedisPool(new GenericObjectPoolConfig(),
            slaveHostPortArray[0], Integer
            .valueOf(slaveHostPortArray[1])));
        }

    this.selectStrategy = new RoundRobinSelectStrategy();
}

public RedicNode(String masterConnStr, List<String> slavesConnStrs,
    SelectStrategy selectStrategy) {
this(masterConnStr, slavesConnStrs);
this.selectStrategy = selectStrategy;
}

public JedisPool getMaster() {
   return master;
}
```

```java
public void setMaster(JedisPool master) {
    this.master = master;
}

public List<JedisPool>getSlaves() {
    return slaves;
}

public void setSlaves(List<JedisPool> slaves) {
    this.slaves = slaves;
}

public JedisPool getRoundRobinSlaveRedicNode() {
    int nodeIndex = selectStrategy.select(slaves.size());

    return slaves.get(nodeIndex);
}
```

我们看到，一个 RedicNode 对象包含一个主节点 JedisPool（master）和多个从节点 JedisPool（slaves），如果读写分离开启，则写操作全部被路由到 master，读操作全部被路由到 slaves，并且包含一个 SelectStrategy 的对象，用来指明使用哪种策略来选择读写分离的从节点，包含随机和轮询。SelectStrategy 的源码如下：

```java
public interface SelectStrategy {
    public int select(int count);
}
```

在如上所示的代码中，select 方法用来定义如何从多个从节点中选择一个从节点。默认的实现类是 RoundRobinSelectStrategy，其代码如下：

```java
public class RoundRobinSelectStrategy implements SelectStrategy {
    private AtomicLong iter = new AtomicLong(0);

    public int select(int count) {
        long iterValue = iter.incrementAndGet();

        // Still race condition, but it doesn't matter
        if (iterValue == Long.MAX_VALUE)
            iter.set(0);

        return (int) iterValue % count;
    }
}
```

可以看出，它是通过一个原子变量实现在多个从节点中轮询获取从节点分片的。另一个实

现类是 RandomSelectStrategy,其实现的源码如下:

```java
public class RandomSelectStrategy implements SelectStrategy {
    private Random random = new Random(new Date().getTime());

    public int select(int count) {
        int i = random.nextInt(count);

        return i;
    }
}
```

有了这些实现,我们在应用的 Spring Conext 中直接声明 Redic Bean 即可使用:

```xml
<bean id="redic" class="com.robert.redis.redic.Redic" init-method="init">
    <property name="nodeConnStrs">
        <list>
        <value>${redic.cache.node.conn1}</value>
        </list>
    </property>
</bean>
```

第 5 章

大数据利器之 Elasticsearch

  Elasticsearch 是目前非常流行的分布式全文搜索引擎,通过它可以快速地存储、搜索和分析海量数据。Elasticsearch 底层使用的是 Lucene,Lucene 是一个非常受欢迎的开源 Java 信息检索引擎,提供了完整的查询和存储引擎,但它只是一个全文检索引擎工具包。而 Elasticsearch 对 Lucene 进行了封装,提供了基于 RESTful 接口的分布式全文搜索引擎,可以支撑大数据量、高并发的准实时搜索场景,并且具备稳定、可靠、快速、使用方便等特点。

5.1 Lucene 简介

Lucene 是一种高性能、可伸缩的信息搜索（IR）库，在 2000 年开源，最初由鼎鼎大名的 Doug Cutting 开发，是基于 Java 实现的高性能的开源项目。Lucene 采用了基于倒排表的设计原理，可以非常高效地实现文本查找，在底层采用了分段的存储模式，使它在读写时几乎完全避免了锁的出现，大大提升了读写性能。

5.1.1 核心模块

Lucene 的写流程和读流程如图 5-1 所示。

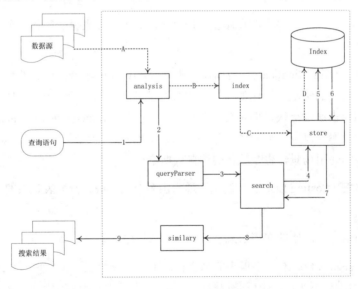

图 5-1

其中，虚线箭头（a、b、c、d）表示写索引的主要过程，实线箭头（1-9）表示查询的主要过程。

Lucene 中的主要模块（见图 5-1）及模块说明如下。

（1）analysis 模块：主要负责词法分析及语言处理，也就是我们常说的分词，通过该模块可最终形成存储或者搜索的最小单元 Term。

（2）index 模块：主要负责索引的创建工作。

（3）store 模块：主要负责索引的读写，主要是对文件的一些操作，其主要目的是抽象出和平台文件系统无关的存储。

（4）queryParser：主要负责语法分析，把我们的查询语句生成 Lucene 底层可以识别的条件。

（5）search 模块：主要负责对索引的搜索工作。

（6）similarity 模块：主要负责相关性打分和排序的实现。

5.1.2 核心术语

下面介绍 Lucene 中的核心术语。

（1）Term：是索引里最小的存储和查询单元，对于英文来说一般指一个单词，对于中文来说一般指一个分词后的词。

（2）词典（Term Dictionary，也叫作字典）：是 Term 的集合。词典的数据结构可以有很多种，每种都有自己的优缺点，比如：排序数组通过二分查找来检索数据；HashMap（哈希表）比排序数组的检索速度更快，但是会浪费存储空间；fst（finite-state transducer）有更高的数据压缩率和查询效率，因为词典是常驻内存的，而 fst 有很好的压缩率，所以 fst 在 Lucene 的新版本中有非常多的使用场景，也是默认的词典数据结构。

（3）倒排表（Posting List）：一篇文章通常由多个词组成，倒排表记录的是某个词在哪些文章中出现过。

（4）正向信息：原始的文档信息，可以用来做排序、聚合、展示等。

（5）段（segment）：索引中最小的独立存储单元。一个索引文件由一个或者多个段组成。在 Lucene 中的段有不变性，也就是说段一旦生成，在其上只能有读操作，不能有写操作。

Lucene 的底层存储格式如图 5-2 所示。图 5-2 由词典和倒排表两部分组成，其中的词典就是 Term 的集合。词典中的 Term 指向的文档链表的集合，叫作倒排表。词典和倒排表是 Lucene 中很重要的两种数据结构，是实现快速检索的重要基石。词典和倒排表是分两部分存储的，在倒排表中不但存储了文档编号，还存储了词频等信息。

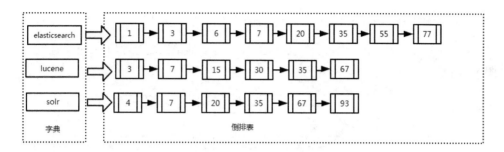

图 5-2

在图 5-2 所示的词典部分包含三个词条（Term）：elasticsearch、lucene 和 solr。词典数据是查询的入口，所以这部分数据是以 fst 的形式存储在内存中的。

在倒排表中，"lucene"指向有序链表 3,7,15,30,35,67，表示字符串"lucene"在文档编号为 3、7、15、30、35、67 的文章中出现过，elasticsearch 和 solr 同理。

5.1.3 检索方式

在 Lucene 的查询过程中的主要检索方式有以下四种。

1. 单个词查询

指对一个 Term 进行查询。比如，若要查找包含字符串"lucene"的文档，则只需在词典中找到 Term"lucene"，再获得在倒排表中对应的文档链表即可，如图 5-3 所示。

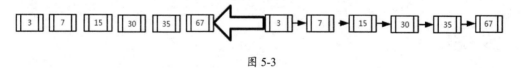

图 5-3

2. AND

指对多个集合求交集。比如，若要查找既包含字符串"lucene"又包含字符串"solr"的文档，则查找步骤如下。

（1）在词典中找到 Term"lucene"，得到"lucene"对应的文档链表。

（2）在词典中找到 Term "solr"，得到 "solr" 对应的文档链表。

（3）合并链表，对两个文档链表做交集运算，合并后的结果既包含 "lucene"，也包含 "solr"。如图 5-4 所示。

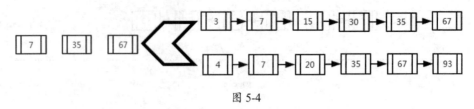

图 5-4

3. OR

指对多个集合求并集。比如，若要查找包含字符串 "lucene" 或者包含字符串 "solr" 的文档，则查找步骤如下。

（1）在词典中找到 Term "lucene"，得到 "lucene" 对应的文档链表。

（2）在词典中找到 Term "solr"，得到 "solr" 对应的文档链表。

（3）合并链表，对两个文档链表做并集运算，合并后的结果包含 "lucene" 或者包含 "solr"，如图 5-5 所示。

图 5-5

4. NOT

指对多个集合求差集。比如，若要查找包含字符串 "solr" 但不包含字符串 "lucene" 的文档，则查找步骤如下。

（1）在词典中找到 Term "lucene"，得到 "lucene" 对应的文档链表。

（2）在词典中找到 Term "solr"，得到 "solr" 对应的文档链表。

（3）合并链表，对两个文档链表做差集运算，用包含 "solr" 的文档集减去包含 "lucene"

的文档集，运算后的结果就是包含"solr"但不包含"lucene"，如图 5-6 所示。

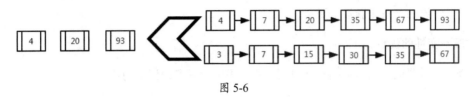

图 5-6

通过上述四种查询方式，我们不难发现，由于 Lucene 是以倒排表的形式存储的，所以在 Lucene 的查找过程中只需在词典中找到这些 Term，根据 Term 获得文档链表，然后根据具体的查询条件对链表进行交、并、差等操作，就可以准确地查到我们想要的结果，相对于在关系型数据库中的"like"查找要做全表扫描来说，这种思路是非常高效的。虽然在索引创建时要做很多工作，但这种一次生成、多次使用的思路也是非常高明的。

5.1.4　分段存储

在早期的全文检索中为整个文档集合建立了一个很大的倒排索引，并将其写入磁盘中，如果索引有更新，就需要重新全量创建一个索引来替换原来的索引。这种方式在数据量很大时效率很低，并且由于创建一次索引的成本很高，所以对数据的更新不能过于频繁，也就不能保证时效性。

现在，在搜索中引入了段的概念（将一个索引文件拆分为多个子文件，则每个子文件叫作段），每个段都是一个独立的可被搜索的数据集，并且段具有不变性，一旦索引的数据被写入硬盘，就不可再修改。

在分段的思想下，对数据写操作的过程如下。

- 新增。当有新的数据需要创建索引时，由于段的不变性，所以选择新建一个段来存储新增的数据。

- 删除。当需要删除数据时，由于数据所在的段只可读，不可写，所以 Lucene 在索引文件下新增了一个 .del 的文件，用来专门存储被删除的数据 id。当查询时，被删除的数据还是可以被查到的，只是在进行文档链表合并时，才把已经删除的数据过滤掉。被删除的数据在进行段合并时才会真正被移除。

- 更新。更新的操作其实就是删除和新增的组合,先在.del文件中记录旧数据,再在新段中添加一条更新后的数据。

段不变性的优点如下。

- 不需要锁。因为数据不会更新,所以不用考虑多线程下的读写不一致情况。

- 可以常驻内存。段在被加载到内存后,由于具有不变性,所以只要内存的空间足够大,就可以长时间驻存,大部分查询请求会直接访问内存,而不需要访问磁盘,使得查询的性能有很大的提升。

- 缓存友好。在段的声明周期内始终有效,不需要在每次数据更新时被重建。

- 增量创建。分段可以做到增量创建索引,可以轻量级地对数据进行更新,由于每次创建的成本很低,所以可以频繁地更新数据,使系统接近实时更新。

段不变性的缺点如下。

- 当对数据进行删除时,旧数据不会被马上删除,而是在.del文件中被标记为删除。而旧数据只能等到段更新时才能真正被移除,这样会有大量的空间浪费。

- 更新。更新数据由删除和新增这两个动作组成。若有一条数据频繁更新,则会有大量的空间浪费。

- 由于索引具有不变性,所以每次新增数据时,都需要新增一个段来存储数据。当段的数量太多时,对服务器的资源(如文件句柄)的消耗会非常大,查询的性能也会受到影响。

- 在查询后需要对已经删除的旧数据进行过滤,这增加了查询的负担。

为了提升写的性能,Lucene并没有每新增一条数据就增加一个段,而是采用延迟写的策略,每当有新增的数据时,就将其先写入内存中,然后批量写入磁盘中。若一个段被写到硬盘,就会生成一个提交点,提交点就是一个用来记录所有提交后的段信息的文件。一个段一旦拥有了提交点,就说明这个段只有读的权限,失去了写的权限;相反,当段在内存中时,就只有写数据的权限,而不具备读数据的权限,所以也就不能被检索了。从严格意义上来说,Lucene或者Elasticsearch并不能被称为实时的搜索引擎,只能被称为准实时的搜索引擎。

写索引的流程如下。

（1）新数据被写入时，并没有被直接写到硬盘中，而是被暂时写到内存中。Lucene 默认是一秒钟，或者当内存中的数据量达到一定阶段时，再批量提交到磁盘中，当然，默认的时间和数据量的大小是可以通过参数控制的。通过延时写的策略，可以减少数据往磁盘上写的次数，从而提升整体的写入性能。如图 5-7 所示。

（2）在达到触发条件以后，会将内存中缓存的数据一次性写入磁盘中，并生成提交点。

（3）清空内存，等待新的数据写入。如图 5-8 所示。

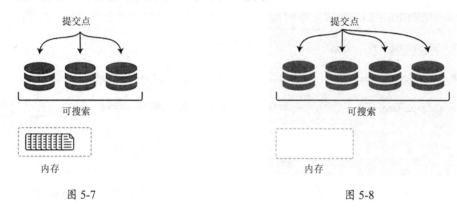

图 5-7　　　　　　　　　　　　　图 5-8

从上述流程可以看出，数据先被暂时缓存在内存中，在达到一定的条件再被一次性写入硬盘中，这种做法可以大大提升数据写入的速度。但是，由于数据先被暂时存放在内存中，并没有真正持久化到磁盘中，所以如果这时出现断电等不可控的情况，就会丢失数据，为此，Elasticsearch 添加了事务日志，来保证数据的安全，参见 5.2.3 节。

5.1.5　段合并策略

虽然分段比每次都全量创建索引有更高的效率，但由于在每次新增数据时都会新增一个段，所以经过长时间的积累，会导致在索引中存在大量的段，当索引中段的数量太多时，不仅会严重消耗服务器的资源，还会影响检索的性能。

因为索引检索的过程是：查询所有段中满足查询条件的数据，然后对每个段里查询的结果集进行合并，所以为了控制索引里段的数量，我们必须定期进行段合并操作。但是如果每次合并全部的段，则将造成很大的资源浪费，特别是"大段"的合并。所以 Lucene 现在的段合并思路是：根据段的大小先将段进行分组，再将属于同一组的段进行合并。但是由于对超级大的段的合并需要消耗更多的资源，所以 Lucene 会在段的大小达到一定规模，或者段里面的数据量达到一定条数时，不会再进行合并。所以 Lucene 的段合并主要集中在对中小段的合并上，这样既可以避免对大段进行合并时消耗过多的服务器资源，也可以很好地控制索引中段的数量。

段合并的主要参数如下。

- mergeFactor：每次合并时参与合并的段的最少数量，当同一组的段的数量达到此值时开始合并，如果小于此值则不合并，这样做可以减少段合并的频率，其默认值为 10。
- SegmentSize：指段的实际大小，单位为字节。
- minMergeSize：小于这个值的段会被分到一组，这样可以加速小片段的合并。

maxMergeSize：若一个段的文本数量大于此值，就不再参与合并，因为大段合并会消耗更多的资源。

段合并相关的动作主要有以下两个。

- 对索引中的段进行分组，把大小相近的段分到一组，主要由 LogMergePolicyl 类来处理。
- 将属于同一分组的段合并成一个更大的段。

在段合并前对段的大小进行了标准化处理，通过

$$\log_{\text{MergeFactor}} \text{SegmentSize}$$

计算得出，其中，MergeFactor 表示一次合并的段的数量，Lucene 默认该数量为 10；SegmentSize 表示段的实际大小。通过上面的公式计算后，段的大小更加紧凑，对后续的分组更加友好。

段分组的步骤如下。

（1）根据段生成的时间对段进行排序，然后根据上述标准化公式计算每个段的大小并且存放到段信息中，后面用到的描述段大小的值都是标准化后的值。如图 5-9 所示。

（2）在数组中找到最大的段，然后生成一个由最大段的标准化值作为上限，减去 LEVEL_LOG_SPAN（默认值为 0.75）后的值作为下限的区间。小于等于上限并且大于下限的段，都被认为是属于同一个组的段，可以合并。

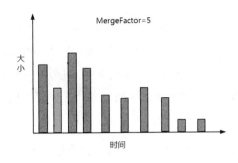

图 5-9

（3）在确定一个分组的上下限值后，就需要查找属于这个分组的段了，具体过程是：创建两个指针（在这里使用指针的概念是为了更好地理解）start 和 end，start 指向数组的第 1 个段，end 指向第 start+MergeFactor 个段，然后从 end 逐个向前查找落在区间的段，当找到第 1 个满足条件的段时，则停止，并把当前段到 start 之间的段统一分到一个组，无论段的大小是否满足当前分组的条件。如图 5-10 所示，第 2 个段明显小于该分组的下限，但还是被分到了这一组。

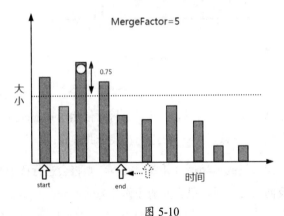

图 5-10

这样做的好处如下。

- 增加段合并的概率，避免由于段的大小参差不齐导致段难以合并。
- 简化了查找的逻辑，使代码的运行效率更高。

（4）在分组找到后，需要排除不参加合并的"超大"段，然后判断剩余的段是否满足合并的条件，如图 5-10 所示，mergeFactor=5，而找到的满足合并条件的段的个数为 4，所以不满足合并的条件，暂时不进行合并，继续寻找下一个分组的上下限。

（5）由于在第 4 步并没有找到满足段合并的段的数量，所以这一分组的段不满足合并的条件，继续进行下一分组段的查找。具体过程是：将 start 指向 end，在剩下的段（从 end 指向的元素开始到数组的最后一个元素）中寻找最大的段，在找到最大的值后再减去 LEVEL_LOG_SPAN 的值，再生成一个分组的区间值；然后把 end 指向数组的第 start+MergeFactor 个段，逐个向前查找第 1 个满足条件的段；重复第 3 步和第 4 步。

（6）如果一直没有找到满足合并条件的段，则一直重复第 5 步，直到遍历完整个数组。如图 5-11 所示。

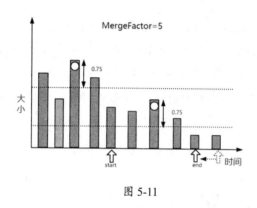

图 5-11

（7）在找到满足条件的 mergeFactor 个段时，就需要开始合并了。但是在满足合并条件的段大于 mergeFactor 时，就需要进行多次合并，也就是说每次依然选择 mergeFactor 个段进行合并，直到该分组的所有段合并完成，再进行下一分组的查找合并操作。

（8）通过上述几步，如果找到了满足合并要求的段，则将会进行段的合并操作。因为索引里面包含了正向信息和反向信息，所以段合并的操作分为两部分：一个是正向信息合并，例如存储域、词向量、标准化因子等；一个是反向信息的合并，例如词典、倒排表等。在段合并时，除了需要对索引数据进行合并，还需要移除段中已经删除的数据。

注：关于段合并的更多内容，可参考博客园"刘超觉先"的相关博客。

5.1.6　Lucene 相似度打分

我们在前面了解到，Lucene 的查询过程是：首先在词典中查找每个 Term，根据 Term 获得每个 Term 所存在的文档链表；然后根据查询条件对链表做交、并、差等操作，链表合并后的结果集就是我们要查找的数据。这样做可以完全避免对关系型数据库进行全表扫描，可以大大提升查询效率。但是，当我们一次查询出很多数据时，这些数据和我们的查询条件又有多大关系呢？其文本相似度是多少呢？本节会回答这两个问题，并介绍 Lucene 最经典的两个文本相似度算法：基于向量空间模型的算法和基于概率的算法（BM25）。

如果对此算法不太感兴趣，那么只需了解对文本相似度有影响的因子有哪些，哪些是正向的、哪些是逆向的即可，不需要理解每个算法的推理过程。但是这两个文本相似度算法有很好的借鉴意义。

1. 文本相似度的主要影响因子

文本相似度的主要影响因子如下。

- tf（term frequency）：指某个词在文档中出现的次数，其值越大，就可认为这篇文章描述的内容与该词越相近，相似度得分就越高。在 Lucene 中的计算公式为：

$$tf(t \text{ in } d) = \sqrt{\text{Term在文档中出现的次数}}$$

其中，t 表示 Term，d 表示文档。

- idf（inverse document frequency）：这是一个逆向的指标，表示在整个文档集合中包含某个词的文档数量越少，这个词便越重要。公式为：

$$idf(t) = 1 + \text{Log}(docCount/(docFreq+1))$$

其中，docCount 表示索引中的文档总数，docFreq 表示包含 Term t 的文档数，分母中 docFreq+1 是为了防止分母为 0。

- Length：这也是一个逆向的指标，表示在同等条件下，搜索词所在文档的长度越长，搜索词和文档的相似度就越低；文档的长度越短，相似度就越高。例如"lucene"出现在一篇包含 10 个字的文档中和一篇包含 10000 个字的文档中，那么我们可以认为 10 个字的那篇文章与"lucene"更相关。

Lucene 为了更好地调节相似度得分，增加了以下几种 boost 值。

- term boost：查询在语句中每个词的权重，可以在查询中设定某些词更重要。

- document boost：文档的权重，在创建索引时设置某些文档比其他文档更重要。比如我国某大型搜索引擎网站可以将其域名下网站的 boost 值设置得比其他网站的大一些，当有查询过来时，其域名下的网站就会有更好的排名。

- field boost：域的权重，就是字段的权重，表明某些字段比其他字段更重要。比如，在有标题和正文的网站中，命中标题要比命中正文重要得多。

- query boost()：查询条件的权重，在复合查询时使用，这种用法不常见。

2. 基于向量空间模型

向量空间模型（Vector Space Model，VSM）的主要思路是把文本信息映射到空间向量中，形成文本信息和向量数据的映射关系，然后通过计算几个或者多个不同的向量的差异，来计算文本的相似度。

如图 5-12 所示有两个文本 query 和 document，在 query 中包含两个 Term 1 和 1 个 Term 2，在 document 中包含 1 个 Term 1 和 4 个 Term 2。

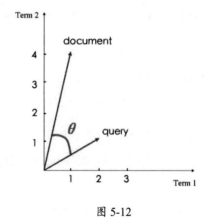

图 5-12

根据每个 Term 在每个文本中出现的次数，我们可以把文本信息映射到空间向量中，形成文本信息和向量数据的映射关系，也就是根据两个文档 query 和 document 生成 *query*（以下简称 *q*）和 *document*（以下简称 *d*）这两个向量，而向量 *q* 和向量 *d* 之间的夹角描述了它们之间的相似度，夹角越小就越相似，如果 *q* 和 *d* 完全相同，则其夹角为 0。

如图 5-12 所示的是只有两个 Term 时的情形，但是一篇文档通常由很多 Term 组成，所以我我们把二维的情形推广到 N 维也是可行的,两个向量之间的夹角依然可以表示两个文档的相似度,夹角越小就越相似,如图 5-13 所示。

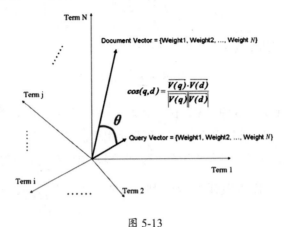

图 5-13

我们根据两个向量之间的夹角求两个文本的相似度,文本越相似,它们之间的夹角就越小,因为余弦的性质是夹角越小,余弦值越大。所以,我们可以把求两个文本相似度的问题转换为求两个向量余弦值的问题。余弦值的问题又可以通过点积的形式表示,根据向量余弦的公式可以得到如下公式:

$$\text{score}(q,d) = \cos(\theta) = \frac{\vec{V_q} \cdot \vec{V_d}}{|\vec{V_q}| \times |\vec{V_d}|}$$

其中,

- score(q,d) 表示向量 q 和 d 的相似度。
- cos(θ) 表示两个向量的夹角 θ 的余弦值。

所以向量 q 和向量 d 的夹角余弦的具体计算为:

$$\frac{\vec{V_q} \cdot \vec{V_d}}{|\vec{V_q}| \times |\vec{V_d}|}$$

其中,分母中的 $|V_q|$ 表示向量 q 的模长,$|V_d|$ 表示向量 d 的模长;分子部分的 $V_q \cdot V_d$ 表示向量 q 和向量 d 的点积。

如果有两个向量 A 和 B,其中向量 $A = (A_1, A_2, ..., A_n)$,$B = (B_1, B_2, ..., B_n)$,则向量的模长就是

把向量中的各个元素的平方相加再开根号，即

$$|A| = \left|\sum_{1}^{n} A_i^2\right|$$

向量的点积就是将两个向量中的各个元素相乘再相加，即

$$A \cdot B = \sum_{i=1}^{n} A_i B_i$$。

文档是由词（Term）组成的，但是在一篇文章中各个词对这篇文章的贡献是不一样的，所以我们在做点积计算前先了解一下词权重。词权重用于描述一个词在一篇文章中的价值，常用的计算方法是 $tf \times idf$，它是一种非常优秀的思想，经常出现在文本处理的各个领域中。

因为无论是查询语句还是具体的文档，都是由多个 Term 组成的，所以查询向量和文档向量可以写成如下形式。

- 查询向量：$V_q = <W(t_1, q), W(t_2, q), ……, W(t_n, q)>$。
- 文档向量：$V_d = <W(t_1, d), W(t_2, d), ……, W(t_n, d)>$。

其中，$W(t_i, q)$ 表示 t_i 在 query 里的权重，$W(t_i, d)$ 表示 t_i 在 doucument 里的权重，W 代表词的权重，公式为 $tf \times idf$。

由向量乘积的公式可以得出：

$$V_q \cdot V_d = W(t_1, q) \times W(t_1, d) + …… + W(t_n, q) \times W(t_n, d)$$

由于 $W = tf \times idf$，所以可得出：

$$V_q \cdot V_d = tf(t_1, q) \times idf(t_1, q) \times tf(t_1, d) \times idf(t_1, d) + …… + tf(t_n, q) \times idf(t_n, q) \times tf(t_n, d) \times idf(t_n, d)$$

但是在查询时，我们很少会输入多个同样的查找词，所以这里可以假设 $tf(t_i, q)$ 永远都等于 1。

我们由 idf 的定义可知，idf 表示的是一个全局的变量，所以一个 Term 无论是出现在 query 中，还是出现在 document 中，值是一样的，所以 $idf(t_i, d) = idf(t_i, q) = idf(t_i)$。$idf(t_i)$ 表示 t_i 的 idf 值，它与具体出现在查询中还是文档中没有关系，它是索引文件中的一个全局数据。

因为有 $tf(t_i, q) = 1$ 和 $idf(t_i, d) = idf(t_i, q) = idf(t_i)$，所以

$$V_q \cdot V_d = tf(t_1, q) \times idf(t_1, q) \times tf(t_1, d) \times idf(t_1, d) + …… + tf(t_n, q) \times idf(t_n, q) \times tf(t_n, d) \times idf(t_n, d)$$

可以简化为：

$$V_q \cdot V_d = tf(t_1, d) \times idf(t_1) \times idf(t_1) + \ldots\ldots + tf(t_n, d) \times idf(t_n) \times idf(t_n)$$

公式 $score(q,d) = \cos(\theta) = \dfrac{\overrightarrow{V_q} \cdot \overrightarrow{V_d}}{\left|\overrightarrow{V_q}\right| \times \left|\overrightarrow{V_d}\right|}$

可以变为：$score(q,d) = \cos(\theta) = \dfrac{\overrightarrow{V_q} \cdot \overrightarrow{V_d}}{\left|\overrightarrow{V_q}\right| \times \left|\overrightarrow{V_d}\right|} = \dfrac{1}{\left|\overrightarrow{V_q}\right|} \times \sum_{t\ in\ q}(tf(t,d) \times idf(t)^2 \times \dfrac{1}{\left|\overrightarrow{V_d}\right|})$

下面进行 $|V_q|$ 的推理。因为 $tf(t_i,q)=1$，所以推理如下：

$$\left|\overrightarrow{V_q}\right| = \sqrt{w(t_1,q)^2 + w(t_2,q)^2 + \ldots + w(t_n,q)^2}$$

$$= \sqrt{\sum_{t\ in\ q} w(t,q)^2} = \sqrt{\sum_{t\ in\ q} (tf(t,q) \times idf(t,q))^2}$$

$$= \sqrt{\sum_{t\ in\ q} idf(t)^2}$$

接着进行 $|V_d|$ 的推理。由向量模长的公式可得：

$$\left|\overrightarrow{V_d}\right| = \sqrt{w(t_1,d)^2 + w(t_2,d)^2 + \ldots + w(t_n,d)^2} = \sqrt{\sum_{t\ in\ d} w(t,d)^2}$$

在 Lucene 的空间向量模型的实现类 DefaultSimilarity 中，认为在计算文档的向量模长时，每个 Term 的权重就不需要在考虑了，即 $w(t_i,d)=1$，只考虑 Term 在文档的几个 Field 中出现。

所以向量 d 的模长公式 $|V_d|$ 可以简化为：

$$\left|\overrightarrow{V_d}\right| = \sqrt{\sum_{t\ in\ d} w(t,d)^2} = \sqrt{\sum_{t\ in\ f} 1^2} = \sqrt{num\ of\ terms\ in\ field\ f}$$

基于空间向量模型的最终公式就是：

$$score(q,d) = \cos(\theta) = \dfrac{\overrightarrow{V_q} \bullet \overrightarrow{V_d}}{\left|\overrightarrow{V_q}\right| \times \left|\overrightarrow{V_d}\right|} = \dfrac{1}{\sqrt{\sum_{t\ in\ f} ind(t)^2}} \times \sum_{t\ in\ f}\left(tf(t,d) \times idf(t)^2 \times \dfrac{1}{\sqrt{num\ of\ terms\ in\ field f}}\right)$$

在相似度打分公式中在加入 boost 后，公式变成：

$$score(q,d) = coord(q,d) \times queryNorm(q) \times \sum\left(tf(tind) \times idf(t)^2 \times t.getBoost() \times norm(t,d)\right)$$

其中，

- $coord(q,d) = hitTermNum/queryTermNum$。$hitTermNum$ 是文档 d 中包含查询词的个数。$queryTermNum$ 是查询语句中包含的 Term 的个数。比如在文档"elastic is a good project"中检索"lucene elastic"，因为匹配了 elastic，没有匹配 lucene，所以 $hitTermNum=1$，$queryTermNum=2$，$coord(q,d)=1/2$。

- $queryNorm$ 是在 $|V_q|$ 的基础上添加了 $query\ Boost$ 和 $term\ boost$：

$$queryNorm(q) = \frac{1}{\sqrt{q.getBoost()^2 \times \sum (idf(t) \times t.getBoost())^2}}$$

- $norm(t,d)$ 的计算公式为

$$norm(t,d) = d.getBoost() \times lengthNorm(field) \times \prod_{field\ f\ in\ d} f.getBoost()$$

空间向量模型是一种很优秀的思路，也是 Lucene 早期版本默认的相似度算法模型，也在很多搜索项目中被用到。

3. 基于概率的模型

BM25 算法是根据 BIM（Binary independent Model，二元独立模型）算法改进而来的，二元独立模型做了两个假设。

- 二元假设，指一个词和文档的关系只有两种：1，相关；2，不相关。不考虑其他因素。
- 词的独立性假设，指文档里词和词之间没有任何关联，任意一个词在文档中的分布概率不依赖于其他单词或者文档。

而 BM25 算法是在 BIM 算法的基础上添加了词的权重和两个经验参数，到目前为止是很优秀的排名算法。现在 Elasticsearch 默认的打分算法已经由原来的向量空间模型变成了 BM25。

BM25 的计算公式主要分为两大部分：W_i 是第 i 个词的权重；$R(q_i,d)$ 是每个词和文档的相关度值，其中 q_i 代表查询语句中的第 i 个词，d 代表相关的文档。

一个包含 n 个词的查询语句 Q 和文档 d 的 BM25 算法公式为：

$$Score(Q,d) = \sum_{i}^{n} W_i \times R(q_i,d)$$

其中 W_i 的值是一个词的 idf 值，公式如下，这个公式是由 BIM 模型推理得出的：

$$IDF(q_i) = \log \frac{N - n(q_i) + 0.5}{n(q_i) + 0.5}$$

其中，N 是文档的总数，$n(q_i)$ 是包含该词的文档数，0.5 是为了避免 $n(q_i)$ 为 0，导致分母为零。

由公式可知 $n(q_i)$ 越小，分子部分就越大，分母部分就越小，所以 IDF 值就越大，log 用于让 IDF 的值受 $n(q_i)$ 的影响更加平滑。该公式虽然与向量空间模型的 idf 算法不太一样，但同样体现了一个词的重要程度和其出现在文档中的数量成反比这一思想。

$$R(q_i,d) = \frac{f_i \times (k_1 + 1)}{f_i + K} \times \frac{qf_i \times (k_2 + 1)}{qf_i + k_2}$$

其中

$$K = k_1 \times \left(1 - b + b \times \frac{dl}{avgdl}\right)$$

f_i 表示第 i 个词在文档中出现的次数（类似于空间向量模型里的 TF），qf_i 表示第 i 个词在查询语句出现的次数。

同向量空间模型中的思路一样，在一个查询语句中很少会有一个词出现多次，所以我们认为 qf_i 永远为 1，这样 qf_i（k2+1）/(qf_i+k2)就等于 1 了。

最终，BM25 算法的公式如下：

$$Score = (Q,d) = \sum_{i}^{n} IDF(q_i) \times \frac{f_i \times (k_1 + 1)}{f_i + k_1 \times \left(1 - b + b \times \frac{dl}{avgdl}\right)}$$

对其中的参数说明如下。

- $IDF(q_i)$：词的重要程度和其出现在文档中的数量成反比，包含该词的文档数越多，idf 值就越小。
- f_i：f_i 表示第 i 个词在文档中出现的次数，f_i 的值越大，得分就越高。

- *dl*：表示文档的长度，文档越长，得分就越低
- *avgdl*：表示文档的平均长度，随着索引的增、删、改，这个值是实时变化的。
- k_1：表示调节因子，调节词频对得分的影响，k_1 越大，表示词频对得分的影响越大，在 k_1=0 的极限情况下，词频特征失效。默认值为 1.2。
- *b*：表示调节因子，调节字段长度对得分的影响，*b* 越大，表示对文档长度的惩罚越大，在 *k*=0 的极限情况下，忽略文档长度的影响。默认值为 0.75。

5.2 Elasticsearch 简介

Elasticsearch 是使用 Java 编写的一种开源搜索引擎，它在内部使用 Lucene 做索引与搜索，通过对 Lucene 的封装，提供了一套简单一致的 RESTful API。Elasticsearch 也是一种分布式的搜索引擎架构，可以很简单地扩展到上百个服务节点，并支持 PB 级别的数据查询，使系统具备高可用和高并发特性。

5.2.1 核心概念

Elasticsearch 的核心概念如下。

- Cluster：集群，由一个或多个 Elasticsearch 节点组成。
- Node：节点，组成 Elasticsearch 集群的服务单元，同一个集群内节点的名字不能重复。通常在一个节点上分配一个或者多个分片。
- Shards：分片，当索引上的数据量太大的时候，我们通常会将一个索引上的数据进行水平拆分，拆分出来的每个数据块叫作一个分片。在一个多分片的索引中写入数据时，通过路由来确定具体写入那一个分片中，所以在创建索引时需要指定分片的数量，并且分片的数量一旦确定就不能更改。分片后的索引带来了规模上（数据水平切分）和性能上（并行执行）的提升。每个分片都是 Lucene 中的一个索引文件，每个分片必须

有一个主分片和零到多个副本分片。

- Replicas：备份也叫作副本，是指对主分片的备份。主分片和备份分片都可以对外提供查询服务，写操作时先在主分片上完成，然后分发到备份上。当主分片不可用时，会在备份的分片中选举出一个作为主分片，所以备份不仅可以提升系统的高可用性能，还可以提升搜索时的并发性能。但是若副本太多的话，在写操作时会增加数据同步的负担。

- Index：索引，由一个和多个分片组成，通过索引的名字在集群内进行唯一标识。

- Type：类别，指索引内部的逻辑分区，通过 Type 的名字在索引内进行唯一标识。在查询时如果没有该值，则表示在整个索引中查询。

- Document：文档，索引中的每一条数据叫作一个文档，类似于关系型数据库中的一条数据，通过_id 在 Type 内进行唯一标识。

- Settings：对集群中索引的定义，比如一个索引默认的分片数、副本数等信息。

- Mapping：类似于关系型数据库中的表结构信息，用于定义索引中字段（Field）的存储类型、分词方式、是否存储等信息。Elasticsearch 中的 mapping 是可以动态识别的。如果没有特殊需求，则不需要手动创建 mapping，因为 Elasticsearch 会自动根据数据格式识别它的类型，但是当需要对某些字段添加特殊属性（比如：定义使用其他分词器、是否分词、是否存储等）时，就需要手动设置 mapping 了。一个索引的 mapping 一旦创建，若已经存储了数据，就不可修改了。

- Analyzer：字段的分词方式的定义。一个 analyzer 通常由一个 tokenizer、零到多个 Filter 组成。比如默认的标准 Analyzer 包含一个标准的 tokenizer 和三个 filter：Standard Token Filter、Lower Case Token Filter、Stop Token Filter。

Elasticsearch 的节点的分类如下。

- 主节点（Master Node）：也叫作主节点，主节点负责创建索引、删除索引、分配分片、追踪集群中的节点状态等工作。Elasticsearch 中的主节点的工作量相对较轻。用户的请求可以发往任何一个节点，并由该节点负责分发请求、收集结果等操作，而并不需要经过主节点转发。通过在配置文件中设置 node.master =true 来设置该节点成为候选主节点（但该节点并不一定是主节点，主节点是集群在候选节点中选举出来的），在 Elasticsearch

集群中只有候选节点才有选举权和被选举权。其他节点是不参与选举工作的。

- 数据节点（Data Node）：数据节点，负责数据的存储和相关具体操作，比如索引数据的创建、修改、删除、搜索、聚合。所以，数据节点对机器配置要求比较高，首先需要有足够的磁盘空间来存储数据，其次数据操作对系统 CPU、Memory 和 I/O 的性能消耗都很大。通常随着集群的扩大，需要增加更多的数据节点来提高可用性。通过在配置文件中设置 node.data=true 来设置该节点成为数据节点。

- 客户端节点（Client Node）：就是既不做候选主节点也不做数据节点的节点，只负责请求的分发、汇总等，也就是下面要说到的协调节点的角色。其实任何一个节点都可以完成这样的工作，单独增加这样的节点更多地是为了提高并发性。

  可在配置文件中设置该节点成为数据节点：

```
node.master =false
node.data=false
```

- 部落节点（Tribe Node）：部落节点可以跨越多个集群，它可以接收每个集群的状态，然后合并成一个全局集群的状态，它可以读写所有集群节点上的数据，在配置文件中通过如下设置使节点成为部落节点：

```
tribe:
    one:
        cluster.name:    cluster_one
    two:
        cluster.name:    cluster_two
```

因为 Tribe Node 要在 Elasticsearch 7.0 以后移除，所以不建议使用。

- 协调节点（Coordinating Node）：协调节点，是一种角色，而不是真实的 Elasticsearch 的节点，我们没有办法通过配置项来配置哪个节点为协调节点。集群中的任何节点都可以充当协调节点的角色。当一个节点 A 收到用户的查询请求后，会把查询语句分发到其他的节点，然后合并各个节点返回的查询结果，最后返回一个完整的数据集给用户。在这个过程中，节点 A 扮演的就是协调节点的角色。由此可见，协调节点会对 CPU、Memory 和 I/O 要求比较高。

集群的状态有 Green、Yellow 和 Red 三种，如下所述。

- Green：绿色，健康。所有的主分片和副本分片都可正常工作，集群 100%健康。

- Yellow：黄色，预警。所有的主分片都可以正常工作，但至少有一个副本分片是不能正常工作的。此时集群可以正常工作，但是集群的高可用性在某种程度上被弱化。
- Red：红色，集群不可正常使用。集群中至少有一个分片的主分片及它的全部副本分片都不可正常工作。这时虽然集群的查询操作还可以进行，但是也只能返回部分数据（其他正常分片的数据可以返回），而分配到这个分片上的写入请求将会报错，最终会导致数据的丢失。

5.2.2 3C 和脑裂

1. 共识性（Consensus）

共识性是分布式系统中最基础也最主要的一个组件，在分布式系统中的所有节点必须对给定的数据或者节点的状态达成共识。虽然现在有很成熟的共识算法如 Raft、Paxos 等，也有比较成熟的开源软件如 ZooKeeper。但是 Elasticsearch 并没有使用它们，而是自己实现共识系统 zen discovery。Elasticsearch 之父 Shay Banon 解释了其中主要的原因："zen discovery 是 Elasticsearch 的一个核心的基础组件，zen discovery 不仅能够实现共识系统的选择工作，还能够很方便地监控集群的读写状态是否健康。当然，我们也不保证其后期会使用 ZooKeeper 代替现在的 zen discovery"。zen discovery 模块以"八卦传播"（Gossip）的形式实现了单播（Unicast）：单播不同于多播（Multicast）和广播（Broadcast）。节点间的通信方式是一对一的。

2. 并发（Concurrency）

Elasticsearch 是一个分布式系统。写请求在发送到主分片时，同时会以并行的形式发送到备份分片，但是这些请求的送达时间可能是无序的。在这种情况下，Elasticsearch 用乐观并发控制（Optimistic Concurrency Control）来保证新版本的数据不会被旧版本的数据覆盖。

乐观并发控制是一种乐观锁，另一种常用的乐观锁即多版本并发控制（Multi-Version Concurrency Control），它们的主要区别如下：

- 乐观并发控制（OCC）：是一种用来解决写-写冲突的无锁并发控制，认为事务间的竞争不激烈时，就先进行修改，在提交事务前检查数据有没有变化，如果没有就提交，如果有就放弃并重试。乐观并发控制类似于自选锁，适用于低数据竞争且写冲突比较少的环境。

- 多版本并发控制（MVCC）：是一种用来解决读-写冲突的无锁并发控制，也就是为事务分配单向增长的时间戳，为每个修改保存一个版本，版本与事务时间戳关联，读操作只读该事务开始前的数据库的快照。这样在读操作不用阻塞写操作且写操作不用阻塞读操作的同时，避免了脏读和不可重复读。

3. 一致性（Consistency）

Elasticsearch 集群保证写一致性的方式是在写入前先检查有多少个分片可供写入，如果达到写入条件，则进行写操作，否则，Elasticsearch 会等待更多的分片出现，默认为一分钟。

有如下三种设置来判断是否允许写操作。

- One：只要主分片可用，就可以进行写操作。
- All：只有当主分片和所有副本都可用时，才允许写操作。
- Quorum：是 Elasticsearch 的默认选项。当有大部分的分片可用时才允许写操作。

其中，对"大部分"的计算公式为 int((primary + number_of_replicas) / 2) + 1。

Elasticsearch 集群保证读写一致性的方式是，为了保证搜索请求的返回结果是最新版本的文档，备份可以被设置为 sync（默认值），写操作在主分片和备份分片同时完成后才会返回写请求的结果。这样，无论搜索请求至哪个分片都会返回最新的文档。但是如果我们的应用对写要求很高，就可以通过设置 replication=async 来提升写的效率，如果设置 replication=async，则只要主分片的写完成，就会返回写成功。

4. 脑裂

在 Elasticsearch 集群中主节点通过 ping 命令来检查集群中的其他节点是否处于可用状态，同时非主节点也会通过 ping 命令来检查主节点是否处于可用状态。当集群网络不稳定时，有可能会发生一个节点 ping 不通 Master 节点，则会认为 Master 节点发生了故障，然后重新选出一个 Master 节点，这就会导致在一个集群内出现多个 Master 节点。当在一个集群中有多个 Master 节点时，就有可能会导致数据丢失。我们称这种现象为脑裂。在 5.4.7 节会介绍如何避免脑裂的发生。

5.2.3 事务日志

我们在 5.1 节了解到，Lucene 为了加快写索引的速度，采用了延迟写入的策略。虽然这种策略提高了写入的效率，但其最大的弊端是，如果数据在内存中还没有持久化到磁盘上时发生了类似断电等不可控情况，就可能丢失数据。为了避免丢失数据，Elasticsearch 添加了事务日志（Translog），事务日志记录了所有还没有被持久化到磁盘的数据。

Elasticsearch 写索引的具体过程如下。

首先，当有数据写入时，为了提升写入的速度，并没有把数据直接写在磁盘上，而是先写入到内存中，但是为了防止数据的丢失，会追加一份数据到事务日志里。因为内存中的数据还会继续写入，所以内存中的数据并不是以段的形式存储的是检索不到的。总之，Elasticsearch 是一个准实时的搜索引擎，而不是一个实时的搜索引擎。此时的状态如图 5-14 所示。

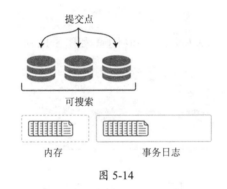

图 5-14

然后，当到达默认的时间（1 秒钟）或者内存的数据到达一定量时，会触发一次刷新（Refresh）。刷新的主要步骤如下。

（1）将内存中的数据刷新到一个新的段中，但是该段并没有持久化到硬盘中，而是缓存在操作系统的文件缓存系统中。虽然数据还在内存中，但是内存里的数据和文件缓存系统里的数据有以下区别。

- 内存使用的是 JVM 的内存，而文件缓存系统使用的是操作系统的内存。
- 内存的数据不是以段的形式存储的，并且可以继续向内存里写数据。文件缓存系统中的数据是以段的形式存储的，所以只能读，不能写。
- 内存中的数据是搜索不到的，文件缓存系统中的数据是可以搜索的。

（2）打开保存在文件缓存系统中的段，使其可被搜索。

（3）清空内存，准备接收新的数据。日志不做清空处理。

此时的状态如图 5-15 所示。

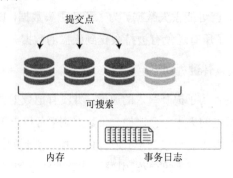

图 5-15

其次，数据继续写入，同时写入内存和日志，如图 5-16 所示。

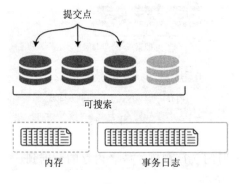

图 5-16

最后，刷新（Flush）。当日志数据的大小超过 512MB 或者时间超过 30 分钟时，需要触发一次刷新。刷新的主要步骤如下。

（1）在文件缓存系统中创建一个新的段，并把将内存中的数据写入，使其可被搜索。

（2）清空内存，准备接收新的数据。

（3）将文件系统缓存中的数据通过 fsync 函数刷新到硬盘中。

（4）生成提交点。

（5）删除旧的日志，创建一个空的日志。

此时的状态如图 5-17 所示。

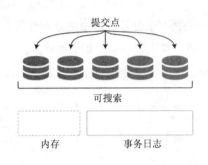

图 5-17

由上面索引创建的过程可知，内存里面的数据并没有直接被刷新（Flush）到硬盘中，而是被刷新（Refresh）到了文件缓存系统中，这主要是因为持久化数据十分耗费资源，频繁地调用会使写入的性能急剧下降，所以 Elasticsearch，为了提高写入的效率，利用了文件缓存系统和内存来加速写入时的性能，并使用日志来防止数据的丢失。

在需要重启时，Elasticsearch，不仅要根据提交点去加载已经持久化过的段，还需要根据 Translog 里的记录，把未持久化的数据重新持久化到磁盘上。

根据上面对 Elasticsearch，写操作流程的介绍，我们可以整理出一个索引数据所要经历的几个阶段，以及每个阶段的数据的存储方式和作用。如图 5-18 所示。

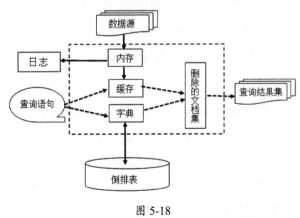

图 5-18

5.2.4 在集群中写索引

假设我们有如图 5-19 所示（图片来自官网）的一个集群，该集群由三个节点组成（Node 1、Node 2 和 Node 3），包含一个由两个主分片和每个主分片有两个副本分片组成的索引。其中，标星号的 Node 1 是 Master 节点，负责管理整个集群的状态；p0 和 p1 是主分片；r0 和 r1 是副本分片。为了达到高可用，Master 节点会避免将主分片和副本放在同一个节点上。

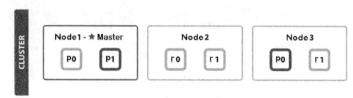

图 5-19

将数据分片是为了提高可处理数据的容量和易于进行水平扩展，为分片做副本是为了提高集群的稳定性和提高并发量。在主分片挂掉后，会从副本分片中选举出一个升级为主分片，当副本升级为主分片后，由于少了一个副本分片，所以集群状态会从 green 改变为 yellow，但是此时集群仍然可用。在一个集群中有一个分片的主分片和副本分片都挂掉后，集群状态会由 yellow 改变为 red，集群状态为 red 时集群不可正常使用。

由上面的步骤可知，副本分片越多，集群的可用性就越高，但是由于每个分片都相当于一个 Lucene 的索引文件，会占用一定的文件句柄、内存及 CPU，并且分片间的数据同步也会占用一定的网络带宽，所以，索引的分片数和副本数也并不是越多越好。

写索引时只能写在主分片上，然后同步到副本上，那么，一条数据应该被写在哪个分片上呢？如图 5-19 所示，如何知道一条数据应该被写在 p0 上还是 p1 上呢？答案就是路由（routing），路由的公式如下：

$$shard = hash(routing) \% number\_of\_primary\_shards$$

其中，routing 是一个可选择的值，默认是文档的_id（文档的唯一主键，文档在创建时，如果文档的_id 已经存在，则进行更新，如果不存在则创建）。后面会介绍如何通过自定义 routing 参数使查询落在一个分片中，而不用查询所有的分片，从而提升查询的性能。routing 通过 hash 函数生成一个数字，将这个数字除以 number_of_primary_shards（分片的数量）后得到余数。这个分布在 0 到 number_of_primary_shards-1 之间的余数，就是我们所寻求的文档所在分片的位置。

这也就说明了分片数一旦定下来就不能再改变的原因，因为分片数改变后，所有之前的路由值都会变得无效，前期创建的文档也就找不到了。

由于在 Elasticsearch 集群中每个节点都知道集群中的文档的存放位置（通过路由公式定位），所以每个节点都有处理读写请求的能力。在一个写请求被发送到集群中的一个节点后，此时，该节点被称为协调节点（Coordinating Node），协调节点会根据路由公式计算出需要写到哪个分片上，再将请求转发到该分片的主分片节点上。写操作的流程如下（见图 5-20，图片来自官网）。

（1）客户端向 Node 1（协调节点）发送写请求。

（2）Node 1 通过文档的_id（默认是_id，但不表示一定是_id）确定文档属于哪个分片（在本例中是编号为 0 的分片）。请求会被转发到主分片所在的节点 Node 3 上。

（3）Node 3 在主分片上执行请求，如果成功，则将请求并行转发到 Node 1 和 Node 2 的副本分片上。一旦所有的副本分片都报告成功（默认），则 Node 3 将向协调节点报告成功，协调节点向客户端报告成功。

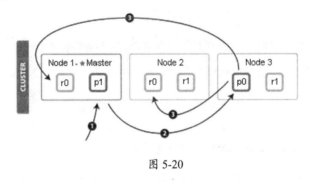

图 5-20

5.2.5 集群中的查询流程

根据 routing 字段进行的单个文档的查询，在 Elasticsearch 集群上可以在主分片或者副本分片上进行。查询字段刚好是 routing 的分片字段如 "_id" 的查询流程如下（见图 5-21，图片来自官网）。

（1）客户端向集群发送查询请求，集群再随机选择一个节点作为协调节点（Node1），负责处理这次查询任务。

（2）Node1 使用文档的 routing id 来计算要查询的文档在哪个分片上（在本例中落在了 0 分片上）。分片 0 的副本分片存在所有的三个节点上。在这种情况下，协调节点可以把请求转发到任意节点。本例将请求转发到 Node 2 上。

（3）Node 2 执行查找，并将查找结果返回给协调节点 Node 1，Node1 再将文档返回给客户端。

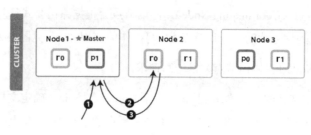

图 5-21

在处理读取请求时，协调结点在每次请求时都会通过轮询所有的副本分片来达到负载均衡。

如果是普通的查询，在查询前并不知道数据在哪个分片上，这时就需要查询所有的分片，然后汇总所有的数据，再把满足条件的数据返回给客户端。这种查询相比于根据 routing id 查询，要复杂很多，并且性能要差很多。这种查询的详细流程如下（见图 5-22，图片来自官网）。

（1）客户端发送一个查询请求到任意节点，在本例中为 Node 3，Node 3 会创建一个大小为 from + size 的空优先队列。

（2）Node 3 将查询请求转发到索引的每个主分片或副本分片中。每个分片在本地执行查询并添加结果到大小为 from + size 的本地有序优先队列中。

（3）在默认情况下每个分片返回各自优先队列中所有文档的 id 和得分 score 给协调节点，协调节点合并这些值到自己的优先队列中来产生一个全局排序后的结果列表。

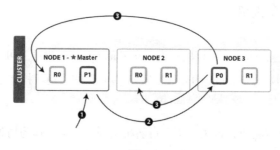

图 5-22

第 5 章 大数据利器之 Elasticsearch

当一个搜索请求被发送到某个节点时,这个节点就变成了协调节点(Node 1)。协调节点的任务是广播查询请求到所有相关分片(主分片或者副本分片),并将它们的响应结果整合成全局排序后的结果集合,由上面步骤 3 所示,默认返回给协调节点的并不是所有的数据,而是只有文档的 id 和得分 score,因为我们最后只返回给用户 size 条数据,所以这样做的好处是可以节省很多带宽,特别是 from 很大时。协调节点对收集回来的数据进行排序后,找到要返回的 size 条数据的 id,再根据 id 查询要返回的数据,比如 title、content 等。取回数据的流程如下(见图 5-23,图片来自官网)。

(1)Node 3 进行二次排序来找出要返回的文档 id,并向相关的分片提交多个获得文档详情的请求。

(2)每个分片加载文档,并将文档返回给 Node 3。

(3)一旦所有的文档都被取回了,Node 3 就返回结果给客户端。

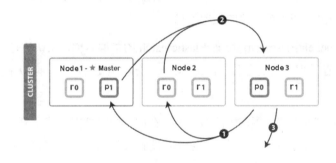

图 5-23

协调节点收集各个分片查询出来的数据,再进行二次排序,然后选择需要被取回的文档。例如,如果我们的查询指定了 { "from": 20, "size": 10 },那么我们需要在每个分片中查询出来得分最高的 20+10 条数据,协调节点在收集到 30×n(n 为分片数)条数据后再进行排序,排序位置在 0-20 的结果会被丢弃,只有从第 21 个开始的 10 个结果需要被取回。这些文档可能来自多个甚至全部分片。

由上面的搜索策略可以知道,在查询时深翻(Deep Pagination)并不是一种好方法。因为深翻时,from 会很大,这时的排序过程可能会变得非常沉重,会占用大量的 CPU、内存和带宽。因为这个原因,所以强烈建议慎重使用深翻。

分片可以减少每个片上的数据量,加快查询的速度,但是在查询时,协调节点要在收集数(from+size)×n 条数据后再做一次全局排序,若这个数据量很大,则也会占用大量的 CPU、内存、带宽等,并且分片查询的速度取决于最慢的分片查询的速度,所以分片数并不是越多越好。

5.3 Elasticsearch 实战

5.3.1 Elasticsearch 的配置说明

在 Elasticsearch 安装目录下的 conf 文件夹中包含了一个重要的配置文件:elasticsearch.yml。

Elasticsearch 的配置信息有很多种,大部分配置都可以通过 elasticsearch.yml 和接口的方式进行。下面我们列出一些比较重要的配置信息。

- cluster.name: elasticsearch:配置 Elasticsearch 的集群名称,默认值是 elasticsearch,建议改成与所存数据相关的名称,Elasticsearch 会自动发现在同一网段下的集群名称相同的节点。
- node.name: "node1":集群中的节点名,在同一个集群中不能重复。节点的名称一旦设置,就不能再改变了。当然,也可以设置成服务器的主机名称,例如 node.name: ${HOSTNAME}。
- node.master: true:指定该节点是否有资格被选举成为 Master 节点,默认是 true,如果被设置为 true,则只是有资格成为 Master 节点,具体能否成为 Master 节点,需要通过选举产生。
- node.data: true:指定该节点是否存储索引数据,默认为 true。数据的增、删、改、查都是在 Data 节点完成的。
- index.number_of_shards: 5:设置默认的索引分片个数,默认为 5 片。也可以在创建索引时设置该值,具体设置为多大的值要根据数据量的大小来定。如果数据量不大,则设置成 1 时效率最高。
- index.number_of_replicas: 1:设置默认的索引副本个数,默认为 1 个。副本数越多,集群的可用性越好，但是写索引时需要同步的数据越多。

- path.conf: /path/to/conf：设置配置文件的存储路径，默认是 Elasticsearch 目录下的 conf 文件夹。建议使用默认值。

- path.data: /path/to/data1,/path/to/data2：设置索引数据的存储路径，默认是 Elasticsearch 根目录下的 data 文件夹。切记不要使用默认值，因为若 Elasticsearch 进行了升级，则有可能导致数据全部丢失。可以用半角逗号隔开设置的多个存储路径，在多硬盘的服务器上设置多个存储路径是很有必要的。

- path.logs: /path/to/logs：设置日志文件的存储路径，默认是 Elasticsearch 根目录下的 logs 文件夹，建议修改到其他地方。

- path.plugins: /path/to/plugins：设置第三方插件的存放路径，默认是 Elasticsearch 根目录下的 plugins 文件夹。

- bootstrap.mlockall: true：设置为 true 时可锁住内存。因为当 JVM 开始 swap 时，Elasticsearch 的效率会降低，所以要保证它不 swap。

- network.bind_host: 192.168.0.1：设置本节点绑定的 IP 地址，IP 地址类型是 IPv4 或 IPv6，默认为 0.0.0.0。

- network.publish_host: 192.168.0.1：设置其他节点和该节点交互的 IP 地址，如果不设置，则会进行自动判断。

- network.host: 192.168.0.1：用于同时设置 bind_host 和 publish_host 这两个参数。

- http.port: 9200：设置对外服务的 HTTP 端口，默认为 9200。Elasticsearch 的节点需要配置两个端口号，一个是对外提供服务的端口号，一个是集群内部通信使用的端口号。http.port 设置的是对外提供服务的端口号。注意，如果在一个服务器上配置多个节点，则切记对端口号进行区分。

- transport.tcp.port: 9300：设置集群内部的节点间交互的 TCP 端口，默认是 9300。注意，如果在一个服务器上配置多个节点，则切记对端口号进行区分。

- transport.tcp.compress: true：设置在节点间传输数据时是否压缩，默认为 false，不压缩。

- discovery.zen.minimum_master_nodes: 1：设置在选举 Master 节点时需要参与的最少的候选主节点数，默认为 1。如果使用默认值，则当网络不稳定时有可能会出现脑裂。合理的数值为(master_eligible_nodes / 2) + 1，其中 master_eligible_nodes 表示集群中的候选主节点数。

- discovery.zen.ping.timeout: 3s：设置在集群中自动发现其他节点时 ping 连接的超时时间，默认为 3 秒。在较差的网络环境下需要设置得大一点，防止因误判该节点的存活状态而导致分片的转移。

5.3.2 常用的接口

虽然现在有很多开源软件对 Elasticsearch 的接口进行了封装，使我们可以很方便、直观地监控集群的状况，但是在 Elasticsearch 5 以后，很多监控软件开始收费。了解常用的接口有助于我们在程序或者脚本中查看我们的集群情况，以下接口适用于 Elasticsearch 5.1.0 版本。

1. 索引类接口

- 通过下面的接口创建一个索引名称为 indexname 且包含 3 个分片、1 个副本的索引。

```
curl -XPUT 'localhost:9200/indexname?pretty' -H 'Content-Type: application/json' -d'
{
    "settings" : {
        "number_of_shards" : 3,
        "number_of_replicas" : 1
    }
}'
```

- 通过下面的接口删除索引。

```
curl -XDELETE ' localhost:9200/ indexname '
```

通过该接口就可以删除索引名称为 indexname 的索引。

通过下面的接口可以删除多个索引。

```
curl -XDELETE ' localhost:9200/indexname1, indexname2 '
curl -XDELETE ' localhost:9200/indexname* '
```

通过下面的接口可以删除集群下的全部索引。

```
curl -XDELETE ' localhost:9200/_all '
curl -XDELETE ' localhost:9200/ * '
```

进行全部索引的删除是很危险的，我们可以通过在配置文件中添加下面的配置信息，来关闭使用_all 和使用通配符删除索引的接口，使删除索引只能通过索引的全称进行。

```
action.destructive_requires_name: true
```

- 通过下面的接口获取索引的信息，其中，pretty 参数用于格式化输出结果，以便更容易阅读。

```
curl -XGET ' localhost:9200/indexname?pretty'
```

- 通过下面的接口关闭、打开索引。

```
curl -XPOST ' localhost:9200/indexname/_close '
curl -XPOST ' localhost:9200/indexname/_open '
```

- 通过下面的接口获取一个索引中具体 type 的 mapping 映射。

```
curl -XGET ' localhost:9200/indexname/typename/_mapping?pretty'
```

当一个索引中有多个 type 时，获得 mapping 时要加上 typename。

- 通过下面的接口获取索引中一个字段的信息。

```
curl -XGET 'localhost:9200/indexname/indexname/_mapping/field/fieldname'
```

- 通过下面的接口为索引添加别名（_alias）。

```
curl -XPUT ' localhost:9200/indexname/_alias/ aliasname?pretty'
```

以上接口为索引 indexname 添加了别名 aliasname，添加成功后可以通过别名或索引名访问该索引。

- 通过下面的接口对索引别名进行批量操作（_aliases）。

```
curl -XPOST ' localhost:9200/_aliases?pretty' -H 'Content-Type: application/json' -d'{
    "actions": [
        { "remove": { "index": "indexname", "alias": "aliasname" }},
        { "add":    { "index": "indexname ", "alias": "newalias" }}
    ]
}'
```

通过_aliases 接口对索引的别名进行添加和移除，remove 表示移除，add 表示添加。可以同时对多个索引进行操作。

- 通过下面的接口获取索引的 settings。

```
curl -XGET 'localhost:9200/indexname/_settings?pretty'
```

settings 是索引级别的,不需要添加 type name。

- 通过下面的接口进行分析(分析某个字段是如何建立索引的)。

```
curl -XGET 'localhost:9200/indexname/_analyze?pretty' -H 'Content-Type: application/json' -d'{
    "field": "fieldname",
    "text": "使用 fieldname 分词的数据"
}'
```

该接口返回的是对字符串"使用 fieldname 分词的数据"使用 fieldname 的分词方式。

- 通过下面的接口清除索引上的缓存。

```
curl -XPOST 'localhost:9200/indexname/_cache/clear?pretty'
```

- 通过下面的接口刷新(flush)索引。

```
curl -XPOST 'localhost:9200/indexname/_flush?pretty'
```

- 通过下面的接口刷新(refresh)索引。

```
curl -XPOST 'localhost:9200/indexname/_refresh?pretty'
```

- 通过下面的接口对索引进行优化:

```
curl -XPOST 'localhost:9200/indexname/_forcemerge?pretty'
```

在 Elasticsearch 5.x 之后的版本中使用_forcemerge 替换了_optimize 命令。

2. cat 接口

cat 命令提供了一系列的 Elasticsearch 集群状态的查询接口。通过执行 curl -XGET localhost:9200/_cat 获取所有的_cat 命令:

```
/_cat/aliases
/_cat/aliases/{alias}
/_cat/templates
/_cat/health
/_cat/nodes
/_cat/allocation
/_cat/count
/_cat/count/{index}
/_cat/indices
/_cat/indices/{index}
/_cat/recovery
```

```
/_cat/recovery/{index}
/_cat/pending_tasks
/_cat/thread_pool
/_cat/thread_pool/{thread_pools}/_cat/tasks
/_cat/nodeattrs
/_cat/master
/_cat/snapshots/{repository}
/_cat/segments
/_cat/segments/{index}
/_cat/fielddata
/_cat/fielddata/{fields}
/_cat/shards
/_cat/shards/{index}
/_cat/plugins
/_cat/repositories
```

在上述接口中可以添加的参数如下。

- 参数 v(verbose)：让输出的信息显示表头信息。

```
curl -XGET 'localhost:9200/_cat/master?v'
id                      host            ip              node
xLslDXvxQHKVnWCKJROG7g  192.168.0.75    192.168.0.75    vm75
```

如果不添加参数 v，则不显示上面的表头信息"id""host""ip""node"。

- 参数 help：输出该命令可以显示的列。

```
curl -XGET 'localhost:9200/_cat/master?help'
id      |    | node id
host    | h  | host name
ip      |    | ip address
node    | n  | node name
```

在上述结果中，第 1 列表示_cat/master 命令可以返回的字段名称，第 2 列是简称，第 3 列是字段的描述。

- 参数 h：可以指定返回的字段。

```
$ curl -XGET 'localhost:9200/_cat/master?v&h=host,ip,node'
host            ip              node
192.168.0.75    192.168.0.75    vm75
```

3. **查看集群的状态**

- 查看集群健康状态的接口。

```
curl -XGET 'localhost:9200/_cluster/health?pretty'
curl -XGET 'localhost:9200/_cluster/health?level=indices&pretty'
curl -XGET 'localhost:9200/_cluster/health?level=shards&pretty'
```

接口 1 是集群的状态；接口 2 不仅包含集群的状态，还包含索引级的状态；接口 3 是更细粒度的分片级的状态。

- 查看集群状况的接口（_cluster/state）。

```
curl -XGET 'localhost:9200/_cluster/state?pretty'
```

- 查看集群统计信息的命令（_cluster/stats）。

```
curl -XGET 'localhost:9200/_cluster/stats?pretty'
```

在返回的结果中包含了在集群中包含的索引个数、节点信息、分片信息、内存信息、CPU 信息、缓存信息等。

- 查看一个索引的统计信息的命令。

```
curl -XGET 'localhost:9200/indexname/_stats?pretty'
```

返回一个索引的各项统计信息，包括：索引的大小、数据条数、查询次数、查询耗时、分片数、merger 数、刷新次数（flush 和 refresh）、查询缓存的大小等跟索引相关的统计信息。

- 查看集群挂起的任务接口（_cluster/pending_tasks），并返回集群中待执行的任务。

```
curl -XGET 'localhost:9200/_cluster/pending_tasks?pretty'
```

4. 查看节点的状态

- 查看节点信息的接口。

```
curl -XGET 'localhost:9200/_nodes?pretty'
```

返回集群中各个节点的详细信息例如：集群名称、节点名称、节点所在服务器的操作系统、JVM、用到的 Elasticsearch 模块等节点信息。

- 查看节点统计信息的接口。

```
curl -XGET 'localhost:9200/_nodes/stats?pretty'
```

返回集群中各个节点的统计信息，例如：查询次数、写索引次数、merge 次数及耗时、索引大小、分片数等统计信息。

- 查看节点中的热线程。

```
curl -XGET 'localhost:9200/_nodes/{nodeID}/hot_threads?pretty'
```

返回集群中所有节点的热线程，如果加上 node id，则返回该节点的热线程。

Elasticsearch 虽然提供的接口功能非常强大，但是在使用上并不是很友好，本书的作者之一刘淏开源了两个 Elasticsearch 插件 sp-console 和 sp-tools。

- sp-console（https://github.com/psfu/es-sp-console）封装了 cat 的命令，体验非常友好，在使用上完全仿照 Linux 的界面，可以查看历史的查询结果及出错信息，并支持上下键切换历史命令等。

- sp-tools（https://github.com/psfu/es-sp-tools）是一个权限和日志管理工具，可以通过 Cookie 中的密钥来维护登录状态，插件支持 IP 白名单和黑名单，也可以通过 sp-console 来控制其启动与关停，更新 IP 白名单和黑名单等信息；其日志记录模块经过大量优化，对系统占用非常友好。

这两个插件现在已经在多个公司的正式环境下使用。如果有兴趣，则可以参与升级和维护。

5.4 性能调优

5.4.1 写优化

对于写索引负载很高但是对搜索性能要求不是很高的场景如日志搜索，采用优秀的写索引策略就显得非常重要了。可以尝试以下几种方法来提升写索引的性能。

1. 批量提交

当有大量的写任务时，使用批量提交是种不错的方案。但是每次提交的数据量为多大时能达到最优的性能，受文件大小、数据类型、网络情况、集群状态等因素的影响。通用的策略如下。

（1）批量提交的数据条数一般是根据文档的大小和服务器性能而定的，但是一次批处理的数据大小应从 5MB～15MB 开始，逐渐增加，直到性能没有提升时才结束。

（2）在通过增加一次提交的数量而效果没有显著提升时，则需要逐渐增加并发数，并且需要使用监控工具如 Marvel 来监控服务器的 CPU、I/O、网络、内存等资源的使用情况。

（3）若抛出 EsRejectedExecutionException 错误，则表明集群已经没有处理能力了，说明至少有一种资源已经到达瓶颈，这时需要升级已经到达瓶颈的资源或者增加集群的节点。

2. 优化存储设备

在现代服务器上，相对于 CPU 和内存，磁盘是限制服务器性能的最大瓶颈，并且 Elasticsearch 是一种密集使用磁盘的应用，特别是在段合并的时候对磁盘要求较高，所以磁盘速度提升之后，集群的整体性能会大幅提高。这里对磁盘的选择提供以下几点建议。

（1）条件允许的话，强烈建议使用固态硬盘（Solid State Disk）。SSD 相比于机械磁盘具有超高的读写速度和稳定性。

（2）使用 RAID0。RAID0 可以提升磁盘写入的速度，因为我们集群中的副本分片已经提供数据备份的功能，所以没有必要再使用镜像或者奇偶校验的 RAID。

（3）在 Elasticsearch 的服务器上挂载多块硬盘。并且在 Elasticsearch 的配置文件 elasticsearch.yml 中设置多个存储路径，例如：path.data: /path/to/data1,/path/to/data2。这样可以在多块硬盘上同时进行读写操作。

（4）不要使用类似于 NFS（Network File System）的远程存储设备，因为这些设备的延迟对性能的影响是很大的。

3. 合理使用段合并

Lucene 是以段的形式存储数据的，每当有新的数据写入索引时，就会自动创建一个新的段，所以在一个索引文件中包含了多个段。随着数据量的不断增加，段的数量会越来越多，需要消耗的文件句柄数及 CPU 就越多，查询时的负担就越重。

Lucene 后台会定期进行段合并，但是段合并的计算量庞大，会消耗大量的 I/O，所以

Elasticsearch 默认采用较保守的策略,如下所述。

(1)当段合并的速度落后于索引写入的速度时,为了避免出现堆积的段数量爆发,Elasticsearch 会把写索引的线程数量减少到 1,并打印出 "now throttling indexing"这样的 INFO 级别的"警告"信息。

(2)为了防止因段合并影响了搜索的性能,Elasticsearch 默认对段合并的速度进行限制,默认是 20m/s。但是,如果使用的是 SSD,就可以通过下面的命令将这个限制增加到 100m/s:

```
PUT /_cluster/settings
{
"persistent" : {
"indices.store.throttle.max_bytes_per_sec" :"100mb"
    }
}
```

如果只考虑写的性能而完全不考虑查询的性能,则可以通过下面的命令关闭限制:

```
PUT /_cluster/settings
{
"transient" : {
"indices.store.throttle.type" : "none"
    }
}
```

在设置限流类型为 none 时将彻底关闭合并限流。但当导入完成时,则一定要把 none 再改回 merge,重新打开限流。

4. 减少 refresh 的次数

我们知道,Lucene 在新增数据时,为了提高写的性能,采用的是延迟写入的策略,即将要写入的数据先写到内存中,当延时超过 1 秒(默认)时,会触发一次 refresh,refresh 会把内存中的数据以段的形式刷新到操作系统的文件缓存系统中。我们知道,在数据以段的形式刷新到文件缓存系统后才可以搜索,所以如果对搜索的时效性要求不高,则可以增加延时时间,比如 30 秒,这样还可以有效地减少段的数量,为后面的段合并减少压力。但这同时意味着需要消耗更多的 Heap 内存和搜索延时。可以通过配置 index.refresh_interval:30s 来减少 refresh 的次数。当然,也可以将其设置为-1,临时关闭 refresh,但是在数据导入完成后一定要把该值再改回来。

5. 减少 flush 的次数

当 Translog 的数据量达到 512MB 或者 30 分钟时，会触发一次刷新（Flush）。刷新的主要目的是把文件缓存系统中的段持久化到硬盘，因为持久化到硬盘是一个比较耗时的操作。可以通过修改 index.translog.flush_threshold_size 参数增加 Translog 缓存的数据量，来减少刷新的次数，该参数的默认值是 512MB，我们可以把它加大一倍，变成 1GB。

但是这样的设置意味着在文件缓存系统中要存储更多的数据，所以要减少 Heap 的内存空间，为操作系统的文件缓存系统留下更多的空间。

6. 减少副本的数量

Elasticsearch 的副本虽然可以保证集群的可用性，同时可以增加搜索的并发数，却会严重降低写索引的效率。因为在写索引时需要把整个文档的内容都发给副本节点，而所有的副本节点都需要把索引过程重复进行一遍。这意味着每个副本也会执行分析、索引及可能的合并过程。

如果是大批量导入，则考虑先设置 index.number_of_replicas: 0 关闭副本，在写入完成后再开启副本，恢复的过程本质上只是一个从字节到字节的网络传输。

5.4.2 读优化

1. 避免大结果集和深翻

在 5.2.5 节中讲到了集群中的查询流程，例如，要查询从 from 开始的 size 条数据，则需要在每个分片中查询打分排名在前面的 from+size 条数据。协同节点收集每个分片的前 from+size 条数据。协同节点将收集到的 $n×$（from+size）条数据合并起来再进行一次排序，然后从 from+1 开始返回 size 条数据。

如果在 from、size 或者 n 中有一个很大，则需要参加排序的数量也会很大，这样的查询会消耗很多 CPU 资源，并且效率也很低。

为了解决这种问题，Elasticsearch 提供了 scroll 和 scroll-scan 这两种查询方式。

1) scroll

与 search 请求每次返回一页数据不同,scroll 是为检索大量的结果(甚至所有的结果)而设计的,比如,我们有一个批量查询的需求,要查询 1~100 页的数据,每页有 100 条数据,如果用 search 查询,则每次都要在每个分片上查询得分最高的 from+size 条数据,然后协同节点把收集到的 $n\times$(from+size)条数据合并起来再进行一次排序。接着从 from+1 开始返回 size 条数据,并且要重复 100 次,随着 from 的增大,查询的速度越来越慢。

但 scroll 的思路是:在各个分片上一次查询 10000 条数据,协同节点收集 $n\times 10000$ 条数据,然后合并、排序,将排名前 10000 的结果快照起来,最后使用类似数据库游标的形式逐次获得部分数据。这种做法的好处是减少了查询和排序的次数。

Scroll 初始查询的命令是:

```
curl -XGET 'localhost:9200/blog/blog/_search?scroll=1m' -d '
{
   "query": {
      "match" : {
          "title" : "lucene"
      }
   }
},
"size":10
}
'
```

该查询语句的含义是,在 blog 索引的 blog type 里查询 title 包含"lucene"的所有数据。scroll=1m 表示下次请求的时间不能超过 1 分钟(这里是下次请求而不是全部请求完的时间);size 表示这次和后续的每次请求一次返回的数据条数。在这次查询的结果中除了返回了查询到的结果,还返回了一个 scroll_id,它是下次请求的参数。

再次请求的命令如下:

```
curl -XGET 'localhost:9200/_search/scroll' -d '
{
"scroll" : "1m",
    "scroll_id" : "c2Nhbjs2OzM0NDg1ODpzRlBLc0FXNlNyNm5JWUc1"
}'
```

因为这次并没有到分片里查询数据,而是直接在生成的快照里面以游标的形式获取数据,所以这次查询并没有包含 index name 和 type 的名字,也没有具体的查询语句。

- "scroll":"1m"指下次请求的时间不能超过1分钟，而不是快照的保存时间。

- scroll_id 是上次查询时返回的，通过这次查询提交会重新返回一个新的 scroll_id，供下次查询使用。

2）scroll-scan

scroll 通过使用"快照"保存了要返回的结果，减少了查询和排序的次数，但是在初次查询时需要进行文本相似度计算和排序，这个过程也是比较耗时的。scroll-scan 是一种更高效的大数据量查询方案。其思路和使用方式与 scroll 非常相似，但是 scroll-scan 关闭了 scroll 中最耗时的文本相似度计算和排序，使得性能更加高效。

scroll-scan 的查询方式和 scroll 非常相似，只是增加一个 search_type=scan 参数来告诉 Elasticsearch 集群不需要文本相似计算和排序，只是按照数据在索引中的顺序返回结果集：

```
curl -XGET 'localhost:9200/blog/blog/_search?scroll=1m&search_type=scan' -d '
{
    "query": {
       "match" : {
           "title" : " lucene "
       }
    },
"size":10
}
'
```

虽然 scroll 和 scroll-scan 的实现思路和使用方式很像，但也有区别，如下所述。

（1）scroll-scan 不做文本相识度计算，不排序，按照索引中的数据顺序返回。

（2）scroll-scan 不支持聚合操作。

（3）scroll-scan 的参数 size 控制的是每个分片上的请求的结果数量，如果有 *n* 个分片，则每次返回 n×size 条数据。而 scroll 每次返回 size 条数据。

虽然 scroll-scan 的查询性能更高效，但是它已经在 Elasticsearch 2.10 版本中被废弃了，并且在 Elasticsearch 5 以后的版本中被移除。但是，我们还可以通过 scroll 的命令实现跟 scroll-scan 命令性能一样的查询，只是需要在 scroll 查询的后面添加对_doc 的排序，命令如下：

```
curl -XGET 'localhost:9200/blog/blog/_search?scroll=1m' -d '
{
    "query": {
```

```
            "match" : {
                "title" : "lucene"
            }
    },
    "sort": [
       "_doc"
     ],
    "size":10
}
```

需要注意的是，scroll 每次查询的是快照里的数据，而不是 Elasticsearch 集群里的实时数据，在快照生成后，Elasticsearch 集群中的数据变更不影响快照中的数据。

段合并是通过把多个小的分段合并成一个更大的分段来优化索引的，在生成大段的同时会删除合并过的小段。但是，如果 scroll 还在进行中，就有可能有旧的小段还在使用中，所以小段在这时是不会被删除的，这就意味着有可能会消耗更多的文件句柄。所以，虽然 scroll 有个超时时间，但是如果能够确认不在使用中，则还是要显式地清除。清除的命令如下：

```
curl -XDELETE localhost:9200/_search/scroll -d '
{
  "scroll_id" : ["c2Nhbjs2OzM0NDg1ODpzRlBLc0FXNlNyNm5JWUc1"]
}'
```

2. 选择合适的路由

在多分片的 Elasticsearch 集群中，对搜索的查询大致分为如下两种。

（1）在查询条件中包含了 routing 信息。即查询时可以根据 routing 信息直接定位到其中的一个分片进行查询，而不需要查询所有的分片，再经过协调节点二次排序。如图 5-24 所示。

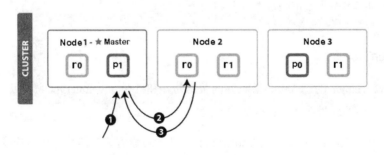

图 5-24

（2）如果在查询条件中不包含 routing，在查询时就不知道要查询的数据具体在哪个片上，所以整个查询主要分为 Scatter、Gather 两个过程。

- Scatter（分发）：在请求到达协调节点后，协调节点把查询请求分发到每个分片上。
- Gather（聚合）：协调节点搜集在每个分片上完成的搜索结果，再将搜集的结果集进行重新排序，返回给用户请求的数据。如图 5-25 所示。

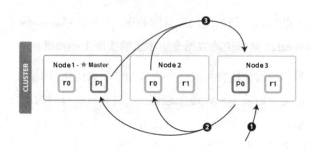

图 5-25

通过对比上述两种查询流程，我们不难发现，使用 routing 查找的性能要好很多。所以我们在设计 Elasticsearch 方案时要合理地利用 routing 来提升搜索性能。比如，在大型的本地分类网站中，可以考虑通过将城市 id 作为 routing 的条件，来作为分片的依据。默认的公式如下：

```
shard = hash(routing) % number_of_primary_shards.
```

其中，routing 默认使用索引的唯一标识 "_id"。但是，如果使用其他字段作为分片的依据，就要注意分片不均匀的情况。比如，根据城市 id 进行分片时，大型城市的分片上的数据过多，而小城市的分片上的数据太少，导致分片严重不均衡。这时就可以通过修改上述公式来保证分片的均匀，比如把多个小城市的数据合并到一个分片上。

3. SearchType

在 Scatter、Gather 的过程中，节点间的数据传输和打分（SearchType）有以下 4 种组合方式，可以根据不同的场景选择一种合适的方式。

（1）QUERY_THEN_FETCH。Elasticsearch 默认的搜索方式分两步完成一次搜索：第 1 步，先向所有的分片发出请求，各分片只返回文档的相似度得分和文档的 id，而不需要文档的详细信息，然后协调节点按照各分片返回的分数进行重新排序和排名，再取出需要返回给客户端的

size 个文档 id；第 2 步，在相关的分片中取出文档的详细信息并返回给用户。这种方式虽然有部分数据需要两次查询分片，但是可以节约很大一部分的带宽。

（2）QUERY_AND_FETCH：协调节点向所有分片都发出查询请求，各分片返回数据时将文档的相似度得分和文档的详细信息一起返回；然后，协调节点按照各分片返回的分数进行重新排序，再取出需要返回给客户端的 size 个文档，将其返回给客户端，这种查询方法只需要在分片中查询一次，所以性能是最好的，但是各分片返回结果的大部分详情信息没有用处，会浪费很大的带宽。

（3）DFS_QUERY_THEN_FETCH：与 QUERY_THEN_FETCH 类似，但与 QUERY_THEN_FETCH 相比，它包含一个额外的阶段：在初始查询中执行全局的词频计算，以使得更精确地打分，从而让查询结果更相关。也就是说，QUERY_THEN_FETCH 使用的是分片内部的词频信息，而 DFS_QUERY_THEN_FETCH 由于需要访问公共的词频信息，所以要比直接查询本分片的词频信息性能更差。

（4）DFS_QUERY_AND_FETCH：与 QUERY_AND_FETCH 类似，只是使用的是全局的词频。

4. 定期删除

由于在 Lucene 中段具有不变性，所以删除一个文档后不会立即从硬盘中删除该文档，而是产生一个 .del 文件专门记录被删除的文档。而在检索的过程中，被删除的文件还会参与检索，只不过最后会被过滤，如果被删除的文件太多，则也会影响查询的效率。我们可以在机器空闲时通过如下命令定期删除这些文件，来提升查询的效率：

```
curl -XPOST http://localhost:9200/_optimize?only_expunge_deletes=true
```

该命令只是合并有数据删除的段，而不是合并全部的段。

5.4.3 堆大小的设置

Elasticsearch 默认的堆内存大小是 1GB，由于 Elasticsearch 是一个比较耗内存的应用，所以对于大部分应用来说，这个值太小。我们可以通过一些方式来改变堆内存的大小。如果是通过解压安装包安装的 Elasticsearch，则在 Elasticsearch 安装包下的 config 文件夹中包含一个 jvm.option 文件，打开该文件，添加如下命令来设置 Elasticsearch 的堆大小：

```
-Xms5g
-Xmx5g
```

或者

```
-Xms5000m
-Xmx5000m
```

该命令表示堆的初始大小（Xms）和可分配的最大内存（Xmx）都是 5GB。建议在设置堆大小时让初始大小和最大可分配的值一样，这样就可以避免在运行时因为改变堆内存的大小而导致系统资源浪费。

也可以通过设置环境变量的方式设置堆的大小。比如：

```
export ES_HEAP_SIZE=5g
```

在启动 Elasticsearch 时设置堆的大小：

```
./bin/elasticsearch -Xmx5g -Xms5g
```

这种设置方式并不是一劳永逸的，在每次启动 Elasticsearch 时都需要添加-Xmx5g –Xms5g 参数。

如果服务器有足够多的内存，那么是否给堆内存分配的内存越大越好？虽然内存对 Elasticsearch 来说是非常重要的，但是答案是否定的！因为 Elasticsearch 堆内存的分配要考虑以下两个原则。

（1）最好不要超过物理内存的 50%。因为 Elasticsearch 底层是 Lucene 实现的。由于 Lucene 段的不变性，所以我们不用考虑数据的变化，这对缓存来说是非常友好的。操作系统可以把这些文件缓存在操作系统的文件缓存系统（Filesystem Cache）中而非堆内存中，如果我们设置的堆内存过大，导致系统可用的内存太小，就会严重影响 Lucene 的全文本查询性能。

（2）堆内存的大小最好不要超过 32GB。在 Java 中，所有对象都分配在堆上，并且每个对象头都通过一个 Klass Pointer 指针指向它的类元数据，而这个指针在 64 位的操作系统上为 64 位，在 32 位的系统上为 32 位。32 位的操作系统的最大寻址空间为 4GB（2^{32}），64 位的操作系统可以使用更多的内存（2^{64}）。但是在 64 位的操作系统上，因为指针本身变大了，所以会有更大的空间浪费在指针本身上，更糟糕的是，更大的指针在主内存和各级缓存（例如 LLC、L1 等）之间移动数据时，会占用更多的带宽。

Java 使用内存指针压缩（Compressed Oops）技术来解决这个问题。它的指针不再表示对象在内存中的精确位置，而是表示偏移量。这意味着 32 位的指针可以引用 4GB 个 Byte，而不是 4GB 个 bit。也就是说，堆内存为 32GB 的物理内存，也可以用 32 位的指针表示。

所以，在越过那个神奇的边界——32GB 时，指针就会切回为普通对象的指针，每个对象的指针都变长了，就会浪费更多的内存，降低了 CPU 的性能，还要让 GC 应对大的内存。事实上，当内存到达 40～50GB 时，有效的内存才相当于使用内存对象指针压缩技术时的 32GB 内存，所以在大内存的服务器上设置的堆大小要小于 32GB，比如可以设置为 31GB：

```
-Xms31g
-Xmx31g
```

虽然 32GB 是一个很重要的分割线，但是随着硬件成本的下降，现在有大内存的服务器愈发常见，比如一台有 128GB 内存的服务器。这时我们需要根据以下业务场景来考虑内存的分配情况。

（1）如果业务场景是以全文检索为主的，则依然可以给 Elasticsearch 分配小于 32GB 的堆内存，而把剩下的大部分内存空间留给 Lucene，让 Luccene 通过操作系统的文件缓存系统来缓存更多的 segment，使 Lucene 带来极速的全文检索。

（2）如果在业务场景中有很多的排序和聚合，而且大部分聚合计算是在数字、日期、地理点等非分词的字符串上的，则聚合计算将在内存友好的 doc values（非堆内存）上完成！我们依然可以为 Elasticsearch 分配小于 32GB 的堆内存，其余部分为操作系统的缓存使用 doc values。

（3）如果在业务场景中有很多排序和聚合，并且是在分词的字段上进行的，则不幸的是，我们需要 fielddata 来缓存。但是和 doc values 不同，fielddata 是分配在堆内存上的，这时就需要分配更多的堆内存了，但是让一个节点拥有太大的堆内存，并不是一种明智的选择。可以考虑在同一台服务上部署多个节点，使得每个节点的内存分配不超过 32GB，不会有太多的资源浪费。

5.4.4 服务器配置的选择

在选择 Elasticsearch 服务器时，要尽可能地选择与当前业务量相匹配的服务器。如果服务器配置得太低，则意味着需要更多的节点来满足需求，一个集群的节点太多时会增加集群管理的成本。如果服务器配置得太高，则选择一台服务器部署多个节点的方案通常会导致资源使用不均衡（比如内存耗尽，而 CPU 使用率很低），导致资源浪费，而且在单机上运行多个节点时，也会增加逻辑的复杂度。

另外，请关掉 swap。我们都知道，在计算机中运行的程序均需由内存执行，若执行的程序占用的内存很大或很多，则会导致内存消耗殆尽。为了解决该问题，操作系统使用了一种叫作虚拟内存的技术，即匀出一部分硬盘空间来充当内存使用。当内存耗尽时，操作系统就会自动调用硬盘来充当内存，并把内存中暂时不使用的数据交换到硬盘中，在再次使用时从硬盘交换到内存。

虽然这种非常成功的方式"扩大"了内存，缓解了内存过小带来的压力，但是由于数据在内存和磁盘之间来回交换对服务器的性能来说是致命的。所以为了使 Elasticsearch 有更好的性能，强烈建议大家关闭 swap。

关闭 swap 的方式如下。

（1）暂时禁用。在 Linux 服务器上执行如下命令就可以暂时关闭，但在服务器重启后失效：
```
sudo swapoff -a
```

（2）永久性关闭。在/etc/sysctl.conf（不同的操作系统路径有可能不同）中增加如下参数：
```
vm.swappiness = 1
```

swappiness 的值是 0-100 的整数。数字越大，则表示越倾向于使用虚拟内存。系统默认为 60，但是并不建议把该值设置为 0，因为设置为 0 时，在某些操作系统中有可能会触发系统级的 OOM-killer，例如在 Linux 内核的内存不足时（Out of Memory），为了防止系统的崩溃，需要强制杀掉（killer）一个 "bad" 进程。这里的 "bad" 进程，表示占用内存最多的那个进程。

（3）在 Elasticsearch 中设置。如果上述两种方式都不合适，则可以在 Elasticsearch 的 conf 文件下的 elasticsearch.yml 文件中添加如下命令。bootstrap.mlockall 为 true 表示让 JVM 锁住内存，禁止内存的交换：
```
bootstrap.mlockall: true
```

5.4.5　硬盘的选择和设置

对于 Elasticsearch 集群来说，硬盘的性能是非常重要的，特别是对于有大量写请求的业务场景（例如存储日志数据的集群）。因为硬盘一般是服务器上最慢的子系统，这意味着那些写入量很大的集群很容易让硬盘饱和，使它成为集群的瓶颈。

所以，如果条件允许，则请尽可能地使用 SSD，它的读写性能将远远超出任何旋转介质的硬盘（如机械硬盘、磁带等）。基于 SSD 的 Elasticsearch 集群节点对于查询和索引性能都有提升。

磁盘阵列（Redundant Array of Independent Disks，RAID）是一种把多块独立的磁盘按照不同的方式组合起来形成的一个磁盘组，提供了比单个磁盘更好的存储性能和数据备份技术。我们将组成磁盘阵列的不同方式称为 RAID 级别（RAID Level）。在提供数据镜像的磁盘阵列中，用户的数据一旦发生了损坏，则可以利用备份信息把损坏的数据恢复，从而保障了用户的数据的安全性。在用户看来，这个组成的硬盘组就像一个硬盘，用户可以对它进行分区、格式化等。总之，对磁盘阵列的操作与单个硬盘一模一样。不同的是，磁盘阵列的存储速度要比单个硬盘快很多，而且可以提供自动数据备份。

RAID 技术经过不断的发展，现在已拥有了从 RAID 0 到 RAID 6 这 7 种基本的 RAID 级别。另外，还有一些基本的 RAID 级别的组合形式，例如 RAID 10（为 RAID 0 与 RAID 1 的组合）、RAID 50（为 RAID 0 与 RAID 5 的组合）等。不同的 RAID 级别代表不同的存储性能、数据安全性和存储成本，但最常用的是以下几种。

- RAID 0：最少需要两块磁盘，其原理是把连续的数据分散到多个磁盘上进行读写操作，这样，系统有数据请求时就可以被多个磁盘并行执行，每个磁盘执行属于它自己的那部分数据请求。这种数据上的并行操作可以充分利用总线的带宽，显著提升磁盘的整体存取性能。因为这种模式没有冗余数据，不做备份，任何一块磁盘损坏都无法运行，所以拥有 n 块磁盘（同类型）的阵列在理论上读写速度是单块磁盘的 n 倍，但风险性也是单一硬盘的 n 倍。所以，RAID 0 是磁盘阵列中存储性能最好的，但也是安全系数最小的，所以这种模式适用于对安全性要求不高的大批量写请求场景。
- RAID 1：通过磁盘数据镜像（备份）实现数据冗余，在成对的独立磁盘上产生互为备份的数据。因为 RAID 1 在写数据时，需要分别写入两块硬盘中并做比较，所以在 RAID 1 模式下写数据比 RAID 0 慢很多，并且两块硬盘仅能提供一块硬盘的容量，所以也会造成很大的资源"浪费"。但是在读数据时，可以在两块磁盘的任意一块中读取，可提升读的性能，数据的安全性也会大大提升，因为只要有一对磁盘没有同时损坏，就可以正常使用。

- RAID 10：为 RAID 0 和 RAID 1 的组合模式，至少需要 4 块磁盘，既有数据镜像备份，也能保证较快的读写速度。缺点是成本较高。

- RAID 5：至少需要 3 块磁盘，不对数据进行备份，而是把数据和与其对应的奇偶校验信息存储到组成 RAID 5 的各个磁盘上，并且奇偶校验信息和对应的数据分别被存储在不同的磁盘上。当 RAID 5 的一个磁盘数据发生损坏时，可利用剩下的数据和相应的奇偶校验信息去恢复被损坏的数据。所以可以将 RAID 5 理解为 RAID 0 和 RAID 1 的折中方案。RAID 5 可以为系统提供数据安全保障，但保障程度要比 RAID 1 低，磁盘空间利用率要比 RAID1 高。RAID 5 具有和 RAID 0 相近的数据读取速度，只是多了一个奇偶校验信息，写入数据的速度比对单个磁盘进行写入操作稍慢。同时，由于多个数据对应一个奇偶校验信息，所以 RAID 5 的磁盘空间利用率要比 RAID 1 高，存储成本相对较低，是目前运用较多的一种解决方案。

因为在 Elasticsearch 集群中分片一般都有备份，并且 Elasticsearch 的原始数据都来自于关系型数据库或者日志文件，所以数据的安全性显得并不是那么重要。所以无论是使用固态硬盘还是使用机械硬盘，我们都建议将磁盘的阵列模式设置为 RAID 0，以此来提升磁盘的写性能。

5.4.6 接入方式

Elasticsearch 提供了 Transport Client 和 Node Client 这两种客户端的接入方式，这两种方式各有利弊，分别对应不同的应用场景。

1. Transport Client

Transport Client（传输客户端）作为一个集群和应用程序之间的通信层，是集群外部的，和集群是完全解耦的。正是因为与集群解耦，所以它们在连接集群和销毁连接时更加方便和高效，也适合大批量的客户端连接。所以，Transport Clien 是一个轻量级的客户端，但是执行性能会比节点客户端差一些。

2. Node Client

Node Client（节点客户端）把应用程序当作一个集群中的 Client 节点（非 Data 和 Master 节点）。因为它是集群内部的一个节点，所以知道整个集群的状态、所有节点的分布情况、分片的分布状况等，这意味着它有更高的执行效率。

虽然 Node Client 有更好的性能，但由于它是集群的一部分，所以在接入和退出时会比较复杂，会影响整个集群的状态，所以 Node Client 更适合需要持久地连接到集群的少量客户端，以提供更好的性能。

5.4.7 角色隔离和脑裂

1. 角色隔离

由于节点默认的是 node.master 和 node.data 都为 true，所以我们往往会让 Master 节点也担当了 Data 节点的角色。Elasticsearch 集群中的 Data 节点负责对数据进行增、删、改、查和聚合等操作，所以对 CPU、内存和 I/O 的消耗很大，有可能会对 Master 节点造成影响，从而影响整个集群的状态。

在搭建集群时，特别是比较大的集群时，我们应该对 Elasticsearch 集群中的节点做角色上的划分和隔离。我们通常使用几个配置比较低的虚拟机来搭建一个专门的 Master 集群。在集群中做角色隔离是一件非常简单的事情，只需在节点的配置文件中添加如下配置信息即可。

候选主节点：

```
node.master =true
node.data=false
```

数据节点：

```
node.master =false
node.data= true
```

最后形成如图 5-26 所示的逻辑划分。

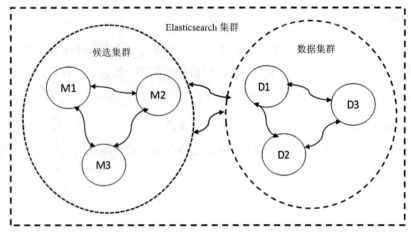

图 5-26

2. 避免脑裂

若因为网络原因导致在集群中选举出了多个 Master，最后导致一个集群被分裂为多个集群，使数据更新时出现不一致，则我们称这种现象为脑裂。为了防止脑裂，我们需要在 Master 集群节点的配置文件中添加参数 discovery.zen.minimum_master_nodes，该参数表示在选举主节点时需要参与选举的候选主节点的节点数（默认值是 1）。我们通常应该把这个值设置成（master_eligible_nodes/2）+1，其中 master_eligible_nodes 为 Master 集群中的节点数。这样做既能防止脑裂的现象出现，也能最大限度地提升集群的高可用性，因为只要不少于 discovery.zen.minimum_master_nodes 个候选节点存活，选举工作就可以顺利进行。

第 6 章
全面揭秘分布式定时任务

  在我们平时的生活和工作中，有很多定时要做的事情，比如每天早上 7 点起床，每天的第 1 趟地铁在 5 点发车，等等。在生活中通常通过闹钟等工具提醒我们，那么在计算机中呢？答案是定时任务。本章会对定时任务，尤其是分布式定时任务进行详细讲解。

6.1 什么是定时任务

我们在 Linux 系统下使用"crontab"或者在 Windows 系统下使用"计划任务",来设置需要定时做的事情,这就是我们在这里要讲解的定时任务。可以通过一句话来总结:定时任务是指基于给定的时间点、给定的时间间隔或者给定的执行次数自动执行一项或多项任务。除了之前提到的 Crontab,通过 Java 实现的定时任务工具还有 Timer、ScheduledExecutor 线程实现、Spring Scheduler 和 Quartz 等。

常用的定时任务如下。

1. crontab 命令

crontab 命令常见于 UNIX 和类 UNIX 的操作系统之中,用于设置需要周期性执行的指令。该命令从标准输入设备读取指令,并将其存放于"crontab"文件中,以供之后读取和执行。crontab 储存的指令被守护进程 crond 激活,crond 常常在后台运行,每分钟检查是否有预定的作业需要执行。这类作业一般被称为 cron jobs。

Linux 下的任务调度分为两类:系统任务调度和用户任务调度。

- 系统任务调度:操作系统保存一个针对整个系统的 crontab 文件,该文件通常被存放于 /etc 或者/etc 之下的子目录中,只能由系统管理员修改。

- 用户任务调度:每个用户都可以拥有自己的 crontab 文件,所有用户定义的 crontab 文件都被保存在/var/spool/cron 目录中,其文件名与用户名一致。

crontab 文件的配置格式及说明如下:

```
#  *  *  *  *  *  command
#  |  |  |  |  |   |
#  |  |  |  |  |   ——要执行的命令
#  |  |  |  |  ——星期 (0 - 7,星期日=0 或 7)
#  |  |  |  ——月 (1 - 12)
#  |  |  ——日 (1 - 31)
#  |  ——小时 (0 - 23)
#  ——分钟 (0 - 59)
```

在以上各个字段中还可以使用以下特殊字符。

- 逗号（','）：以逗号隔开的值，指定一个列表范围，例如"1,3,4,7,8"。
- 连词符（'-'）：指定值的范围，例如，"1-6"等同于"1,2,3,4,5,6"。
- 星号（'*'）：代表任何可能的值，例如，"小时域"里的星号等同于"每个小时"。
- 正斜线（/）：指定时间的间隔频率，例如，"0-23/2"表示每两个小时执行一次。同时，正斜线可以和星号一起使用，例如"*/10"，如果用在分钟字段，则表示每10分钟执行一次。

在介绍完crontab的配置格式后，接下来详细介绍crontab的命令。crontab的命令格式如下：

```
crontab [-u user] file
crontab [-u user] [ -e | -l | -r ]
```

其中，

- -u user用于设定某个用户的crontab服务，例如，"-u bill"表示设定bill用户的crontab服务，此参数一般由root用户来运行；
- file是命令文件的名称，表示将file作为crontab的任务列表文件并载入crontab，如果在命令行中没有指定这个文件，则crontab命令将接收标准输入（键盘）上键入的命令，并将它们载入crontab；
- -e用于编辑某个用户的crontab文件内容，如果不指定用户，则表示编辑当前用户的crontab文件；
- -l用于显示某个用户的crontab文件内容，如果不指定用户，则表示显示当前用户的crontab文件内容；
- -r用于从/var/spool/cron目录中删除某个用户的crontab文件，如果不指定用户，则默认删除当前用户的crontab文件；
- -i用于在删除用户的crontab文件时给出确认提示。

具体使用方法如下。

（1）创建一个新的crontab文件，同时设置环境变量EDITOR，cron进程会根据它来确定使用哪个编辑器编辑crontab文件。我们一般使用vi编辑器，所以可以通过编辑$HOME目录下的.profile文件，在其中加入以下代码进行设置：

```
EDITOR=vi; export EDITOR
```

创建一个 billcron 文件，在其中加入以下内容（以下示例表示每小时的第 10 分钟执行一次 hello.sh 脚本）：

```
10 * * * * /bin/sh /data/bill/hello.sh
```

将该配置文件通过以下命令提交给 cron 进程：

```
$ crontab billcron
```

这样就会在 /var/spool/cron 目录下生成一个配置文件，其文件名就是用户名，例如 bill。

（2）使用 -l 参数列出 crontab 文件中的所有定时任务：

```
$ crontab -l
10 * * * * /bin/sh /data/bill/hello.sh
```

可以用这种方法对 crontab 文件做备份，命令如下：

```
$ crontab -l > /data/bill/crontab.back
```

（3）编辑 crontab 文件。如果希望添加、删除或编辑 crontab 文件中的条目，则可以像使用 vi 编辑其他文件一样修改 crontab 文件。在保存退出时，cron 会对其进行必要的完整性检查并使其生效，编辑命令如下：

```
$ crontab -e
```

（4）删除 crontab 文件的命令如下：

```
$crontab -r
```

（5）关于一些具体配置的案例如下：

```
#每分钟触发
* * * * * myCommand

#每小时的第3分钟和第15分钟触发
3,15 * * * * myCommand

#在上午8点到11点的第3分钟和第15分钟触发
3,15 8-11 * * * myCommand

#每隔两天在上午8点到11点的第3分钟和第15分钟触发
3,15 8-11 */2 * * myCommand

#在每晚的21:30触发
30 21 * * * myCommand
```

```
#在每周日的1:10触发
10 1 * * 0 myCommand
```

2. JDK Timer

java.util.Timer 定时器实际上是一个单线程，定时调度所拥有的 TimerTask 任务。TimerTask 类是一个定时任务类，实现了 Runnable 接口，而且是一个抽象类，需要定时执行的任务都需要重写它的 run 方法。

在 Timer 类中有以下几个重要的方法，如下所示。

（1）构建一个定时器：

```
//默认的构造方法
Timer()

//构造一个以 daemon 方式运行的定时器，在程序结束时定时器也会自动结束
Timer(boolean isDaemon)

//构造一个有指定名称的定时器
Timer(String name)

//构造一个有指定名称的以 daemon 方式运行的定时器
Timer(String name, boolean isDaemon)
```

（2）几种任务调度方法如下：

```
//在指定的时间执行任务，只执行一次
schedule(TimerTask task, Date time)

//指定第 1 次执行的时间，然后按照间隔时间（period，毫秒）重复执行
schedule(TimerTask task, Date firstTime, long period)

//在指定的时间（delay，毫秒）之后执行任务，只执行一次
schedule(TimerTask task, long delay)

//在指定的延迟（delay，毫秒）之后第 1 次执行，然后按照间隔时间（period，毫秒）重复执行
schedule(TimerTask task, long delay, long period)

//在指定的时间（firstTime）开始执行之后，按照间隔时间（period，毫秒）重复固定的频率执行
scheduleAtFixedRate(TimerTask task, Date firstTime, long period)

//在指定的延迟时间（delay，毫秒）后执行，然后按照间隔时间（period，毫秒）重复固定的频率执行
scheduleAtFixedRate(TimerTask task, long delay, long period)
```

在上面的方法中，schedule()和scheduleAtFixedRate()两个方法的功能相似，它们的区别如下。

- schedule()方法更注重保持间隔时间的稳定，即保证每隔period时间可调用一次。
- scheduleAtFixedRate()方法更注重保持执行频率的稳定，即保证多次调用的频率趋近于period的时间，如果任务执行的时间大于period的时间，就会在任务执行后马上执行下一次任务。

JDK Timer具体的使用示例如下。

（1）定义一个任务，代码如下：

```
import java.util.Timer;

public class HelloTimerTask extends java.util.TimerTask{
@Override
    public void run() {
        //to do something
      System.out.println("hello world");
    }
}
```

（2）构造一个定时器timer并执行调度，代码如下：

```
import java.util.Timer;

public class HelloTimer {
public static void main(String[] args){
    Timer timer = new Timer();
    timer.schedule(new HelloTimerTask(), 2000, 1000);
    }
}
```

Timer类的缺陷如下。

- 时间不准确延迟：由于Timer在执行定时任务时是单线程执行的，如果存在多个任务，其中某个任务因为某种原因导致线程任务的执行时间过长，超过了两个任务的间隔时间，就会导致任务时间延迟；即使是单任务周期执行的，如果前一个周期延迟了，则也会影响后一个周期。
- 异常终止：在执行定时任务（TimerTask）时，如果TimerTask抛出了未捕获的异常，则也会导致Timer线程终止，还会终止所有的任务，而且Timer不会重新恢复线程后再执行，这样的话，已经被安排但尚未被执行的TimerTask也不会再执行了，新的任务也不能被调度。

- 执行周期任务时依赖系统时间：由于 Timer 执行周期任务时依赖系统时间，所以如果当前的系统时间发生了变化（如自动同步服务器时间等），则会出现一些执行上的变化。

而 Timer 的这些问题其实可以通过 ScheduledExecutor 来解决，接下来看看 ScheduledExecutor 是如何使用的。

3. ScheduledExecutor

Java 从 5.0 版本开始推出了基于线程池设计的 ScheduledExecutor，其设计思想是：每个被调度的任务都会由线程池中的一个线程去执行，因此任务是并发执行的，相互之间不会受到干扰。

而具体的实现类为 ScheduledThreadPoolExecutor，它是一个 ExecutorService 线程池，除了具有线程池的功能，还具有定时和周期性执行任务的功能，常用作定时任务。它的继承关系如图 6-1 所示。

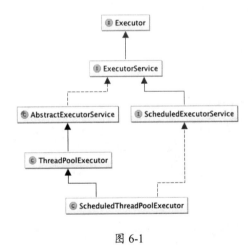

图 6-1

它主要有以下 4 种调度方法。

（1）schedule 的 Callable 形式，在指定的延迟时间（delay）后执行指定的 Callable 任务，可以通过返回的 ScheduledFuture 与该任务进行交互：

```
ScheduledFuture<V> schedule(Callable<V> callable, long delay, TimeUnit unit)
```

（2）schedule 的 Runnable 形式，在指定的延迟时间（delay）后执行指定的 Runnable 任务，可以通过返回的 ScheduledFuture<?>与该任务进行交互：

```
ScheduledFuture<?> schedule(Runnable command, long delay, TimeUnit unit)
```

（3）scheduleAtFixedRate 形式，在指定的时间（initialDelay）后按周期（period）执行指定的 Runnable 任务。假设调用该方法后的时间点为 0，那么第 1 次执行任务的时间点为 initialDelay，第 2 次为 initialDelay + period，第 3 次为 initialDelay + period + period，以此类推：

```
ScheduledFuture<?> scheduleAtFixedRate(Runnable command,
    long initialDelay, long period, TimeUnit unit)
```

（4）scheduleWithFixedDelay 形式，在指定的时间（initialDelay）后按指定的延迟时间（delay）执行指定的 Runnable 任务。假设调用该方法后的时间点为 0，每次任务需要的时间为 T(i)（i 为第几次执行任务），那么第 1 次执行任务的时间点为 initialDelay，第 1 次完成任务的时间点为 initialDelay + T(1)，第 2 次执行任务的时间点为 initialDelay + T(1) + delay，第 2 次完成任务的时间点为 initialDelay + T(1) + delay + T(2)，第 3 次执行任务的时间点为 initialDelay + T(1) + delay + T(2) + delay，以此类推：

```
ScheduledFuture<?> scheduleWithFixedDelay(Runnable command,
    long initialDelay, long delay, TimeUnit unit)
```

具体的使用示例如下。

（1）定义一个任务：

```
public class HelloTask implements Runnable {
    public void run() {
        //to do something
        System.out.println("hello world");
    }
}
```

（2）定时任务的调度：

```
public class HelloScheduledExecutor {
  public static void main(String[] args) {
    ScheduledExecutorService executor = Executors.newScheduledThreadPool(3);

    //延迟1秒执行一次任务
    executor.schedule(new HelloTask(),1, TimeUnit.SECONDS);

    //初始化延迟1秒后，按照固定的两秒频率执行任务
    executor.scheduleAtFixedRate(new HelloTask(), 1, 2, TimeUnit.SECONDS);
```

```
    //初始化延迟1秒后，按照固定的两秒延迟执行任务
    executor.scheduleWithFixedDelay(new HelloTask(), 1, 2, TimeUnit.SECONDS);
  }
}
```

将 ScheduledExecutor 和 Timer 对比如下。

- ScheduledExecutor 可以解决 Timer 不准确延迟的问题，因为 ScheduledThreadPool 内部是使用线程池实现的，所以可以支持多个任务并发执行，互相之间不受影响。

- 同样，因为 ScheduledExecutor 是多线程并发执行的，可以起到很好的线程隔离性，因此如果其中有一个任务因执行异常而终止，则也不会导致其他任务都终止。

- 由于 ScheduledExecutor 是基于时间的延迟实现的（在调度方法中并没有 Date 日期相关的参数），因此不会由于系统时间的改变而发生执行上的变化。

- 需要注意的是，通过 ScheduledExecutor 执行的周期任务，如果在执行过程中抛出了异常，则会终止（不会影响其他任务），而且不会再周期性地执行。所以，如果想保持任务一直被正确地周期性执行，则需要在业务层捕获一切可能的异常。

其实，除了可以自己实现定时任务，还可以通过使用 Spring 实现定时任务。

4. Spring Scheduler

在 Spring 中提供的定时任务处理模块为 Spring Scheduler，主要包括 TaskExecutor、TaskScheduler 和 Trigger 三个抽象接口。TaskExecutor 是任务的执行器，允许我们异步执行多个任务。TaskScheduler 包含一系列调度任务的方法，以便在未来的某个时间运行。Trigger 触发器可以根据过去的执行结果甚至任意条件来确定执行时间。下面具体介绍这三个接口的作用。

1）TaskExecutor 接口

在 Spring 中包含了很多内置的 TaskExecutor 的实现，在通常情况下不需要自己再实现，它的实现类图如图 6-2 所示。对这几种实现类型的具体介绍如下。

- SimpleAsyncTaskExecutor：该实现不重用任何线程，而是为每个调用启动一个新的线程。但是它支持并发限制，超出限制的任务会被阻塞，直到有空闲时。

- SyncTaskExecutor：该实现不会异步执行调用，每个调用发生在调用的线程中。主要用

于不需要多线程的情况,例如简单地测试用例。

- ConcurrentTaskExecutor:该实现是 java.util.concurrent.Executor 对象的一个适配器,在通常情况下不会用到它。如果觉得 ThreadPoolTaskExecutor 实现不够灵活,则可以考虑使用它。

- SimpleThreadPoolTaskExecutor:该实现实际上是 Quartz 的一个子类,SimpleThreadPool 监听 Spring 的声明周期回调。若有一个可能需要 Quartz 和非 Quartz 组件共享的线程池,则通常会用到它。

- ThreadPoolTaskExecutor:该实现最为常用,用于配置 java.util.concurrent.ThreadPoolExecutor 的属性,并将其包装成一个 TaskExecutor。如果需要适应不同类型的 java.util.concurrent.Executor,则建议使用 ConcurrentTaskExecutor。

- WorkManagerTaskExecutor:该实现使用 CommonJ WorkManager 作为其后台实现,并且是 WorkManager 在 Spring 上下文中建立 CommonJ 引用的便利类。

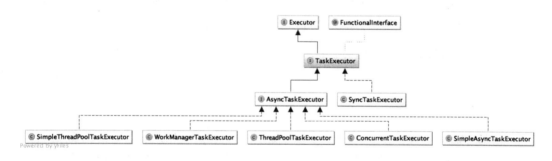

图 6-2

2) TaskScheduler 接口

以上简单介绍了 Spring 内置的多种 TaskExecutor 类型,方便用户根据不同的业务场景来选择使用。接下来看看 TaskScheduler 的定义,代码如下:

```
public interface TaskScheduler {

ScheduledFuture schedule(Runnable task, Trigger trigger);

    ScheduledFuture schedule(Runnable task, Date startTime);

    ScheduledFuture scheduleAtFixedRate(Runnable task, Date startTime, long
```

```
period);

    ScheduledFuture scheduleAtFixedRate(Runnable task, long period);

    ScheduledFuture scheduleWithFixedDelay(Runnable task, Date startTime, long delay);

    ScheduledFuture scheduleWithFixedDelay(Runnable task, long delay);
}
```

TaskScheduler 接口是定时器的抽象，包含了一组方法，用于指定任务执行的时间。Spring 内置提供了两个实现：TimerManagerTaskScheduler 和 ThreadPoolTaskScheduler。如图 6-3 所示。

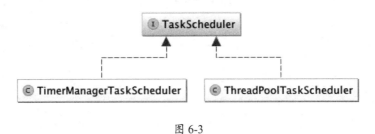

图 6-3

其中，TimerManagerTaskScheduler 是使用 CommonJ TimerManager 实现的；而 ThreadPool TaskScheduler 是使用线程池实现的，同时实现了 TaskExecutor 接口。

3）Trigger 接口

在定时器接口的方法中还可以使用 Trigger 接口，而 Trigger 是抽象了触发任务执行的触发器。Spring 内置提供了两个触发器的实现：PeriodicTrigger 和 CronTrigger，类图关系如图 6-4 所示。

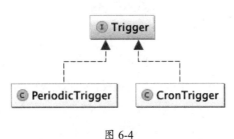

图 6-4

其中，PeriodicTrigger 是直接按照给定的时间间隔触发任务执行的；而 CronTrigger 是使用

Cron 表达式指定在什么时间执行任务的，例如：

```
scheduler.schedule(task, new CronTrigger("0 15 9-17 * * MON-FRI"));
```

接下来具体讲解如何使用 Scheduler 实现定时任务。

Scheduler 使用起来很简单，除 Spring 相关的包外不需要额外的包，而且支持配置文件和注解这两种形式，下面将分别介绍这三种使用方式。

（1）采用配置文件方式。

首先，定义任务，代码如下：

```
import org.springframework.stereotype.Service;

@Service
public class HelloTask {

    public void doTask() {
        System.out.println("hello world");
    }
}
```

然后，在 Spring 配置文件头中添加命名空间及描述：

```
<beans xmlns="http://www.springframework.org/schema/beans"
xmlns:task="http://www.springframework.org/schema/task"
   ...
   xsi:schemaLocation="http://www.springframework.org/schema/task
   http://www.springframework.org/schema/task/spring-task-3.0.xsd">
```

最后，在 Spring 配置文件中设置具体的任务：

```
<bean id="helloTask" class="com.bill.HelloTask"></bean>

<task:scheduled-tasks>
<!-- 每隔10秒执行一次 -->
   <task:scheduled ref="helloTask" method="doTask" cron="*/10 * * * * ?" />
</task:scheduled-tasks>
```

另外，使用 task:scheduler 会注册一个 ThreadPoolTaskScheduler 定时器，它只有一个属性设置线程池的大小，默认是 1，我们需要根据任务的数量指定一个合适的大小，配置示例如下：

```
<task:scheduler id="helloScheduler"
                pool-size="10"/>
```

还可以使用 task:executor 注册一个 ThreadPoolTaskExecutor 执行器，我们可以使用它的相关属性来配置该执行器。在默认情况下执行队列是无限的，可能会导致 JVM 用光所有内存，因此我们最好指定一个确定的数值。还有一个 rejection-policy 属性，指定执行器队列满时的执行策略，默认是 AbortPolicy，直接抛出异常；当系统忙时丢弃某些任务是可接受的，可以使用 DiscardPolicy 或 DiscardOldestPolicy 策略；当系统负载较重时还可以使用 CallerRunsPolicy，它不会将任务交给执行器线程，而是让调用者线程执行该任务。最后一个是 keep-alive 属性，也就是超出线程池数量的线程完成任务之后的存活时间，单位是秒。

```
<task:executor id="helloExecutor"
               pool-size="10"
               queue-capacity="10"/>
```

（2）采用注解方式。

首先，定义任务，代码如下：

```
import org.springframework.scheduling.annotation.Scheduled;
import org.springframework.stereotype.Component;

@Component("helloTask")
public class HelloTask {
@Scheduled(cron = "*/10 * * * * ?")
    public void doTask() {
        System.out.println("hello world");
    }
}
```

添加支持注解的配置：

```
<!-- 定时器注解-->
<task:annotation-driven/>
```

（3）采用在 Spring Boot 中使用的方式。

首先，定义定时任务：

```
@Component
public class HelloTask {

@Scheduled(cron = "*/10 * * * * ?")
    public void doTask() {
        System.out.println("hello world");
    }
}
```

然后，在 Maven 中引入 springboot starter 依赖库：

```xml
<dependency>
<groupId>org.springframework.boot</groupId>
    <artifactId>spring-boot-starter</artifactId>
</dependency>
```

最后，在程序入口的启动类添加@EnableScheduling，开启定时任务功能：

```java
@SpringBootApplication
@EnableScheduling
public class Application {
public static void main(String[] args) {
        SpringApplication.run(Application.class, args);
    }
}
```

Spring Scheduler 除了自身的定时任务功能，还能集成其他定时任务框架，比如 Quartz。

5. Quartz

Quartz 是 OpenSymphony 开源组织在 Job scheduling 领域的又一个开源项目，是一个任务管理系统，可以与 J2EE、J2SE 应用程序相结合，也可以单独使用。Quartz 不仅可以用来创建简单的定时程序，还可以创建可运行成百上千甚至上万个 Job 的复杂定时程序。

Quartz 框架的核心对象如下。

- Job：任务，表示一个工作，为要执行的具体内容，在该接口中只有一个 execute 方法。

- JobDetail：任务的细节，表示一个具体的可执行的调度程序，Job 是这个可执行的调度程序所要执行的内容；JobDetail 还包含了这个任务调度的方案和策略。

- Trigger：触发器，执行任务的规则，比如每天、每小时等，代表一个调度参数的配置，以及在什么时间调用。

- Scheduler：任务调度，代表一个调度容器，在一个调度容器中可以注册多个 JobDetail 和 Trigger；当 Trigger 与 JobDetail 组合时，就可以被 Scheduler 容器调度了。

核心对象之间的关系如图 6-5 所示。

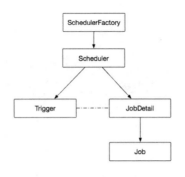

图 6-5

接下来讲解 Quartz 的使用方法，这里简单介绍它与 Spring 及 SpringBoot 集成的方式。

1）Spring 整合 Quartz 集成

（1）引入相关依赖库。Spring 的 Quartz 集成代码在 spring-context-support 包中，还需要 Spring 事务的支持，因此在 Maven 配置中添加以下依赖库：

```xml
<dependency>
    <groupId>org.springframework</groupId>
    <artifactId>spring-context-support</artifactId>
    <version>5.0.2.RELEASE</version>
</dependency>
<dependency>
    <groupId>org.springframework</groupId>
    <artifactId>spring-tx</artifactId>
    <version>5.0.2.RELEASE</version>
</dependency>
<dependency>
    <groupId>org.quartz-scheduler</groupId>
    <artifactId>quartz</artifactId>
    <version>2.3.0</version>
</dependency>
```

（2）定义 Job 任务。Quartz 的任务需要继承 Quartz 的 Job 接口，所以一个典型的任务可以这样写：

```java
public class HelloJob implements Job {
    private String name;

    @Override
    public void execute(JobExecutionContext context) throws
        JobExecutionException {
      System.out.println("hello " + name);
```

```
    }

    public String getName() {
        return name;
    }

    public void setName(String name) {
        this.name = name;
    }
}
```

(3) 为任务 Job 配置 JobDetail。

方法一，用 JobDetailFactoryBean 定义实现了 Job 接口的任务，如果需要添加更多的信息，则可以使用 jobDataAsMap 属性设置：

```xml
<bean id="jobDetail"
class="org.springframework.scheduling.quartz.JobDetailFactoryBean">
    <property name="jobClass" value="com.bill.HelloJob"/>
    <property name="jobDataAsMap">
        <map>
            <entry key="name" value="Quartz"/>
        </map>
    </property>
</bean>
```

方法二，如果任务没有实现 Job 接口，则也可以执行，需要使用 MethodInvokingJobDetailFactoryBean。如果存在任务对象，则使用 targetObject 属性；如果有任务类，则使用 targetClass 属性，示例代码如下：

不继承自 Job 的任务代码如下：

```java
public class HelloTask {

    public void doTask() {
        System.out.println("hello world");
    }
}
```

在 Spring 中的配置如下：

```xml
<bean id="helloTask" class="com.bill.HelloTask"></bean>
<bean id="jobDetail" class="org.springframework.scheduling.quartz.MethodInvokingJobDetailFactoryBean">
    <property name="targetObject" ref="helloTask"/>
    <property name="targetMethod" value="doTask"/>
```

```xml
    <property name="concurrent" value="true"/>
</bean>
```

（4）配置调度触发器。有了任务后就可以定义触发器了。触发器有两个：SimpleTriggerFactoryBean，以指定的间隔重复执行任务，比如，每隔 24 小时触发一次；CronTriggerFactoryBean，以指定的 Cron 表达式执行任务，Cron 表达式非常强大，将在下一小节详细介绍。下面展示这两种方式的示例：

```xml
<bean id="simpleTrigger" class="org.springframework.scheduling.quartz.SimpleTriggerFactoryBean">
    <property name="jobDetail" ref="jobDetail"/>
    <property name="startDelay" value="0"/>
    <property name="repeatInterval" value="1000"/>
</bean>

<bean id="cronTrigger" class="org.springframework.scheduling.quartz.CronTriggerFactoryBean">
    <property name="jobDetail" ref="jobDetail"/>
    <property name="cronExpression" value="*/2 * * * ?"/>
</bean>
```

（5）执行任务。有了触发器后，我们就可以执行任务了。注册一个 SchedulerFactoryBean，然后将触发器以 list 的方式传入，配置如下：

```xml
<bean id="myScheduler" class="org.springframework.scheduling.quartz.SchedulerFactoryBean">
    <property name="triggers">
        <list>
            <ref bean="cronTrigger"/>
            <ref bean="simpleTrigger"/>
        </list>
    </property>
</bean>
```

2）Quartz 与 SpringBoot 集成

（1）添加 Maven 依赖库：

```xml
<dependency>
    <groupId>org.springframework.boot</groupId>
    <artifactId>spring-boot-starter-web</artifactId>
    <version>1.5.9.RELEASE</version>
</dependency>
<dependency>
    <groupId>org.quartz-scheduler</groupId>
    <artifactId>quartz</artifactId>
```

```
        <version>2.3.0</version>
    </dependency>
```

（2）自定义任务类，通过注解实现，代码如下：

```
@Configuration
@Component
@EnableScheduling
public class HelloTask {
    public void sayHello(){
        System.out.println("hello world");
    }
}
```

（3）配置 Quartz 的 Scheduler 调度器。同 Spring 整合一样，这里也有两种配置方式，下面的示例代码中的自定义任务也与前面一样。

第 1 种是使用 JobDetailFactoryBean 进行配置，自定义任务需要实现 Job 接口（同"Spring 整合 Quartz 集成"一节中的 HelloJob 类），可以传递额外的参数给任务 Job：

```
@Bean("jobDetail")
public JobDetailFactoryBean jobDetailFactoryBean(HelloJob job){
JobDetailFactoryBean jobDetailFactoryBean = new JobDetailFactoryBean();
jobDetailFactoryBean.setJobClass(job.getClass());
jobDetailFactoryBean.setDurability(true);
// 额外参数
JobDataMap jobDataMap = new JobDataMap();
jobDataMap.put("name","Quartz");
jobDetailFactoryBean.setJobDataMap(jobDataMap);
return jobDetailFactoryBean;
}
```

第 2 种是使用 MethodInvokingJobDetailFactoryBean 进行配置，自定义任务可以不用实现 Job 接口：

```
@Bean(name = "jobDetail")
public MethodInvokingJobDetailFactoryBean detailFactoryBean(HelloTask task) {
    MethodInvokingJobDetailFactoryBean jobDetail = new MethodInvokingJobDetailFactoryBean();
    //是否并发执行
    jobDetail.setConcurrent(false);
    //为需要执行的实体类对应的对象
    jobDetail.setTargetObject(task);
    //sayHello 为需要执行的方法
    jobDetail.setTargetMethod("sayHello");
    return jobDetail;
}
```

(4)配置 Quartz Scheduler 的 Triggers 触发器。

对于普通的触发器,使用 SimpleTriggerFactoryBean,配置如下:

```
@Bean("simpleTrigger")
public SimpleTriggerFactoryBean simpleTriggerFactoryBean(JobDetailFactoryBean jobDetail){
    SimpleTriggerFactoryBean simpleTriggerFactoryBean = new SimpleTriggerFactoryBean();
    simpleTriggerFactoryBean.setJobDetail(jobDetail.getObject());
    simpleTriggerFactoryBean.setStartDelay(0);
    simpleTriggerFactoryBean.setRepeatInterval(1000);

    return simpleTriggerFactoryBean;
}
```

对于 Cron 触发器,使用 CronTriggerFactoryBean,配置如下:

```
@Bean(name = "cronJobTrigger")
public CronTriggerFactoryBean cronJobTrigger(MethodInvokingJobDetailFactoryBean jobDetail) {
    CronTriggerFactoryBean tigger = new CronTriggerFactoryBean();
    tigger.setJobDetail(jobDetail.getObject());
    // 设置cron表达式,10 秒钟执行一次
    tigger.setCronExpression("*/10 * * * * ?");
    return tigger;
}
```

(5)配置 SchedulerFactoryBean,示例代码如下:

```
@Bean(name = "scheduler")
public SchedulerFactoryBean schedulerFactory(Trigger cronJobTrigger) {
    SchedulerFactoryBean bean = new SchedulerFactoryBean();
    // 用于Quartz集群,QuartzScheduler 启动时会更新已存在的 Job
    bean.setOverwriteExistingJobs(true);
    // 延时启动,应用启动1秒后
    bean.setStartupDelay(1);
    // 注册触发器
    bean.setTriggers(cronJobTrigger);
    return bean;
}
```

(6)SpringBoot 启动类的代码如下:

```
@EnableAutoConfiguration
@ComponentScan
@SpringBootApplication
public class Application {
```

```java
public static void main(String[] args) {
    SpringApplication.run(Application.class,args);
}
}
```

6. Cron 表达式

Cron 表达式的格式为"秒 分 时 日 月 周 年",各字段的具体用法如表 6-1 所示。

表 6-1

字 段 名	允 许 的 值	特 殊 字 符
秒	0-59	, - * /
分	0-59	, - * /
小时	0-23	, - * /
日	1-31	, - * ? / L W
月	1-12 或者 JAN-DEC	, - * /
周几	1-7 或者 SUN-SAT	, - * ? / L #
年（可选字段）	empty，1970-2099	, - * /

其中，特殊字符的含义如下。

- "?"字符：表示不确定的值。

- ","字符：指定数个值。

- "-"字符：指定一个值的范围。

- "/"字符：指定一个值的增加幅度。n/m 表示从 n 开始，每次增加 m。

- "L"字符：用在日表示一个月中的最后一天，用在周表示该月最后一个星期 X。

- "W"字符：指定离给定日期最近的工作日（周一到周五）。

- "#"字符：表示该月第几个周 X。6#3 表示该月第 3 个周五。

Cron 表达式的示例如下。

- 每隔 5 秒执行一次：*/5 * * * * ?

- 每隔 1 分钟执行一次：0 */1 * * * ?

- 每天 23 点执行一次：0 0 23 * * ?

- 每天凌晨 1 点执行一次：0 0 1 * * ?

- 每月 1 号凌晨 1 点执行一次：0 0 1 1 * ?
- 每月最后一天 23 点执行一次：0 0 23 L * ?
- 每周星期天凌晨 1 点实行一次：0 0 1 ? * L
- 在 26 分、29 分、33 分执行一次：0 26,29,33 * * * ?
- 每天的 0 点、13 点、18 点、21 点都执行一次：0 0 0,13,18,21 * * ?

最后推荐大家使用一些工具生成 Cron 表达式，同时能方便测试效果，这里推荐一款在线工具（http://www.pppet.net/），其效果如图 6-6 所示。

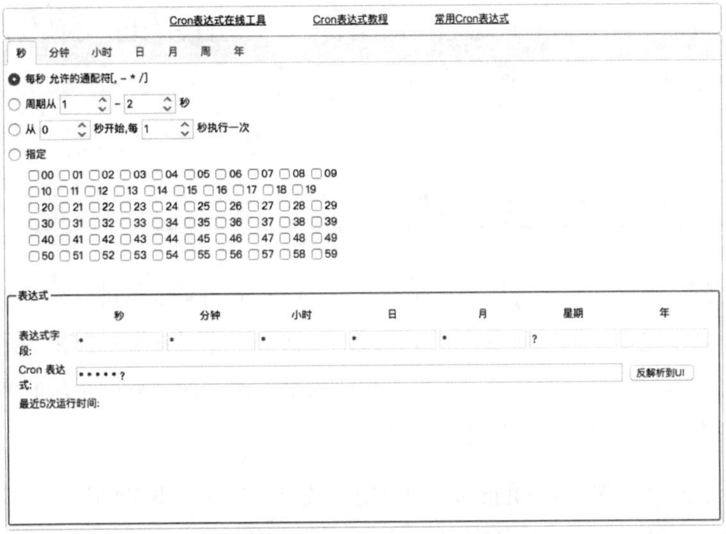

图 6-6

6.2 分布式定时任务

6.1 节介绍了什么是定时任务，以及主流定时器的详细用法，下面讲解定时器的使用场景，以及传统的定时任务存在的问题。

6.2.1 定时任务的使用场景

在很多公司的应用系统中都需要有定时任务调度功能，不管是业务需求、产品运营还是运维管理，都会有定时任务的需求。

- 业务需求：例如，支付系统每天凌晨进行一天的清算，淘宝在整点开始抢购，12306 购票系统超过 30 分钟没有成功支付的订单会被回收处理，订单系统的超时状态判断，购买商品 15 天后的默认好评，卖外系统的送餐超时提醒，等等。
- 产品运营：例如，每天计算统计报表，预约定时活动，商城限时秒杀，等等。
- 运维管理：例如，周期性地进行数据备份，每天的日志归档，心跳监控预警，定时资源同步，定时更新缓存数据，定期构建索引，等等。

6.2.2 传统定时任务存在的问题

对于初创公司来说，公司规模小且业务单一，所有应用系统都可以部署在单台服务器上，以减少部署节点和成本，可以使用前面介绍过的任何一种定时任务机制来满足自己的需求，但这种单一应用架构存在单点的风险。另外，如果需要修改定时调度任务的时间，就需要重新部署整个应用，将会导致整个应用停滞一段时间。

当公司业务越来越多时，All in one 的应用系统已无法满足业务的发展，这时就需要垂直或水平地拆分系统，相应的定时任务调度功能也会被分散到不同的服务器上运行，此时的问题是：集群中的定时任务会被重复执行。

所以，在分布式场景下定时任务的一个问题就是：怎么让某一个定时任务在一个触发时刻上仅有一台服务器在运行。

在通常情况下可以使用下面几种方法来解决重复执行的问题。

1. 只在一台服务器上执行

可以指定所有的调度任务只在固定的单台服务器上执行，虽然该方法解决了重复执行的问题，不过它存在很明显的两个缺陷：单点风险和资源分布不均衡。

- 单点风险：所有调度任务都在单台服务器上执行，当任务执行节点出现问题时，整个定时任务全部终止。
- 资源分配不均衡：随着业务越来越多，相应的定时任务也会增多，单台服务器执行任务的压力会越来越大。

2. 通过配置参数分散运行

可以创建一个配置项，其中包含需要执行的定时任务类名，这样可以在部署服务时手动分散定时任务到不同的服务器上。

比如使用 config.properties 文件配置需要执行的定时任务如下：

```
timeTaskArr=HelloTask,TestTask
```

在实现运行的任务中添加条件判断，代码如下：

```
@Component("helloTask")
public class HelloTask {
@Scheduled(cron = "*/10 * * * * ?")
    public void doTask() {
        if(!timeTaskArr.indexOf(HelloTask.class.getSimpleName())){
            //条件不满足时退出
            return;
        }

        System.out.println("hello world");
    }
}
```

该方法虽然解决了资源分配不均衡的问题，不过依然存在单点风险，同时增加了运维管理难度。

3. 通过全局"锁"互斥执行

可以使用分布式锁来实现，当节点获取到锁时就执行任务，在没有获取到锁时就不执行（抢占执行），这样就解决了多节点重复执行任务的问题。

可以使用 ZooKeeper、Redis 或者数据库等方式来实现分布式锁。接下来采用 Redis 来实现一个简单的分布式锁，示例代码如下：

```java
@Component("helloTask")
public class HelloTask {
@Autowired
    private StringRedisTemplate stringRedisTemplate;

    private static final String KEY = "lock_hello";

    @Scheduled(cron = "*/10 * * * ?")
    public void doTask() {
        boolean lock = false;
        try{
            // 获取锁
            lock = stringRedisTemplate.opsForValue().setIfAbsent("lock_hello", "1");
            if(!lock){
                //获取不到锁，直接退出
                return;
            }

            // 设置超时，防止程序意外终止而导致 key 锁无法释放
            stringRedisTemplate.expire(KEY, 5, TimeUnit.MINUTES);

            //to do something
            System.out.println("hello world");

        }finally{
            // 最终释放锁
            stringRedisTemplate.delete(KEY);
        }

    }
}
```

在程序中调用 setIfAbsent 方法来获取锁，如果返回 true，则说明该 key 值不存在，表示获取到了锁；如果返回 false，则说明该 key 值存在，已经有程序在使用这个 key 值，从而实现了分布式加锁的功能。setIfAbsent 方法封装了 Redis 原生的 SETNX 原子操作。

6.2.3　分布式定时任务及其原理

在前面介绍如何解决集群中定时任务重复执行的问题时，看到了很多分散在各个节点上运

行的定时任务，从而引入了一个概念：分布式定时任务。那么什么是分布式定时任务呢？

分布式定时任务，指的是将集群中分散的、可靠性差的定时任务统一化管理和调度，并实现分布式部署的管理方式。

而分布式定时任务框架则是在分布式环境中防止多节点同时执行相同任务时数据被重复处理的框架，处理方式主要分为"抢占式"和"协同式"，通过集群的节点分担大批量任务的处理，提高批量任务的处理效率。下面介绍这两种方式的区别。

- 抢占式：顾名思义，就是谁先获得资源谁就能执行，这种模式无法将单个任务的数据交给其他节点协同处理，一般用于处理数据量较小、任务较多的场景下。
- 协同式：可以将单个任务处理的数据均分到多个 JVM 中处理，提高数据的并行处理能力，能够充分利用计算机资源。

分布式定时任务的特点如下。

- 高可用性：通过分布式部署保证了系统的高可用性，当其中一个节点挂掉时，其他节点仍然可以使用，没有单点风险。
- 可伸缩性：支持弹性伸缩，可以动态增加、删除节点，也可以通过控制台部署和管理定时任务，方便、灵活、高效。
- 负载均衡：通过集群的方式进行管理调度，可以有效地利用资源，达到负载均衡的效果。
- 失效转移：任务都可以持久化到数据库或文件系统中，避免了宕机和数据丢失带来的隐患，同时有完善的任务失败重做机制和详细的任务跟踪及告警策略。

在分布式定时任务实现原理中最重要的就是分布式锁，而分布式锁是控制分布式系统之间同步访问共享资源的一种方式，在分布式系统中常常需要协调它们的动作。如果在不同的系统或者同一个系统的不同主机之间共享了一个或一组资源，那么访问这些资源的时候，往往需要互斥来防止彼此干扰来保证一致性，在这种情况下便需要用到分布式锁。

分布式锁有 3 种实现方式，如下所述。

（1）基于数据库的实现方式

该实现方式完全依靠数据库的唯一索引来实现，当想要获得锁时，便向数据库中插入一条记录，成功插入则获得锁，执行完成后删除对应的行数据来释放锁。

（2）基于 Redis 的实现方式

这基于 Redis 的 setnx 命令实现的，当缓存里的 key 不存在时，才会设置成功，并且返回 true，否则直接返回 false。如果返回 true，则表示获取到了锁，否则获取锁失败。为了防止死锁，我们再使用 expire 命令对这个 key 设置一个超时时间。

（3）基于 ZooKeeper 的实现方式

ZooKeeper 是一个为分布式应用提供一致性服务的开源组件，它内部是一个分层的文件系统目录树结构，规定在同一个目录下只能有一个唯一文件名。ZooKeeper 的节点有如下几种类型。

- 永久节点：节点创建后，不会因为会话失效而消失。
- 临时节点：与永久节点相反，如果客户端连接失效，则立即删除节点。
- 顺序节点：在指定创建这类节点时，ZooKeeper 会自动在节点名后加一个数字后缀，并且是有序的。

在创建一个节点时，还可以注册一个该节点的监视器（watcher），在节点状态发生改变时，监视器会被触发，同时 ZooKeeper 会向客户端发送一条通知（仅会发送一次）。

根据 ZooKeeper 的这些特性，实现分布式锁的步骤如下。

（1）创建一个锁目录 lock。

（2）如果线程 A 需要获得锁，就在 lock 目录下创建临时顺序节点。

（3）再查询锁目录下所有的子节点，寻找比自己小的兄弟节点，如果不存在，则说明当前线程的顺序号最小，因此可以获得锁。

（4）线程 B 如果也想获取锁，则同样需要查询所有节点，判断自己是不是最小的节点，如果不是，则设置监听比自己值小的节点（只关注比自己值小的节点）。

（5）线程 A 在处理完后，删除自己的节点，线程 B 监听到变更事件，判断自己是不是最小的节点，如果是，则获得锁。

6.3 开源分布式定时任务的用法

6.3.1 Quartz 的分布式模式

6.1.2 节介绍了单机版的 Quartz 的使用方法，接下来详细介绍它的分布式模式。Quartz 的集群部署如图 6-7 所示。

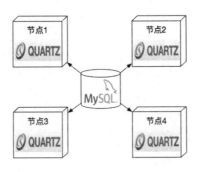

图 6-7

集群中的每个节点都是一个独立的 Quartz 应用，还管理着其他节点。该集群需要分别对每个节点进行启动或停止，不像应用服务器的集群，独立的 Quartz 节点并不与另一个节点或者管理节点通信。Quartz 应用通过数据库表来感知另一个应用的存在，也只有使用了 JobStore 的 Quartz 才具有集群的功能。接下来就开始实现一个基于 Quartz 的分布式定时任务。

1. Quartz 分布式定时任务实战

首先，新建 Maven 项目，添加 Quartz 依赖包，除了 Quartz，还需要 Spring 数据库相关的依赖包，完整的配置如下：

```
<dependencies>
<dependency>
    <groupId>org.springframework</groupId>
    <artifactId>spring-core</artifactId>
    <version>5.0.2.RELEASE</version>
</dependency>
```

```xml
<dependency>
    <groupId>org.springframework</groupId>
    <artifactId>spring-context</artifactId>
    <version>5.0.2.RELEASE</version>
</dependency>
<dependency>
    <groupId>org.springframework</groupId>
    <artifactId>spring-context-support</artifactId>
    <version>5.0.2.RELEASE</version>
</dependency>
<dependency>
    <groupId>org.springframework</groupId>
    <artifactId>spring-tx</artifactId>
    <version>5.0.2.RELEASE</version>
</dependency>
<dependency>
    <groupId>org.springframework</groupId>
    <artifactId>spring-jdbc</artifactId>
    <version>5.0.2.RELEASE</version>
</dependency>

<dependency>
    <groupId>com.mchange</groupId>
    <artifactId>c3p0</artifactId>
    <version>0.9.5.2</version>
</dependency>
<dependency>
    <groupId>mysql</groupId>
    <artifactId>mysql-connector-java</artifactId>
    <version>8.0.8-dmr</version>
</dependency>

<dependency>
    <groupId>org.quartz-scheduler</groupId>
    <artifactId>quartz</artifactId>
    <version>2.3.0</version>
</dependency>

<dependency>
    <groupId>org.quartz-scheduler</groupId>
    <artifactId>quartz-jobs</artifactId>
    <version>2.3.0</version>
</dependency>
</dependencies>
```

然后，创建数据库并初始化表结构。在官网下载最新的Quartz版本（目前最新的版本为2.2.3，

Quartz 官网地址为 http://www.quartz-scheduler.org），解压后在 docs/dbTable 下找到符合自己的数据库的脚本（这里使用 tables_mysql_innodb.sql）。具体的表名和作用如表 6-2 所示。

表 6-2

表 名	描 述
QRTZ_CALENDARS	存储 Quartz 的 Calendar 信息
QRTZ_CRON_TRIGGERS	存储 CronTrigger，包括 Cron 表达式和时区信息
QRTZ_FIRED_TRIGGERS	存储与已触发的 Trigger 相关的状态信息，以及相关 Job 的执行信息
QRTZ_PAUSED_TRIGGER_GRPS	存储已暂停的 Trigger 组的信息
QRTZ_SCHEDULER_STATE	存储少量的有关 Scheduler 的状态信息和 Scheduler 的实例
QRTZ_LOCKS	存储程序的悲观锁的信息
QRTZ_JOB_DETAILS	存储每一个已配置的 Job 的详细信息
QRTZ_JOB_LISTENERS	存储有关已配置的 JobListener 的信息
QRTZ_SIMPLE_TRIGGERS	存储简单的 Trigger，包括重复次数、间隔及已触发的次数
QRTZ_BLOG_TRIGGERS	Trigger 作为 Blob 类型存储
QRTZ_TRIGGER_LISTENERS	存储已配置的 TriggerListener 的信息
QRTZ_TRIGGERS	存储已配置的 Trigger 的信息

然后，在 quartz.properties 配置文件中添加分布式定时任务配置项，具体配置如下：

```
#============================================================================
# Configure Main Scheduler Properties
# Needed to manage cluster instances
#============================================================================
org.quartz.scheduler.instanceName=quartz_test
org.quartz.scheduler.instanceId=AUTO
org.quartz.scheduler.rmi.export=false
org.quartz.scheduler.rmi.proxy=false
org.quartz.scheduler.wrapJobExecutionInUserTransaction=false

org.quartz.threadPool.class=org.quartz.simpl.SimpleThreadPool
org.quartz.threadPool.threadCount=10
org.quartz.threadPool.threadPriority=5
org.quartz.threadPool.threadsInheritContextClassLoaderOfInitializingThread=true

#============================================================================
# Configure JobStore
# Using Spring datasource in quartzJobsConfig.xml
# Spring uses LocalDataSourceJobStore extension of JobStoreCMT
#============================================================================
org.quartz.jobStore.useProperties=false
org.quartz.jobStore.tablePrefix=QRTZ_
```

```
    org.quartz.jobStore.misfireThreshold=60000

    # Enable clustering
    org.quartz.jobStore.isClustered=true
    org.quartz.jobStore.clusterCheckinInterval=5000
    org.quartz.jobStore.txIsolationLevelReadCommitted=true

    # Change this to match your DB vendor
    org.quartz.jobStore.class=org.quartz.impl.jdbcjobstore.JobStoreTX
    org.quartz.jobStore.driverDelegateClass=org.quartz.impl.jdbcjobstore.StdJDBC
Delegate
```

其中主要设置了 org.quartz.jobStore.isClustered=true 来开启集群模式，指定使用数据库的方式存储 JobStore：

```
    org.quartz.jobStore.class=org.quartz.impl.jdbcjobstore.JobStoreTX
    org.quartz.jobStore.driverDelegateClass=org.quartz.impl.jdbcjobstore.StdJDBC
Delegate
```

然后，在 Spring 配置文件中添加 Quartz 相关的配置项，完整的配置如下：

```xml
    <?xml version="1.0" encoding="UTF-8"?>
    <beans xmlns="http://www.springframework.org/schema/beans"
        xmlns:xsi="http://www.w3.org/2001/XMLSchema-instance" xmlns:context=
"http://www.springframework.org/schema/context"
        xsi:schemaLocation="http://www.springframework.org/schema/beans
http://www.springframework.org/schema/beans/spring-beans-4.0.xsd
                            http://www.springframework.org/schema/context
http://www.springframework.org/schema/context/spring-context-4.0.xsd">

    <context:component-scan base-package="com.bill" />

    <bean id="dataSource" class="com.mchange.v2.c3p0.ComboPooledDataSource">
        <property name="driverClass">
            <value>com.mysql.cj.jdbc.Driver</value>
        </property>
        <property name="jdbcUrl">
            <value>jdbc:mysql://localhost:3306/quartz</value>
        </property>
        <property name="user">
            <value>root</value>
        </property>
        <property name="password">
            <value></value>
        </property>
    </bean>
```

```xml
<bean name="taskExecutor" class="org.springframework.scheduling.concurrent.ThreadPoolTaskExecutor">
    <property name="corePoolSize" value="15"/>
    <property name="maxPoolSize" value="25"/>
    <property name="queueCapacity" value="100"/>
</bean>

<!-- 自定义的任务 -->
<bean id="helloTask" class="com.bill.HelloTask"></bean>

<!-- For times when you just need to invoke a method on a specific object -->
<bean id="simpleJobDetail" class="org.springframework.scheduling.quartz.JobDetailFactoryBean">
    <property name="jobClass">
        <value>com.bill.HelloTask</value>
    </property>
    <property name="name" value="doTask"></property>
    <property name="durability" value="true" />
</bean>


<!-- Run the job every 2 seconds with initial delay of 1 second -->
<bean id="simpleTrigger" class="org.springframework.scheduling.quartz.SimpleTriggerFactoryBean">
    <property name="jobDetail" ref="simpleJobDetail" />
    <property name="startDelay" value="1000" />
    <property name="repeatInterval" value="2000" />
</bean>

<!-- Scheduler factory bean to glue together jobDetails and triggers to Configure Quartz Scheduler -->
<bean class="org.springframework.scheduling.quartz.SchedulerFactoryBean">
    <property name="configLocation" value="classpath:/quartz.properties" />
    <property name="dataSource" ref="dataSource" />
    <property name="taskExecutor" ref="taskExecutor"/>
    
    <property name="jobDetails">
        <list>
            <ref bean="simpleJobDetail" />
        </list>
    </property>
    
    <property name="triggers">
        <list>
            <ref bean="simpleTrigger" />
```

```
        </list>
      </property>
    </bean>

</beans>
```

新建一个自定义任务类,代码如下:

```
public class HelloTask implements Job{

    @Override
    public void execute(JobExecutionContext context) throws
JobExecutionException {
        System.out.println("Do something in execute method of quartz");
    }

}
```

最后,启动两个实例,观察执行结果,会发现只有一个实例在运行,如果将运行的实例停止,则会发现另一个实例自动开始执行,达到了分布式定时任务的效果。

2. Quartz 使用经验总结

(1) Quartz 通过数据库实现分布式锁机制

QRTZ_LOCKS 表就是 Quartz 集群实现同步机制的行锁表,其表结构如下:

```
CREATE TABLE `QRTZ_LOCKS` (
  `SCHED_NAME` varchar(120) NOT NULL,
  `LOCK_NAME` varchar(40) NOT NULL,
  PRIMARY KEY (`SCHED_NAME`,`LOCK_NAME`)
) ENGINE=InnoDB DEFAULT CHARSET=utf8;
```

查看 QRTZ_LOCKS 表中的记录,如图 6-8 所示。

```
mysql> select * from QRTZ_LOCKS;
+-------------------------------------------------------+---------------+
| SCHED_NAME                                            | LOCK_NAME     |
+-------------------------------------------------------+---------------+
| org.springframework.scheduling.quartz.SchedulerFactoryBean#0 | STATE_ACCESS  |
| org.springframework.scheduling.quartz.SchedulerFactoryBean#0 | TRIGGER_ACCESS|
+-------------------------------------------------------+---------------+
2 rows in set (0.02 sec)
```

图 6-8

可以看出在 QRTZ_LOCKS 中目前有两条记录,代表两把锁。除此之处,还有 CALENDAR_

ACCESS、JOB_ACCESS、MISFIRE_ACCESS，用于实现多个 Quartz 节点对 Job、Trigger、Calendar 访问的同步控制。

Quartz 利用数据库的行锁机制来保证一次只能有一个线程来操作：加锁➔操作➔释放锁。数据库行锁是一种悲观锁，锁表时其他线程无法查询，因此，如果加锁后进行的操作时间过长，则会带来集群间的主线程等待问题。

（2）在 Quartz 中需要手动设置线程池大小

在 Quartz 中自带了一个线程池的实现：SimpleThreadPool，它只是线程池的一个简单实现，没有提供自动调整线程池大小等功能。所以，Quartz 另外提供了一个配置参数：org.quartz.threadPool.threadCount，通过它可以在初始化时设定线程池的线程数量，但是设定后就不能再修改了，假定其数量是 10，则在并发任务达到 10 个后，再触发的任务就无法被执行了，只能等待有空闲线程时才能被执行。因此有些 trigger 可能被错过执行（misfire）。必须注意的是，这个初始线程数并不是越大越好，当并发线程太多时，系统的整体性能反而会下降，因为系统把很多时间都花在了线程调度上。

（3）Quartz 对 Trigger 和 Job 的两种存储方式

Quartz 中的 Trigger 和 Job 需要存储下来才能使用。在 Quartz 中有两种存储方式：RAMJobStore 和 JobStoreSupport，其中 RAMJobStore 是将 Trigger 和 Job 存储在内存中，而 JobStoreSupport 是基于 JDBC 将 Trigger 和 Job 存储到数据库中。RAMJobStore 的存取速度非常快，但是由于其在系统停止后会丢失所有数据，所以通常在应用中使用 JobStoreSupport。

（4）定时任务被错过执行（misfired）的原因和处理方法

misfired job 是我们在 Quartz 应用中经常遇到的情况。一般来说，有以下几种可能会造成 misfired job。

- 系统因为某些原因被重启。在从系统关闭到重新启动的一段时间里，可能有些任务被 misfire。
- 在 Trigger 被暂停（suspend）的一段时间里，有些任务可能会被 misfire。
- 线程池中的所有线程都被占用，导致任务无法被触发执行，造成 misfire。
- 有状态任务（StatefulJob）在下次触发时间到达时，上次的执行还没有结束。

为了处理 misfired job，Quartz 为 Trigger 定义了处理策略，主要有以下两种。

- MISFIRE_INSTRUCTION_FIRE_ONCE_NOW：针对 misfired job 马上执行一次。
- MISFIRE_INSTRUCTION_DO_NOTHING：忽略 misfired job，等待下次触发。

建议在应用开发中将该设置作为可配置选项，可以在使用的过程中针对已经添加的 Tirgger 动态地配置该选项。

（5）Quartz 中的任务类型

在 Quartz 中，Job 是一个接口，程序需要实现这个接口来定义自己的任务。任务可分为有状态任务和无状态任务两种。

- 无状态任务：一般指可以并发的任务，即任务之间是独立的，不会互相干扰。例如，我们定义一个 trigger，每两分钟执行一次，但是在某些情况下一个任务可能需要 3 分钟才能执行完，这样，在上一个任务还处在执行状态时，下一次触发时间已经到了。对于无状态任务，只要触发时间到了就会被执行，因此几个相同的任务可以并发执行。而有状态任务则不能并发执行，在同一时间只能有一个任务执行。
- 有状态任务：某些任务不能并发执行，否则会造成数据混乱，需要使用有状态任务。例如，任务每两分钟执行一次，若某次任务执行了 5 分钟才完成，则 Quartz 按照 Trigger 的规则，在第 2 分钟和第 4 分钟会分别执行一次预定的触发，但由于是有状态任务，因此实际上并不会被触发。在第 5 分钟对第 1 次任务执行完毕时，Quartz 会把第 2 分钟和第 4 分钟的两次触发作为 misfired job 进行处理。对于 misfired job，Quartz 会查看其 misfire 策略是如何设定的，如果是立刻执行，则会马上启动一次执行，如果是等待下次执行，则会忽略错过的任务，等待下一次（即第 6 分钟）触发执行。有状态任务是通过实现 StatefulJob 接口来实现的。

3. Quartz 中踩过的坑

（1）进行持久化时报未序列化的异常，异常关键信息如下：

```
java.io.NotSerializableException: Unable to serialize JobDataMap for insertion into database because the value of property 'methodInvoker' is not serializable: org.springframework.scheduling.quartz.MethodInvokingJobDetailFactoryBean
```

异常示例:

```xml
<bean id="jobDetail"
      class="org.springframework.scheduling.quartz.MethodInvokingJobDetailFactoryBean">
    <property name="targetObject">
        <ref bean="HelloJob" />
    </property>
    <property name="targetMethod">
        <value>sayHello</value>
    </property>
</bean>
```

其原因为:JobDetail 是通过 FactoryBean 创建的,没有被序列化,因此不能持久化存储 Job。需要自己实现 Quartz 的 Job,并提供一个轻量级的包装类来实现 Job 的持久化操作。

解决方法为:对于持久化的 Job,需要自己继承 org.springframework.scheduling.quartz.QuartzJobBean,同时修改 JobDetailFactoryBean 如下:

```xml
<bean id="jobDetail"
      class="org.springframework.scheduling.quartz.JobDetailFactoryBean">
    <property name="jobClass">
        <value>com.bill.HelloJob</value>
    </property>
    <property name="name" value="helloDetail"></property>
    <property name="durability" value="true" />
</bean>
```

(2)不能通过依赖注入的方式直接获取 Bean 实例。面对这种情况,一般有两种解决方式。

- 第 1 种解决方式是在 Job 中通过 ApplicationContext.getBean("xxx")来获取 Bean 实例。
- 第 2 种解决办法是重写 JobBeanFactory,通过配置 SchedulerFactoryBean 来指定自定义的 FactoryBean,代码如下:

```xml
<bean class="org.springframework.scheduling.quartz.SchedulerFactoryBean">
    ...
    <property name="jobFactory">
        <bean class="com.bill.JobFacotry" />
    </property>
</bean>
```

JobFacotry 类的具体代码如下:

```
import org.quartz.spi.TriggerFiredBundle;
import org.springframework.beans.factory.annotation.Autowired;
```

```
import org.springframework.beans.factory.config.AutowireCapableBeanFactory;
import org.springframework.scheduling.quartz.AdaptableJobFactory;

public class JobFacotry extends AdaptableJobFactory{

  @Autowired
  private AutowireCapableBeanFactory capableBeanFactory;

    @Override
    protected Object createJobInstance(TriggerFiredBundle bundle)
        throws Exception {

      Object jobInstance = super.createJobInstance(bundle);

      capableBeanFactory.autowireBean(jobInstance);

      return jobInstance;
    }
}
```

4. 小结

Quartz 不仅支持单点模式，还支持集群模式，基本上成为 Java 中的定时任务标准。但 Quartz 的关注点在于定时任务而非数据，没有根据数据处理而形成定制化的一套流程。另外，Quartz 是基于数据库实现作业的高可用的，缺少分布式并行调度的功能。其优点是可保证高可用，即使某一个节点挂掉，其他节点仍然可以正常运行；其缺点是抢占式，同一次任务触发只能在一个节点上执行，其他节点不能并行执行该任务，性能低且资源浪费。

6.3.2 TBSchedule

TBSchedule 是由阿里巴巴开源的分布式调度框架，它的使命就是将调度作业从业务系统中分离出来，降低或者消除和业务系统的耦合度。简单来说，TBSchedule 可以使批量的动态变化的任务被动态地分配到多个机器的 JVM 中并行执行，而且有失效转移等优点。TBSchedule 完全由 JAVA 实现，在互联网和电商领域的使用非常广泛，目前被应用于阿里巴巴、淘宝、支付宝、京东、聚美、汽车之家、国美等很多互联网企业的流程调度系统中。TBSchedule 虽然很久没有维护和更新了，但它的设计思想仍值得我们研究和分析，而新型的分布式调度框架也都参考了它的设计思想。接下来主要介绍 TBSchedule 的设计思想和它的使用方法。

1. TBSchedule 的集群化管理

TBSchedule 采用 ZooKeeper 进行统一管理。虽然调用的机器有很多台，甚至可以动态地增加或减少，但是调用配置信息统一采用 ZooKeeper 进行存储，进而完成对调用信息的统一管理。

图 6-9 展示了多主机的网络部署结构。

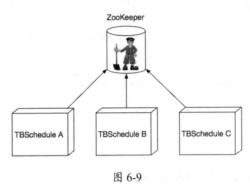

图 6-9

图 6-10 展示了管理控制台下的 ZooKeeper 的配置信息。

图 6-10

2. TBSchedule 的动态可伸缩原理

TBSchedule 在硬件主机与工作处理器之间又抽象出一个调度服务器层 IStrategyTask，通过这个调度服务器层完成解耦。工作处理器 ScheduleProcessor 是真正负责具体任务处理的，工作处理器内部以多线程的方式并行进行任务处理，与调度服务器是一对一的关系。调度服务器依赖当前可以使用的主机数量进行自定义分配或均匀分配。均匀分配时，例如，若当前的可用主机为两台，调度服务器被设定为 6，那么每台主机启动 3 个调度服务器；若主机动态地变化为 3 台，则每台主机也被动态地调整为保持两个调度服务器，以此类推。失效转移与横向扩容也依赖于此。

借助于 ZooKeeper，每台硬件主机的加入与退出都对应 ZooKeeper 下的一个临时节点，当主机可正常访问时，在 ZooKeeper 指定的目录下会保持此主机的 ID；但当主机无法正常访问时，在 ZooKeeper 指定的目录下该主机的 ID 会消失。如图 6-11 和图 6-12 所示。

图 6-11

图 6-12

3. TBSchedule 的分片机制

TBSchedule 可以将批量任务进行分片，分片的逻辑由 TBSchedule 使用方根据具体业务自行定义，一个分片对应一个调度处理器，但一个调度处理器可对应多个任务分片，进而由调度处理器对应的工作处理器进行并行处理。要注意，TBSchedule 可保障调度任务被不重复、不缺失地调用，但对调用逻辑成功或失败的后续处理需要使用方自行保障，不能认为被调用了就一定会成功。

4. TBSchedule 的两种处理器模式及对比

（1）Sleep 执行模式

当某一个线程任务处理完毕，从任务池中取不到任务的时候，会检查其他线程是否处于活动状态。如果是，则自己休眠；如果其他线程都已经因为没有任务进入休眠，当前线程是最后一个活动线程，则调用业务接口，获取需要处理的任务并放入任务池中，同时唤醒其他休眠线程开始工作。

（2）NotSleep 执行模式

当一个线程任务处理完毕，从任务池中取不到任务时，便立即调用业务接口获取需要处理的任务并放入任务池中。

（3）两种模式的区别

Sleep 模式在实现逻辑上相对简单清晰，但存在大任务处理时间长并导致其他线程不工作的情况。

在 NotSleep 模式下缩短了线程休眠的时间，避免了大任务阻塞的情况，但为了避免数据被重复处理，增加了 CPU 在数据比较上的开销。同时要求业务接口实现对象的比较接口。

在对任务处理不允许停顿的情况下建议用 NotSleep 模式，在其他情况下建议用 Sleep 模式。

5. TBSchedule 实战

首先，添加依赖库。在项目中使用 TBSchedule 时需要依赖 ZooKeeper、TBSchedule。具体的 Maven 配置如下：

```xml
<dependency>
    <groupId>org.apache.zookeeper</groupId>
    <artifactId>zookeeper</artifactId>
    <version>3.4.11</version>
    <type>pom</type>
</dependency>
<dependency>
    <groupId>com.taobao.pamirs.schedule</groupId>
    <artifactId>tbschedule</artifactId>
    <version>3.2.18</version>
</dependency>
```

然后，通过与 Spring 容器的集成使用，在 Spring 配制文件中添加以下配置项：

```xml
<?xml version="1.0" encoding="GBK"?>
<!DOCTYPE beans PUBLIC "-//SPRING//DTD BEAN//EN" "http://www.springframework.org/dtd/spring-beans.dtd">
<beans default-autowire="byName">
```

```xml
        <bean id="helloTask" class="com.bill.HelloTask"/>

        <bean id="scheduleManagerFactory" class="com.taobao.pamirs.schedule.strategy.TBScheduleManagerFactory"
            init-method="init">
            <property name="zkConfig">
                <map>
                    <entry key="zkConnectString" value="localhost:2181" />
                    <entry key="rootPath" value="/schedule/hello" />
                    <entry key="zkSessionTimeout" value="60000" />
                    <entry key="userName" value="admin" />
                    <entry key="password" value="123456" />
                    <entry key="isCheckParentPath" value="true" />
                </map>
            </property>
        </bean>
</beans>
```

配置文件做了两件事，一件是在当前节点初始化 TBSchedule，其中包括了 ZooKeeper 的配置信息；另一件是注入 HelloTask 任务类。

然后，通过实现 IScheduleTaskDealSingle 接口来定义任务类。示例代码如下：

```java
package com.bill;

import java.util.ArrayList;
import java.util.Comparator;
import java.util.Date;
import java.util.List;
import org.slf4j.Logger;
import org.slf4j.LoggerFactory;
import com.taobao.pamirs.schedule.IScheduleTaskDealSingle;
import com.taobao.pamirs.schedule.TaskItemDefine;

/**
 * 单个任务处理实现
 */
public class HelloTask implements IScheduleTaskDealSingle<String> {
    protected static transient Logger log = LoggerFactory.getLogger(DemoTaskBean.class);
    private int num=0;
    public Comparator<String> getComparator() {
        return new Comparator<String>() {
            public int compare(String o1, String o2) {
                return o1.compareTo(o2);
            }
```

```java
            public boolean equals(Object obj) {
                return this == obj;
            }
        };
    }

    public List<String> selectTasks(String taskParameter, String ownSign, int taskItemNum,
            List<TaskItemDefine> queryCondition, int fetchNum) throws Exception {
        //这个是负责查询任务的
        List<String> result = new ArrayList<String>();
        if(num<6){
            for (int i=0;i<10;i++) {
                result.add(""+(num*100+i));
            }
        num++;
        }else{
            result.clear();
            num=999;//代表无任务可做了
        }
        System.out.println(num+" selectTasks end."+new Date());
        return result;
    }

    public boolean execute(String task, String ownSign) throws Exception {
        //这个是负责执行任务的
        Thread.sleep(5000);
        System.out.println("处理任务"+new Date()+"["+ownSign+"]:" + task);
        return true;
    }
}
```

最后，通过主程序启动 TBSchedule 分布式定时任务，示例代码如下：

```java
package com.bill;

import java.util.ArrayList;
import java.util.HashMap;
import java.util.List;
import java.util.Map;
import java.util.Properties;
import org.springframework.context.ApplicationContext;
import org.springframework.context.support.ClassPathXmlApplicationContext;
import com.taobao.pamirs.schedule.strategy.ScheduleStrategy;
import com.taobao.pamirs.schedule.strategy.TBScheduleManagerFactory;
import com.taobao.pamirs.schedule.taskmanager.ScheduleTaskType;
```

```java
public class App
{
    public static void main( String[] args ) throws Exception
    {
        App app=new App();
        app.taskTest();
    }

    public void taskTest() throws Exception{
        System.out.println("taskTest begin.");
        ApplicationContext ctx = new ClassPathXmlApplicationContext(
            "schedule.xml");

        TBScheduleManagerFactory scheduleManagerFactory=(TBScheduleManagerFactory) ctx.getBean("scheduleManagerFactory");
        String baseTaskTypeName = "DemoTask";
        while(scheduleManagerFactory.isZookeeperInitialSucess() == false){
            Thread.sleep(1000);
        }
        scheduleManagerFactory.stopServer(null);
        Thread.sleep(1000);
        try {
            scheduleManagerFactory.getScheduleDataManager()
                .deleteTaskType(baseTaskTypeName);
        } catch (Exception e) {

        }
        // 创建任务调度HelloTask的基本信息
        ScheduleTaskType baseTaskType = new ScheduleTaskType();
        baseTaskType.setBaseTaskType(baseTaskTypeName);
        baseTaskType.setDealBeanName("demoTaskBean");
        baseTaskType.setHeartBeatRate(2000);
        baseTaskType.setJudgeDeadInterval(10000);
        baseTaskType.setTaskParameter("a=aaaaa,b=bbb");
        baseTaskType.setTaskItems(ScheduleTaskType.splitTaskItem(
            "0:{TYPE=A,KIND=1},1:{TYPE=A,KIND=2},2:{TYPE=A,KIND=3},3:{TYPE=A,KIND=4}"));
        baseTaskType.setMaxTaskItemsOfOneThreadGroup(1);
        baseTaskType.setExecuteNumber(1);
                            // 只在Bean实现IscheduleTaskDealMulti时才生效
        baseTaskType.setThreadNumber(4);//线程数
        baseTaskType.setFetchDataNumber(20);//每次获取数据量:
        baseTaskType.setSleepTimeNoData(1000);

        scheduleManagerFactory.getScheduleDataManager()
            .createBaseTaskType(baseTaskType);
        System.out.println("创建调度任务成功:" + baseTaskType.toString());
```

```java
        // 创建任务 DemoTask 的调度策略
        String taskName = baseTaskTypeName + "$TEST";
        String strategyName = baseTaskTypeName +"-Strategy";
        try {
            scheduleManagerFactory.getScheduleStrategyManager()
                    .deleteMachineStrategy(strategyName,true);
        } catch (Exception e) {
            e.printStackTrace();
        }
        ScheduleStrategy strategy = new ScheduleStrategy();
        strategy.setStrategyName(strategyName);
        strategy.setKind(ScheduleStrategy.Kind.Schedule);
        strategy.setTaskName(taskName);
        strategy.setTaskParameter("中国");//逗号分隔的 Key-Value。 对任务类型为
//Schedule 的无效,需要通过任务管理来配置
        strategy.setNumOfSingleServer(0);//单 JVM 最大为线程组数量,如果是 0,则表示没
//有限制.每台机器运行的线程组数量 =总量/机器数
        strategy.setAssignNum(2);//所有服务器总共运行的最大数量
        strategy.setIPList("127.0.0.1".split(","));
        scheduleManagerFactory.getScheduleStrategyManager()
                .createScheduleStrategy(strategy);
        System.out.println("创建调度策略成功:" + strategy.toString());
    }

    public static String[] splitTaskItem(String str){
     List<String> list = new ArrayList<String>();
        int start = 0;
        int index = 0;
     while(index < str.length()){
        if(str.charAt(index)==':'){
            index = str.indexOf('}', index) + 1;
            list.add(str.substring(start,index).trim());
            while(index <str.length()){
                if(str.charAt(index) ==' '){
                    index = index +1;
                }else{
                    break;
                }
            }
            index = index + 1; //跳过逗号
            start = index;
        }else if(str.charAt(index)==','){
            list.add(str.substring(start,index).trim());
            while(index <str.length()){
                if(str.charAt(index) ==' '){
                    index = index +1;
```

```
            }else{
                break;
            }
        }
        index = index + 1; //跳过逗号
        start = index;
    }else{
        index = index + 1;
    }
}
if(start < str.length()){
    list.add(str.substring(start).trim());
}
return (String[]) list.toArray(new String[0]);
}
```

6. TBSchedule 的控制台安装

（1）从 http://code.taobao.org/p/tbschedule/src/trunk/ 下载 TBSchedule 的所有代码和文档。

（2）配置 Web 服务器，将 console\ScheduleConsole.war 复制到我们自己的 Web 服务器中运行即可（因为没有做仔细的兼容性测试，所以建议使用 IE8）。

（3）启动浏览器 http://localhost/index.jsp?manager=true，通过 Console 来检查配置数据是否正确，第一次运行的时候，会要求输入 ZooKeeper 的相关配置信息，如图 6-13 所示。

图 6-13

7. 小结

TBSchedule 的使用场景非常广泛，例如定时数据同步、日志上报，等等。不同于 Quartz 的抢占式任务调度，TBSchedule 更侧重于任务多分片的并行处理，基于分布式集群提高了任务处理能力，同时保证了可伸缩、高可用、高并发和不重复执行等特性。

6.3.3 Elastic-Job

Elastic-Job 是当当网开源的分布式调度解决方案，功能非常丰富，支持任务分片功能，能充分利用资源。任务分片也是 Quartz 所做不到的地方。Elastic-Job 由两个相互独立的子项目 Elastic-Job-Lite 和 Elastic-Job-Cloud 组成。Elastic-Job-Lite 被定位为轻量级无中心化解决方案，通过 Jar 包的形式提供分布式任务的协调服务。而 Elastic-Job-Cloud 使用 Mesos + Docker 的解决方案，额外提供资源治理、应用分发及进程隔离等服务。Elastic-Job 的官方教程非常详细，参见 http://elasticjob.io/index_zh.html。本节主要采用 Elastic-Job-Lite 项目介绍 Elastic-Job，其整体架构如图 6-14 所示（图片来自 Elastic-Job 官网）。

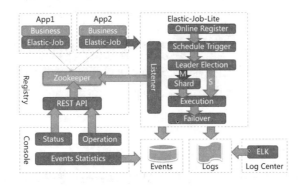

图 6-14

1. Elastic-Job 的特点

Elastic-Job 具有分布式调度、作业高可用、任务分片执行及定制化流程任务等特点，具体说明如下。

（1）分布式调度。Elastic-Job 重写了 Quartz 基于数据库的分布式功能，改用 ZooKeeper 实现注册中心。它没有作业调度中心节点，而是基于部署作业框架的程序在到达相应时间点时各自触发调度。注册中心仅用于作业注册和监控信息存储。而主作业节点仅用于处理分片和清理等功能。

（2）作业高可用。Elastic-Job 提供了非常安全的执行作业方式。比如，如果将分片总数设置为 1，并使用多于 1 台的服务器执行作业，则作业将会以 1 主 n 从的方式执行。一旦执行作业的服务器崩溃，等待执行的服务器将会在下次作业启动时替补执行。再加上开启失效转移功能，高可用效果更好，可以保证在本次作业执行崩溃时，备机立即启动替补执行。

（3）任务分片执行。Elastic-Job 提供了更灵活且更大限度地提高执行作业的吞吐量的方式，这就是任务的分布式执行，它需要将一个任务拆分为多个独立的任务项，然后由分布式的服务器分别执行某一个或几个分片项。

在实际使用的过程中，我们通常将分片项设置为大于服务器的数量，最好是大于服务器倍数的数量，作业将会合理地利用分布式资源，动态地分配分片项。例如，有 3 台服务器，被分成 10 片，则分片项的分配结果为：服务器 A=0,1,2；服务器 B=3,4,5；服务器 C=6,7,8,9。如果服务器 C 崩溃，则分片项的分配结果为：服务器 A=0,1,2,3,4；服务器 B=5,6,7,8,9。在不丢失分片项的情况下，可更大限度地利用现有的资源来提高吞吐量。

（4）定制化流程任务。作业可分为简单类型和数据流类型两种模式，数据流又分为高吞吐处理模式和顺序性处理模式，其中高吞吐处理模式可以开启足够多的线程快速地处理数据，而顺序性处理模式将每个分片项分配到一个独立线程上，用于保证同一分片的顺序性。

2. Elastic-Job 的实现

Elastic-Job 有两种实现方式：一种是通过 API 实现；另一种是通过与 Spring 集成实现。

1）第 1 种方式，通过 API 方式实现

首先，在 Maven 配置文件中添加所依赖的库，配置如下：

```
<dependencies>
    <dependency>
        <groupId>org.springframework</groupId>
        <artifactId>spring-core</artifactId>
        <version>5.0.2.RELEASE</version>
    </dependency>
    <dependency>
        <groupId>org.springframework</groupId>
        <artifactId>spring-context</artifactId>
```

```xml
        <version>5.0.2.RELEASE</version>
    </dependency>
    <dependency>
        <groupId>com.dangdang</groupId>
        <artifactId>elastic-job-lite-core</artifactId>
        <version>2.1.5</version>
    </dependency>
</dependencies>
```

其次，定义任务类：

```java
public class HelloJob implements SimpleJob {
    @Override
    public void execute(ShardingContext shardingContext) {
        System.out.println("hello world");
    }
}
```

然后，使用 API 接口配置作业信息：

```java
/**
 * 创建作业配置
 */
private static LiteJobConfiguration createJobConfiguration() {
    // 定义作业的核心配置
    JobCoreConfiguration coreConfig = JobCoreConfiguration.newBuilder("hello SimpleJob", "0/10 * * * * ?", 1).build();
    // 定义 SIMPLE 类型的配置
    SimpleJobConfiguration jobConfig = new SimpleJobConfiguration(coreConfig, HelloJob.class.getCanonicalName());
    // 定义 Lite 作业配置
    LiteJobConfiguration JobRootConfig = LiteJobConfiguration.newBuilder(jobConfig).build();
    return JobRootConfig;
}
```

最后，在 main 方法中启动作业，完整的代码如下：

```java
public class App {
    public static void main(String[] args) {
        new JobScheduler(createRegistryCenter(), createJobConfiguration()).init();
    }

    /**
     * 配置 ZooKeeper 注册中心
     */
    private static CoordinatorRegistryCenter createRegistryCenter() {
```

```java
            CoordinatorRegistryCenter regCenter = new ZookeeperRegistryCenter(new
ZookeeperConfiguration("127.0.0.1:2181", "helloTask"));
            regCenter.init();
            return regCenter;
    }

    /**
     *创建作业配置
     */
    private static LiteJobConfiguration createJobConfiguration() {
        // 定义作业的核心配置
        JobCoreConfiguration coreConfig = JobCoreConfiguration.newBuilder
("helloSimpleJob", "0/10 * * * * ?", 1).build();
        // 定义SIMPLE类型的配置对象
        SimpleJobConfiguration jobConfig = new SimpleJobConfiguration(coreConfig,
HelloJob.class.getCanonicalName());
        // 定义Lite作业配置对象
        LiteJobConfiguration JobRootConfig = LiteJobConfiguration.newBuilder
(jobConfig).build();
        return JobRootConfig;
    }
}
```

2）第2种，通过与Spring集成实现

首先，在前面"通过API实现"的基础上再添加Spring命名空间的依赖包，Maven的配置如下：

```xml
<dependency>
    <groupId>com.dangdang</groupId>
    <artifactId>elastic-job-lite-spring</artifactId>
    <version>2.1.5</version>
</dependency>
```

然后，定义任务类，同"通过API实现"中的一样。

其次，在Spring配置文件中配置作业，这是与使用API实现的不同之处：

```xml
<?xml version="1.0" encoding="UTF-8"?>
<beans xmlns="http://www.springframework.org/schema/beans"
       xmlns:xsi="http://www.w3.org/2001/XMLSchema-instance"
       xmlns:reg="http://www.dangdang.com/schema/ddframe/reg"
       xmlns:job="http://www.dangdang.com/schema/ddframe/job"
       xsi:schemaLocation="http://www.springframework.org/schema/beans
            http://www.springframework.org/schema/beans/spring-beans.xsd
            http://www.dangdang.com/schema/ddframe/reg
```

```
            http://www.dangdang.com/schema/ddframe/reg/reg.xsd
            http://www.dangdang.com/schema/ddframe/job
            http://www.dangdang.com/schema/ddframe/job/job.xsd">

    <!--配置作业注册中心 -->
    <reg:zookeeper id="regCenter" server-lists="127.0.0.1:2181" namespace="hello" base-sleep-time-milliseconds="1000" max-sleep-time-milliseconds="3000" max-retries="3" />

    <!-- 配置作业-->
    <job:simple id="helloSpring" class="com.bill.HelloJob" registry-center-ref="regCenter" cron="0/10 * * * * ?" sharding-total-count="3" sharding-item-parameters="0=A,1=B,2=C" />
</beans>
```

最后，启动作业。将配置 Spring 命名空间的 xml 通过 Spring 启动，作业将自动加载，代码如下：

```
public class App {
    public static void main(String[] args) throws Exception {
        ClassPathXmlApplicationContext context = new ClassPathXmlApplicationContext(new String[] {"applicationContext.xml"});
        context.start();
        System.in.read();  // 按任意键退出
    }
}
```

3. Elastic-Job 用法详解

Elastic-Job-Lite 和 Elastic-Job-Cloud 提供统一的作业接口，开发者仅需对业务作业进行一次性开发，便可根据不同的配置而部署至不同的 Lite 或 Cloud 环境下。

Elastic-Job 提供了 Simple、Dataflow 和 Script 这 3 种作业类型。这些作业类型中的方法都有一个 shardingContext 参数，包含了作业的配置、作业分片和运行时信息，可以通过该参数的 getShardingTotalCount() 和 getShardingItem() 等方法分别获取分片总数和运行在本作业服务器上的分片序列号等。

1）Simple 类型作业

为简单实现的未经过任何封装的类型作业，需要实现 SimpleJob 接口，该接口提供了一个 execute 方法用于作业的调度，它与 Quartz 原生接口相似，但提供了弹性可伸缩和任务分片等功能，示例代码如下：

```java
public class HelloJob implements SimpleJob {

    @Override
    public void execute(ShardingContext context) {
        switch (context.getShardingItem()) {
            case 0:
                // do something by sharding item 0
                break;
            case 1:
                // do something by sharding item 1
                break;
            case 2:
                // do something by sharding item 2
                break;
            // case n: ...
        }
    }
}
```

2) Dataflow 类型作业

用于处理数据流，需要实现 DataflowJob 接口，该接口提供了两个方法，分别用于抓取（fetchData）和处理（processData）数据，示例代码如下：

```java
public class HelloJob implements DataflowJob<User> {

    @Override
    public List<Foo> fetchData(ShardingContext context) {
        switch (context.getShardingItem()) {
            case 0:
                List<Foo> data = // get data from database by sharding item 0
                return data;
            case 1:
                List<Foo> data = // get data from database by sharding item 1
                return data;
            case 2:
                List<Foo> data = // get data from database by sharding item 2
                return data;
            // case n: ...
        }
    }

    @Override
    public void processData(ShardingContext shardingContext, List< User > data) {
        // process data
```

```
            // ...
        }
}
```

可通过 DataflowJobConfiguration 配置是否流式处理。流式处理数据只有 fetchData 方法的返回值为 null 或集合长度为空时，作业才停止抓取，否则作业将一直运行下去。非流式处理数据则只会在每次作业执行的过程中执行一次 fetchData 和 processData 方法，随即完成本次作业。

如果采用 Dataflow 类型作业处理，则建议 processData 在处理数据后更新其状态，避免 fetchData 再次抓取到重复的数据，使得作业永远运行下去。流式数据处理是参照 TbSchedule 而设计的，适用于不间歇的数据处理。

3）Script 类型作业

为脚本类型的作业，支持 Shell、Python、Perl 等所有类型的脚本，只需通过控制台或代码配置 scriptCommandLine，无须编码。执行脚本路径可包含参数，在参数传递完毕后，作业框架会自动追加最后一个参数为作业运行时的信息，代码如下：

```
#!/bin/bash
echo sharding execution context is $*
```

4. Elastic-Job 的运维管理平台

首先，从 GitHub 克隆 elastic-job-lite 项目的源代码，具体参考 GitHub 官网地址：https://github.com/elasticjob/elastic-job-lite。

然后，通过 Maven 编译安装，具体的安装命令如下：

```
mvn clean install -Dmaven.test.skip=true
```

当出现 Build Success 提示时，代表编译安装成功，如图 6-15 所示。

其次，在编译好的目录下找到 elastic-job-lite-console-3.0.0.tar.gz 压缩包，解压后，在 bin 目录下启动脚本（在 conf 目录下是配置文件），比如，auth.properties 为用户登录时的帐号和密码配置文件。

最后，在 bin 目录下启动管理平台，并访问 localhost:8899，这时可以使用默认的用户名和密码 root 进行登录，如图 6-16 所示。

图 6-15

图 6-16

在注册中心的配置菜单下添加注册中心,如图 6-17 所示。

图 6-17

在作业维度菜单下可以看到目前的任务状态并进行相关操作，如图 6-18 所示。

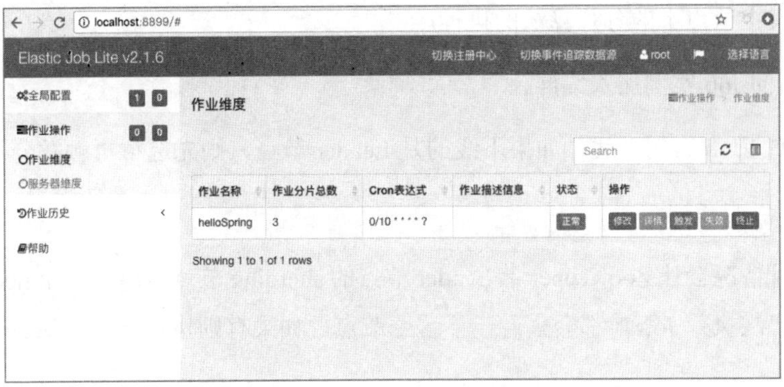

图 6-18

还可以修改作业的内容，如图 6-19 所示。

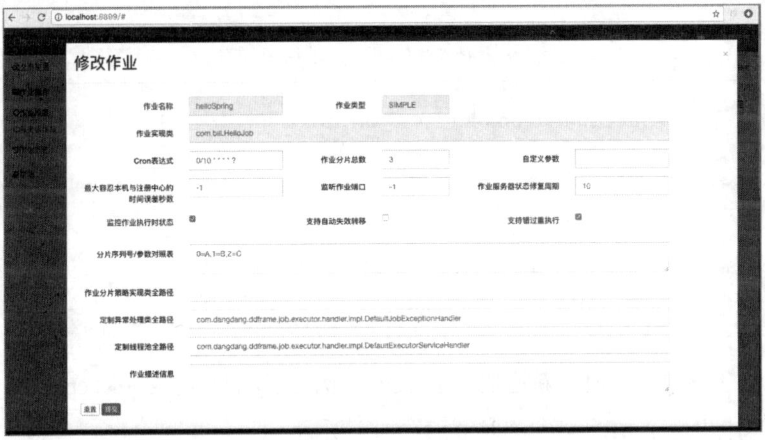

图 6-19

5. 实现任务分片机制

数据分片的目的在于将一个任务分散到不同的机器上运行，既可以解决单机计算能力有限的问题，也能减少部分任务失败对整体系统的影响。Elastic-Job 并不直接提供数据处理功能，只会将分片项分配到各个运行中的作业服务器上，开发者需要自行处理分片项与真实数据的对应关系，同时要注意任务失败重试的幂等性。

Elastic-Job 的分片是通过 ZooKeeper 来实现的。任务的分片是由主节点分配的，以下三种情况都会触发主节点上的分片算法的执行。

- 有新的 Job 实例加入集群。
- 现有的 Job 实例下线，如果下线的是 Leader 节点，则先选举再触发分片算法的执行。
- 主节点的选举。

上述三种情况会让 ZooKeeper 上 Leader 节点的 sharding 节点多出来一个 necessary 的临时节点，主节点每次执行 Job 前都会去看一下这个节点，如果有则执行分片算法。

我们可以通过 zkCli 命令连接到 ZooKeeper 中，然后使用 ls /hello 命令看到该命名空间（namespace）下的作业信息，具体操作步骤如下：

```
$ zkCli
Connecting to localhost:2181
Welcome to ZooKeeper!
JLine support is enabled
WATCHER::
WatchedEvent state:SyncConnected type:None path:null

[zk: localhost:2181(CONNECTED) 1] ls /
[hello, zookeeper]
[zk: localhost:2181(CONNECTED) 2] ls /hello
[helloSpring]
[zk: localhost:2181(CONNECTED) 3] ls /hello/helloSpring
[leader, servers, config, instances, sharding]
```

在模拟以上三种情况时（新增加一个 Job 实例），我们发现 ZooKeeper 中 Leader 节点的 sharding 信息中出现了 necessary 临时节点，如下所示：

```
[zk:localhost:2181(CONNECTED) 17] ls /hello/helloSpring/leader/sharding
[necessary]
```

分片的执行结果会被存储在 ZooKeeper 上，如下所示有 3 个分片，已分配好每个分片应该由哪个 Job 实例来运行。分配的过程就是上面触发分片算法之后的操作。在分配完成之后，各 Job 实例就会在下次执行时使用这个分配结果。具体情况如下：

```
[zk: localhost:2181(CONNECTED) 31] ls /hello/helloSpring/sharding
[0, 1, 2]
[zk: localhost:2181(CONNECTED) 32] get /hello/helloSpring/sharding/0/instance
192.168.168.101@-@37176
cZxid = 0x4d792
```

```
ctime = Sun Jan 14 21:07:30 CST 2018
mZxid = 0x4d792
mtime = Sun Jan 14 21:07:30 CST 2018
pZxid = 0x4d792
cversion = 0
dataVersion = 0
aclVersion = 0
ephemeralOwner = 0x0
dataLength = 23
numChildren = 0
```

每个 Job 实例任务在触发前都会获取本任务在本实例上的分片情况，然后封装成 shardingContext 参数传递给调用任务的实际执行方法，代码如下：

```
public class HelloJob implements SimpleJob {

    @Override
    public void execute(ShardingContext context) {
        ...
    }
}
```

6. 分片策略

我们根据当前注册到 ZooKeeper 的实例列表和在客户端配置的分片数量来进行数据分片，最终将每个 Job 实例应该获得的分片数返回。分片只会在 leader 选举时触发，也就是说只会在刚启动和 leader 节点离开时触发，并且是在 leader 节点上触发，而在其他节点上不会触发。分片策略如下。

1) 基于平均分配算法的分片策略

该策略对应的类是 AverageAllocationJobShåardingStrategy，它是默认的分片策略，分片效果如下。

- 如果有 3 个 Job 实例，分成 9 片，则每个 Job 实例分到的分片是：1=[0,1,2]；2=[3,4,5]；3=[6,7,8]。

- 如果有 3 个 Job 实例，分成 8 片，则每个 Job 实例分到的分片是：1=[0,1,6]；2=[2,3,7]；3=[4,5]。

- 如果有 3 个 Job 实例，分成 10 片，则每个 Job 实例分到的分片是：1=[0,1,2,9]；2=[3,4,5]；

3=[6,7,8]。

2）根据作业名的哈希值奇偶数决定 IP 升降序算法的分片策略

该策略对应的类是 OdevitySortByNameJobShardingStrategy，其内部其实也是使用 AverageAllocationJobShardingStrategy 实现的，只是在传入的节点实例顺序上不一样。AverageAllocationJobShardingStrategy 的缺点是一旦分片数小于 Job 实例数，则作业将永远被分配到 IP 地址靠前的 Job 实例上，导致 IP 地址靠后的 Job 实例空闲。OdevitySortByNameJobShardingStrategy 则可以根据作业名称重新分配 Job 实例负载。如下所述。

- 如果有 3 个 Job 实例，分成两片，作业名称的哈希值为奇数，则每个 Job 实例分到的分片是：1=[0]；2=[1]；3=[ ]。
- 如果有 3 个 Job 实例，分成两片，作业名称的哈希值为偶数，则每个 Job 实例分到的分片是：3=[0]；2=[1]；1=[ ]。

3）根据作业名的哈希值对服务器列表进行轮转的分片策略

该策略对应的类是 RotateServerByNameJobShardingStrategy，和上面介绍的策略一样，其内部同样是用 AverageAllocationJobShardingStrategy 实现的，也是在传入的列表顺序上不同。

4）自定义分片策略

除了可以采用上述分片策略，Elastic-Job 还允许采用自定义分片策略。我们可以自己实现 JobShardingStrategy 接口，并且配置到分片方法上，整个过程比较简单。下面列出通过配置 Spring 来采用自定义的分片策略的例子：

```
<job:simple id="..."
job-sharding-strategy-class="nick.test.elasticjob.MyJobShardingStrategy"/>
```

7. 小结

我们在本节中学习了 Elastic-Job 核心的功能，并且通过一个简单的实战操作，已经能够顺利地使用它了。Elastic-Job 的功能非常丰富，还包括事件追踪、作业运行状态监控、DUMP 作业运行信息、作业监听器、自诊断修复、定制化处理等，如果想更深入地学习它，则请参考其官网文档。

第 7 章
RPC 服务的发展历程和对比分析

在移动互联网高速发展的今天,为了应对不断增长的用户量及海量的请求,互联网应用的后端基本都是规模庞大的分布式集群,而 RPC(远程过程调用)系统便是其中的核心技术,各类应用的后台服务化系统大多采用 RPC 系统构建而成。

RPC 是一种通过网络从远程计算机程序上请求服务来得到计算服务或者数据服务,且不需要了解底层网络技术的协议和框架。之前风靡一时的 HTTP RESTful 服务在远程通信技术上已经不再独树一帜了,RPC 技术也占有了一定的市场而且趋于成熟、应用广泛。

正是有了 RPC 等优秀的开源技术的支撑,才会出现当前的互联网创业潮,更出现互联网界百家争鸣的盛世,因为它们简化了复杂业务的开发难度,对整个系统的扩展性和伸缩性有很好的保障,而且通过服务化大大增加了应用系统和互联网系统开发的敏捷性,便于快速开发应用、上线和验证市场。

在高速发展的互联网行业里,RPC 是个永远不过时的话题,本章从 RPC 的工作原理、发展背景开始,介绍 RPC 协议和框架的核心要点,最后对主流的 RPC 框架进行介绍,让读者对每一种 RPC 框架都有一个初体验。

7.1　什么是 RPC 服务

1984 年，Birrell 和 Nelson 设计了一种在当时看起来很先进的通信机制，允许一台机器上的程序调用另一台机器上的程序，当 A 机器上的程序调用 B 机器上的程序时，A 机器上的进程会被挂起，而 B 机器接着执行；B 机器在返回后，会把运算结果的数据传回给 A 机器的进程，A 机器获得调用结果后再接着执行，这种机制就叫作 RPC（Remote Procedure Call，远程过程调用），其对应的协议被称为 RPC 协议。

RPC 协议是一种通过网络向远程计算机程序请求服务，而不需要了解底层网络技术的协议。不过对于开发者而言，这种远程过程调用和普通的本地调用没有什么区别，对开发者来说看似透明，不过它们的底层实现在本质上是不同的。

RPC 有以下优势。

- 简单。RPC 的语义十分清晰和简单，便于建立分布式系统。
- 高效。能高效地实现远程的过程调用。
- 通用。RPC 导出的服务可以供多个使用者用于不同的目的。

RPC 协议以传输协议（如 TCP、UDP 或者 HTTP）为基础，为两个不同的应用程序间传递数据的。在 OSI（Open System Interconnection Reference Model，开放式系统互联通信参考模型，也是我们常说的七层网络协议）中，RPC 在传输层和应用层之间，因为有这些基础网络协议的存在，以及对 RPC 良好的封装，开发基于网络的分布式应用程序就更加容易。

RPC 采用客户端/服务端模式，请求程序就是一个客户端，服务提供程序就是一个服务端。首先，客户机调用进程发送一个有输入参数的调用信息给服务端的进程，并等待应答信息；然后，服务端的进程保持睡眠状态直到调用信息到达，当有一个调用信息到达时，服务端获得输入参数，计算结果或者进行一系列复杂操作，甚至调用更多的其他远程服务器；其次，服务端发送应答信息，等待下一个调用信息；最后，客户端调用进程接收到答复信息，获得输出的结果，再继续执行后续的操作。如图 7-1 所示。

第 7 章　RPC 服务的发展历程和对比分析

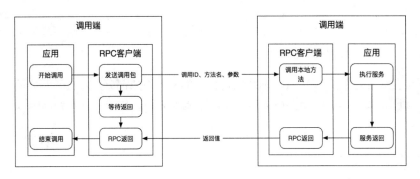

图 7-1

由于客户端和服务端部署在不同的机器上，服务间的调用免不了有网络通信的过程，服务消费方每调用一个服务就要写一堆网络通信相关的代码，例如在调用 RESTful 服务时，调用端需要使用 HttpClient 设置很多参数，再去解析状态和返回值，不仅复杂而且极易出错。如果有一种方式能让我们像调用本地服务一样调用远程服务，并且调用者不必关心网络通信的细节，则将大大提高生产力，例如在调用者方执行 helloWorldService.sayHello("hello")时，实质上调用的是远端的服务端 sayHello 方法，RPC 框架帮我们把烦琐的通信过程和唤起调用服务的过程都包装好了，更便于开发人员使用。

7.2　RPC 服务的原理

现在，各大互联网公司都在使用 RPC 技术，让开发人员像调用本地方法一样调用远程服务，它们大多都有自己相对成熟、稳定的 RPC 框架，例如：阿里巴巴的 HSF、Dubbo（开源）；Facebook 的 Thrift（开源）；Google 的 gRPC（开源）；Twitter 的 Finagle（开源）；微博平台的 Motan 等，7.5 节会具体介绍几种主流的 RPC 框架，在本节中，我们先深入了解 RPC 服务的工作原理。

7.2.1　Socket 套接字

网络上的两个程序通过一个双向的通信连接实现数据的交换，这个连接的一端被称为

Socket。Socket 用于描述 IP 地址和端口，是一个通信连接的句柄，可以用来实现不同的计算机之间的通信，是网络编程接口的具体实现。

Socket 套接字是客户端/服务端网络结构程序的基本组成部分，为程序提供了一种相对简单的机制，可以与另一个本地或远程机器上的程序建立连接，并可以来回发送消息。我们可以使用它的收发消息功能来设计我们的分布式应用程序，也可以使用这些收发功能把 RPC 调用包装成透明的远程服务调用。

7.2.2 RPC 的调用过程

在探讨 RPC 之前，让我们先看看本地过程调用是如何实现的。

每种处理器都为我们提供了某种形式的调用指令，例如，Intel CPU 有 Intel 的指令集，AMD CPU 有 AMD 的指令集。在本地过程调用的过程中，程序被编译器编译为具体的 CPU 提供的机器指令，然后在调用本地程序时，先将下一条指令的地址压入堆栈，并将控制权转移到当前调用程序的地址；当被调用的程序完成时，它会发出一个返回指令，并从栈顶弹出之前保存的地址，同时将控制权转移回来。这只是基本的处理器机制，可以轻松实现过程调用。对调用过程参数的识别、将它们压入堆栈及调用执行指令等实现细节都由编译器完成了。在被调用的函数中，编译器负责保存寄存器数据，为本地变量分配堆栈空间，然后在返回之前恢复寄存器和堆栈的数据和状态等。

以上描述的本地调用过程机制在 RPC 远程调用中就不可行了，因为编译器无法通过编译的方法实现远程过程调用机制，因此，RPC 远程调用是构建在语言级别的，必须使用 Socket 通信完成，我们必须将现有的本地方法调用和 Socket 网络通信技术相结合来模拟实现透明的远程过程调用。

实现透明的远程过程调用的重点是创建客户存根（client stub），存根（stub）就像代理（agent）模式里的代理（agent），在生成代理代码后，代理的代码就能与远程服务端通信了，通信的过程都由 RPC 框架实现，而调用者就像调用本地代码一样方便。在客户端看来，存根函数就像普通的本地函数一样，但实际上包含了通过网络发送和接收消息的代码。图 7-2 展示了相关的操作序列。

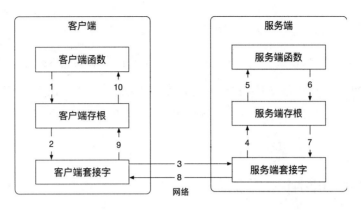

图 7-2

接下来我们针对图 7-2 来详细介绍各个步骤。

- 第 1 步，客户端调用本地的客户端存根方法（client stub）。对于客户端程序来说，这个调用过程很自然，因为它就是一个普通的本地方法，然而，它的执行与本地代码不同，因为真正的执行是发生在远程服务端上的。客户端存根的方法会将参数打包并封装成一个或多个网络消息体并发送到服务端。将参数封装到网络消息中的过程被称为编码（encode），它会将所有数据序列化为字节数组格式。

- 第 2 步，客户端存根（client stub）通过系统调用，使用操作系统内核提供的 Socket 套接字接口来向远程服务发送我们编码的网络消息。

- 第 3 步，网络消息由内核通过某种协议（无连接协议：UDP，或面向连接协议：TCP）传输到远程服务端。

- 第 4 步，服务端存根（server stub）接收客户端发送的信息，并对参数消息进行解码（decode），通常它会将参数从标准的网络格式转换成特定的语言格式。

- 第 5 步，服务端存根调用服务端的方法，并且将从客户端接收的参数传递给该方法，它来运行具体的功能并返回，这部分代码的执行对客户端来说就是远程过程调用。

- 第 6 步，服务端的方法在执行完成后，会把结果返回到服务端存根代码中。

- 第 7 步，服务端存根在将该返回值进行编码并序列化后，通过一个或多个网络消息发送给客户端。

- 第 8 步，消息通过网络发送到客户端存根中。

- 第 9 步，客户端存根从本地 Socket 接口中读取结果消息。

- 第 10 步，客户端存根再将结果返回给客户端函数，并且将消息从网络二进制形式转换为本地语言格式，这样就完成了远程服务调用，客户端代码继续执行后续的操作。

7.3 在程序中使用 RPC 服务

现在很多流行的语言如 C、C++、Python、Java 等，都没有设计用于远程调用的内置语法，因此不能编译生成必要的存根方法。为了使这些语言支持远程过程调用，我们通常提供一个单独的编译器来生成客户端和服务器存根函数，该存根函数是编译器从程序员指定的远程调用接口定义文件生成的。这样的定义文件是使用一种叫作 IDL（interface definition language）的接口定义语言编写的，用来化解各个语言之间的特殊性，使各个语言可以通过 RPC 的机器互相调用服务，来实现服务的最大重用性。

接口定义通常看起来类似于函数原型声明：函数名称，以及它的输入和返回参数。在 RPC 编译器运行后，客户端和服务端的程序可以编译并链接到相应的存根函数，客户端编译需要客户端存根，服务端编译需要服务端存根。客户端存根必须实现初始化 RPC 通信的机制，需要找到服务器并建立连接，并能与远程服务器通信，并且对远程过程调用失败的情况进行处理。

RPC 编译器的运行过程如图 7-3 所示。

通过对 RPC 远程服务调用原理的分析和了解，我们发现 RPC 主要有以下三大方面的优势。

- 程序员可以很方便地使用 RPC 来调用远程函数，并得到相应的响应结果，就像调用本地方法一样。

- 编写分布式应用程序更加简单、容易，因为 RPC 将所有的网络代码都隐藏到了存根函数中，所以开发人员不必考虑通信机制，也不必陷入套接字、端口号、数据转换和解析等细节问题中。

- RPC 是构建在语言级之上的，是跨语言的，它在 OSI 七层模型中介于会话层和表示层（层 5 和层 6）之间，应用非常广泛。

第 7 章　RPC 服务的发展历程和对比分析

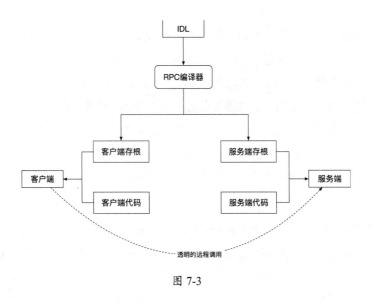

图 7-3

OSI 参考模型如图 7-4 所示。

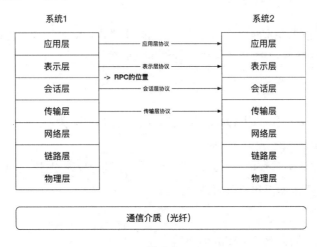

图 7-4

7.4　RPC 服务的发展历程

互联网行业是面向个人用户的，业务需求变更比较快速，对应用的要求也越来越苛刻，为了能够体现各自的优势，一个 B/S 体系架构的传统方案不能再满足所有的业务需求，我们需要在设计之初就把系统模块化，甚至服务化，将系统进行很好的拆分，包括按照业务的垂直拆分和按照数据的水平拆分。拆分后的系统需要协同工作，而 RPC 技术正好可以解决这个问题，它能够很好地帮助企业快速构建一个性能优越的、组件化的、模块化的甚至服务化的后端系统，这些后端系统互相协作、互相调用，共同完成企业的需求。甚至，在微服务流行的今天，如果我们对服务进行良好的设计，则在后期可以通过迭代的方式完成很多新功能的迭代，这简化了后端系统的复杂度，对于爆发式的和井喷式的业务增长，分布式的后端系统完全可以化解其带来的压力。

现在，支持多语言的高性能 RPC 越来越多，Facebook 的 Thrift 一经开源便引起轰动；Hadoop 之父 Doug Cutting 也开放了创新性的 RPC 框架 Avro；而平台级的开源产品 ZeroC Ice 也在低调地进军互联网领域，在性能上完爆其他框架；在国内，Dubbo 框架也走进了各个大小互联网公司。因此，我们对 RPC 的探索、学习不能停止，对 RPC 的需求也永远不会消失，要完全理解 RPC，我们得从 RPC 的发展历程开始。

实际上，RPC 技术在不断更新和迭代，在迭代中进步，RPC 远程过程调用机制主要经历了三次较大的技术演进，分别形成第一代、第二代和第三代 RPC 框架，如下所述。

7.4.1 第一代 RPC：以 ONC RPC 和 DCE RPC 为代表的函数式 RPC

第一代 RPC 是面向过程的函数式编程，程序以函数为单元组件，因此在 RPC 框架中也是以函数为中心来注册、发现和使用的。

1. ONC RPC（之前被称为 Sun RPC）

在 20 世纪 80 年代中期，Sun Microsystems 是首批提供 RPC 库和 RPC 编译器的商业公司，它的 RPC 库和编译器运行在 Sun 电脑上，并支持 Sun 的网络文件系统（NFS）。这个 RPC 库是非常轻量级的 RPC 协议，可用于大多数类似于 POSIX（Portable Operating System Interface，可移植操作系统接口）和 POSIX 的操作系统，包括 Linux、SunOS、OS X 和各种 BSD（Berkeley Software Distribution，伯克利软件套件，是 UNIX 的衍生系统），通常被称为 Sun RPC 或 ONC RPC。

ONC RPC 编译器使用远程过程接口定义文件生成客户端和服务器存根函数，该编译器又被称为 rpcgen。在运行该编译器之前，程序员必须提供接口定义文件，包含函数声明、分组版本号和唯一标识的程序编号。程序编号使客户端能够识别出其所需要的接口，版本号则用于使老版本的客户端仍然能够连接到新的服务端，因为新的服务端仍然保留了老的服务接口，也就是我们常说的向前兼容。

通过网络传输的参数被封装到一个被称为 XDR（外部数据表示）的数据结构中，这个数据结构是个通用类型的序列化格式，并不依赖任何语言特定的数据类型，这样可以确保参数被发送到异构系统中。这些异构系统通常使用了不同的字节序列、不同大小的整数或不同的浮点数，在有了通用类型的序列化级后，在任何语言中都能正常解析这些通用的参数。最后，Sun RPC 提供了一个运行时库，实现了必要的协议和 Socket 套接字来支持 RPC。

我们要使用 Sun RPC 的远程过程调用机制，就必须编写一个客户端程序、服务端程序和 RPC 接口定义文件。在使用 rpcgen 编译 RPC 接口定义文件后，一共会创建 3、4 个文件，如下所述。

- date.h：包含程序的定义、版本和函数的声明。客户端和服务器的功能都应该包含这个文件。

- date_svc.c：使用 C 代码来实现服务器存根。

- date_clnt.c：使用 C 代码来实现客户端存根。

- date_xdr.c：包含将数据转换为 XDR 格式的定义，如果通过工具生成这个文件，则它将被编译并链接到客户端和服务器的程序中。

在使用 rpcgen 编译器生成代码后，程序是怎么运行的呢？下面我们从服务器端和客户端两方面进一步介绍和分析。

在启动服务器后，服务端的程序以后台的方式运行，同时创建一个 Socket 套接字，并将某个本地端口绑定到 Socket 套接字上，然后会调用 RPC 库中的 svc_register 函数来注册程序号和版本号，它会关联到端口映射器（port mapper）中。端口映射器是一个独立的进程，通常在系统启动时启动，会记录端口号、版本号和程序号，在 UNIX 系统中这个进程是 rpcbind；在 Linux、OS X 和 BSD 系统中这个进程是 portmap。

在完成服务端程序启动后，客户端程序的执行过程如下（见图 7-5）。

（1）在启动客户端的程序时，客户端程序首先根据远程调用的名称、程序号、版本号和协议来调用 clnt_create，然后根据远程系统上的端口映射器（port mapper）找到该系统上相应的端口进行连接。

（2）然后，客户端调用 RPC 存根函数如 sayHello()函数，该函数会使用在前面定义的端口号来发送一个消息给服务端并等待响应，如果未收到服务端的响应，则会尝试重新请求固定的次数。

（3）最后，远程服务端接收该消息，再通过服务端的存根函数调用并执行服务器上的函数 sayHello()，并将其返回值返回给客户端存根函数，客户端存根函数再将返回值返回到调用它的客户端代码中。

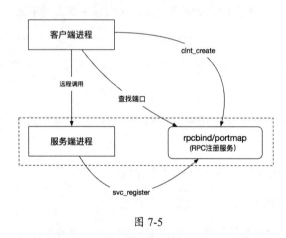

图 7-5

2. 分布式计算环境中的 RPC（DCE RPC）

分布式计算环境（Distributed Computing Environment，DCE）是由开放软件基金会（Open Software Foundation，OSF）设计的一组组件，主要为分布式应用程序和分布式环境提供支持。该基金会与 X/Open 合并之后就变成了一个开放组织。DCE 的组件包括分布式文件服务、时间服务、目录、服务和其他组件。我们最感兴趣的是 DCE 的远程过程调用服务，它和 Sun RPC 非常相似，其接口定义看起来也很像函数原型，不过其接口是用接口定义语言（Interface Definition Notation，IDN）编写的。

那么，相对于 Sun RPC，DCE RPC 又具有哪些优势呢？

第 7 章　RPC 服务的发展历程和对比分析

（1）DCE RPC 能自动生成并维护服务的唯一标识号。

Sun RPC 需要一个 32 位的服务器唯一标识号，虽然它比 Sockets 套接字要求的 16 位长度大很多，但是想定义一个独一无二的数字，仍然不是一件容易的事情，这在当今的互联网时代不是一个问题，如果想学习分布式的发号器，则请参考第 1 章的内容。DCE RPC 不再让程序员自己定义这样的唯一标识号，取而代之的是首先使用 uuidgen 程序获取一个唯一 ID（一个 128 位的数字），同时会生成一个包含该唯一 ID 的 IDN 文件；然后，用户编辑该 IDN 文件，填写远程过程声明；最后，运行一个 IDN 编译器程序 dceidl（类似于 Sun RPC 的 rpcgen）来生成一个头文件、客户端存根代码和服务器存根代码。

（2）DCE RPC 能自动查找远程服务进程和端口号。

如果使用 Sun RPC，则客户端必须知道服务器所在机器的位置，然后它会询问该机器上的 RPC 服务端口，并确认是否是客户端程序想要访问的远程服务。DCE 支持将多个机器组织成一个统一管理的"实体"，每台机器都知道如何与负责维护服务信息的"实体"机器进行通信，该实体机器被称为单元目录服务器。

对于 Sun RPC，服务端的服务只能通过本地名称服务（rpcbind/portmapper）来注册服务唯一标识号到端口的映射。而对于 DCE RPC，服务器使用 RPC 守护进程（名称服务器）在本地机器上注册其端口，并将其服务唯一标识号和服务提供者信息在单元目录服务器上做映射。当客户端想要与 RPC 服务器建立通信时，它会先询问单元目录服务器来找到服务所在的机器，然后与该机器上的 RPC 守护程序进行通信，以获取服务器进程的端口号。这里，单元目录服务器是个单独的服务器，如图 7-6 所示。

（3）DCE RPC 定义了新的网络消息编码格式 NDR。

DCE RPC 为网络消息的编码定义了新的格式 NDR（Network Data Representation），NDR 与表示各种数据类型的单个规范不同，它支持多种标准规范的格式，并允许使用几种编码方法，客户端可以任意选择其中一种，在通常情况下不再需要从本地做类型转换。如果客户端的本地类型与服务器的本地类型表示不同，则服务器仍然需要进行转换，但是 NDR 避免了客户端和服务端在数据类型相同时仍然将其转换成外部格式的情况。

例如，之前的做法是，如果标准规定了大端（big endian，将高序字节存储在起始地址中）数据格式，但客户端和服务端都支持小端（little endian，将低序字节存储在起始地址）数据式，则客户端必须将每个数据从小端数据格式转换为大端数据格式，服务器在接收到消息时必须将每个数据转换回小端数据格式，而 NDR 网络数据格式则允许客户端发送小端数据格式的网络消息。

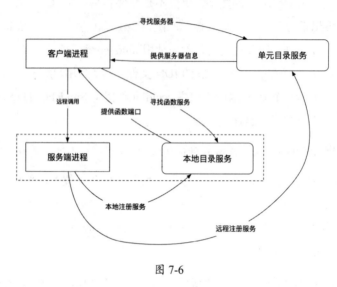

图 7-6

7.4.2 第二代 RPC：支持面对象的编程

第二代 RPC 面向对象编程，在这个时代里，一切都是对象并以对象为单位，对象被抽象出类，类里面包含操作（也叫作方法），对这些类和方法的注册、发现和使用形成了第二代 RPC。

1. CORBA

虽然 DCE 修复了 Sun RPC 中的一些不足之处，但它仍然存在一些缺陷。比如，如果服务器没有正常运行，客户端就无法连接到它，也就无法进行远程过程调用了。管理员有责任保证在任意客户端连接之前服务都被正常启动，如果一个新的服务或接口被添加到该系统中，那么客户端就无法发现它了，但是在一般情况下，我们需要客户端能够在运行时也能发现新的服务，这在第二代 RPC 框架中已经可以实现了；而且，面向对象的语言在函数调用上支持多态，多态指对于不同类型的参数类型，同一个名称的函数可能会有不同的形式，而第一代 RPC 就无法支持多态了。

CORBA（Common Object Request Broker Architecture，公共对象请求代理体系结构）是由 OMG（Object Management Group）组织制订的一种标准的面向对象的应用程序体系规范。自 1989 年以来，该体系规范一直在发展，目的是为各式各样的面向对象的分布式应用程序提供支持，实现客户端对象与服务端对象之间的交互。该规范独立于任何编程语言、操作系统或网络，所以是跨平台的。

简单地说，CORBA 允许应用之间相互通信，而不管它们存在于哪里，以及是谁设计的。在 CORBA 中定义了接口定义语言（Interface Definition Language，IDL）和在对象请求代理（object Request Broker，ORB）中实现了客户端对象与服务端对象之间交互的应用编程接口（API）。虽然 CORBA 定义了标准化，但是其具体的实现和数据表示格式由各个 ORB 供应商负责完成，这就导致一个供应商的 CORBA 实现有可能不能与另一个供应商的实现通信，于是在 1996 年发布了 CORBA2.0，规定了各个供应商之间的 ORB 通信规则。

CORBA 标准主要分为三部分：接口定义语言（IDL）、对象请求代理（ORB）、ORB 之间的互操作协议（IIOP），它们的详细介绍如下。

1）接口定义语言（IDL）

IDL 只是用来指定类的名称、属性及方法的，不包含对象的实现。IDL 通过 IDL 编译器生成代码来处理编码、解码和网络交互等，同时会生成客户端和服务器存根代码。IDL 和编程语言无关，是跨语言和跨平台的，目前支持 C、C++、Java、Perl、Python、Ada、COBOL、Smalltalk、Objective C 和 LISP 等语言。IDL 的简单示例如下：

```
Module PersionObject {
    Struct PersionInfo {
        String uid;
        String name;
        int age;
    };
    exception Unknown {};
    interface Persion {
        PersionInfo getPersion(in string uid)
            raises(unknown);
        void putinfo(in PersionInfo data);
    };
};
```

IDL 的数据类型如下。

（1）基本类型：long、short、string、float 等。

（2）结构类型：struct、union、enum、sequence 等。

（3）对象引用。

（4）任意类型：比如动态类型值等其他类型。

在开发中通常是使用对象引用来完成远程过程调用的：客户端使用对象引用，并调用其中所需要的方法，然后通过 CORBA 对象发起远程调用请求。

假设我们有了上面示例中的 IDL 文件，则在程序中可能会像以下代码一样使用这个远程服务：

```
Persion st = ... // 获得对象引用
try {
    // 调用对象引用中的方法
    PersionInfo sinfo = st.getPersion("1001");
} catch (Throwable e) {
    ... // 异常
}
```

在幕后，IDL 编译器会生成存根函数，客户端的代码会调用相应的存根函数，然后将参数编码通过存根函数发送给服务器。在一般情况下，只有在编译时就已经知道的类和方法名才能够使用客户端和服务器存根函数。不过，CORBA 也支持动态绑定，即在运行时通过动态调用接口（Dynamic Invocation Interface，DII）组装一个方法调用。这个接口提供相应的方法来设置类、构建参数列表和调用方法，和它相对应的服务器端则被称为动态骨架接口（Dynamic Skeleton Interface，DSI），主要用来动态地创建服务器接口。客户端可以在运行时通过接口注册中心来发现已注册的类和方法的名称。这个注册中心被称作命名服务器，可以通过它查看服务器支持哪些类，哪些对象被实例化了，示例化的对象在哪台服务器上，状态如何，等等。

2）对象请求代理（ORB）

ORB 是在对象之间建立 Client/Server 关系的中间件，应用程序可以通过它透明地调用一个服务对象上的方法，这个服务对象可以在本地，也可以在网络连接中的其他机器上。ORB 在获得这一调用的同时，负责查找实现服务的对象，并向其传递参数、调用方法和返回最终结果。客户端程序并不知道服务对象位于什么地方、使用的是什么编程语言及操作系统，实际上，应用程序也不用知道这些信息，应用程序只关心是否拿到了正确的结果。因此，ORB 在异构分布式环境下为不同的机器上的应用提供了互操作性，并无缝地集成了多种操作系统。

在开发传统的 Client/Server 应用时，开发者使用自己设计的或一个公认的标准来定义用于设备之间通信的协议。协议的定义依赖于实现语言、网络传输和许多其他因素，而 ORB 的出现简化了这一过程。使用 ORB 时，协议是使用接口定义语言（IDL）定义的，而接口定义语言（IDL）又是独立于任何语言的，并且 ORB 提供了很强的灵活性，使开发者能够选择最适合的操作系统、执行环境，甚至各个组件都可以采用不同的编程语言来实现。

那么 ORB 的具体请求调用过程是什么样的呢？当客户端调用 CORBA 发送消息时，ORB 会完成以下操作流程。

（1）在客户端对调用方法的参数等信息进行编码。

（2）找到提供该对象服务的服务端。如有必要，则服务端会创建一个进程来处理这次客户端的请求。

（3）如果服务端是远程的，则使用 RPC 框架或底层套接字来发送请求。

（4）在服务端将参数解码为服务器支持的格式。

（5）如果服务端是远程的，则使用 RPC 框架或底层套接字来发送返回结果。

（6）在客户端将返回的处理结果进行解码。

3）ORB 之间的互操作协议 IIOP

为了解决各供应商之间的通信问题，在 CORBA2.0 规范中增加了 ORB 之间的互操作网络协议，该协议被称作 IIOP 协议（Internet Inter-ORB Protocol）。实际上，由于有一个最终的标准化的文档化协议，所以 IIOP 本身可以用于那些甚至不提供 CORBA API 的系统。例如，IIOP 也可以用作 Java RMI 框架的的传输协议，也就是通过 IIOP 协议来使用 RMI，后面会详细介绍 Java RMI 框架。

通过本节的介绍，我们大体了解了 CORBA 的组成部分和作用。图 7-7 展示了 CORBA 的整体结构，我们可以从中看到了如下信息。

（1）客户端调用客户端存根向服务器发起请求，存根是代理对象支持的客户端程序。

（2）服务器端调用骨架程序来处理客户端的请求，骨架是服务器端的程序，负责从 ORB 框架中接收请求，然后调用服务端的应用来处理请求。

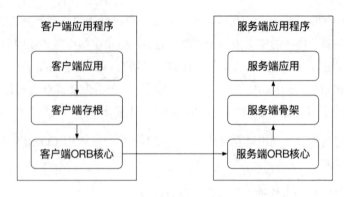

图 7-7

总之，CORBA 是建立在较早的 RPC 系统上的，并提供了如下功能。

- 静态或动态方法调用，这有别于第一代 RPC 框架，第一代 RPC 框架只支持静态绑定。

- 每个 ORB 都具有运行时的元数据，用来描述系统已知的各个服务器接口。

- ORB 可以代理单个进程内、同一台机器上的多个进程或分布式进程的调用，也就是通过 ORB，一个应用可以连接多个服务端提供的多个服务类和方法。

- 具有多态性：可以重载 ORB 调用目标对象上的方法，对于同样的方法，可能参数不同，实现的业务逻辑和效果也不同。

- 能自动实例化未运行的对象。

- 可以与其他多个 ORB 通信。

尽管 CORBA 是稳定可靠的，同时全面支持分布式服务的管理，但是部署和使用 CORBA 的学习曲线一般比较陡峭，耗时较多。我们可以使用 CORBA 的专有功能，但是 CORBA 和开发语言的集成有些复杂，并不容易上手，开发者一般会选择使用一个更简单的、功能稍微少一些的远程调用框架。CORBA 虽然很成功，但只有部分用户群。CORBA 因为在 TCP/IP 标准化和基于 Internet 的服务部署方面发展迟缓，后来被 J2EE 提供的 RMI、EJB 和 Web Service 超越，并被历史所淘汰。

2. Java RMI

CORBA 旨在为异构环境（不同的语言、操作系统和网络）中的对象提供全面的服务。而 Java 在一开始时就支持从远程站点下载代码，但仅支持通过网络套接字进行底层的分布式通信。在 1995 年，Sun 创建了一个名为 Java RMI（Remote Method Invocation，远程方法调用）的 Java 扩展技术。Java RMI 使程序员能够创建分布式应用程序，能够从其他 Java 虚拟机（JVM）中调用远程对象的方法。RMI 后来成为了 EJB 等 J2EE 重要服务的底层远程调用技术的基础框架。

只要客户端应用程序具有对远程对象的引用，就可以进行远程调用，该引用是通过查找 RMI 提供的命名服务（RMI 注册表）中的远程对象来得到的，通过该引用就可以像调用本地方法一样来调用远程方法，然后接收方法执行之后传递回来的返回值。

Java RMI 的设计与 CORBA 等大多数 RPC 系统不同，它是 Java 语言专有的 RPC 协议和框架。像 Sun RPC、DCE RPC、微软的 COM+、ORPC 及 CORBA 都被设计成与语言、架构体系和操作系统独立（除微软外）。凡事都有两面性，RMI 既然仅仅支持 Java 语言，就不需要屏蔽各个语言的特性，因此框架简单、实用、效率较高，不需要额外的对标准化的数据类型的描述，也不需要 IDL 这样的语言中立的描述语言。

图 7-8 展示了 RMI 的整体架构结构。

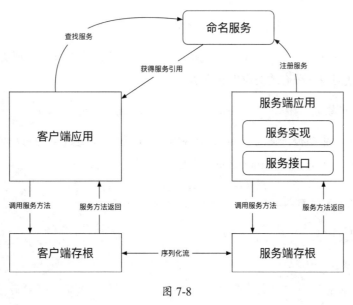

图 7-8

虽然 RMI 不需要额外的标准化的数据描述语言，并且它使用的代表分布式对象的存根和本地 Java 对象具有相同的形式，但是两者有很多不同之处。

分布式对象模型与本地 Java 对象模型的相同之处如下。

- 服务对象的引用可以作为参数传递或作为结果返回。
- 调用远程服务对象的方法就像调用本地对象里的方法一样。
- 内置的 Java 语言的 instanceof 操作符可用于测试远程对象实现的远程接口，就像本地使用方法一样。

分布式对象模型与本地 Java 对象模型的不同之处如下。

- 调用远程对象的方法实际上与远程服务接口进行交互，而不是与那些接口的实现类进行交互。
- 在远程方法的调用过程中，参数和返回值是通过传递值来实现的，而不是传递引用来实现的。
- 远程对象的引用是通过引用传递的，一切真实的操作发生在远程的服务端，这些操作和数据不是通过复制远程的操作来实现的。
- 客户端必须处理因为远程调用而导致的额外的异常。

接下来介绍 RMI 的工作原理，主要包括：接口和对象类；远程接口实现类；生成存根代码；注册接口和查找对象；分布式的垃圾回收器。

1）接口和对象类

首先，定义一个要被传输的 Java Bean 对象的 Person 类，这个对象可以使用基本的数据类型，也可以是实现了 java.io.Serializable 的自定义类型。代码如下：

```
public class Person implements java.io.Serializable {
    private static final long serialVersionUID = 1L;

    private int id;
    private String name;
    private int age;

    // 省略 get 和 set 方法
}
```

然后，定义远程接口，所有远程接口都必须直接或间接地扩展 java.rmi.Remote 接口。例如：

```
import java.rmi.Remote;
import java.rmi.RemoteException;

public interface PersonService extends Remote {
    public Person getPersonInfo(int n) throws RemoteException;
}
```

请注意，每个方法都必须在其 throws 子句中声明抛出 java.rmi.RemoteException 异常，在远程方法调用失败时，RMI 系统会在客户端抛出此异常。

2）远程接口实现类

我们可以使用 java.rmi.server.RemoteServer 和它的子类来实现远程调用功能，其内部使用 java.rmi.server.RemoteObject 类提供远程调用的基础功能，对开发者透明。

例如，创建远程接口的实现类 PersonServiceImpl 继承自 java.rmi.server.UnicastRemoteObject（该类为 RemoteServer 的子类）：

```
import java.rmi.RemoteException;
import java.rmi.server.UnicastRemoteObject;

public class PersonServiceImpl extends UnicastRemoteObject implements PersonService{
    private static final long serialVersionUID = 1L;

    @Override
    public Person getPersonInfo(int id) throws RemoteException {
        System.out.println("get Person: " + id);

        Persion persion = new Persion();
        person.setId(id);
        return persion;
    }
}
```

3）生成存根代码

Java RMI 也是通过创建存根函数来实现的，存根可以由 rmic 编译器生成。从 Java 1.5 开始，Java 支持在运行时动态生成存根类，所以可以不用手动创建存根，不过编译器 rmic 仍然存在并提供了更多的编译选项。

4）注册接口和查找对象

创建服务端代码,绑定特定的端口并注册远程接口的实现类,远程对象接口也可以通过 java.rmi.Naming 使用基于 URL 的方法进行注册:

```java
import java.rmi.registry.LocateRegistry;

import javax.naming.Context;
import javax.naming.InitialContext;

import com.liu.models.PersonServiceImpl;
import com.liu.models.PersonService;

public class Server {
    public static void main(String[] args) {
        try {
            PersonService personService = new PersonServiceImpl();
            LocateRegistry.createRegistry(6600);
            Context namingContext = new InitialContext();
            namingContext.rebind("rmi://127.0.0.1:6600/PersonService", personService);

            //也可以使用以下方法实现绑定
            //Naming.rebind("rmi://127.0.0.1:8800/person-service", personService);

            System.out.println("Service Started!");
        } catch (Exception e) {
            e.printStackTrace();
        }
    }
}
```

创建 Client 端代码,获取远程接口对应的远程实现类,并通过远程接口操作这个远程接口:

```java
import java.rmi.Naming;
import java.util.List;

import com.liu.models.Person;
import com.liu.models.PersonService;;

public class Client {
    public static void main(String[] args){
        try{
            //远程对象调用的端口和注册类
            PersonService personService=(PersonService)Naming.lookup("rmi://127.0.0.1:8800/person-service ");
            Person person = personService.getPersonInfo(5);
```

```
        //打印 persion 对象
        System.out.println(person);
    }catch(Exception ex){
        ex.printStackTrace();
    }
  }
}
```

先启动服务端，再运行客户端就可以看到远程调用结果了。这里还有个问题，那就是如何判断服务器上的引用对象何时被垃圾回收呢？

5）RMI 分布式垃圾收集

RMI 创建了一个分布式环境，运行在一个 Java 虚拟机（JVM）上的进程可以访问运行在不同 JVM（很可能是不同的系统）的进程上驻留的对象。这意味着一个服务器进程需要知道一个对象在什么时候不再被客户引用，并且可以被删除（垃圾收集）。在 JVM 中，当一个变量不被其他变量引用时，变量会被垃圾回收，Java 会使用分代复制算法进行垃圾回收。

在使用 RMI 的 JVM 中，Java 支持两种操作：标记脏数据和清理。当对象仍在使用时，本地 JVM 会定期向服务器的 JVM 发送一个标记脏数据的调用。标记脏数据基于服务器给定的时间间隔定期重新发送心跳信息。当客户端没有更多的本地引用远程对象时，会发送一个清理的调用给服务器。服务器不必计算对象的每个客户端的使用情况，只需在计算客户端发送的信息后，发现不再需要对象时将它清除。如果在该对象的心跳周期到期之前仍然没有收到标记脏数据或清理的命令，则将该对象删除。

总之，RMI 的实现是一个可分成三层的体系架构，如图 7-9 所示。

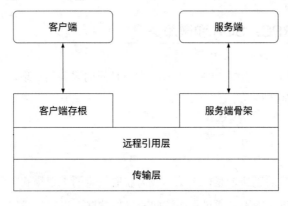

图 7-9

顶层是存根/骨架层，通过对将要传输的数据编码成流的形式传递到远程引用层。编码流是通过对象序列化技术来完成的，可以使对象在不同的机器之间的网络上传输。任何将被用作远程方法参数的类都必须实现序列化的接口，这样，该数据对象就可以被转换成字节流，以便在网络上传输。序列化是编码的一个核心方面：将数据转换为字节流，以便可以通过网络传输，或者存储在文件或数据库中。反之，将字节流转换回对象，就叫作反序列化。

远程引用层（Remote Reference Layer）定义了 RMI 连接的调用语义并给予实现。RMI 在进行远程调用时，要用到 JRMP（Java Remote Method Protocol，Java 远程方法协议），这一层提供了专门用于引用远程服务的 RemoteRef 对象，该对象位于 java.rmi.server 包内，代表远程对象的一个句柄。RemoteRef 在实现中使用远程引用来执行远程对象的一个远程方法。

传输层（Transport Layer）在 JVM 之间建立基于流的网络连接，并且负责设置和管理这些连接。

在远程通信时，存根（Stub）和骨架（Skeleton）层利用 TCP/IP 做很多底层数据的打包传输，它们运用 Java 序列化和反序列化技术，将数据或者对象转换成字节流，便于网络传输；在收到远程传来的字节流后，它们会把流信息转换成对象或者数据，序列化和反序列化是两个相反的操作。Stub 和 Skeleton 层位于实际应用程序之下，建立在远程引用层之上。存根类是远程服务器实现的代理的角色，是客户方直接使用的对象；骨架类用于远程服务对象通过 RMI 链接与存根进行通信，从链路中读取方法调用的参数，调用远程服务对象，然后接收返回值，最后把返回值写回到存根中。

7.4.3 第三代 RPC：SOA 和微服务

第三代 RPC 框架已经超越了 RPC 本身，主要是面向服务的实现，实现了服务的管理和治理，提供了服务监控的方法等。

1. SOA

随着互联网使用量的迅速增长，浏览器成为获取信息的主要模式。很多设计优先考虑的是让用户通过浏览器提供，而不是通过程序访问或操作数据，也就是我们更倾向于使用 B/S 架构而不是 C/S 架构。

传统的 RPC 解决方案当然可以用于互联网，但它们通常是依靠动态的端口分配，通过查询命名服务来确定接口的服务器信息和所使用的端口，因为防火墙配置常常会限制可用的端口，甚至需要检查协议以确保 HTTP 通信是有效的 HTTP 格式，而不是注入了二进制的执行流，这可能带来风险。

随着分布式应用的发展，人们更加关注服务的开发和设计，因此出现了面向服务的软件开发架构，以及更加灵活、轻量级的微服务。

面向服务的架构（SOA）是一种软件架构模式，一些应用程序组件通过网络通信协议向其他组件提供服务，这种服务之间的通信可以是简单的数据传递，也可以是两个或更多个彼此需要互相协调的服务之间互相连接；也有服务执行一些业务功能，例如验证订单、激活账户或提供购物车服务，这些服务组装在一起就可以实现一个大的需求，甚至一个大的系统和产品。

在 SOA 中，根据服务的功能，将服务分为服务消费者和服务提供者两个主要角色。服务消费者是人、其他服务或第三方，是与 SOA 进行交互的关键点；服务提供者由 SOA 中定义的所有服务功能组成。图 7-10 可帮助我们快速了解 SOA 的架构。

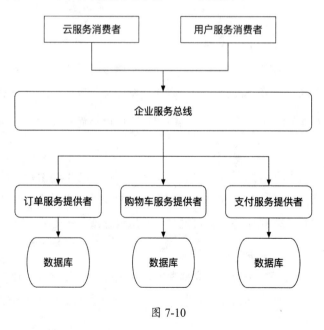

图 7-10

2. Web Service 和 ESB

SOA 根据场景具体又可分为标准的 Web Service 和企业服务总线（ESB）。

Web Service 作为一组新的协议出现了，在底层使用 HTTP，类似一个远程的服务提供者，可以通过 SOAP 协议或 RESTful 协议实现。Web Service 是一个平台独立的、低耦合的、自包含的基于可编程的 Web 应用程序，可使用开放的 XML 或 JSON 格式来描述、发布、发现、协调和配置这些应用程序，用于开发分布式的应用程序。这一时代的架构更突出服务独立，服务之间是通过标准的 SOAP 协议来互相调用的，服务的内容是通过 WSDL 来描述的，服务的注册和发现是通过 UDDI 来实现的。

企业服务总线（ESB）是集成架构的一种风格，允许通过公共通信总线进行通信，该通信总线由提供商和消费者之间的各种点对点连接组成。这里的总线其实是个虚拟的总线，通过各种协议转接可以把任何一个系统和协议插入虚拟的总线上，将插入在总线上的各个服务进行组合和编排就可以形成新的功能、系统，并迭代出新的产品，这是企业服务总线的鲜明特点。

3. 微服务

微服务（Microservices）与 SOA 服务是一脉相承的，更侧重于服务之间的隔离，让专业的人做专业的事，可以实现敏捷迭代和上线。下面讲解微服务架构，如果对微服务架构的设计模式感兴趣，则可以参考《分布式服务架构：原理、设计与实战》第 1 章的内容。

服务是一种软件架构模式，其中的复杂应用程序由微小而独立的进程组成，使用与语言无关的 API 进行通信。

必须在系统的量级达到一定程度时再采用微服务架构，在单体架构无法满足扩展和伸缩的需求时才需要微服务架构，也就是在真的需要将系统架构拆分成微服务时才需要微服务架构，否则为了实现微服务而实现微服务，就可能被错误地设计或者不适用于应用场景，会带来更多的成本和麻烦。

在微服务里，每个服务都是可以独立部署的，在系统不需要时可以独立关闭服务或者降级服务，不应该对其他服务产生任何影响。图 7-11 可以帮助我们快速了解微服务架构。

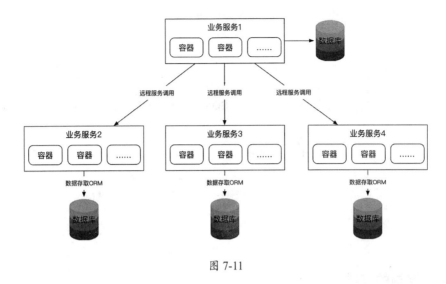

图 7-11

如图 7-11 所示，每个服务都有自己的数据库，有时由于历史原因，数据库在几个微服务器之间共享也是有可能的，但这不是我们推荐的模式。

综上所述，SOA 与微服务具有相似的优缺点，也有一些差异，如下所述。

(1) 在微服务中，与 SOA 不同，服务可以独立于其他服务进行操作和部署，因此更容易经常部署新版本的服务或独立扩展服务，并且让专业的人做专业的事，快速迭代新功能和新版本；另一方面，微服务在容错方面表现很好，例如，如果在一个微服务的机器中存在内存泄漏，那么只有该服务器会受到影响，其他服务器上的微服务将继续处理请求，因为微服务与微服务之间是隔离的。

(2) 在 SOA 中服务可能共享数据存储，而在微服务中的每个服务都具有独立的数据存储。共享数据存储有众所周知的缺点，例如，数据在所有服务之间共享，同时会在服务中带来依赖性和紧密耦合。

(3) SOA 与微服务的主要区别在于规模和范围。SOA 是一种思想，是面向服务的体系架构；微服务架构与 SOA 是一脉相承的，它继承了 SOA 的优点，并且发展了异步，有鲜明和独特的特点，但是微服务的概念是包含在大的 SOA 体系框架内的。从实现层次来讲，某个子系统可能是由微服务实现的，多个这样的子系统构成的整个系统可能是采用 SOA 实现的，这就是为什么在图 7-12 中 SOA 包含了微服务。

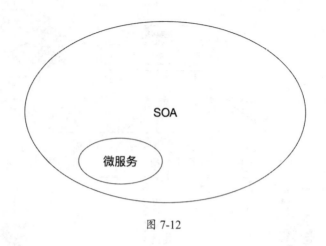

图 7-12

7.4.4 架构的演进

随着互联网的发展,网站应用的规模不断扩大,常规的单体应用架构已经无法应对海量的用户请求,分布式服务架构势在必行,到现在为止,我们亟需一个服务治理体系确保架构有条不紊地演进。图 7-13 展示了架构的演进。

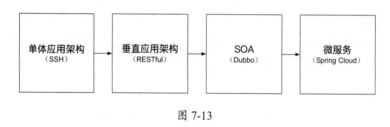

图 7-13

(1)单一应用架构(SSH)。当网站流量很小时,我们只需一个应用,并将所有功能都部署在一起,以减少部署节点和成本。此时,我们常用的框架是 SSH。

(2)垂直应用架构(RESTful)。当访问量逐渐增大时,将单一应用在硬件上进行垂直扩展所带来的性能提升越来越小,性价比也越来越低,我们将应用拆分成互不相干的几个应用,以提升效率。此时,应用之间的轻量级通信机制 RESTful 是关键。

(3)SOA(Dubbo)。当垂直应用越来越多时,应用之间的交互不可避免,我们将核心业务抽取出来,作为独立的服务开发和部署,逐渐形成稳定的服务中心,使前端应用能更快地响应多变的市场需求。当服务越来越多时，容量的评估、小服务资源的浪费等问题逐渐显现，此时需要增加一个调度中心来基于访问压力实时管理集群的容量，以提高集群的利用率。此时，用于提高机器利用率的调度中心、监控中心和治理中心是关键，用于服务治理的管理平台变得更加重要。这时，国内比较流行的框架是 Dubbo，国外比较流行的是 Thrift。

（4）微服务（Spring Cloud）。微服务是指开发一个单个、小型的但有业务功能的服务，每个服务都有自己的处理和轻量通信机制，可以部署在单个或多个服务器上，可以有自己独立的数据库、缓存等资源。微服务也是一种松耦合的、有明显职责边界划分的面向服务的架构。也就是说，如果每个服务都要被同时修改，那么它们就不是微服务，因为这些微服务紧密耦合，互相之间边界不清晰，一个的改变会影响另外一个，这不适合进行拆分；有了微服务后，我们可以更好地切分现有的资源，让专业的人做专业的事，各自互不影响，减少错误的产生，通过良好的接口通信的定义，达到敏捷迭代和上线的目的。

现在，常见的 RPC 服务框架主要以 Thrift、Zero Ice、gRPC、Dubbo、Finagle 为主。7.5 节会对它们的用法进行简单介绍，并对比它们的优缺点。

7.5 主流的 RPC 框架

7.5.1 Thrift

Thrift 最初由 Facebook 研发，是一个非常轻量级的 RPC 框架，在服务器上以阻塞模式、非阻塞模式、单线程模式和多线程模式等模式运行，可以配合服务器容器（比如 Tomcat 容器）一起运行，也可以和现有的 J2EE 服务器无缝结合，主要用于各服务之间的 RPC 通信。Thrift 支持多语言如 C++、Java、Python、PHP、Ruby、Erlang、Perl、Haskell、C#、Cocoa、JavaScript、Node.js、Smalltalk 和 OCaml 等的开发，采用二进制格式传输数据，比 XML 和 JSON 的体积更小，在高并发、大数据量和多语言的环境下更有优势。

Thrift 是一种典型的 C/S（客户端/服务端）结构，客户端和服务端可以使用不同的语言开发，有一种中间语言来关联客户端和服务端的语言，这种语言就是 IDL（Interface Description Language）。Thrift 包含一套完整的栈来创建客户端和服务端程序，如图 7-14 所示。

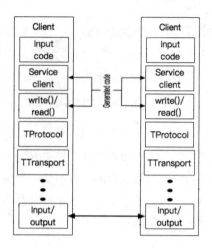

图 7-14

在图 7-14 中，第 1 层是用户实现的业务逻辑，第 2 层是根据 Thrift 定义的服务接口描述文件生成的客户端和服务器端的代码框架，第 3 层是数据的读写操作，第 3 层以下的部分是 Thrift 的协议、传输体系和底层 I/O 通信。通过 Thrift 可以很方便地定义一个服务，并选择不同的传输协议和传输层，而不用重新生成代码。

1. 环境准备

1）在 Debian/Ubuntu 系统上安装

在 Debian/Ubuntu 上安装和编译时依赖库和工具：

```
sudo apt-get install automake bison flex g++ git libboost-all-dev libevent-dev libssl-dev libtool make pkg-config
```

注意，在 Debian 7/Ubuntu 12 上需要手动安装 automake 和 boost，安装如下：

```
$ wget http://ftp.debian.org/debian/pool/main/a/automake-1.15/automake_1.15-3_all.deb
    $ sudo dpkg -i automake_1.15-3_all.deb

    $ wget http://sourceforge.net/projects/boost/files/boost/1.60.0/boost_1_60_0.tar.gz
$ tar xvf boost_1_60_0.tar.gz
    $ cd boost_1_60_0
    $ ./bootstrap.sh
    $ sudo ./b2 install
```

下载 thrift-0.11.0.tar.gz 并将其解压到指定的目录，下载地址为 https://thrift.apache.org/download。

编译 Thrift，命令如下：

```
./configure && make
sudo make install
```

然后验证是否安装成功，执行以下命令可查看 Thrift 的版本号：

```
thrift -version
```

2）在 Mac 系统上安装

在 Mac 下通过以下代码安装 Thrift：

```
brew install thrift
```

2. 第一个 Hello World 程序

1）编写 Hello.thrift 脚本文件

在开始编写我们的第一个 Hello World 程序之前，首先需要根据 Thrift 的语法规范编写脚本文件 Hello.thrift，代码如下：

```
namespace java com.bill
service Hello{
    string helloString(1:string para)
    i32 helloInt(1:i32 para)
    bool helloBoolean(1:bool para)
    void helloVoid()
    string helloNull()
}
```

以上服务描述文件使用 IDL 语法编写，定义了服务 Hello 的接口，每个方法都包含一个方法名、参数列表和返回类型，每个参数都包含参数序号、参数类型及参数名。使用 Thrift 工具编译 Hello.thrift 后，就会生成相应的 Hello.java 文件，核心代码如下：

```
package com.bill;

@SuppressWarnings({"cast", "rawtypes", "serial", "unchecked", "unused"})
@javax.annotation.Generated(value = "Autogenerated by Thrift Compiler (0.10.0)", date = "2017-11-01")
public class Hello {
```

```java
public interface Iface {
    public java.lang.String helloString(java.lang.String para) throws org.apache.thrift.TException;

    public int helloInt(int para) throws org.apache.thrift.TException;

    public boolean helloBoolean(boolean para) throws org.apache.thrift.TException;

    public void helloVoid() throws org.apache.thrift.TException;

    public java.lang.String helloNull() throws org.apache.thrift.TException;
}

// 省略

public static class Client extends org.apache.thrift.TServiceClient implements Iface {
    // 省略了其他代码,只保留了helloVoid方法相关的实现

    public void helloVoid() throws org.apache.thrift.TException
    {
      send_helloVoid();
      recv_helloVoid();
    }

    public void send_helloVoid() throws org.apache.thrift.TException
    {
      helloVoid_args args = new helloVoid_args();
      sendBase("helloVoid", args);
    }

    public void recv_helloVoid() throws org.apache.thrift.TException
    {
      helloVoid_result result = new helloVoid_result();
      receiveBase(result, "helloVoid");
      return;
    }

}

// 省略

public static class Processor<I extends Iface> extends org.apache.thrift.TBaseProcessor<I> implements org.apache.thrift.TProcessor {
    // 省略了其他代码,只保留了helloVoid方法相关的实现
```

```java
      public static class helloVoid<I extends Iface> extends org.apache.thrift.
ProcessFunction<I, helloVoid_args> {
        public helloVoid() {
          super("helloVoid");
        }

        public helloVoid_args getEmptyArgsInstance() {
          return new helloVoid_args();
        }

        protected boolean isOneway() {
          return false;
        }

        public helloVoid_result getResult(I iface, helloVoid_args args) throws org.apache.thrift.TException {
          helloVoid_result result = new helloVoid_result();
          iface.helloVoid();
          return result;
        }
      }

  }
```

该文件包含了在 Hello.thrift 文件中描述的 Hello 服务的接口定义，该接口即生成后的 Hello.Iface 接口；还包含了客户端的调用逻辑 Hello.Client 类，以及服务端的逻辑处理 Hello.Processor 类，它们用于构建客户端和服务器端的功能；并包含了服务调用的底层通信细节等。

2）服务端代码的实现

创建 HelloServiceImpl.java 文件并实现 Hello.java 文件中的 Hello.Iface 接口，代码如下：

```java
package com.bill

import org.apache.thrift.TException;

/**
 * Created by bill on 17/11/1.
 */
public class HelloServiceImpl implements Hello.Iface{
    @Override
    public boolean helloBoolean(boolean para) throws TException {
        return para;
    }
    @Override
```

```java
    public int helloInt(int para) throws TException {
        return para;
    }
    @Override
    public String helloNull() throws TException {
        return null;
    }
    @Override
    public String helloString(String para) throws TException {
        return para;
    }
    @Override
    public void helloVoid() throws TException {
        System.out.println("Hello World");
    }
}
```

然后，创建服务器端的实现代码，将 HelloServiceImpl 作为具体的处理器传递给 Thrift 服务器，代码如下：

```java
package com.bill;

import org.apache.thrift.TProcessor;
import org.apache.thrift.protocol.TBinaryProtocol;
import org.apache.thrift.server.TServer;
import org.apache.thrift.server.TSimpleServer;
import org.apache.thrift.transport.TServerSocket;
import org.apache.thrift.transport.TTransportException;

/**
 * Created by bill on 17/11/1.
 */
public class HelloServiceServer {
    /**
     * 启动 Thrift 服务器
     * @param args
     */
    public static void main(String[] args) {
        try {
            // 设置服务端口为 7911
            TServerSocket serverTransport = new TServerSocket(7911);
            // 设置协议工厂为 TBinaryProtocol.Factory
            TBinaryProtocol.Factory proFactory = new TBinaryProtocol.Factory();
            // 关联处理器与 Hello 服务的实现
            TProcessor processor = new Hello.Processor(new HelloServiceImpl());
            TServer server = new TSimpleServer(new TServer.Args(
                    serverTransport).processor(processor));
```

```
            System.out.println("Start server on port 7911...");
            server.serve();
        } catch (TTransportException e) {
            e.printStackTrace();
        }
    }
}
```

3）客户端代码的实现

创建客户端的实现代码，调用 Hello.client 访问服务端的逻辑实现，代码如下：

```
package corn.bill;

import org.apache.thrift.TException;
import org.apache.thrift.protocol.TBinaryProtocol;
import org.apache.thrift.protocol.TProtocol;
import org.apache.thrift.transport.TSocket;
import org.apache.thrift.transport.TTransport;
import org.apache.thrift.transport.TTransportException;

/**
 * Created by bill on 17/11/1.
 */
public class HelloServiceClient {
    /**
     * 调用 Hello 服务
     * @param args
     */
    public static void main(String[] args) {
        try {
            // 设置调用的服务地址为本地，端口为 7911
            TTransport transport = new TSocket("localhost", 7911);
            transport.open();
            // 设置传输协议为 TBinaryProtocol
            TProtocol protocol = new TBinaryProtocol(transport);
            Hello.Client client = new Hello.Client(protocol);
            // 调用服务的 helloVoid 方法
            client.helloVoid();
            transport.close();
        } catch (TTransportException e) {
            e.printStackTrace();
        } catch (TException e) {
            e.printStackTrace();
        }
    }
}
```

在完成了服务端和客户端代码的编写后，就可以测试一下。首先启动服务端程序，然后启动客户端程序，在客户端程序中将会调用 Hello 服务的 helloVoid 方法，这时在服务器端的控制台窗口中可以看到输出了 Hello World，代码测试成功。

7.5.2　ZeroC Ice

ZeroC Ice 是 ZeroC 公司的 Ice（Internet Communications Engine）中间件平台，它的设计受到了 CORBA 的影响，实际上也是由几位有影响力的 CORBA 开发者创立的。Ice 提供了面向对象的远程过程调用、网格计算和发布-订阅功能，支持 Linux、Solaris、Windows 和 Mac OS X 等操作系统，也支持 C++、C#、Java、JavaScript、Python 等主流语言。该中间件可以用于应用程序中，不需要使用 HTTP 方式，并且具有穿透防火墙的功能。ZeroC Ice 的主要组件如图 7-15 所示。

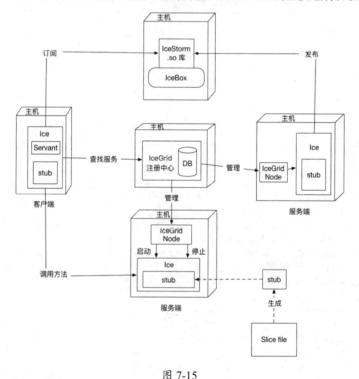

图 7-15

其中各组件的介绍如下。

- Slice（Specification Language for Ice）：是 Ice 的规范语言，也是 ZeroC 私有的一种文件

格式，程序员按照它来编辑独立于计算机语言的声明、类、接口、结构和枚举的定义。Slice 定义文件被用来作为存根生成过程的输入。存根依次被连接到应用程序和服务器上，它们应该基于 Slice 声明、定义的接口和类进行互相通信。

- IceStorm：是一个发布-订阅服务，它减少了客户端和服务器的耦合度。发布者将事件发给 IceStorm 服务，它按照顺序将事件传递给订阅者。采用这种方法后，一个事件发布者就可以把一个事件发布给多个订阅者。事件还可以按照主题分类，订阅者可以指定他们感兴趣的主题，只有订阅者感兴趣的主题才会被发送给订阅者。IceStorm 也能允许指定服务的质量，从而允许应用在可伸缩性和性能之间进行适当的折中。

- IceBox：是一个简单的应用服务器，包含可执行的由.dll 或.so 库实现的服务，它可以协调多个应用组件启动和停止。应用组件可以用动态链接库的形式发布而不是一个进程，这是一个更轻量的选择。例如，我们可以在一个 JVM 中运行若干个应用组件而不是有多个进程。

- IceGrid：是一个 Ice 位置服务的实现，提供负载均衡、故障转移、对象发现和注册服务。

- IcePatch2：是一个软件补丁服务。它允许我们轻松地把软件的更新发布给客户。客户连接到 IcePatch 后请求更新一个特定的应用；服务自动检查客户软件的版本，然后下载需要更新的组件。这些下载的组件都是放在一个压缩包里的，减少了对带宽的占用，软件补丁也可以通过结合 Glacier 服务发布，这样只有经过授权的客户才能下载软件并更新。

- Glacier2：是 Ice 的防火墙服务，它允许客户端和服务器通过防火墙安全地通信。客户端和服务器的通信通过使用公钥认证完全加密，并且通信是双向的。Glacier 提供了相互认证和安全的会话管理支持。

1. 环境准备

1）在 Ubuntu 系统上安装

在 Ubuntu 上通过如下代码配置 APT 仓库：

```
sudo apt-key adv --keyserver keyserver.ubuntu.com --recv B6391CB2CFBA643D
sudo apt-add-repository "deb http://zeroc.com/download/Ice/3.7/ubuntu16.04 stable main"
sudo apt-get update
```

为 C++、Python、Java 和 PHP 安装 Ice，同时安装所有 Ice 服务：

```
sudo apt-get install zeroc-ice-all-runtime zeroc-ice-all-dev
```

2）在 Mac 系统上安装

在 MacOS 上可以采用如下方式安装。

（1）使用 Homebrew 为 C++和 Objective-C 安装：

```
brew install zeroc-ice/tap/ice
```

（2）使用 Homebrew 为 PHP 安装：

```
brew install zeroc-ice/tap/php56-ice
brew install zeroc-ice/tap/php70-ice
brew install zeroc-ice/tap/php71-ice
```

（3）使用 Homebrew 为 Java 安装：

```
brew install ice --with-Java
```

若想了解更多的安装方式，则请参照官网 https://zeroc.com/downloads/ice。

2. 第一个 Hello World 程序

1）编写 Slice 定义文件

首先，编写一个包含应用程序所使用的接口的 Slice 定义，并保存在一个名为 Hello.ice 的文件中。该 Slice 定义了一个 Test 模块，在该模块中有一个 Hello 接口。代码示例如下：

```
module Test
{
    interface Hello
    {
        void sayHello(string s);
    }
}
```

然后，编译该文件，生成 Java 客户端代理（proxy）和服务端骨架（skeleton）的代码：

```
$ mkdir generated
$ slice2java --output-dir generated Hello.ice
```

slice2java 命令会生成一些 Java 源文件，其中的–output-dir 选项指示编译器将生成的文件放入 generated 目录中。这是使用命令的方式编译的，我们可以使用官方提供的 Eclipse 插件来自动完成。

接下来我们使用 Eclipse 搭建 Ice 开发环境。通过 Eclipse 的 Help->Eclipse Marketplace 菜单项打开如图 7-16 所示的界面。

图 7-16

在该搜索框中输入"ice"关键字进行搜索，会找到"Ice Builder for Eclipse"插件，单击 install 按钮进行安装，安装完后重新启动 Eclipse。

再在 Eclipse->偏好设置菜单中，为 Ice Builder 设置 Ice 的安装路径，如图 7-17 所示。

图 7-17

在 Mac 下使用 Homebrew 安装的默认路径为：/usr/local/Cellar/ice/。

接下来使用 Eclipse 新建一个 java 工程，并通过鼠标右键为其添加 ice builder，如图 7-18 所示。

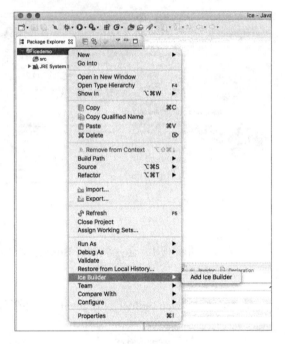

图 7-18

这样工程就自动添加了 Ice 的 Jar 包，并为我们创建了 generated 和 slice 这两个文件夹，如图 7-19 所示。

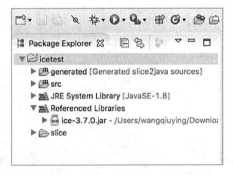

图 7-19

如果未能自动添加 Jar 包，则也可以手动从 Maven 仓库下载，然后引入相关 Jar 包。Ice 的 Maven 仓库地址为：https://search.maven.org/#search%7Cga%7C1%7Czeroc。

再将前面写好的 Hello.ice 文件复制到工程的 slice 目录下，此时会自动把它编译到 generated 目录下，包括之前定义的 Hello.java 接口，如图 7-20 所示。

图 7-20

2）编写服务器程序

接着编写服务器端的代码。为了实现 Hello 接口，我们必须创建一个服务端实现类（在 Ice 中叫作 Servant 类），因此在工程中创建一个叫作 HelloImp 的 Java 类，其代码如下：

```
package com.bill;

import com.zeroc.Ice.Current;

import Test.Hello;

public class HelloImp implements Hello {

    @Override
    public void sayHello(String s, Current current) {
        System.out.println(s);
    }

}
```

再实现一个 Server 的启动类来完成 Servant 类的加载功能：

```java
package com.bill;

import com.zeroc.Ice.Communicator;
import com.zeroc.Ice.ObjectAdapter;
import com.zeroc.Ice.Util;

public class Server
{
    public static void main(String[] args) throws Exception
    {
        try(Communicator communicator = Util.initialize(args))
        {
            ObjectAdapter adapter = communicator.createObjectAdapterWithEndpoints(
                    "HelloAdapter", "default -p 10000");
            com.zeroc.Ice.Object object = new HelloImp();
            adapter.add(object, Util.stringToIdentity("HelloServent"));
            adapter.activate();
            communicator.waitForShutdown();
        }
    }
}
```

服务端的代码执行有以下步骤。

（1）通过调用 Util.initialize 对 Ice 进初始化操作。我们传递 args 参数给 initialize 方法，可以通过命令行在运行时为服务器设置一些参数。调用 initialize 方法后会返回一个 Communicator 的引用，它是 Ice 运行的重要对象。

（2）通过调用 Communicator 实例中的 createObjectAdapterWithEndpoints 方法创建一个对象适配器，同时传递了一个 HelloAdapter 参数，它是适配器的名称。default -p 10000 参数告诉适配器使用端口号为 10000 的默认协议（TCP/IP）侦听传入的请求。

（3）此时，服务器端的上下文已被初始化，通过创建 HelloImp 的对象实例化了一个 Hello 接口，同时创建了一个 Servant。

（4）通过调用适配器的 add 方法来添加一个新的 Servent 对象，add 的第 1 个参数是刚刚实例化的 Servent，第 2 个参数是一个标识符。比如，我们定义的字符串 HelloServent 就是它的名称。如果有多个 Servent，则每个 Servent 都要有一个不同的名称，更准确地说，是不同的对象标识符。

（5）接下来，通过调用它的 activate 方法来激活适配器。如果有很多 Servent 共享同一个适配器，激活操作就很有用了，因为我们不希望服务器在所有 Servent 未初始化完成之前就接收请求了。

（6）最后，调用 waitForShutdown 方法。这个调用暂停调用线程，直到服务器终止或调用了停服操作。

3）编写客户端程序

接下来实现客户的请求调用，与服务端的代码类似：

```java
package com.bill;

import com.zeroc.Ice.Communicator;
import com.zeroc.Ice.Util;

public class Client
{
    public static void main(String[] args)
    {
        try(Communicator communicator = Util.initialize(args))
        {
            com.zeroc.Ice.ObjectPrx base = communicator.stringToProxy(
                    "HelloServent:default -p 10000");
            Test.HelloPrx hello = Test.HelloPrx.checkedCast(base);
            if(hello == null)
            {
                throw new Error("Invalid proxy");
            }
            hello.sayHello("Hello World!");
        }
    }
}
```

在客户端代码中有如下操作。

（1）同在服务器端一样，也是通过调用 initialize 来初始化客户端的运行时上下文。

（2）然后通过调用 communicator 实例对象上的 stringToProxy 方法来获取一个远程调用的代理（proxy）对象，stringToProxy 方法接收一个字符串参数，比如"HelloServent:default -p 10000"，该字符串包含服务器使用的对象标识和端口号。

（3）stringToProxy 方法返回的是 com.zeroc.Ice.ObjectPrx 的代码对象，它是所有接口和类的根类，而我们需要的是 Hello 的接口，所以再通过调用 HelloPrx.checkedCast 方法来进行向下转换，它会向服务器发送一个确认消息，询问是否是 Hello 接口的代码，如果是，则返回 Test::HelloPrx 的代理对象，否则返回 null。

（4）判断返回值是否是 null，如果是，则抛出终止客户端的错误消息。

（5）现在，在我们的地址空间中有一个可以使用的代理了，调用 sayHello 方法，并传递 Hello World!字符串参数，服务器将在其终端上打印该字符串。

（6）最后，依次运行服务端和客户端的程序，测试程序是否正常，其执行结果如图 7-21 所示。

图 7-21

Zero Ice 的使用方法很简单，但是功能非常强大，因为它在底层为我们屏蔽了复杂的实现过程，对使用者来说非常方便。本节只是简单介绍了它基础的 RPC 功能，而 Ice 基于 RPC 实现了更多的服务组件，比如服务的注册发现、自动化部署管理等，可以轻松地使用这些组件实现一套微服务的解决方案，关于 IceGrid、IceStorm、IcePatch2、Glacier2 和 IceBridge 等的更多用法请参照官方教程（https://doc.zeroc.com/display/Ice37/Ice+Services+Overview）。

7.5.3　gRPC

gRPC 是由 Google 主导开发的一个高性能的开源 RPC 框架，基于 HTTP/2 协议标准设计而成,并用 ProtoBuf(Protocol Buffers)作为序列化工具和接口定义语言(IDL),支持多语言开发。

在 gRPC 里,客户端应用可以像调用本地对象一样直接调用另一台机器上服务端的方法,使我们能够更容易地创建分布式应用和服务。gRPC 和其他 RPC 框架类似,也通过定义一个服务接口并指定其能够被远程调用的方法,然后在服务端实现这个接口,并运行一个 gRPC 服务器来处理客户端调用。在客户端拥有一个存根,该存根提供了和服务端相同的方法。

gRPC 客户端和服务端可以在不同的环境下运行和交互,并且可以用 gRPC 支持的任意语言来开发。所以,我们可以很容易地用 Java 创建一个 gRPC 服务端,用 Go、Python、Ruby 来创建客户端,如图 7-22 所示(图片来自于 gRPC 官网)。

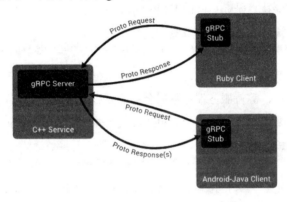

图 7-22

1. gRPC 中的概念

1)服务定义

gRPC 默认使用 protocol buffers 作为接口定义语言,来描述服务接口和定义数据结构,示例代码如下。

定义一个 greeter 服务接口:

```
service Greeter {
  // 通 RPC 关键字定义暴露的服务接口
  rpc SayHello (HelloRequest) returns (HelloReply) {}
}
定义请求的数据结构,只包含一个 name 属性:
```

```
message HelloRequest {
    string name = 1;
}
```

2）gRPC 中的四种服务类型

（1）单项的 RPC。它是最简单的，和其他 RPC 框架中的用法一样。客户端通过调用该方法发送请求到服务端，等待服务器的响应，和本地方法调用一样，示例代码如下：

```
// 定义单项的 RPC
rpc SayHelloSimple (HelloRequest) returns (HelloReply) {}
```

（2）服务端流式 RPC。即客户端发送一个请求给服务端，可获取一个数据流来读取一系列消息。客户端从返回的数据流里一直读取直到没有更多消息为止。从下面的样例代码中，我们可以看到该方法的主要特点是在返回的 HelloReply 类型前加 stream 关键字，示例代码如下：

```
// 定义服务端流式的 RPC
rpc SayHelloServer (HelloRequest) returns (stream HelloReply) {}
```

（3）客户端流式 RPC。即客户端通过使用一个数据流写入并发送一系列消息给服务端。客户端在数据发送完毕后，等待服务端把数据全部读完后返回响应。从下面的样例代码中，我们可以看到该方法的主要特点是在请求的 HelloRequest 类型前面加 stream 关键字，示例代码如下：

```
// 定义客户端流式的 RPC
rpc SayHelloClient(stream HelloRequest) returns (HelloReply) {}
```

（4）双向流式 RPC。即客户端和服务端都可以通过读写流（read-write stream）向对方发送一系列消息。这两个数据流操作是相互独立的，所以客户端和服务端能按其希望的任意顺序进行读写操作，例如：服务端可以等待客户端的消息都接收完后再向客户端响应，也可以先读一个消息再写一个消息，或者是读写相结合的其他方式，而且会保留每个数据流里消息的顺序。从下面的样例代码中，我们可以看到该方法的主要特点就是在请求和响应的前面都加了 stream 关键字：

```
// 定义双向流式的 RPC
rpc SayHelloChat(stream HelloRequest) returns (stream HelloReply) {}
```

2. 环境准备

1）在 Linux 系统上安装

在 Linux 上安装时，要先下载 ProtoBuf 的压缩包 protobuf-cpp-3.0.0-beta-3.tar.gz，根据需要

选择相应的版本，解压该压缩包到指定的目录下。接下来开始安装 ProtoBuf，具体方法如下：

```
$ ./configure
$ make
$ make check
$ sudo make install
$ sudo ldconfig # refresh shared library cache.
```

2）在 Mac 系统上安装

在 Mac 上可以通过以下命令安装：

```
brew install protobuf
```

3. 第一个 Hello World 程序

1）服务定义

通过使用 protocol buffers 来定义服务，以及服务所暴露的远程调用方法，同时定义请求和响应数据结构，代码如下：

```
syntax = "proto3";

option java_multiple_files = true;
option java_package = "com.bill.helloworld";
option java_outer_classname = "HelloWorldProto";
option objc_class_prefix = "HL";

package helloworld;

// 定义一个greeter 服务
service Greeter {
    // 定义单项的 RPC
    rpc SayHelloSimple (HelloRequest) returns (HelloReply) {}

    // 定义服务端流式的 RPC
    rpc SayHelloServer (HelloRequest) returns (stream HelloReply) {}

    // 定义客户端流式的 RPC
    rpc SayHelloClient(stream HelloRequest) returns (HelloReply) {}

    // 定义双向流式的 RPC
    rpc SayHelloChat(stream HelloRequest) returns (stream HelloReply) {}
}

// 定义请求的数据结构，只包含一个name 属性
```

```
message HelloRequest {
    string name = 1;
}

// 定义响应的数据结构，包含一个message属性
message HelloReply {
    string message = 1;
}
```

这里要注意的是，在 Protocol Buffers 服务接口的方法定义中是不能使用基本类型的，方法的参数和返回值都必须是自定义的数据结构类型（使用关键字 message 定义的）。

在编写完服务接口描述文件后，就需要生成相应的代码了，这里有两种生成方式：一种是使用命令行，另一种是使用 Maven 或 Gradle。

（1）使用命令行

在命令行下使用 Protocol Buffers 编译器生成相应的编程语言的代码，这里以编译生成 Java 语言为例，命令如下：

```
$ protoc -I=SRC_DIR --java_out=DST_DIR SRC_DIR/helloworld.proto
```

通过查看生成的代码，我们可以发现，Protoco Buffers 为每个服务都生成了相应的接口和类文件，可供客户端和服务端的代码直接使用。

为了使用 gRPC 构建 RPC 服务，我们还需要使用 protoc-gen-grpc-java 插件来生成 Java 相关的代码。对于 protoco-gen-grpc-java 插件，可以自行编译或者下载（https://repo1.maven.org/maven2/io/grpc/protoc-gen-grpc-java/1.0.1/）。使用 protoc-gen-grpc-java 插件生成代码的命令如下：

```
$protoc --plugin=protoc-gen-grpc-java=/path/to/protoc-gen-grpc-java
--grpc-java_out=DST_DIR --proto_path=SRC_DIR SRC_DIR/helloworld.proto
```

运行上述命令后会生成 GreeterGrpc.java，RPC 的服务端和客户端在后面都会依赖该类进行构建。

（2）使用 Maven 或 Gradle 方式

上述命令行方式非常麻烦，如果使用 Maven 或者 Gradle，则可以选择使用相关的插件自动编译。笔者在这里使用了 Gradle 构建项目，可以在 build.gradle 配置中添加依赖和插件完成，完整的配置如下：

```
group 'com.bill'
version '1.0-SNAPSHOT'
```

```
apply plugin: 'java'
apply plugin: 'com.google.protobuf'

buildscript {
    repositories {
        mavenCentral()
    }
    dependencies {
        // ASSUMES GRADLE 2.12 OR HIGHER. Use plugin version
        // 0.7.5 with earlier gradle versions
        classpath 'com.google.protobuf:protobuf-gradle-plugin:0.8.3'
    }
}

repositories {
    mavenCentral()
}

def grpcVersion = '1.8.0' // CURRENT_GRPC_VERSION

dependencies {
    compile "io.grpc:grpc-netty:${grpcVersion}"
    compile "io.grpc:grpc-protobuf:${grpcVersion}"
    compile "io.grpc:grpc-stub:${grpcVersion}"
}

protobuf {
    generatedFilesBaseDir = "$projectDir/src/generated"

    protoc {
        // The version of protoc must match protobuf-java.
        // If you don't depend on protobuf-java directly,
        // you will be transitively depending on the
        //protobuf-java version that grpc depends on.
        artifact = 'com.google.protobuf:protoc:3.0.0'
    }
    plugins {
        grpc {
            artifact = "io.grpc:protoc-gen-grpc-java:${grpcVersion}"
        }
    }
    generateProtoTasks {
        all()*.plugins {
            grpc {
                // To generate deprecated interfaces and static
                // bindService method, turn the enable_deprecated
```

```
                //option to true below:
                option 'enable_deprecated=false'
            }
        }
    }
}
```

在 IDE 中运行,或在命令行下执行 gradle generateProto 即可生成相应的代码。

2)服务端代码的实现

服务端代码的实现主要分为以下两部分。

(1)实现服务接口需要完成的实际工作:主要通过继承生成的基本服务类,并重写相应的 RPC 方法来完成具体的工作。

(2)运行一个 gRPC 服务,监听客户端的请求并返回响应。

首先,自定义一个 GreeterImpl 类,它继承自生成的 GreeterGrpc.GreeterImplBase 抽象类,再在 GreeterImpl 中实现所有的方法,包括单项的 RPC(sayHelloSimple)、服务端流式 RPC(sayHelloServer)、客户端流式 RPC(sayHelloClient)和双向流式 RPC(sayHelloChat)这四种不同类型的方法,完整的代码如下:

```java
    public class GreeterImpl extends GreeterGrpc.GreeterImplBase {

        @Override
        public void sayHelloSimple(HelloRequest req, StreamObserver<HelloReply>
responseObserver) {
            HelloReply reply = HelloReply.newBuilder().setMessage("Hello " +
req.getName()).build();
            responseObserver.onNext(reply);
            responseObserver.onCompleted();
        }

        @Override
        public void sayHelloServer(HelloRequest req, StreamObserver<HelloReply>
responseObserver) {
            HelloReply reply1 = HelloReply.newBuilder().setMessage("Hello " +
req.getName()).build();
            responseObserver.onNext(reply1);

            HelloReply reply2 = HelloReply.newBuilder().setMessage("Hello " +
req.getName()).build();
            responseObserver.onNext(reply2);

            responseObserver.onCompleted();
```

```java
    }

    @Override
    public StreamObserver<HelloRequest> sayHelloClient(final
StreamObserver<HelloReply> responseObserver) {
        return new StreamObserver<HelloRequest>() {
            StringBuilder sb = new StringBuilder("hello ");

            @Override
            public void onNext(HelloRequest req) {
                sb.append(req.getName());
                sb.append(",");
            }

            @Override
            public void onError(Throwable t) {
                System.out.println("recordRoute cancelled");
            }

            @Override
            public void onCompleted() {
                HelloReply reply = HelloReply.newBuilder().setMessage(sb.toString
()).build();
                responseObserver.onNext(reply);
                responseObserver.onCompleted();
            }
        };
    }

    @Override
    public StreamObserver<HelloRequest> sayHelloChat(final StreamObserver
<HelloReply> responseObserver) {
        return new StreamObserver<HelloRequest>() {
            @Override
            public void onNext(HelloRequest req) {

                HelloReply reply1 = HelloReply.newBuilder().setMessage("Hello " +
req.getName()).build();
                responseObserver.onNext(reply1);
            }

            @Override
            public void onError(Throwable t) {
                System.out.println("routeChat cancelled");
            }

            @Override
            public void onCompleted() {
                responseObserver.onCompleted();
```

```
            }
        };
    }
}
```

然后，通过使用 ServerBuilder 来创建一个 HelloWorldServer 启动类，在该类中主要实现以下内容。

（1）指定服务监听的端口。

（2）创建具体的服务对象，并注册给 ServerBuilder。

（3）创建 Server 并启动。

启动类的部分核心代码如下：

```
public class HelloWorldServer {
    private Server server;

    private void start() throws IOException {
    /* The port on which the server should run */
        int port = 50051;
        server = ServerBuilder.forPort(port)
                .addService(new GreeterImpl())
                .build()
                .start();
        logger.info("Server started, listening on " + port);
        Runtime.getRuntime().addShutdownHook(new Thread() {
            @Override
            public void run() {
                // Use stderr here since the logger may have been reset
    //   by its JVM shutdown hook.
                System.err.println("*** shutting down gRPC server since JVM is shutting down");
                HelloWorldServer.this.stop();
                System.err.println("*** server shut down");
            }
        });
    }
    //省略其他代码
    …
    /**
     * Main launches the server from the command line.
     */
    public static void main(String[] args) throws IOException, InterruptedException {
        final HelloWorldServer server = new HelloWorldServer();
```

```
        server.start();
        server.blockUntilShutdown();
    }
}
```

3）编写客户端程序

为了调用服务端的方法，需要创建 stub。有两种类型的 stub，如下所述。

（1）阻塞（blocking/synchronous stub）：客户端发起 RPC 调用后一直等待服务端的响应。

（2）非阻塞（non-blocking/asynchronous stub）：异步响应，通过 StreamObserver 在响应时进行回调。

为了创建 stub，首先要创建 channel，需要指定服务端的主机和监听的端口，然后按序创建阻塞或者非阻塞的 stub，示例代码如下：

```
private final ManagedChannel channel;
private final GreeterGrpc.GreeterBlockingStub blockingStub;
private final GreeterGrpc.GreeterStub asyncStub;
HelloWorldClient(ManagedChannel channel) {
    this.channel = channel;
    blockingStub = GreeterGrpc.newBlockingStub(channel);
    asyncStub = GreeterGrpc.newStub(channel);
}
```

再通过 stub 发起 RPC 调用，直接在 stub 上调用同名方法，示例代码如下：

```
HelloReply response;
try {
    response = blockingStub.sayHelloSimple(request);
} catch (StatusRuntimeException e) {
}
```

最后，客户端实现的远程调用的部分核心代码如下：

```
public class HelloWorldClient {
    private final ManagedChannel channel;
    private final GreeterGrpc.GreeterBlockingStub blockingStub;
    private final GreeterGrpc.GreeterStub asyncStub;
    private Random random = new Random();
    // 省略构造方式，其中只是对 stub 等的初始化

    /** 单项的 RPC，使用阻塞的 stub */
    public void testSayHelloSimple(String name) {
        HelloRequest request = HelloRequest.newBuilder().setName(name).build();
        HelloReply response;
```

```java
        try {
            response = blockingStub.sayHelloSimple(request);
        } catch (StatusRuntimeException e) {
        }
        logger.info("Greeting: " + response.getMessage());
    }

    /** 服务端流式 RPC，使用阻塞的 stub */
    public void testSayHelloServer(String name) {
        HelloRequest request = HelloRequest.newBuilder().setName(name).build();
        Iterator<HelloReply> responses;
        try {
            responses = blockingStub.sayHelloServer(request);
            for (int i = 1; responses.hasNext(); i++) {
                HelloReply response = responses.next();
                logger.info("Greeting: " + response.getMessage());
            }
        } catch (StatusRuntimeException e) {
        }
    }

    /** 客户端流式 RPC，使用非阻塞的 stub */
    public void testSayHelloClient() throws InterruptedException {
        final CountDownLatch finishLatch = new CountDownLatch(1);

        StreamObserver<HelloReply> responseObserver = new StreamObserver<HelloReply>() {
            @Override
            public void onNext(HelloReply response) {
                System.out.println("response = " + response.getMessage());
            }

            @Override
            public void onError(Throwable t) {
                System.out.println("RecordRoute Failed");
                finishLatch.countDown();
            }

            @Override
            public void onCompleted() {
                System.out.println("Finished RecordRoute");
                finishLatch.countDown();
            }
        };

        // 使用非阻塞的 stub 模式
        StreamObserver<HelloRequest> requestObserver = asyncStub.sayHelloClient
```

```java
(responseObserver);
        try {
            for (int i = 0; i < 10; ++i) {
                HelloRequest request = HelloRequest.newBuilder().setName("world"
+ i).build();
                requestObserver.onNext(request);
                // Sleep for a bit before sending the next one.
                Thread.sleep(random.nextInt(1000) + 500);
                if (finishLatch.getCount() == 0) {
                    // RPC completed or errored before we finished sending.
                    return;
                }
            }
        } catch (RuntimeException e) {
        }
        // Mark the end of requests
        requestObserver.onCompleted();
        // Receiving happens asynchronously
        if (!finishLatch.await(1, TimeUnit.MINUTES)) {
            System.out.println("recordRoute can not finish within 1 minutes");
        }
    }

    /** 双向流式 RPC，使用非阻塞的 stub */
    public CountDownLatch testSayHelloChat() {
        final CountDownLatch finishLatch = new CountDownLatch(1);
        // 使用非阻塞的 stub 模式
        StreamObserver<HelloRequest> requestObserver = asyncStub.sayHelloChat
(new StreamObserver<HelloReply>() {
            @Override
            public void onNext(HelloReply response) {
                System.out.println("response = " + response.getMessage());
            }

            @Override
            public void onError(Throwable t) {
                System.out.println("RouteChat Failed: {0}");
                finishLatch.countDown();
            }

            @Override
            public void onCompleted() {
                System.out.println("Finished RouteChat");
                finishLatch.countDown();
            }
        });
```

```java
        try {
            List<String> reqStr = Arrays.asList("First message", "Second message",
"Third message", "Third message");
            for (String str : reqStr) {
                HelloRequest request = HelloRequest.newBuilder().setName(str).
build();
                requestObserver.onNext(request);
            }
        } catch (RuntimeException e) {
        }
        // Mark the end of requests
        requestObserver.onCompleted();
        return finishLatch;
    }

    public static void main(String[] args) throws Exception {
        HelloWorldClient client = new HelloWorldClient("localhost", 50051);
        try {
            String str= "world";
            client.testSayHelloSimple(str);
            client.testSayHelloServer(str);
            client.testSayHelloClient();

            // Send and receive some notes.
            CountDownLatch finishLatch = client.testSayHelloChat();
            if (!finishLatch.await(1, TimeUnit.MINUTES)) {
                System.out.println("routeChat can not finish within 1 minutes");
            }
        } finally {
            client.shutdown();
        }
    }
}
```

7.5.4 Dubbo

Dubbo 是阿里巴巴在 2011 年开源的分布式服务框架，是 SOA 服务化治理方案的核心框架，每天为阿里巴巴内部的 2000 多个服务提供 3 000 000 000 多次访问量支持（目前，在阿里巴巴内部使用的是新一代的 RPC 框架 HSF，全称 High Speed Framework，也被称为"好舒服"），并在国内被很多大公司广泛应用于各系统中。Dubbo 官方曾停止维护 Dubbo 很长一段时间（虽然目前又重新开始维护，不过还有很长的路要走），但是国内也有很多热心的团队在更新和维护它，比如当当在 Dubbo 的基础上开源了 Dubbox 等。Dubbo 的整体架构如图 7-23 所示。

第 7 章 RPC 服务的发展历程和对比分析

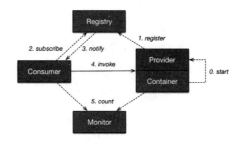

图 7-23

Dubbo 主要提供三方面的功能：远程接口调用；负载均衡和容错；自动服务注册和发现。我们可以非常容易地通过 Dubbo 来构建分布式服务。下面以一个简单的 Hello World 程序为例带大家入门。

1. 准备环境

首先，安装 ZooKeeper。ZooKeeper 是用 Java 编写的，运行在 Java 环境上，因此在部署 ZooKeeper 的机器上需要安装 Java 运行环境。为了正常运行 ZooKeeper，我们需要安装 JRE1.7 或以上版本。

从官网下载 ZooKeeper，目前的最新版本为 3.4.11，下载地址为 https://zookeeper.apache.org/releases.html。下载并解压 ZooKeeper 压缩包，发现其中主要有 bin 和 conf 这两个目录。

- bin 是 ZooKeeper 的可执行脚本目录，包括 ZooKeeper 的服务进程、客户端等脚本。其中，.sh 是 Linux 环境下的脚本，.cmd 是 Windows 环境下的脚本。

- conf 是配置文件目录，其中，zoo_sample.cfg 是样例配置文件，需要将其修改为自己的名称，一般为 zoo.cfg。log4j.properties 是日志配置文件。

启动 ZooKeeper 服务，在开发环境下使用默认的配置即可。

2. 第一个 Hello World 程序

Dubbo 采用全 Spring 配置方式，透明化接入应用，对应用没有任何 API 侵入，只需用 Spring 加载 Dubbo 的配置即可。Dubbo 基于 Spring 的 Schema 扩展进行加载。

1）创建工程并添加依赖库

首先，使用 Idea 创建一个 Gradle 工程（当然，也可以使用其他 IDE 创建工程），然后在该工程中创建三个项目（Module）：为远程接口项目（api）、服务端项目（server）和客户端项目（client），其中服务端项目和客户端项目都依赖远程接口项目，如图 7-24 所示。

图 7-24

然后，在服务端项目和客户端项目中添加 Dubbo 的依赖库。由于笔者使用的是 Gradle 管理项目，所以在该项目的 build.gradle 文件中添加如下代码：

```
compile "commons-logging:commons-logging:1.1.1",
        "org.javassist:javassist:3.20.0-GA",
        "log4j:log4j:1.2.15",
        "org.springframework:spring-core:4.2.1.RELEASE",
        "org.springframework:spring-context:4.2.1.RELEASE",
        "org.slf4j:slf4j-api:1.7.6",
        "org.slf4j:slf4j-log4j12:1.6.1",
        "org.apache.zookeeper:zookeeper:3.4.5",
        "com.101tec:zkclient:0.4"

//由于Dubbo本身使用的Spring版本太低，
//所以在引用Dubbo时排除了对Spring的依赖，而使用自定义的4.2.1版本
compile ("com.alibaba:dubbo:2.5.8") {
    exclude group:'org.springframework', module: 'spring-aop'
    exclude group:'org.springframework', module: 'spring-expression'
    exclude group:'org.springframework', module: 'spring-web'
    exclude group:'org.springframework', module: 'spring-beans'
}
```

2）定义远程服务接口

在 api 项目中新建一个 IHelloService 接口：

```java
package com.bill.api;

/**
 * Created by bill on 17/12/25.
 */
public interface IHelloService {
    /**
     * Hello 方法
     * @param name
     * @return
     */
    String sayHello(String name);
}
```

3）编写服务器程序

首先，实现服务端的服务。在 server 项目中实现该远程服务接口：

```java
package com.bill;

import com.bill.api.IHelloService;

/**
 * Created by bill on 17/12/25.
 */
public class HelloServiceImpl implements IHelloService {

    @Override
    public String sayHello(String name) {
        return name;
    }
}
```

然后，在 server 项目中使用 Spring 配置声明暴露服务，在 resources 目录下创建 provider.xml 文件，其配置如下：

```xml
<?xml version="1.0" encoding="UTF-8"?>
<beans xmlns="http://www.springframework.org/schema/beans"
    xmlns:xsi="http://www.w3.org/2001/XMLSchema-instance"
    xmlns:dubbo="http://code.alibabatech.com/schema/dubbo"
    xsi:schemaLocation="http://www.springframework.org/schema/beans
    http://www.springframework.org/schema/beans/spring-beans.xsd
    http://code.alibabatech.com/schema/dubbo
    http://code.alibabatech.com/schema/dubbo/dubbo.xsd">

    <!--提供者的应用名 -->
    <dubbo:application name="dubbo-server" />
    <!-- 使用 ZooKeeper 注册中心的地址 -->
    <dubbo:registry address="zookeeper://127.0.0.1:2181" />
    <!-- 用 Dubbo 协议在 20880 端口暴露服务 -->
    <dubbo:protocol name="dubbo" port="20880" />
```

```xml
    <!-- 声明需要暴露的服务接口 -->
    <dubbo:service interface="com.bill.api.IHelloService" ref="helloService" />
    <!-- 和本地bean一样实现服务 -->
    <bean id="helloService" class="com.bill.HelloServiceImpl" />
</beans>
```

最后，加载Spring配置。创建一个Server启动类，通过该类来加载Spring配置并提供远程服务：

```java
package com.bill;

import org.springframework.context.support.ClassPathXmlApplicationContext;

/**
 * Created by bill on 17/12/25.
 */
public class Server {
    public static void main(String[] args) throws Exception {
        ClassPathXmlApplicationContext context = new
                ClassPathXmlApplicationContext(new String[] {"provider.xml"});
        context.start();
        System.in.read(); // 按任意键退出
    }
}
```

4）编写客户端程序

首先，在client项目中通过Spring配置引用远程服务，在resources目录下创建一个consumer.xml文件：

```xml
<?xml version="1.0" encoding="UTF-8"?>
<beans xmlns="http://www.springframework.org/schema/beans"
       xmlns:xsi="http://www.w3.org/2001/XMLSchema-instance"
       xmlns:dubbo="http://code.alibabatech.com/schema/dubbo"
       xsi:schemaLocation="http://www.springframework.org/schema/beans
       http://www.springframework.org/schema/beans/spring-beans.xsd
       http://code.alibabatech.com/schema/dubbo
       http://code.alibabatech.com/schema/dubbo/dubbo.xsd">

    <!-- 消费方的应用名，用于计算依赖关系，不是匹配条件，不要与提供方一样 -->
    <dubbo:application name="dubbo-client" />
    <!-- 使用ZooKeeper注册中心的地址 -->
    <dubbo:registry address="zookeeper://127.0.0.1:2181" />

    <!-- 生成远程服务代理，可以和本地bean一样使用helloService -->
    <dubbo:reference id="helloService" interface="com.bill.api.IHelloService" />

</beans>
```

然后，加载 Spring 配置。创建 Client 启动类，并实现客户端的远程调用：

```java
package com.bill;

import com.bill.api.IHelloService;
import org.springframework.context.support.ClassPathXmlApplicationContext;

/**
 * Created by bill on 17/12/25.
 */
public class Client {
    public static void main(String[] args) throws Exception {
        ClassPathXmlApplicationContext context = new
            ClassPathXmlApplicationContext(new String[] {"consumer.xml"});
        context.start();

        IHelloService helloService = (IHelloService)context.getBean("helloService"); // 获取远程服务代理
        String hello = helloService.sayHello("hello world"); // 执行远程方法
        System.out.println( hello ); // 显示调用结果
    }
}
```

最后的项目结构和运行结果如图 7-25 所示。

图 7-25

本节只是简单地实现了一个 Hello World 程序，算是 Dubbo 的快速入门，在第 8 章中将会更深入地介绍 Dubbo 的用法和源码分析。

第 8 章
Dubbo 实战及源码分析

在第 7 章中讲到了 Dubbo 的第 1 个 Hello World 程序（本章中的 Hello World 程序都指这个程序），它虽然功能简单，但是基本包含了 Dubbo 的完整配置方法，本章将深入讲解关于 Dubbo 使用和实践的更多内容。虽然 Dubbo 的官方文档（http://dubbo.io/books/dubbo-user-book/）已经非常详细了，但是初次接触 Dubbo 的人还是会感觉不知从何下手，所以本章将介绍服务架构的相关重点内容：服务的注册与发现、Dubbo 服务间的通信协议和序列化、Dubbo 的线程模式、集群的负载均衡与容错机制、监控和运维实践等。在 8.8 节还会基于本章前面的使用实践，对 Dubbo 进行源码分析，深入理解 Dubbo 对服务的注册与发现，以及集群容错和负载均衡的实现思路。

8.1 Dubbo 的四种配置方式

Dubbo 的配置主要分为三大类：服务发现、服务治理和性能调优。这三类配置不是独立存在的，而是贯穿在所有配置项中的，比如 dubbo:service 标签中的 interface 是服务发现类，timeout 是性能调优类，mock 是服务治理类，这三大类的作用分别如下。

- 服务发现类：表示该配置项用于服务的注册与发现，目的是让消费者找到提供者。
- 服务治理类：表示该配置项用于治理服务间的关系，或为开发测试提供便利条件。
- 性能调优类：表示该配置项用于调优性能，不同的选项会对性能产生不同的影响。

在介绍具体的配置之前，我们先来看看 Dubbo 支持的四种配置方式。

8.1.1 XML 配置

我们可以使用 XML 对 Dubbo 进行配置，因为 Dubbo 是使用 Spring 的 Schema 进行扩展标签和解析配置的，所以我们可以像使用 Spring 的 XML 配置方式一样来进行配置。比如之前介绍的 Hello World 程序中服务暴露的配置：

```xml
<?xml version="1.0" encoding="UTF-8"?>
<beans xmlns="http://www.springframework.org/schema/beans"
    xmlns:xsi="http://www.w3.org/2001/XMLSchema-instance"
    xmlns:dubbo="http://code.alibabatech.com/schema/dubbo"
    xsi:schemaLocation="http://www.springframework.org/schema/beans
    http://www.springframework.org/schema/beans/spring-beans.xsd
    http://code.alibabatech.com/schema/dubbo
    http://code.alibabatech.com/schema/dubbo/dubbo.xsd">

    <!-- 消费者的应用名 -->
    <dubbo:application name="dubbo-server" />
    <!-- 使用 ZooKeeper 注册中心暴露发现服务地址 -->
    <dubbo:registry address="zookeeper://127.0.0.1:2181" />
    <!-- 用 Dubbo 协议在 20880 端口暴露服务 -->
    <dubbo:protocol name="dubbo" port="20880" />
```

```
<!-- 声明需要暴露的服务接口 -->
<dubbo:service interface="com.bill.api.IHelloService" ref="helloService" />
<!-- 和本地 Bean 一样实现服务 -->
<bean id="helloService" class="com.bill.HelloServiceImpl" />
</beans>
```

在以上配置中就使用了 Dubbo 扩展的 dubbo:application、dubbo:registry 和 dubbo:service 等标签,它们的具体使用会在 8.2 节介绍,对于 Dubbo 是如何使用 Spring 扩展自定义标签的,将在 8.8 节介绍。

Dubbo 的配置标签及它们之间的关系如图 8-1 所示(图片来自 Dubbo 官网)。

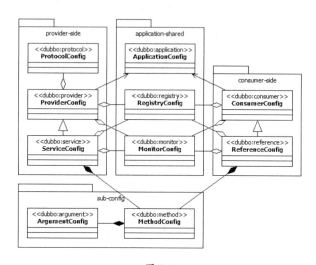

图 8-1

对这些标签的用途及解释如表 8-1 所示。

表 8-1

标签	用途	解释
<dubbo:service/>	服务配置	用于暴露一个服务,定义服务的元信息,一个服务可以用多个协议暴露,一个服务也可以注册到多个注册中心
<dubbo:reference/>	引用配置	用于创建一个远程服务代理,一个引用可以指向多个注册中心
<dubbo:protocol/>	协议配置	用于配置提供服务的协议信息,协议由提供者指定,消费者被动接收
<dubbo:application/>	应用配置	用于配置当前的应用信息,不管该应用是提供者还是消费者
<dubbo:module/>	模块配置	用于配置当前的模块信息,可选
<dubbo:registry/>	注册中心配置	用于配置连接注册中心相关的信息
<dubbo:monitor/>	监控中心配置	用于配置连接监控中心相关的信息,可选

续表

标　签	用　途	解　释
<dubbo:provider/>	提供者配置	当 ProtocolConfig 和 ServiceConfig 的某属性没有配置时，采用此默认值，可选
<dubbo:consumer/>	消费者配置	当 ReferenceConfig 的某属性没有配置时，采用此默认值，可选
<dubbo:method/>	方法配置	用于 ServiceConfig 和 ReferenceConfig 指定方法级的配置信息
<dubbo:argument/>	参数配置	用于指定方法参数的配置信息

这些配置的覆盖优先级关系如图 8-2 所示（图片来自 Dubbo 官网）。

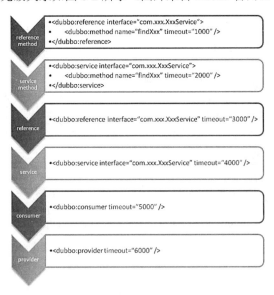

图 8-2

在图 8-2 中以 timeout 为例，显示了配置的查找顺序，其他属性如 retries、loadbalance、actives 等类似。服务提供者的配置是通过 URL 由注册中心传递给消费者的。各优先级关系可简单总结如下。

- 方法级优先，接口级次之，全局配置再次之。
- 如果级别一样，则消费者优先，提供者次之。

小提示：

建议由服务提供者设置超时，因为服务提供者更清楚一个方法需要执行多久。如果一个消费者同时引用了多个服务,就不需要关心每个服务的超时设置。理论上,ReferenceConfig 的非服务标识的配置,都可以在 ConsumerConfig、ServiceConfig 和 ProviderConfig 中进行默认的配置。

8.1.2 属性配置

我们还可以对 Dubbo 使用 properties 文件进行配置。比如,如果存在公共配置很简单,又没有多注册中心和多协议等的情况,或者想让多个 Spring 容器共享配置,就可以使用 dubbo.properties 作为默认的配置。Dubbo 会自动加载 classpath 根目录下的 dubbo.properties 文件,也可以通过 JVM 启动参数-Ddubbo.properties.file=mydubbo.properties 来指定配置文件的位置。

下面是 dubbo.properties 的一个配置示例:

```
dubbo.application.name=dubbo-server
dubbo.application.owner=test
dubbo.registry.address=zookeeper://127.0.0.1:2181
```

属性的配置规则遵循以下约定。

(1)将 XML 配置的标签名加属性名,用点分隔,将多个属性拆成多个行。比如:

- dubbo.application.name=dubbo-server 等价于<dubbo:application name="dubbo-server" />;
- dubbo:protocol.name=dubbo 和 dubbo:protocol.port=20880 等价于<dubbo:protocol name="dubbo" port="20880" />。

(2)如果 XML 有多行同名标签配置,则可用 id 号区分,如果没有 id 号,则将对所有同名标签生效。比如:

- dubbo.protocol.rmi.port=1099 等价于<dubbo:protocol id="rmi" name="rmi" port= "1099" />;
- dubbo.protocol.dubbo.port=20880 等价于<dubbo: protocol id="dubbo " name="dubbo" port= "20880" />。

各配置方式的覆盖优先级策略(见图 8-3,图片来自 Dubbo 官网)如下。

(1)JVM 启动-D 参数优先,这样可以使用户在部署和启动时进行参数重写,比如在启动时需要改变协议的端口。

（2）XML 次之，如果在 XML 中有配置，则 dubbo.properties 中的相应配置项无效。

（3）Properties 最后，相当于默认值，只有 XML 没有被配置时，dubbo.properties 的相应配置项才会生效，通常用于共享公共配置。

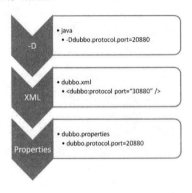

图 8-3

8.1.3　API 配置

我们也可以通过程序代码调用 Dubbo 的 API 进行配置，该方式一般用于 Test、Mock 等。在正式环境下推荐采用 XML 配置和属性配置的方式。

API 属性与 XML 配置项是一一对应的，比如：ApplicationConfig.setName("dubbo-server")对应<dubbo:application name="dubbo-server" />。下面主要举例介绍对服务提供者和服务消费者的配置。

对服务提供者的配置如下：

```
import com.alibaba.dubbo.rpc.config.ApplicationConfig;
import com.alibaba.dubbo.rpc.config.RegistryConfig;
import com.alibaba.dubbo.rpc.config.ProviderConfig;
import com.alibaba.dubbo.rpc.config.ServiceConfig;
import com.bill.IHelloService;
import com.bill.HelloServiceImpl;

// 当前应用的配置
ApplicationConfig application = new ApplicationConfig();
application.setName("dubbo-server");
```

```java
// 连接注册中心的配置
RegistryConfig registry = new RegistryConfig();
registry.setAddress("zookeeper://127.0.0.1:2181");
registry.setUsername("test");
registry.setPassword("123456");

// 服务提供者协议的配置
ProtocolConfig protocol = new ProtocolConfig();
protocol.setName("dubbo");
protocol.setPort(20880);
protocol.setThreads(200);

// 下面为服务提供者暴露服务配置
IHelloService helloService = new HelloServiceImpl();// 服务实现

// 注意：ServiceConfig 为重对象，内部封装了与注册中心的连接和开启服务端口。
// 请务必自行缓存，否则可能造成内存和连接泄露
ServiceConfig<IHelloService> service = new ServiceConfig<IHelloService>();
service.setApplication(application);
service.setRegistry(registry);    // 多个注册中心可以用 setRegistries()
service.setProtocol(protocol);    // 多个协议可以用 setProtocols()
service.setInterface(IHelloService.class);
service.setRef(helloService);
service.setVersion("1.0.0");
// 暴露及注册服务
service.export();
```

对服务消费者的配置如下：

```java
import com.alibaba.dubbo.rpc.config.ApplicationConfig;
import com.alibaba.dubbo.rpc.config.RegistryConfig;
import com.alibaba.dubbo.rpc.config.ConsumerConfig;
import com.alibaba.dubbo.rpc.config.ReferenceConfig;
import com.bill.IHelloService;

// 当前应用的配置
ApplicationConfig application = new ApplicationConfig();
application.setName("dubbo-client");

// 连接注册中心的配置
RegistryConfig registry = new RegistryConfig();
registry.setAddress("zookeeper://127.0.0.1:2181");
registry.setUsername("test");
registry.setPassword("123456");

// 引用远程服务
// 注意：ReferenceConfig 为重对象，内部封装了与注册中心的连接，以及与服务提供者的连接。
```

```
// 请务必自行缓存,否则可能造成内存和连接泄露
ReferenceConfig<IHelloService> reference = new ReferenceConfig<IHelloService>
();
reference.setApplication(application);
reference.setRegistry(registry); // 多个注册中心可以用 setRegistries()
reference.setInterface(IHelloService.class);
reference.setVersion("1.0.0");

// 和本地 Bean 一样使用 IHelloService
// 注意:此代理对象内部封装了所有通信细节,对象较重,请缓存复用
IHelloService helloService = reference.get();
```

上面的 API 配置示例与我们之前介绍的在 Hello World 程序中使用 XML 配置的效果完全相同,可以对两者进行对比,看看它们的区别。

8.1.4 注解配置

我们还可以通过注解方式对 Dubbo 进行配置,该方式是 Dubbo 在 2.5.7 版本之后新增的功能,可以节省大量的 XML 配置和属性配置。这也是笔者喜欢和推荐的配置方式,配置风格比较像 SpringBoot。

下面还以之前的 Hello World 程序为示例进行注解配置,不同的是本次使用 SpringBoot 作为加载启动类。

1. 对服务提供者的配置

使用 java config 形式配置公共模块:

```
@Configuration
public class DubboConfiguration {

    @Bean
    public ApplicationConfig applicationConfig() {
        ApplicationConfig applicationConfig = new ApplicationConfig();
        applicationConfig.setName("dubbo-server");
        return applicationConfig;
    }

    @Bean
```

```java
    public RegistryConfig registryConfig() {
        RegistryConfig registryConfig = new RegistryConfig();
        registryConfig.setAddress("zookeeper://127.0.0.1:2181");
        registryConfig.setClient("curator");
        return registryConfig;
    }
}
```

使用 Service 注解暴露服务：

```java
import com.alibaba.dubbo.config.annotation.Service;

@Service(timeout = 5000)
public class HelloServiceImpl implements IHelloService {
    @Override
    public String sayHello(String name) {
        return name;
    }
}
```

指定 Dubbo 的扫描路径：

```java
@SpringBootApplication
@DubboComponentScan(basePackages = "com.bill.service")
public class ServerApp {
    public static void main(String[] args) {
        SpringApplication.run(ServerApp.class, args);
    }
}
```

2. 对服务消费者的配置

使用 Java Config 形式配置公共模块：

```java
@Configuration
public class DubboConfiguration {

    @Bean
    public ApplicationConfig applicationConfig() {
        ApplicationConfig applicationConfig = new ApplicationConfig();
        applicationConfig.setName("dubbo-client");
        return applicationConfig;
    }

    @Bean
    public ConsumerConfig consumerConfig() {
```

```java
        ConsumerConfig consumerConfig = new ConsumerConfig();
        consumerConfig.setTimeout(3000);
        return consumerConfig;
    }

    @Bean
    public RegistryConfig registryConfig() {
        RegistryConfig registryConfig = new RegistryConfig();
        registryConfig.setAddress("zookeeper://127.0.0.1:2181");
        registryConfig.setClient("curator");
        return registryConfig;
    }
}
```

使用 Reference 注解引用服务：

```java
import com.alibaba.dubbo.config.annotation.Reference

public class ClientService {

    @Reference
    public IHelloService helloServiceImpl;

    // doSomething
    public void doSomething(){
        helloServiceImpl. sayHello("hello world");
    }
}
```

指定 Dubbo 的扫描路径：

```java
@SpringBootApplication
@DubboComponentScan(basePackages = "com.bill.service")
public class ClientApp {
    public static void main(String[] args) {
        SpringApplication.run(ClientApp, args);
    }
}
```

总体来说，不管使用哪种方式配置 Dubbo，都非常简单，可以根据个人喜好选择，不过推荐使用注释方式，这样跟 SpringBoot 结合使用很方便。SpringBoot 可以为客户端提供 Restfull 形式的接口，而各内部服务之间使用 Dubbo 这样的 RPC，通信效率也得到了保证。接下来详细介绍 Dubbo 在实际项目中的一些重要配置项，若想了解更多的配置项，则可以查看官网"schema 配置参考手册"的内容。

8.2 服务的注册与发现

8.2.1 注册中心

Dubbo 支持多注册中心，不仅支持多种形式的注册中心，而且支持同时向多个注册中心注册。目前 Dubbo 支持的注册中心有如下四种。

- Multicast 注册中心。该注册中心不需要启动任何中心节点，只要广播地址一样，就可以互相发现。组播受网络结构限制，只适合小规模应用或开发阶段使用。组播地址段为 224.0.0.0～239.255.255.255。

- ZooKeeper 注册中心。ZooKeeper 是 Apacahe Hadoop 的子项目，是一个树型的目录服务，它以 Fast Paxos 算法为基础，为分布式应用提供一致性服务，还支持变更推送功能，推荐在生产环境下使用。

- Redis 注册中心。为基于 Redis 实现的注册中心，使用 Redis 的 Key/Map 结构存储服务的 URL 地址及过期时间，同时使用 Redis 的 Publish/Subscribe 事件通知数据变更。

- Simple 注册中心。它本身就是一个普通的 Dubbo 服务，可以减少第三方依赖，使整体通信方式一致。

由于我们强烈推荐在生产环境下使用 ZooKeeper 注册中心，所以本节主要介绍 ZooKeeper 注册中心。

首先，ZooKeeper 在开发环境下的单机安装可以参照 Hello World 程序一节，那么安装后，在 Dubbo 中又是如何使用的呢？

我们在服务提供者（Provider）和服务消费者（Consumer）的配置文件中使用<dubbo:registry/>标签指定 ZooKeeper 的地址后，就可以使用 ZooKeeper 注册中心了，配置代码如下：

```
<dubbo:registry address="zookeeper://127.0.0.1:2181" />
```

或者

```
<dubbo:registry protocol="zookeeper" address="127.0.0.1:2181" />
```

Dubbo 目前支持 zkclient 和 curator 这两种 ZooKeeper 客户端实现，在默认情况下使用的是 zkclient，如果想使用 curator，则可以指定 client="curator"，同时需要在工程中添加 zkclient 或 curator 相关的 Jar 包的依赖。具体的使用代码如下：

在默认情况下 client 为 zkclient：

```
<dubbo:registry address="zookeeper://127.0.0.1:2181" />
```

同时在 Gradle 配置文件中添加依赖的 Jar 包（Maven 的配置同理）：

```
compile group: 'org.apache.zookeeper', name: 'zookeeper', version: '3.4.11'
```

或者指定使用 curator：

```
<dubbo:registry address="zookeeper://127.0.0.1:2181" client="curator"/>
```

同时在 Gradle 配置文件中添加依赖的 Jar 包（Maven 配置同理）：

```
compile group: 'org.apache.curator', name: 'curator-framework', version: '4.0.0'
```

还可以通过 group 属性将同一 ZooKeeper 分成多组注册中心，代码如下：

```
<dubbo:registry id="beijingRegistry" protocol="zookeeper"
                address="127.0.0.1:2181" group="beijing" />
<dubbo:registry id="shanghaiRegistry" protocol="zookeeper"
                address="127.0.0.1:2181" group="shanghai" />
```

前面讲解的都是 ZooKeeper 的单机配置，那么 ZooKeeper 的集群配置是什么样的呢？代码如下：

```
<dubbo:registry address="zookeeper://192.168.1.10:2181?
                backup=192.168.1.11:2181,192.168.1.12:2181" />
```

或者

```
<dubbo:registry protocol="zookeeper" address="192.168.1.10:2181
                ,192.168.1.11:2181,192.168.1.12:2181" />
```

除了可以向 ZooKeeper 的集群模式的注册中心注册，还可以向多个 ZooKeeper 注册中心注册，代码如下：

```
<!-- 多注册中心配置 -->
<dubbo:registry id="hangzhouRegistry" address="127.0.0.1:2181" />
<dubbo:registry id="shanghaiRegistry" address="127.0.0.1:2182" default="false"/>
<!-- 向多个注册中心注册 -->
<dubbo:service interface="com.alibaba.hello.api.HelloService" version="1.0.0" ref="helloService" registry="hangzhouRegistry, shanghaiRegistry" />
```

在介绍了 Dubbo 注册中心的使用后，再看一下 Dubbo 是如何在 ZooKeeper 中建立目录结构的，以及其注册流程和支持的功能，如图 8-4 所示（图片来自 Dubbo 官网）。

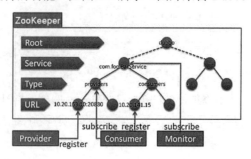

图 8-4

对其流程说明如下。

- 在服务提供者启动时，向/dubbo/com.foo.BarService/providers 目录下写入自己的 URL 地址。

- 在服务消费者启动时，订阅/dubbo/com.foo.BarService/providers 目录下的提供者的 URL 地址，并向/dubbo/com.foo.BarService/consumers 目录下写入自己的 URL 地址。

- 在监控中心启动时，订阅/dubbo/com.foo.BarService 目录下的所有提供者和消费者的 URL 地址。

其支持以下功能。

- 在提供者出现断电等异常停机时，注册中心能自动删除提供者的信息。

- 在注册中心重启时，能自动恢复注册数据及订阅请求。

- 在会话过期时，能自动恢复注册数据及订阅请求。

- 在设置<dubbo:registry check="false" />时，记录失败注册和订阅请求，后台定时重试。

- 可通过<dubbo:registry username="admin" password="1234" />设置 ZooKeeper 的登录账号和密码。

- 可通过<dubbo:registry group="dubbo" />设置 ZooKeeper 的根节点，在不设置时将使用无根树。

- 支持*号通配符<dubbo:reference group="*" version="*" />,可订阅服务的所有分组和所有版本的提供者。

8.2.2 服务暴露

在服务通过注册中心注册后,是如何提供服务给消费者使用的呢?这就需要使用<dubbo:service/>标签进行服务暴露了。其用法如下:

```
<!-- 声明需要暴露的服务接口 -->
<dubbo:service interface="com.bill.api.IHelloService" ref="helloService" />
```

其中,interface 属性为提供服务的接口,ref 属性为该接口的具体实现类的引用,对于客户端如何使用该暴露的服务,将在 8.2.3 节介绍。

如果服务需要预热的时间,比如初始化缓存、等待相关资源就位等,就可以使用 delay 属性进行服务延迟暴露,用法如下:

```
<!-- 延迟 5 秒暴露服务 -->
<dubbo:service delay="5000" />

<!-- 或者设置为-1,表示延迟到 Spring 初始化完成后再暴露服务 -->
<dubbo:service delay="-1" />
```

如果一个服务的并发量过大,超出了服务器的承载能力,那么有没有办法限制服务的并发量呢?答案是有,可以使用 executes 属性控制并发,其代码如下:

```
<!-- 限制 IHelloService 接口的每个方法,服务器端的并发执行(或占用线程池的线程数)不能超过 10 个 -->
<dubbo:service interface="com.bill.IHelloService" executes="10" />
```

除了限制接口中的所有方法,还可以限制接口中指定的方法,其代码如下:

```
<!-- 限制 IHelloService 的 sayHello 方法,服务器端的并发执行(或占用线程池线程数)不能超过 10 个 -->
<dubbo:service interface="com.bill.IHelloService">
    <dubbo:method name="sayHello" executes="10" />
</dubbo:service>
```

以上是从服务提供者实现的并发控制,客户端同样可以实现并发控制,即通过 actives 属性限制,其代码如下:

```
<!-- 限制 IHelloService 的每个方法,每个客户端的并发执行(或占用连接的请求数)不能超过 10
```

```xml
个-->
<dubbo:service interface="com.bill.IHelloService" actives="10" />
```

或者

```xml
<!-- 在引用调用时控制。不推荐在客户端控制并发,应由服务提供者来控制 -->
<dubbo:reference interface="com.bill.IHelloService" actives="10" />
```

同服务提供者一样,除了限制接口中的所有方法,还可以限制接口中指定的方法,其代码如下:

```xml
<!-- 限制 IHelloService 的 sayHello 方法,每个客户端的并发执行(或占用连接的请求数)不能超过10个 -->
<dubbo:service interface="com.bill.IHelloService">
    <dubbo:method name="sayHello" actives="10" />
</dubbo:service>
```

或者

```xml
<!-- 在客户端引用调用时控制。不推荐在客户端控制,应由服务提供者控制 -->
<dubbo:reference interface="com.bill.IHelloService">
    <dubbo:method name="sayHello" actives="10" />
</dubbo:service>
```

小提示:

如果线程数超过了给定的值,则会报类似于以下的异常信息。更多的关于 Dubbo 线程耗尽的相关内容可以参考 8.7.2 节。

```
Caused by: java.util.concurrent.RejectedExecutionException: Thread pool is
EXHAUSTED! Thread Name: DubboServerHandler-172.31.24.215:20880, Pool Size: 200
(active: 200, core: 200, max: 200, largest: 200), Task: 3622292 (completed: 3622092),
Executor status:(isShutdown:false, isTerminated:false, isTerminating:false), in
dubbo://172.31.24.215:20880!
```

为了保障服务的稳定性,除了限制并发线程,还可以限制服务端的连接数,代码如下:

```xml
<!-- 限制服务器端的连接数不能超过 10 个 -->
<dubbo:provider protocol="dubbo" accepts="10" />
```

或者

```xml
<dubbo:protocol name="dubbo" accepts="10" />
```

同样,也可以限制客户端的使用连接数,代码如下:

```xml
<dubbo:reference interface="com.bill.IHelloService" connections="10" />
```

或者

```xml
<dubbo:service interface="com.bill.IHelloService" connections="10" />
```

如果<dubbo:service/>和<dubbo:reference/>都配置了 connections，则<dubbo:reference/>优先。由于服务提供者了解自身的承载能力，所以推荐让服务提供者控制连接数。

在服务暴露的配置过程中，除了常用的控制并发、控制连接数，服务隔离也是非常重要的一项措施。服务隔离是为了在系统发生故障时限定传播范围和影响范围，从而保证只有出问题的服务不可用，其他服务还是正常的。隔离一般有线程隔离、进程隔离、读写隔离、集群隔离和机房隔离，而 Dubbo 还提供了分组隔离，即使用 group 属性分组，代码如下：

```xml
<!--将服务提供者分组，分为Facebook和微信两个登录组 -->
<dubbo:service group="login_wx" interface="com.bill.login" />
<dubbo:service group="login_fb" interface="com.bill.login" />
或者将服务消费者分组：
<dubbo:reference id="wxLogin" group="login_wx" interface="com.bill.login" />
<dubbo:reference id="fbLogin" group="login_fb" interface="com.bill.login" />
```

另外，服务暴露还提供了很多有用的配置属性，比如 version 版本号、timeout 服务请求超时、retries 服务请求失败重试次数、weight 服务权重、cluster 集群方式等，这些在 8.5 会详细介绍。对于 protocol 使用的协议，将在后面讲解通信协议及序列化时介绍。若想了解更多的配置属性，则可以查看官网"schema 配置参考手册"中<dubbo:service/>标签的内容。

8.2.3 引用服务

在服务提供者暴露了服务后，服务消费者就可以使用以下方式引用服务了，代码如下：

```xml
<!-- 生成远程服务代理类，可以像本地的类一样使用helloService -->
<dubbo:reference id="helloService" interface="com.bill.IHelloService" />
```

在默认情况下是使用同步方式进行远程调用的，如果想使用异步方式，则可以设置 async 属性为 true，并使用 Future 获取返回值，具体代码如下：

```xml
<!-- 在配置中设置异步调用的方法 -->
<dubbo:reference id="helloService" interface="com.bill.IHelloService">
    <dubbo:method name="sayHello" async="true" />
</dubbo:reference>
```

然后在调用的代码中通过以下方式进行异步调用，这也是与之前 Hello World 中的同步调用的不同之处：

```
// 获取远程服务代理
IHelloService helloService = (IHelloService)context.getBean("helloService");
// 此调用会立即返回 null
helloService.sayHello("hello world");
// 拿到调用的 Future 引用，在结果返回后，会被通知和设置到此 Future 中
Future<String> helloFuture = RpcContext.getContext().getFuture();

// 如果已返回，则直接拿到返回值，否则线程等待（wait），直到 str 值返回后，
// 线程才会被唤醒（notify）
String str = helloFuture.get();
```

在异步调用中还可以设置是否需要等待发送和返回值，设置如下。

- sent="true"：等待消息发出，消息发送失败时将抛出异常。
- sent="false"：不等待消息发出，将消息放入 I/O 队列，即刻返回。
- return="false"：只是想异步，完全忽略返回值，以减少 Future 对象的创建和管理成本。

比如下面的例子演示了异步调用时需要等待消息发送的情况：

```
<dubbo:method name="sayHello" async="true" sent="true"/>
```

又如下面的例子演示了异步调用时不需要返回结果的情况：

```
<dubbo:method name="sayHello" async="true" return="false"/>
```

Dubbo 中的异步调用是基于 NIO 的非阻塞机制实现的，客户端不需要启动多线程即可完成并行调用多个远程服务，相对多线程开销较小，一些记录日志信息的服务可以直接使用异步调用执行。

异步调用和同步调用的过程如图 8-5 所示（图片来自 Dubbo 官网）。

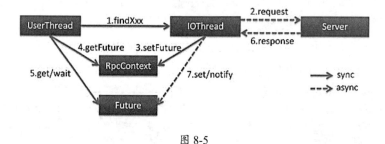

图 8-5

在远程调用的过程中如果出现异常或者需要回调，则可以使用 Dubbo 的事件通知机制，主要有以下三种事件。

- oninvoke(原参数 1,原参数 2…)：为在发起远程调用之前触发的事件。

- onreturn(返回值,原参数 1,原参数 2…)：为远程调用之后的回调事件。

- onthrow(Throwable ex,原参数 1,原参数 2…)：为在远程调用出现异常时触发的事件，可以在该事件中实现服务的降级，返回一个默认值等操作。

在消费者实现事件通知时，要首先定义一个通知接口 INotify，并实现相关业务，代码如下：

```
// 回调接口
interface INotify {
    public void onreturn(String resStr,String inStr);
    public void onthrow(Throwable ex,String inStr);
}

// 实现类
class NotifyImpl implements Notify {
    public void onreturn(String resStr,String inStr) {
        //do something
    }

    public void onthrow(Throwable ex,String inStr) {
        //do something
    }
}
```

在消费者方配置指定的事件通知接口，配置如下：

```
<bean id ="notify" class = "com.bill.NofifyImpl" />
<dubbo:reference id="helloService" interface="com.bill.IHelloService">
    <dubbo:method name="sayHello" async="true"
    onreturn = "notify.onreturn" onthrow="notify.onthrow" />
</dubbo:reference>
```

以上方式实现了事件通知，其中 callback 与 async 属性搭配使用，async 表示结果是否需要马上返回，onreturn 表示是否需要回调，有以下几种情况。

- 异步回调：async=true onreturn="xxx"。

- 同步回调：async=false onreturn="xxx"。

- 异步无回调：async=true。

- 同步无回调：async=false。

由于消费者每次远程调用服务时都会有网络开销，而某些热门数据的访问量又很大，也不是经常变动的数据，所以 Dubbo 为了加速热门数据的访问速度，提供了声明式缓存，以减少用户额外添加缓存的工作量。可以通过在消费者方配置 cache 属性来开启缓存功能，其用法如下：

```xml
<dubbo:reference interface="com.bill.IHelloService" cache="lru" />
```

或者

```xml
<dubbo:reference interface="com.bill.IHelloService">
    <dubbo:method name="sayHello" cache="lru" />
</dubbo:reference>
```

Dubbo 的缓存类型有如下几种。

- Lru：基于最近最少使用原则删除多余的缓存，保持最热的数据被缓存。
- Threadlocal：当前的线程缓存，比如在一个页面渲染中会用到很多 portal，每个 portal 都要去查用户的信息，通过线程缓存可以减少这种多余的访问。
- jcache：与 JSR107 集成，可以桥接各种缓存实现。

除了消费者通过注册中心引用服务的方式，Dubbo 还提供了直接连接提供者的方式。通常在开发及测试环境下需要绕过注册中心，只测试指定的服务提供者，这时可能需要点对点的直连方式，直接以服务接口为单位，忽略注册中心的提供者列表。直接配置有三种方式：通过 XML 配置、通过-D 参数指定和通过文件映射，如下所述。

（1）通过 XML 配置，可在<dubbo:reference>中配置 URL 指向提供者，将绕过注册中心，将多个地址用分号隔开，配置如下：

```xml
<dubbo:reference id="helloService" interface="com.bill.IHelloService"
        url="dubbo://127.0.0.1:20890" />
```

（2）通过-D 参数指定，在 JVM 启动参数中加入-D 参数映射服务的地址，代码如下：

```
java -D com.bill.IHelloService=dubbo://127.0.0.1:20890
```

（3）通过文件映射，如果服务比较多，则也可以用文件映射，用-Ddubbo.resolve.file 指定映射文件的路径，此配置的优先级高于<dubbo:reference>中的配置，配置如下：

```
java -Ddubbo.resolve.file=test.properties
```

然后在映射文件 test.properties 中加入配置，其中 key 为服务名，value 为服务提供者的 URL：

```
com.bill.IHelloService=dubbo://127.0.0.1:20890
```

另外，引用服务同暴露服务一样，还提供了很多有用的配置属性，比如 version 版本号、timeout 服务请求超时、retries 服务请求失败重试次数、group 分组、cluster 集群方式、protocol 使用的协议等。

8.3 Dubbo 通信协议及序列化探讨

8.3.1 Dubbo 支持的协议

Dubbo 支持多种协议，如下所述。

- Dubbo 协议：为 Dubbo 默认的协议，采用单一长连接和 NIO 异步通信，适合小数据量大并发的服务调用，以及服务消费者的机器数远大于服务提供者的机器数的情况。

- Hessian 协议：用于集成 Hessian 的服务，Hessian 底层采用 HTTP 通信，采用 Servlet 暴露服务，Dubbo 默认内嵌 Jetty 作为服务器的实现。

- HTTP：基于 HTTP 表单的远程调用协议，采用 Spring 的 HttpInvoker 实现。

- RMI 协议：采用 JDK 标准的 java.rmi.* 实现，采用阻塞式短连接和 JDK 标准序列化方式。

- WebService 协议：基于 WebService 的远程调用协议，基于 Apache CXF 的 frontend-simple 和 transports-http 实现。

- Thrift 协议：当前 Dubbo 支持的 Thrift 协议是对 Thrift 原生协议的扩展，在原生协议的基础上添加了一些额外的头信息，比如 service name、magic number 等。使用 Dubbo Thrift 协议时同样需要使用 Thrift 的 IDL compiler 编译生成相应的 Java 代码，在后续的版本中会在这方面做一些增强。

- Memcached 协议：基于 Memcached 实现的 RPC 协议。

- Redis 协议：基于 Redis 实现的 RPC 协议。

在实际的项目中，不同的应用一般对应不同的服务，选择合适的协议便是一件非常重要的事情。我们可以根据自己的应用来选择，例如，通信数据包小、并发高的服务可以选择 Dubbo 协议；而传输数据大且提供者比消费者数量多的服务可以选择 Hessian 协议；对于外部与内部进行通信的场景，若想要穿透防火墙的限制，则可以选择基于 HTTP 或者 Hessian 协议。

这里具体介绍一下 Dubbo 协议，这个协议也是官方推荐的协议，如图 8-6 所示（图片来自 Dubbo 官网）。其中，传输层（Transporter）可以采用 Mina 框架、Netty 框架或 Grizzy 框架；序列化层（Serialization）可以采用 Dubbo 格式、Hessian2 格式、Java 序列化、或 JSON 格式。

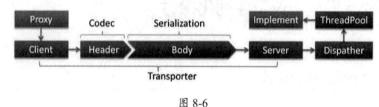

图 8-6

8.3.2 协议的配置方法

配置协议的方式主要有以下三种。

（1）直接使用<dubbo:protocol/>标签配置：

```
<dubbo:protocol name="dubbo" ... />
```

（2）通过<dubbo:provider/>标签设置默认协议：

```
<dubbo:provider protocol="dubbo" />
```

（3）使用<dubbo:service/>标签在服务暴露时设置：

```
<dubbo:service protocol="dubbo" />
```

在<dubbo:protocol/>标签中的配置还有很多属性，下面列出了所有的属性：

```
<dubbo:protocol name="dubbo" port="20880" server="netty" client="netty"
codec="dubbo" serialization="hessian2" charset="UTF-8" threadpool="fixed"
threads="100" queues="0" iothreads="9" buffer="8192" accepts="1000"
payload="8388608" />
```

相同的协议也可以使用不同的端口：

```
<dubbo:protocol id="testA" name="dubbo" port="20880" />
<dubbo:protocol id="testB" name="dubbo" port="20881" />
```

Dubbo 协议在默认情况下在每个服务的所有提供者和消费者之间使用单一长连接，如果传输数据量较大，则可以使用多个连接，具体连接的个数通过属性 connections 来设置，多个连接配置的用法如下：

```
<dubbo:service connections="1"/>
<dubbo:reference connections="1"/>
```

对具体的配置参数的说明如下。

- <dubbo:service connections="0">或<dubbo:reference connections="0">：表示该服务使用 JVM 共享长连接。这是 Dubbo 协议的默认配置。
- <dubbo:service connections="1">或<dubbo:reference connections="1">：表示该服务使用独立长连接。
- <dubbo:service connections="2">或<dubbo:reference connections="2">：表示该服务使用独立的两条长连接。

在实际使用过程中，为了防止服务被大量的连接压垮，可以由服务提供者限制最大允许的连接数，以便实现服务提供者的自我保护，配置如下：

```
<dubbo:protocol name="dubbo" accepts="1000" />
```

8.3.3 多协议暴露服务

Dubbo 不仅提供了多种协议可供选择，还支持让不同的服务使用不同的协议或让相同的服务使用不同的协议。

首先，不同的服务可以使用不同的协议进行传输来提高性能。比如大数据使用短连接协议的效率很高，而在小数据、大并发的情况下则使用长连接协议会更快，下面是具体的配置方法：

```
<!-- 多协议配置 -->
<dubbo:protocol name="dubbo" port="20880" />
<dubbo:protocol name="rmi" port="1099" />
<!-- 使用 Dubbo 协议暴露服务 -->
<dubbo:service interface="com.bill.IHelloService" version="1.0.0"
ref="helloService" protocol="dubbo" />
<!-- 使用 rmi 协议暴露服务 -->
<dubbo:service interface="com.bill.TestService" version="1.0.0"
```

```
ref="testService" protocol="rmi" />
```

其次,同一个服务可能使用不同的协议。比如,有的服务不仅仅在服务之间调用,有时可能需要与 HTTP 客户端互操作,这时可以为该服务同时指定多个协议,配置如下:

```
<!-- 多协议配置 -->
<dubbo:protocol name="dubbo" port="20880" />
<dubbo:protocol name="hessian" port="8080" />
<!-- 使用多个协议暴露服务 -->
<dubbo:service id="helloService" interface="com.bill.IHelloService"
version="1.0.0" protocol="dubbo,hessian" />
```

8.3.4 Dubbo 协议的使用注意事项

Dubbo 协议的使用注意事项如下。

(1)在实际情况下消费者的数据比提供者的数量要多。

因为 Dubbo 协议采用单一长连接,假设网络为千兆网卡,则根据测试经验,数据的每条连接最多只能压满 7MB(在不同的环境下可能不一样,仅供参考)。所以理论上 1 个服务提供者需要 20 个服务消费者才能压满网卡。

(2)不能传大的数据包。

因为 Dubbo 协议采用单一长连接,所以如果每次请求的数据包为 500KB,假设网络为千兆网卡,则每条连接最大为 7MB(在不同的环境下可能不一样,仅供参考),单个服务提供者的 TPS(每秒处理的事务数)最大为:128MB / 500KB = 262。单个消费者调用单个服务提供者的 TPS 最大为:7MB / 500KB = 14,如果能接受,则可以考虑使用,否则网络将成为瓶颈。

(3)推荐使用异步单一长连接方式。

因为服务的现状大多是服务提供者少,通常只有几台机器,而服务消费者多,可能整个网站都在访问该服务,比如 Morgan 的提供者只有 6 台服务器,却有上百台消费者服务器,每天有 1.5 亿次调用。如果采用常规的 Hessian 服务,则服务提供者很容易就被压垮,而通过单一连接,可保证单一消费者不会压垮提供者。长连接可以减少连接握手验证等,并且使用异步 I/O,可以复用线程池,防止出现 C10K 问题。

小提示：

C10K 问题是服务器应用领域很古老、很有名的一个问题，大意是说单台服务器要同时支持并发 10K 量级的连接，这些连接可能是保持存活状态的。解决这一问题的主要思路有两个：一个是对于每个连接处理分配一个独立的进程/线程；一个是用同一进程/线程来同时处理若干连接。

8.3.5 Dubbo 协议的约束

Dubbo 协议的约束如下。

- 参数及返回值需要实现 Serializable 接口。

- 参数及返回值不能自定义实现 List、Map、Number、Date、Calendar 等接口，只能用 JDK 自带的实现，因为 Hessian 会做特殊处理，自定义实现类中的属性值都会丢失。

- Hessian 序列化，只传成员属性值和值的类型，不传方法或静态变量，更多的兼容情况请参考官网。

8.4 Dubbo 中高效的 I/O 线程模型

8.4.1 对 Dubbo 中 I/O 模型的分析

Dubbo 的服务提供者主要有两种线程池类型：一种是 I/O 处理线程池；另一种是业务调度线程池。而作为 I/O 处理线程池，由于 Dubbo 是基于 Mina、Grizzly 和 Netty 等框架实现的 I/O 组件，所以它的 I/O 线程池都是基于这些框架配置的。对于这些框架，Dubbo 默认配置无限制大小的 CachedThreadPool 线程池，这意味着它对所有服务的请求都不会拒绝，但是 Dubbo 限制了 I/O 线程数，默认是核数+1，而服务调用的线程数默认为 200。Dubbo 的 I/O 示意图如图 8-7 所示。

对于 Dubbo 中的线程使用说明如下。

- 如果事件处理的逻辑能迅速完成，并且不会发起新的 I/O 请求，比如只是在内存中做个标识，则直接在 I/O 线程上处理时速度会更快，因为减少了线程池调度。

- 但如果事件处理逻辑较慢，或者需要发起新的 I/O 请求，比如需要查询数据库，则必须派发到业务线程池中处理，否则 I/O 线程阻塞，将导致不能接收其他请求。

- 如果用 I/O 线程处理事件，又在事件处理的过程中发起新的 I/O 请求，比如在连接事件中发起登录请求，则会报"可能引发死锁"异常，但不会真死锁。

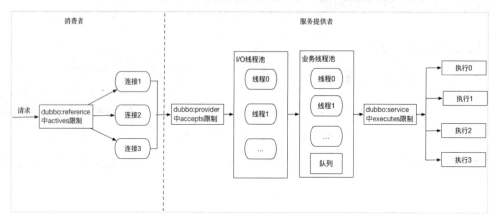

图 8-7

8.4.2 Dubbo 中线程配置的相关参数

Dubbo 线程相关的配置，可以通过<dubbo:protocol/>标签的 dispatcher、threadpool、threads 和 accepts 这四个属性设置，配置示例如下：

```
<dubbo:protocol name="dubbo" dispatcher="all" threadpool="fixed" threads="100" accepts="100"/>
```

在实际项目中需要通过不同的派发策略和线程池配置的组合来应对不同的场景，对相关的配置参数说明如下。

dispatcher 参数如下。

- all：所有消息都被派发到线程池，包括请求、响应、连接事件、断开事件、心跳等。

- direct：所有消息都不被派发到线程池，全部在 I/O 线程上直接执行。
- message：只有请求响应消息派发到线程池，其他比如连接断开事件、心跳等消息直接在 I/O 线程上执行。
- execution：只有请求消息派发到线程池，不含响应，响应和其他连接断开事件、心跳等消息，直接在 I/O 线程上执行。
- connection：在 I/O 线程上将连接断开事件放入队列，有序地逐个执行，将其他消息派发到线程池中。

threadpool 参数如下。

- fixed：固定大小的线程池，在启动时建立线程，不关闭，一直持有。为 Dubbo 的默认配置。
- cached：缓存线程池，在空闲一分钟时会被自动删除，在需要时重建。
- limited：可伸缩的线程池，但池中的线程数只会增长、不会收缩。只增长不收缩的目的是避免收缩时突然来了大流量所引起的性能问题。

8.4.3 在 Dubbo 线程方面踩过的坑

在前面介绍了 Dubbo 的线程模型和使用方式，不过初次使用 Dubbo 时也可能会出现各种问题。下面介绍 Dubbo 中常见的几种线程相关的问题。

（1）线程数设置过少的问题。在使用的过程中如果出现了以下异常，则可以适当增加 threads 的数量来解决线程不足的问题，Dubbo 默认 threads 为 200：

```
Caused by: java.util.concurrent.RejectedExecutionException: Thread pool is EXHAUSTED!
```

（2）线程数设置过多的问题。如果线程数过多，则可能会受 Linux 用户线程数（Linux 默认最大的线程数为 1024 个）的限制而导致异常，通常可以使用 ulimit -u 来解决，具体的异常信息如下：

```
java.lang.OutOfMemoryError: unable to create new native thread
```

（3）连接不上服务端的问题。在出现以下异常时会连接不上服务器，在大多数情况下可能是因为服务器没有正常启动或者网络无法连接,不过也有可能是因为超过了服务端的最大允许连接数,可以通过调大 accepts 的值解决:

```
com.alibaba.dubbo.remoting.RemotingException: Failed connect to server
```

8.4.4 对 Dubbo 中线程使用的建议

关于 Dubbo 线程有以下几条建议。

(1)在消费者和提供者之间默认只会建立一条 TCP 长连接。为了增加消费者调用服务提供者的吞吐量,也可以在消费者的<dubbo:reference/>中配置 connections 来单独增加消费者和服务提供者的 TCP 长连接。但线上业务由于有多个消费者和多个提供者,因此不建议增加 connections 参数。

(2)在服务连接成功后,具体的请求会交给 I/O 线程处理。由于 I/O 线程是异步读写数据的,所以它消耗更多的是 CPU 资源,因此 I/O 线程数(iothreads 属性值)默认为 CPU 的个数加 1 比较合理,不建议调整此参数。

(3)数据在被读取并反序列化后,会被交给业务线程池处理,在默认情况下线程池为固定的大小,并且在线程池满时排队等待执行的队列大小为 0,所以它的最大并发量等于业务线程池的大小。但是,如果希望有请求的堆积能力,则可以调整 queues 属性来设置队列的大小。一般建议不要设置,因为在线程池满时应该立即失败,再自动重试其他服务提供者,而不是排队。

8.5 集群的容错机制与负载均衡

8.5.1 集群容错机制的原理

假设我们使用的是单机模式的 Dubbo 服务,则如果在服务提供者(Provider)发布服务以后，服务消费者（Consumer）发出一次调用请求，恰好这次由于网络问题调用失败，我们便可以配置服务消费者的重试策略，可能消费者的第 2 次重试调用是成功的（重试策略只需要配置即可，重试过程是透明的）；但是，如果服务提供者发布服务所在的节点发生故障，那么消费者再怎么重试调用都是失败的，所以我们需要采用集群容错模式，这样如果单个服务节点因故障无法提供服务，则还可以根据配置的集群容错模式，调用其他可用的服务节点，这就提高了服务的可用性。Dubbo 官方文档中的一个架构图及各组件的关系如图 8-8 所示（图片来自 Dubbo 官网）。

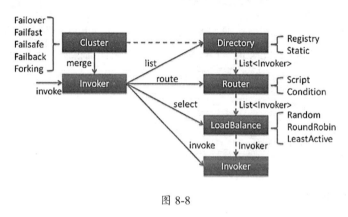

图 8-8

上述各个组件之间的关系如下。

- Invoker 是 Provider 的一个可调用的 Service 的抽象，Invoker 封装了 Provider 的地址及 Service 的接口信息。

- Directory 代表多个 Invoker，可以把它看作 List，但与 List 不同的是，它的值可能是动态变化的，比如注册中心推送变更。

- Cluster 将 Directory 中的多个 Invoker 伪装成一个 Invoker，对上层透明，伪装的过程包含了容错逻辑，在调用失败后会重试另一个。

- Router 负责从多个 Invoker 中按路由规则选出子集，比如读写分离、应用隔离等。

- LoadBalance 负责从多个 Invoker 中选出具体的一个用于本次调用，选择的过程包含了负载均衡算法，在调用失败后需要重选。

8.5.2 集群容错模式的配置方法

服务提供者和消费者配置集群模式的代码如下：

```xml
<!--服务提供者配置 -->
<dubbo:service cluster="failfast" />
```

或者

```xml
<!--服务消费者配置 -->
<dubbo:reference cluster="failfast" />
```

其中，容错模式就是通过 cluster 属性进行配置的。目前 Dubbo 主要支持 6 种模式：Failover、Failfast、Failsafe、Failback、Forking 和 Broadcast。接下来详细说明各集群容错模式，每种模式适应特定的应用场景，可以根据实际需要进行选择。

8.5.3 六种集群容错模式

1. Failover Cluster 模式

配置值为 failover，是 Dubbo 集群容错默认选择的模式，在调用失败时会自动切换，重新尝试调用其他节点上可用的服务。一些幂等性操作可以使用该模式，例如读操作，因为每次调用的副作用是相同的，所以可以选择自动切换并重试调用，对调用者完全透明。可通过 retries 属性来设置重试次数（不含第 1 次），配置方式有以下几种。

在服务提供者一方配置重试次数：

```xml
<dubbo:service retries="2" />
```

或者，在服务消费者一方配置重试次数：

```xml
<dubbo:reference retries="2" />
```

还可以在方法级别上配置重试次数：

```xml
<dubbo:reference>
   <dubbo:method name="sayHello" retries="2" />
</dubbo:reference>
```

2. Failfast Cluster 模式

配置值为 failfast，又叫作快速失败模式，调用只执行一次，若失败则立即报错。这种模式适用于非幂等性操作，每次调用的副作用是不同的，比如数据库的写操作，或者交易系统中的订单操作等，如果一次失败了就应该让它直接失败，不需要重试。

3. Failsafe Cluster 模式

配置值为 failsafe，又叫作失败安全模式，如果调用失败，则直接忽略失败的调用，记录失败的调用到日志文件中，以便后续审计。

4. Failback Cluster 模式

配置值为 failback。在失败后自动恢复，后台记录失败的请求，定时重发。通常用于消息通知操作。

5. Forking Cluster 模式

配置值为 forking。并行调用多个服务器，只要一个成功便返回。通常用于实时性要求较高的读操作，但需要浪费更多的服务资源。可通过 forks 属性（例如 forks="2"）来设置最大的并行数。

6. Broadcast Cluster 模式

配置值为 broadcast。广播调用所有提供者，逐个调用，任意一台报错则报错。通常用于通知所有提供者更新缓存或日志等本地资源信息。

8.5.4 集群的负载均衡

Dubbo 框架内置了负载均衡的功能及扩展接口，我们可以透明地扩展一个服务或服务集群，根据需要能非常容易地增加或移除节点，提高服务的可伸缩性。Dubbo 内置了 4 种负载均衡策略：随机（Random）、轮循（RoundRobin）、最少活跃调用数（LeastActive）、一致性 Hash（ConsistentHash）。

1. 集群的负载均衡配置方法

集群的负载均衡可以在服务端的服务接口级别进行配置：

```
<dubbo:service interface="..." loadbalance="roundrobin" />
```

也可以在客户端的服务接口级别进行配置：

```
<dubbo:reference interface="..." loadbalance="roundrobin" />
```

还可以在服务端的方法级别进行配置：

```
<dubbo:service interface="...">
    <dubbo:method name="..." loadbalance="roundrobin"/>
</dubbo:service>
```

并可以在客户端的方法级别进行配置：

```
<dubbo:reference interface="...">
    <dubbo:method name="..." loadbalance="roundrobin"/>
</dubbo:reference>
```

2. 集群的四种负载均衡策略

（1）随机模式。随机，指按权重设置随机概率。在一个截面上碰撞的概率较高，但调用量越大时分布越均匀，而且按概率使用权重后分布也比较均匀，有利于动态调整提供者的权重。

（2）轮询模式。轮询，即按公约后的权重设置轮询比率。该模式存在响应慢的提供者会累积请求的问题，比如第 2 台机器很慢，但没挂掉，在请求调到第 2 台机器时就会卡在那里，久而久之，所有请求都会卡在对第 2 台的调用上。

（3）最少活跃调用数。指响应慢的提供者收到更少的请求的一种调用方式，如果活跃数相同的则随机。活跃数指调用前后的计数差，而响应越慢的提供者调用前后的计数差越大。

（4）一致性 Hash。指带有相同参数的请求总是被发给同一提供者。在某台提供者挂掉时，原本发往该提供者的请求会基于虚拟节点平摊到其他提供者上，不会引起剧烈变动。默认只对第 1 个参数 Hash，如果要修改，则这样配置：

```
<dubbo:parameter key="hash.arguments" value="0,1" />
```

默认用 160 个虚拟节点，如果要修改，则这样配置：

```
<dubbo:parameter key="hash.nodes" value="320" />
```

8.6 监控和运维实践

8.6.1 日志适配

对于应用系统来说，日志是其最重要的一个方面，Dubbo 内置了 log4j、slf4j、jcl、jdk 这些日志框架的适配，可以通过以下方式配置日志的输出策略。

- 方式一，通过命令行：

```
java -Ddubbo.application.logger=log4j
```

- 方式二，在 dubbo.properties 中指定：

```
dubbo.application.logger=log4j
```

- 方式三，在 dubbo.xml 中配置：

```
<dubbo:application logger="log4j" />
```

如果想记录每一次的请求信息，则可开启访问日志，类似于 Apache 的访问日志。可以通过以下两种方式设置：

- 将访问日志输出到当前应用的 Log4j 日志中：

```
<dubbo:protocol accesslog="true" />
```

- 将访问日志输出到指定文件中：

```
<dubbo:protocol accesslog="http://192.168.1.100/log/accesslog.log" />
```

注意：Dubbo 的访问日志量比较大，请注意磁盘的容量。

8.6.2 监控管理后台

1. Dubbo 官方开源管理后台

Dubbo 自带的开源管理控制台为内部裁剪版本，很多功能都缺失了，我们可以在它的基础上进行二次开发。其开源的部分主要包含路由规则、动态配置、服务降级、访问控制、权重调整、负载均衡等管理功能。

安装如下：

```
wget http://apache.etoak.com/tomcat/tomcat-6/v6.0.35/bin/apache-tomcat-6.0.35.tar.gz
tar zxvf apache-tomcat-6.0.35.tar.gz
cd apache-tomcat-6.0.35
rm -rf webapps/ROOT
wget http://code.alibabatech.com/mvn/releases/com/alibaba/dubbo-admin/2.4.1/dubbo-admin-2.4.1.war
unzip dubbo-admin-2.4.1.war -d webapps/ROOT
```

配置如下：

```
vi webapps/ROOT/WEB-INF/dubbo.properties
dubbo.properties
dubbo.registry.address=zookeeper://127.0.0.1:2181
dubbo.admin.root.password=root
dubbo.admin.guest.password=guest
```

通过如下代码启动：

```
./bin/startup.sh
```

通过如下代码停止：

```
./bin/shutdown.sh
```

通过如下代码访问：

```
http://127.0.0.1:8080/
```

访问的效果如图 8-9 所示，这些都是可视化的管理操作，这里不再赘述。

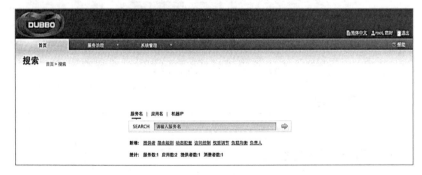

图 8-9

2. dubbo-monitor 开源管理台后

Dubbo Monitor 是针对 Dubbo 开发的监控系统，基于 dubbo-monitor-simple 改进而成，可以将其理解为演化的版本。该系统用关系型数据库（MySQL）记录日志的方式替代了 dubbo-monitor-simple 写文件的方式，也可以将其改为其他关系型数据库。其代码托管在 GitHub 上，官网地址为 https://github.com/handuyishe/dubbo-monitor。

Dubbo Monitor 的安装配置如下。

第 1 步，创建数据库。首先，创建名为 monitor 数据库，编码格式为 UTF-8；然后，将项目 sql 文件夹下面的 create.sql 导入数据库中，生成 dubbo_invoke 表时则代表成功导入。

第 2 步，编辑项目中的 application.properties，配置如下：

```
####Dubbo Settings
dubbo.application.name=dubbo-monitor
dubbo.application.owner=handu.com
dubbo.registry.address=zookeeper://127.0.0.1:2181
dubbo.protocol.port=6060

####Database Settings
db.url=jdbc:mysql://<database_host>:<database_port>/monitor?prepStmtCacheSize=517&cachePrepStmts=true&autoReconnect=true&characterEncoding=utf-8
db.username=root
db.password=root
db.maxActive=500

####System Manager
manager.username=admin
manager.password=admin
```

第 3 步，打包运行项目。执行 Maven 命令，在项目的编译目录下生成的 dubbo-monitor.war 即项目部署文件，将其放置到对应的服务器目录下（例如，在 Tomcat 的 webapps 文件夹下），启动服务器即可。命令如下：

```
mvn clean package target
```

第 4 步，访问项目。在启动 Web 服务器后，访问地址 http://127.0.0.1:8080/dubbo-moniotor，采用配置文件中的 manager.username 和 manager.password 的设置值进行登录，效果如图 8-10 所示。

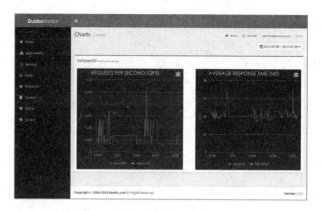

图 8-10

3. DubboKeeper 开源管理后台

DubboKeeper 是一个开源版本，是基于 Spring MVC 开发的社区版 dubboadmin，修复了官方 admin 存在的一些问题，并添加了一些必要的功能，例如服务统计、依赖关系等图表展示功能。目前 DubboKeeper 还处于开发阶段。DubboKeeper 未来会是一个集服务管理和服务监控于一体的系统。目前，它是功能比较丰富的 Dubbo 管理控制系统，代码托管在 GitHub 上，官网地址为 https://github.com/dubboclub/dubbokeeper。

安装部署如下。

（1）下载源码

```
git clone https://github.com/dubboclub/dubbokeeper.git
```

（2）编译打包

由于监控数据的存储和展示显示已进行了分离，所以打包有所变动。在所下载源码的根目录下会发现 install-xxx.bat 或 install-xxx.sh 脚本文件，可以根据不同的系统平台选择执行对应的脚本，本节使用的脚本为 install-mysql.sh。

在执行完之后，在 target 目录下会发现 mysql-dubbokeeper-ui、mysql-dubbokeeper-server 及 mysql-dubbokeeper-server.tar.gz。

其中，在 mysql-dubbokeeper-ui 下会有一个 war 包，将该 war 包部署到 Tomcat 或者 Jetty 里（或者其他 Servlet 容器里），就部署好监控展示程序了。

（3）监控展示程序的配置调整

将上面的 war 包解压后，对其中的 WEB-INF/classes/dubbo.properties 文件中的配置项进行调整：

```
#monitor 的应用名，可自定义
dubbo.application.name=monitor-ui
#应用的拥有者
dubbo.application.owner=bieber
#连接的 Dubbo 注册中心地址，这里使用的是 ZooKeeper
dubbo.registry.address=zookeeper://localhost:2181
#use netty4
dubbo.reference.client=netty4
#peeper config
#监控的 ZooKeeper 连接列表，通过 '，'（英文逗号）隔开。
peeper.zookeepers=localhost:2181
#监控的 ZooKeeper 连接会话超时时间
peeper.zookeeper.session.timeout=60000
#被监控端同步监控数据的周期，可不配置，默认是一分钟同步一次
monitor.collect.interval=60000
#logger
#DubboKeeper 的日志目录
monitor.log.home=/usr/dev/op_disk/monitor-log
```

修改好相关配置后，重启 Tomcat，访问地址 http://localhost:8080/dubbokeeper-ui-1.0.1，监控展示界面如图 8-11 所示。

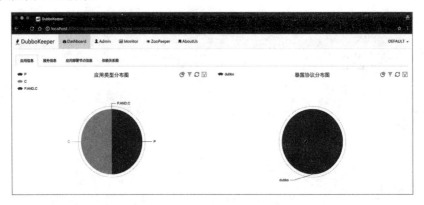

图 8-11

（4）监控服务程序配置及启动方式

通过上面的编译，我们会得到 mysql-dubbokeeper-server 目录，在该目录下包含三个子目录：

bin、conf 及 lib。

- bin：启动存储端的脚本，执行 start-mysql.sh 或 start-mysql.bat 则可启动监控服务程序。
- conf：存储端的相关配置。
- lib：应用依赖的相关 Jar 包。

在启动服务之前，首先需要初始化数据库，创建一个名为 dubbo-monitor 的数据库（数据库名称可以随便定义），数据库采用 utf-8 编码。数据库表的初始化脚本如下：

```sql
CREATE TABLE `application` (
  `id` int(11) NOT NULL AUTO_INCREMENT,
  `name` varchar(100) NOT NULL DEFAULT '',
  `type` varchar(50) NOT NULL DEFAULT '',
  PRIMARY KEY (`id`),
  UNIQUE KEY `应用名词索引` (`name`)
) ENGINE=InnoDB DEFAULT CHARSET=utf8;
```

监控服务的配置参数如下：

```
#Dubbo 应用的名称
dubbo.application.name=mysql-monitor
#Dubbo 应用的所有者
dubbo.application.owner=bieber
#Dubbo 的注册中心地址，此处使用的 ZooKeeper
dubbo.registry.address=zookeeper://localhost:2181
#使用的协议
dubbo.protocol.name=dubbo
#监控数据收集协议端口
dubbo.protocol.port=20884
#被监控端同步监控数据的周期，可不配置，默认是一分钟同步一次
monitor.collect.interval=10000
#use netty4
dubbo.provider.transporter=netty4
#监控数据持久化的周期，默认是一分钟，单位是秒
monitor.write.interval=60

#MySQL 相关的信息
#MySQL 数据库的地址
dubbo.monitor.mysql.url=jdbc:mysql://localhost:3306/dubbo-monitor
#MySQL 数据库的用户名
dubbo.monitor.mysql.username=root
#MySQL 数据库的用户密码
dubbo.monitor.mysql.password=root
#MySQL 数据库链接池的最大连接数
```

```
dubbo.monitor.mysql.pool.max=10
#MySQL 数据库链接池的最小连接数
dubbo.monitor.mysql.pool.min=10
```

最后，配置完毕之后，执行 start-xx.sh(bat)来启动 DubboKeeper 的监控服务程序，监控效果如图 8-12 所示。

图 8-12

8.6.3　服务降级

服务熔断是一种保护措施，一般用于防止在软件系统中由于某些原因使服务出现了过载现象，从而造成整个系统发生故障，有时也被称为过载保护。服务降级则是在服务器压力剧增的情况下，根据当前的业务情况及流量对一些服务和页面有策略地进行降级，以释放服务器资源并保证核心任务的正常运行。

Hystrix 是 Netflix 的开源框架，主要用于解决分布式系统交互时的超时处理和容错，具有保护系统稳定性的功能，是目前最流行和使用最广泛的容错系统。Hystrix 的设计主要包括资源隔离、熔断器和命令模式。而 Dubbo 同样具备一定的服务熔断和降级功能，比如前面介绍的异常通知事件 onthrow。接下来将深入讲解在 Dubbo 中如何实现服务降级功能。

Dubbo 通过使用 mock 配置来实现服务降级。mock 在出现非业务异常（比如超时、提供者全部挂掉或网络异常等）时执行，mock 支持如下两种配置。

- 一种是配置为 boolean 值。默认配置为 false，如果配置为 true，则默认使用 mock 的类名，即类名+Mock 后缀。
- 另一种则是配置为 return null，可以很简单地忽略掉异常。

在 Spring 配置文件中按以下方式配置：

```xml
<dubbo:service interface="com.bill.IHelloService" mock="true" />
```

或者

```xml
<dubbo:service interface="com.bill.IHelloService" mock="com.bill.HelloServiceMock" />
```

再在项目中提供 Mock 的实现类：

```java
package com.bill;
public class HelloServiceMock implements IHelloService {
    public String sayHello(String name) {
        // 可以伪造容错数据，此方法只在出现 RpcException 时被执行
        return "容错数据";
    }
}
```

如果只是想简单地忽略异常，则可以只设置 mock 属性值为 "return null"：

```xml
<dubbo:service interface="com.foo.BarService" mock="return null" />
```

当然，也可以通过向注册中心写入动态配置覆盖规则来忽略异常：

```java
RegistryFactory registryFactory = ExtensionLoader.getExtensionLoader(RegistryFactory.class).getAdaptiveExtension();
Registry registry = registryFactory.getRegistry(URL.valueOf("zookeeper://127.0.0.1:2181"));

String urlStr = "override://0.0.0.0/com.bill.IHelloService?"
    + "category=configurators&dynamic=false&application=hello"
    + "&mock=force:return+null";

registry.register(URL.valueOf(urlStr));
```

其中：

- mock=force:return+null 表示消费者对该服务的方法调用都直接返回 null 值，不发起远程调用，用来屏蔽不重要的服务不可用时对调用方的影响；
- 还可以改为 mock=fail:return+null，表示消费者对该服务的方法调用在失败后再返回 null

值，不抛出异常，用来容忍不重要的服务不稳定时对调用方的影响。

8.6.4 优雅停机

Dubbo 是通过 JDK 的 ShutdownHook 来完成优雅停机的，所以如果用户使用了 kill -9 PID 等强制关闭指令，则是不会执行优雅停机的，只有通过 kill PID 指令才会执行优雅停机。

下面设置优雅停机的超时时间，默认为超时时间是 10 秒，如果超时则强制关闭：

```
# dubbo.properties
dubbo.service.shutdown.wait=15000
```

如果 ShutdownHook 不能生效，则可以自行调用，例如，对于使用 Tomcat 等容器部署的场景，建议通过扩展 ContextListener 接口来自行调用以下代码实现优雅停机：

```
ProtocolConfig.destroyAll();
```

服务提供者的实现原理如下。

- 首先，在停止时先标记为不接收新请求，新请求过来时直接报错，让客户端重试其他机器。
- 然后，检测线程池中的线程是否正在运行，如果正在运行，则等待所有线程执行完成。如果超时，则强制关闭。

服务消费者的实现原理如下。

- 首先，在停止时不再发起新的调用请求，所有新的调用直接在客户端即时报错。
- 然后，检测是否还有请求没有返回，等待响应返回。如果超时，则强制关闭。

8.6.5 灰度发布

灰度发布是指在"黑与白"之间能够平滑过渡的一种发布方式。AB 测试也是一种灰度发布方式，让一部分用户继续用 A，一部分用户开始用 B，如果用户对 B 没有什么反对意见，就逐步扩大范围，把所有用户都迁移到 B 上。灰度发布可以保证整个系统的稳定，在刚开始时就可以发现、调整问题，以保证其影响度。我们平时所说的金丝雀部署也是灰度发布的一种方式，如图 8-13 所示。

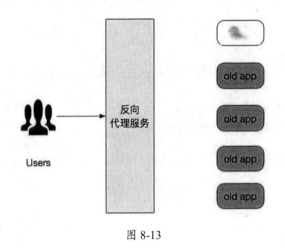

图 8-13

灰度发布的部署过程如下。

（1）从负载均衡列表中移除"金丝雀"服务器，切断用户的流量。

（2）对"金丝雀"服务器进行更新部署，此时的服务器为新版本。

（3）对"金丝雀"服务器上的新版本进行测试。

（4）将"金丝雀"服务器重新添加到负载均衡列表中。

（5）如果"金丝雀"服务在线使用测试成功，则继续升级剩余的其他服务器，否则回滚。

而 Dubbo 可以通过 group 分组的方式进行灰度发布，具体操作可以参考以下 4 步。

（1）将服务提供者（provider）分为 A、B 两组，将新版本的 group 修改为 B 组，例如/service/B，并将 B 组发布到线上。此时旧版本的 group 为 A，例如/service/A。

（2）发布新版本的消费者（consumer），并修改消费者的 group 为/service/B。

（3）结合反向代理服务的功能设置权重，将部分流量切到 goup 为/service/B 的消费者上进行测试。

（4）如果测试没有问题，则继续将旧的服务提供者和消费者都更新版本，同时设置 group 为/service/B。

8.7 Dubbo 项目线上案例解析

本节介绍笔者在工作和实践中遇到的两起事故案例，可通过这两个案例了解到解决问题的方法。对于更多的线上事故解决方法和步骤，可以参考《分布式服务架构：原理、设计与实战》第 6 章的内容。

8.7.1 线上问题的通用解决方案

1. 发现问题

发现问题通常通过自动化的监控和报警系统来实现，线上游戏服搭建了一个完善、有效的日志中心、监控和报警系统，通常我们会从系统层面、应用层面和数据库层面进行监控。

对系统层面的监控包括对系统的 CPU 利用率、系统负载、内存使用情况、网络 I/O 负载、磁盘负载、I/O 等待、交换区的使用、线程数及打开的文件句柄数等进行的监控，一旦超出阈值，就需要报警。

对应用层面的监控包括对服务接口的响应时间、吞吐量、调用频次、接口成功率及接口的波动率等进行的监控。

对资源层的监控包括对数据库、缓存和消息队列的监控。我们通常会对数据库的负载、慢 SQL、连接数等进行监控；对缓存的连接数、占用内存、吞吐量、响应时间等进行监控；并对消息队列的响应时间、吞吐量、负载、积压情况等进行监控。

2. 定位问题

定位问题时，首先要根据经验来分析，如果应急团队中有人对相应的问题有经验，并确定能够通过某种手段进行恢复，则应该第一时间恢复，同时保留现场，然后定位问题。

应急人员在定位过程中需要与业务负责人、技术负责人、核心技术开发人员、技术专家、架构师、运营人员和运维人员一起，对产生问题的原因进行快速分析。在分析的过程中要先考虑系统最近的变化，考虑如下问题。

- 问题系统最近是否进行了上线？
- 依赖的基础平台和资源是否进行了上线或者升级？
- 依赖的系统最近是否进行了上线？
- 运营人员是否在系统里做过运营变更？
- 网络是否有波动？
- 最近的业务是否上量？
- 服务的使用方是否有促销活动？

3. 解决问题

解决问题的阶段有时处于应急处理中，有时处于应急处理后。在理想情况下，每个系统都会对各种严重情况设计止损和降级开关，因此在发生严重问题时先使用止损策略，在恢复问题后再定位和解决问题。解决问题要以定位问题为基础，必须清晰地定位问题产生的根本原因，再提出解决问题的有效方案，切记在没有明确原因之前，不要使用各种可能的方法来尝试修复问题，这样可能导致还没有解决这个问题又引出另一个问题。

4. 消除影响

在解决问题时，某个问题可能还没被解决就已恢复，在任何情况下都需要消除问题带来的影响。

- 技术人员在应急过程中对系统做的临时性改变，若在后面证明是无效的，则要尝试恢复到原来的状态。
- 技术人员在应急过程中对系统进行的降级开关操作，在事后需要恢复。
- 运营人员在应急过程中对系统做的特殊设置如某些流量路由的开关，在事后需要恢复。
- 对使用方或者用户造成的问题，尽量采取补偿的策略进行修复，在极端情况下需要一一核实。

- 对外由专门的客服团队整理话术，统一对外宣布发生故障的原因并安抚用户，话术要贴近客观事实，并从用户的角度出发。

在详细了解如何发现问题、定位问题、解决问题和消除造成的影响后，接下来让我们看看在实际情况下如何应用。

首先，找运维看日志。如果在日志监控系统中有报错，则能很好地定位问题，我们只需根据日志报错的堆栈信息来解决问题即可。如果在日志监控系统中没有任何异常信息，就得保存现场了。

其次，保存现场并恢复服务。在日志系统中找不到任何线索的情况下，我们需要赶紧保存现场快照，并尽快恢复服务，以达到最大程度止损的目的。在 JVM 中保存现场快照通常包括保存当前运行线程的快照和保存 JVM 内存堆栈快照。如下所述。

（1）保存当前运行线程的快照，可以使用 jstack [pid]命令实现，在通常情况下需要保存三份不同时刻的线程快照，时间间隔为 1~2 分钟。

（2）保存 JVM 内存堆栈快照，可以使用 jmap –heap、jmap –histo、jmap -dump:format=b、file=xxx.hprof 等命令实现。

快速恢复服务的常用方法如下。

（1）隔离出现问题的服务，使其退出线上服务，便于后续的分析处理。

（2）尝试快速重启服务，第一时间恢复系统，而不是彻底解决问题。

（3）对服务降级处理，只使用少量的请求来重现问题，以便我们全程跟踪观察，因为之前可能没太注意这个问题是如何发生的。

通过上面的一系列操作后，要分析日志并定位问题。这一步很关键，也需要有很多实战经验，需要先查看服务器的"当前症状"，才能进一步对症下药。下面提供从服务器的 CPU、内存和 I/O 三方面查看症状的基本方法。

查看 CPU 或内存情况的命令如下。

- top：查看服务器的负载状况。
- top+1：在 top 视图中按键盘数字 "1" 查看每个逻辑 CPU 的使用情况。

- jstat –gcutil pid：查看堆中各内存区域的变化及 GC 的工作状态。
- top+H：查看线程的使用情况。
- ps -mp pid -o THREAD,tid,time | sort -rn：查看指定进程中各个线程占用 CPU 的状态，选出耗时最多、最繁忙的线程 id。
- jstack pid：打印进程中的线程堆栈信息。

判断内存溢出（OOM）方法如下。

- 堆外内存溢出：由 JNI 的调用或 NIO 中的 DirectByteBuffer 等使用不当造成。
- 堆内内存溢出：容易由程序中创建的大对象、全局集合、缓存、ClassLoader 加载的类或大量的线程消耗等造成。
- 使用 jmap –heap 命令、jmap –histo 命令或者 jmap -dump:format=b,file=xxx.hprof 等命令查看 JVM 内存的使用情况。

分析 I/O 读写问题的方法如下。

- 文件 I/O：使用命令 vmstat、lsof –c -p pid 等。
- 网络 I/O：使用命令 netstat –anp、tcpdump -i eth0 'dst host 239.33.24.212' -w raw.pcap 和 wireshark 工具等。
- MySQL 数据库：查看慢查询日志、数据库的磁盘空间、排查索引是否缺失，或使用 show processlist 检查具体的 SQL 语句情况。

最后，在 Hotfix 后继续观察情况。在测试环境或预生产环境修改测试后，如果问题不能再复现了，就可以根据公司的 Hotfix 流程进行线上的 Bug 更新，并继续观察。如果一切都正常，就需要消除之前可能造成的影响。

8.7.2 耗时服务耗尽了线程池的案例

有一次，我们线上的某个 Web 服务访问报 HTTP 500 错误，在查看 log 日志时报异常，异常的关键信息如下：

```
Caused by: java.util.concurrent.RejectedExecutionException: Thread pool is
EXHAUSTED! Thread Name: DubboServerHandler-172.31.24.215:20880, Pool Size: 200
(active: 200, core: 200, max: 200, largest: 200), Task: 3622292 (completed: 3622092),
Executor status:(isShutdown:false, isTerminated:false, isTerminating:false), in
dubbo://172.31.24.215:20880!
```

我们并没有手动设置过服务端线程池的大小，默认使用 200，从报错日志来看，明显是服务端的线程池被用光了。

接下来使用 jstack pid 打印进程中的线程堆栈信息，确实有 200 个 Dubbo 线程在不断地执行，Dubbo 线程的命名格式为：DubboServerHandler-192.168.168.101:20880-thread-num。

为什么突然有这么多线程不断执行呢？是用户量突然增大了，还是有爬虫攻击？带着这些问题，笔者查看了网络流量监控，并未发现有明显的流量突增。

我们通过日志和监控暂时没有发现问题的成因，就添加了些日志，添加了请求时长打印，也增加了服务端的线程数。问题依然存在，不过可以排除服务端的线程数设置的问题了。

最后，通过新添加的日志打印发现，服务的请求时间普遍很长，这引起了我们的注意，顺着该线索找下去，才发现是服务调用数据库的时间太长，所以最后定位为数据库的问题。

在定位为是数据库执行慢导致很多线程占用不释放后，我们开始查看 MySQL 慢查询日志。由于之前慢查询的阀值时间被设置为 1 秒，所以在慢查询日志中没有任何记录；然后使用 show processlist 查看 SQL 的执行情况，发现有一条 SQL 语句占用的时间较长；最后，修改慢查询的时间为 500 毫秒，并记录下相关的慢查询 SQL 语句。

我们采取的解决方法为：为慢查询语句添加索引并修改逻辑代码，恢复之前的修改。通过查看 codereview 相关的代码，我们发现有部分业务逻辑在 for 循环中多次查询数据库，便将其修改为一次查询多条数据，然后在 for 循环中使用。

8.7.3 容错重试机制引发服务雪崩的案例

有一次，公司的线上商城系统服务在零点时突然卡死，用户的请求大量超时，在 log 日志中出现了大量的超时异常，关键的异常信息如下：

```
Tried 3 times of the providers [192.168.4.118:20880] (1/1)
from the registry 127.0.0.1:2181 on the consumer
```

```
192.168.99.146 using the dubbo version 2.5.8. Last error is:
 Invoke remote method timeout.
 //省略其他信息
 …
Caused by: com.alibaba.dubbo.remoting.TimeoutException:
Waiting server-side response timeout by scan timer.
```

接着就是服务端线程耗尽，通过使用 jstack pid 打印进程中的线程堆栈信息，我们发现在线程中有大量 HTTP 请求第三方服务，于是查看代码，发现 OkHttp 请求的超时时间为 10 秒，代码如下：

```
OkHttpClient client = new OkHttpClient.Builder()
        .connectTimeout(10, TimeUnit.SECONDS)
        .writeTimeout(10, TimeUnit.SECONDS)
        .readTimeout(10, TimeUnit.SECONDS)
        .build();
```

然而，消费者端的请求超时时间被设置为只有 5 秒，代码如下：

```
<dubbo:reference interface="..." timeout="5000" retries="3"/>
```

这样，如果第三方 HTTP 请求因网络震荡等原因导致在 5 秒内未返回，消费者端就会超时，并且会不断地重试 3 次。这样，我们通过日志和代码就初步定位了问题。

接下来我们在测试环境中模拟测试，通过限制网速来达到 HTTP 请求超时的条件。在 Linux 系统下可以使用流量控制器 TC（Traffic Control），然后使用 Apache JMeter 对该服务接口进行压力测试，在网络环境速度较差时就复现了以上异常情况。

到这里还没有完，为什么是零点出现呢？纯属巧合吗？当然不是。由于在商城系统服务中有零点刷新的商品，所以在零点倒计时到了的时刻，客户端应用就会向服务器的接口同时发起请求，获得刷新后的最新数据。而客户端也有失败重试机制，其超时时间被设置为 3 秒。所以现在的情况是：一旦 HTTP 响应很慢，超时重试机制就容易出现雪崩。之前不合理的超时设置情况为：客户端应用超时 3 秒 < 服务端消费者超时 5 秒 < 服务提供者的 HTTP 超时 10 秒

我们采用的解决方案为：修改集群容错模式为 Failfast，如果超时失败，就让消费者快速返回，将失败处理交由客户端应用自行处理。另外，修改客户端应用的超时时间，让其大于服务提供者的 HTTP 超时时间，比如将客户端应用的超时时间设置为 10 秒，大于服务提供者的 5 秒 HTTP 超时时间。

通过本节的案例，我们可以更好地理解 Dubbo 的集群容错机制。在默认情况下使用 Failover

失败重试机制，不过一般推荐使用 Failfast 快速失败模式，并在客户端处理失败的结果。

8.8 深入剖析 Dubbo 源码及其实现

本节将深入剖析 Dubbo 源码及其实现方式，从 Dubbo 的总体架构设计、入手方法、巧妙的 URL 设计、服务暴露的过程、服务引用的方式及集群容错和负载均衡等方面展开分析。当然，本节不可能剖析 Dubbo 的所有源码，但会介绍一些方法，学会如何读 Dubbo 的源码更重要。

8.8.1 Dubbo 的总体架构设计

首先看一下 Dubbo 官网提供的整体设计图，如图 8-14 所示（图片来自 Dubbo 官网）。

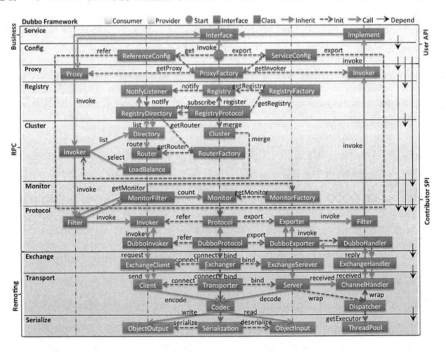

图 8-14

图 8-14 主要分为两个维度，横向展示的是 Dubbo 服务模型，纵向展示的是分层结构。

从服务模型的角度来看，Dubbo 采用的是一种非常简单的模型，要么是提供者提供服务，要么是消费者消费服务，所以基于这一点可以抽象出服务提供者（Provider）和服务消费者（Consumer）两个概念。所以如图 8-14 所示的左半边为服务消费者使用的接口，右半边为服务提供者使用的接口，位于中轴线上的为双方都用到的接口。

Dubbo 的框架设计一共划分了 10 层，各层均为单向依赖，右边的黑色箭头代表层之间的依赖关系，每一层都可以剥离上层被复用，其中，Service 和 Config 层为 API，其他各层均为 SPI。

接下来分别介绍在框架分层架构中各个层次的设计要点。

- 服务接口层（Service）：该层是与实际业务逻辑相关的，根据服务提供者和服务消费者的业务设计对应的接口和实现。

- 配置层（Config）：对外的配置接口，以 ServiceConfig 和 ReferenceConfig 为中心，可以直接创建（new）一个配置类对象，也可以通过 Spring 解析配置生成配置类对象。

- 服务代理层（Proxy）：服务接口的透明代理，生成服务的客户端 Stub 和服务器端 Skeleton，以 ServiceProxy 为中心，扩展接口为 ProxyFactory。

- 服务注册层（Registry）：封装服务地址的注册与发现，以服务 URL 为中心，扩展接口为 RegistryFactory、Registry 和 RegistryService。可能没有服务注册中心，此时服务提供者直接暴露服务。

- 集群层（Cluster）：封装多个提供者的路由及负载均衡，并桥接注册中心，以 Invoker 为中心，扩展接口为 Cluster、Directory、Router 和 LoadBalance。将多个服务提供者组合为一个服务提供者，实现对服务消费者透明，只需与一个服务提供者进行交互。

- 监控层（Monitor）：RPC 调用的次数和调用时间的监控，以 Statistics 为中心，扩展接口为 MonitorFactory、Monitor 和 MonitorService。

- 远程调用层（Protocol）：封将 RPC 调用，以 Invocation 和 Result 为中心，扩展接口为 Protocol、Invoker 和 Exporter。Protocol 是服务域，它是 Invoker 暴露和引用的主功能入口，负责 Invoker 的声明周期管理。Invoker 是实体域，是 Dubbo 的核心模型，其他模型都向它靠扰或转换成它。它代表一个可执行体，可向它发起 invoke 调用，它有可能是一个本地的实现，也可能是一个远程的实现，也可能是一个集群实现。

- 信息交换层（Exchange）：封装请求响应模式，同步转异步，以 Request 和 Response 为中心，扩展接口为 Exchanger、ExchangeChannel、ExchangeClient 和 ExchangeServer。
- 网络传输层（Transport）：抽象 mina 和 netty 为统一接口，以 Message 为中心，扩展接口为 Channel、Transporter、Client、Server 和 Codec。
- 数据序列化层（Serialize）：可复用的一些工具，扩展接口为 Serialization、ObjectInput、ObjectOutput 和 ThreadPool。

小提示：

SPI（Service Provider Interface）是 Java 提供的一种服务加载方式，可以避免在 Java 代码中写死服务提供者，而是通过 SPI 服务加载机制进行服务的注册和发现，实现多个模块的解耦。

Java SPI 的具体约定为:在服务提供者提供了服务接口的一种实现之后，在 Jar 包的 META-INF/services/目录里同时创建一个以服务接口命名的文件。该文件里的就是实现该服务接口的具体实现类。在外部程序装配这个模块时，就能通过该 Jar 包 META-INF/services/里的配置文件找到具体的实现类名，并装载实例化，完成模块的注入。基于这样一个约定就能很好地找到服务接口的实现类，而不需要在代码里指定。JDK 提供了服务实现查找的一个工具类，即 java.util.ServiceLoader。

以上各层之间的关系如下。

- 在 RPC 中，Protocol 是核心层，也就是说只要有 Protocol、Invoker 和 Exporter，就可以完成非透明的 RPC 调用，然后在 Invoker 的主过程上添加 Filter 拦截点。
- 图 8-14 中的 Consumer 和 Provider 是抽象的概念，只是想让看图者更直观地了解哪些类分别属于客户端与服务器端，不用 Client 和 Server 的原因是，Dubbo 在很多场景下都使用了 Provider、Consumer、Registry 和 Monitor 划分逻辑节点，保持统一的概念。
- 而 Cluster 是外围概念，所以 Cluster 的目的是将多个 Invoker 伪装成一个 Invoker，这样其他人只要关注 Protocol 层 Invoker 即可，加上 Cluster 或者去掉 Cluster 对其他层都不会造成影响，因为在只有一个提供者时是不需要 Cluster 的。
- Proxy 层封装了所有接口的透明化代理，而在其他层都以 Invoker 为中心，只有暴露给用户使用时，才用 Proxy 将 Invoker 转成接口，或将接口实现转成 Invoker，也就是去掉 Proxy 层 RPC 是可以运行的，只是不那么透明，不那么看起来像调用本地服务一样调用远程服务。

- 而 Remoting 实现是 Dubbo 协议的实现，如果选择 RMI 协议，则整个 Remoting 都不会被用上。Remoting 内部再划分为 Transport 传输层和 Exchange 信息交换层：Transport 层只负责单向消息传输，是对 Mina、Netty、Grizzly 的抽象，也可以扩展 UDP 传输；Exchange 层则在传输层之上封装了 Request-Response 语义。

- Registry 和 Monitor 实际上不算一层，而是一个独立的节点，只是为了全局概览，用层的方式画在一起。

下面还有一张关于调用链的大图，如图 8-15 所示（图片来自 Dubbo 官网）。

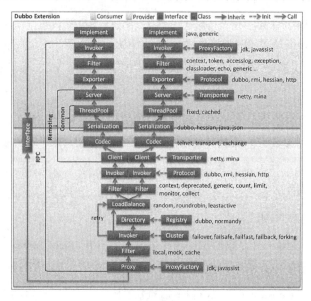

图 8-15

如果现在被吓坏了的话，请别灰心，目前只需要对这两张大图有所了解，接下来我们会拆分和分析主要的具体实现，然后回过头来消化和理解它。接下来我们从哪里着手分析呢？

其实通过分析，我们可以从两个方面入手：一个是配置文件，一个是 Dubbo 的核心 RPC。

8.8.2 配置文件

我们平时使用 Dubbo 最多的应该就是配置文件，那么我们可以先从配置文件入手。而 Dubbo

的配置文件是采用 Spring 的 Schema 形式扩展实现的，Spring 的自定义配置通常需要以下 5 步。

（1）设计配置属性和 JavaBean。

（2）编写 XSD 文件。

（3）编写 NamespaceHandler 和 BeanDefinitionParser 来完成解析工作。

（4）编写 spring.handlers 和 spring.schemas 来串联所有部件。

（5）在 Bean 文件中应用。

我们最直观的感觉就是找到了 Dubbo 的 XSD 文件，还是以之前的 Hello World 项目为例，打开服务端项目 server 的 Dubbo 的配置文件 provider.xml，该 XML 文件的头信息中有 Dubbo 自定义的标签，在 IntelliJ Idea 中按住 Command 键，再单击该标签 URL，就会跳转到 dubbo.xsd 文件，并定位到该文件的位置，就找到该 XSD 文件了，如图 8-16 所示。

图 8-16

然后在 dubbo.xsd 同级目录下的 spring.handlers 文件中找到 NamespaceHandler 处理类文件 DubboNamespaceHandler.java，该类的具体代码如下：

```
public class DubboNamespaceHandler extends NamespaceHandlerSupport {
    static {
        Version.checkDuplicate(DubboNamespaceHandler.class);
    }
    public void init() {
        registerBeanDefinitionParser("application", new DubboBeanDefinitionParser(ApplicationConfig.class, true));
```

```
            registerBeanDefinitionParser("module", new DubboBeanDefinition
Parser(ModuleConfig.class, true));
            registerBeanDefinitionParser("registry", new DubboBeanDefinition
Parser(RegistryConfig.class, true));
            registerBeanDefinitionParser("monitor", new DubboBeanDefinition
Parser(MonitorConfig.class, true));
            registerBeanDefinitionParser("provider", new DubboBeanDefinition
Parser(ProviderConfig.class, true));
            registerBeanDefinitionParser("consumer", new DubboBeanDefinition
Parser(ConsumerConfig.class, true));
            registerBeanDefinitionParser("protocol", new DubboBeanDefinition
Parser(ProtocolConfig.class, true));
            registerBeanDefinitionParser("service", new DubboBeanDefinition
Parser(ServiceBean.class, true));
            registerBeanDefinitionParser("reference", new DubboBeanDefinition
Parser(ReferenceBean.class, false));
            registerBeanDefinitionParser("annotation", new DubboBeanDefinition
Parser(AnnotationBean.class, true));
    }
}
```

是不是感觉很熟悉？对，它们就是我们经常用到的 Dubbo 标签 application、registry、protocol、service 和 reference 等。

8.8.3 Dubbo 的核心 RPC

Dubbo 的核心是 RPC 功能，而 RPC 中的核心实现又是协议（Protocol）层。协议层主要由 Protocol、Invoker 和 Exporter 三个接口实现，下面我们来看一下它们的关系，首先看看 Protocol 的接口方法，对其中重要的 export 和 refer 方法说明如下：

```
    public interface Protocol {

        /**
         * 暴露远程服务: <br>
         * 1. 协议在接收请求时，应记录请求来源方的地址信息: RpcContext.getContext().set
RemoteAddress();<br>
         * 2. export()必须是幂等的，也就是说暴露同一个URL的Invoker两次，和暴露一次没有区别。
<br>
         * 3. export()传入的Invoker由框架实现并传入，协议不需要关心。<br>
         *
         * @param <T>        服务的类型
         * @param invoker 服务的执行体
         * @return exporter 暴露服务的引用，用于取消暴露
         * @throws RpcException 在暴露服务出错时抛出，比如端口已占用
         */
```

```
@Adaptive
<T> Exporter<T> export(Invoker<T> invoker) throws RpcException;

/**
 * 引用远程服务：<br>
 * 1. 在用户调用 refer() 所返回的 Invoker 对象的 invoke() 方法时，协议需相应执行同 URL
 远端 export() 传入的 Invoker 对象的 invoke() 方法。<br>
 * 2. refer() 返回的 Invoker 由协议实现，协议通常需要在此 Invoker 中发送远程请求。<br>
 * 3. 在 URL 中设置 check=false 时，连接失败不能抛出异常，并在内部自动恢复。<br>
 *
 * @param <T>    服务的类型
 * @param type   服务的类型
 * @param url    远程服务的 URL 地址
 * @return invoker 服务的本地代理
 * @throws RpcException 在连接服务提供者失败时抛出
 */
@Adaptive
<T> Invoker<T> refer(Class<T> type, URL url) throws RpcException;

}
```

Protocol 协议的具体实现类的结构图如图 8-17 所示，在该图中只展示了 RMI 和 Dubbo 协议的实现。

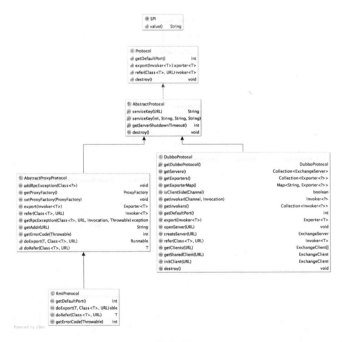

图 8-17

Exporter 接口的 DubboExporter 实现类的结构图如图 8-18 所示。

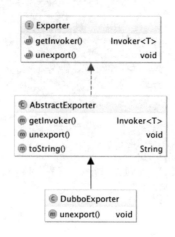

图 8-18

Invoker 接口的 DubboInvoker 实现类的结构图如图 8-19 所示。

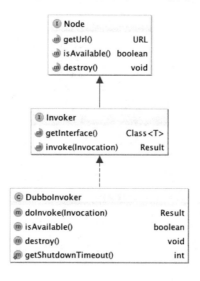

图 8-19

在开始分析 Dubbo 的服务暴露和服务引用之前，我们先来看看 Dubbo 中的 URL 总线的设计。

8.8.4 Dubbo 巧妙的 URL 总线设计

为了使各层解耦，Dubbo 采用了 URL 总线的设计，注意此处的 URL 与我们通常说的 Web 中的 URL 不是一回事。以往的设计通常会把层与层之间的交互参数做成 Model，这样层与层之间的沟通成本比较大，扩展起来也比较麻烦。因此，Dubbo 对各层之间的通信都采用 URL 的形式。比如注册中心启动时，参数的 URL 为 registry://0.0.0.0:9090?codec=registry&transporter=netty。

这就表示当前是注册中心，绑定到所有 IP，端口是 9090，解析器的类型是 registry，使用的底层网络通信框架是 Netty。URL 的具体实现类的结构图如图 8-20 所示。

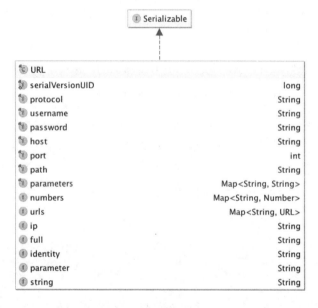

图 8-20

在 URL 类中大部分都是 get 和 set 方法，而 URL 中的相关属性和参数是在服务初始化时通过各种 xxxConfig 实体 Bean 来设置的（其中 xxxConfig 代指所有的 Dubbo 配置实体 Bean，比如 ApplicationConfig、RegistryConfig 等），而 xxxConfig 又是通过 Spring 的 Schema 形式配置解析而来的。从 XML 中的配置标签到 xxxConfig 实体 Bean 的解析过程在前面已经介绍过了，那么各种 xxxConfig 又是如何具体转换到 URL 格式的呢？由于转换 URL 的过程和服务注册与暴露是相关联的，所以我们放到 8.8.6 节一起介绍。接下来介绍 Dubbo 中另一个很重要的概念——SPI。

8.8.5 Dubbo 的扩展点加载 SPI

Dubbo 的扩展点加载是通过扩展 JDK SPI 机制来实现的。具体来说，就是在扩展类的 Jar 包内放置扩展点配置文件 "META-INF/dubbo/接口全限定名"，内容为：配置名=扩展实现类全限定名，对多个实现类用换行符进行分隔。Dubbo 对 SPI 的扩展是通过 ExtensionLoader 来实现的，查看 ExtensionLoader 的源码，可以看到 Dubbo 对 JDK SPI 做了以下扩展。

（1）JDK SPI 仅仅通过接口类名获取所有实现，ExtensionLoader 则通过接口类名和 key 值获取一个实现。

（2）Adaptive 实现，就是生成一个代理类，这样就可以根据实际调用时的一些参数动态地决定要调用的类了。

（3）自动包装实现，这种实现的类一般是自动激活的，常用于包装类，比如 Protocol 的两个实现类：ProtocolFilterWrapper 和 ProtocolListenerWrapper。

接下来通过具体的示例来理解 Dubbo 的扩展点加载。以扩展 Dubbo 的协议为例，首先，在协议的实现 Jar 包内放置了文本文件 META-INF/dubbo/com.alibaba.dubbo.rpc.Protocol，内容如下：

```
socket=com.bill.socket.SocketProtocol
```

然后，具体实现新定义的扩展加载点，实现类如下：

```
package com.bill.socket;

import com.alibaba.dubbo.rpc.Protocol;

public class SocketProtocol implemenets Protocol {
    // ...
}
```

最后，在 Dubbo 的配置模块中，扩展点均有对应的配置属性或标签，通过配置指定使用哪个扩展实现。比如：

```
<dubbo:protocol name="socket" />
```

在 Dubbo 中大部分实现基本上都是通过 SPI 进行的，所以在接下来的源码分析过程中还会经常看到 SPI 的身影。

8.8.6　Dubbo 服务暴露的过程

现在分析服务暴露代码，服务暴露是发生在服务端初始化过程中的，先来看一张类图，如图 8-21 所示。

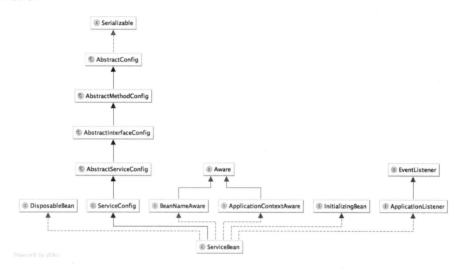

图 8-21

这里，ServiceBean 就是 Dubbo 配置标签中<dubbo:service interface="..."/>对应的 Config 实体 Bean，在这里我们看到它实现了 Spring 的 InitializingBean、DisposableBean 和 ApplicationListener 等接口，并且实现了 afterPropertiesSet()、destroy()、onApplicationEvent()等典型方法。

下面直接看 afterPropertiesSet 方法的具体实现，简化的代码如下：

```
public void afterPropertiesSet() throws Exception {
    ...
    setProvider(providerConfig);
    ...
    setApplication(applicationConfig);
    ...
    setModule(moduleConfig);
    ...
    setRegistries(registryConfigs);
    ...
    setMonitor(monitorConfig);
    ...
    setProtocols(protocolConfigs);
    ...
    if (!isDelay()) {
```

```
            export();
        }
    }
```

在 afterPropertiesSet 方法的最后调用了 export，而 export 方法最后又调用了 doExportUrls 方法。doExportUrls 方法的代码非常简单，如下所示：

```
    private void doExportUrls() {
        List<URL> registryURLs = loadRegistries(true);
        for (ProtocolConfig protocolConfig : protocols) {
            doExportUrlsFor1Protocol(protocolConfig, registryURLs);
        }
    }
```

上面的代码通过循环多协议并调用 doExportUrlsFor1Protocol 方法，向注册中心注册服务和暴露服务。doExportUrlsFor1Protocol 方法的简化代码如下：

```
    private void doExportUrlsFor1Protocol(ProtocolConfig protocolConfig, List<URL> registryURLs) {
        ...
        // 各种 URL 参数的组装设置
        Map<String, String> map = new HashMap<String, String>();
        map.put(Constants.SIDE_KEY, Constants.PROVIDER_SIDE);
        map.put(Constants.DUBBO_VERSION_KEY, Version.getVersion());
        map.put(Constants.TIMESTAMP_KEY,
String.valueOf(System.currentTimeMillis()));
        if (ConfigUtils.getPid() > 0) {
            map.put(Constants.PID_KEY, String.valueOf(ConfigUtils.getPid()));
        }
        appendParameters(map, application);
        appendParameters(map, module);
        appendParameters(map, provider, Constants.DEFAULT_KEY);
        appendParameters(map, protocolConfig);
        appendParameters(map, this);

        ...
        // 获得服务所提供的方法
        String[] methods = Wrapper.getWrapper(interfaceClass).getMethodNames();
        if (methods.length == 0) {
            logger.warn("NO method found in service interface " +
interfaceClass.getName());
            map.put("methods", Constants.ANY_VALUE);
        } else {
            map.put("methods", StringUtils.join(new
HashSet<String>(Arrays.asList(methods)), ","));
        }
```

```java
        ...
        // 转换为URL
        String host = this.findConfigedHosts(protocolConfig, registryURLs, map);
        Integer port = this.findConfigedPorts(protocolConfig, name, map);
        URL url = new URL(name, host, port, (contextPath == null || contextPath.length() == 0 ? "" : contextPath + "/") + path, map);

        ...
        // 根据scope配置，判断是暴露远程服务还是本地服务
        String scope = url.getParameter(Constants.SCOPE_KEY);
        // 注册本地服务
        if (!Constants.SCOPE_REMOTE.toString().equalsIgnoreCase(scope)) {
            exportLocal(url);
        }

        ...
        // 注册远程服务
        if (registryURLs != null && registryURLs.size() > 0) {
            for (URL registryURL : registryURLs) {
                url = url.addParameterIfAbsent("dynamic", registryURL.getParameter("dynamic"));
                URL monitorUrl = loadMonitor(registryURL);
                if (monitorUrl != null) {
                    url = url.addParameterAndEncoded(Constants.MONITOR_KEY, monitorUrl.toFullString());
                }
                if (logger.isInfoEnabled()) {
                    logger.info("Register dubbo service " + interfaceClass.getName() + " url " + url + " to registry " + registryURL);
                }
                // 将具体的服务转换成invoker
                Invoker<?> invoker = proxyFactory.getInvoker(ref, (Class) interfaceClass, registryURL.addParameterAndEncoded(Constants.EXPORT_KEY, url.toFullString()));
                DelegateProviderMetaDataInvoker wrapperInvoker = new DelegateProviderMetaDataInvoker(invoker, this);

                // 将具体的服务转换成invoker
                Exporter<?> exporter = protocol.export(wrapperInvoker);
                exporters.add(exporter);
            }
        } else {
            // 将具体的服务转换成invoker
            Invoker<?> invoker = proxyFactory.getInvoker(ref, (Class) interfaceClass, url);
            DelegateProviderMetaDataInvoker wrapperInvoker = new DelegateProviderMetaDataInvoker(invoker, this);

            // 然后将invoker转换成exporter
```

```
            Exporter<?> exporter = protocol.export(wrapperInvoker);
            exporters.add(exporter);
        }
    ...
    }
```

在上段代码中有两点非常重要,理解了这两点就基本上理解了服务暴露的过程,这两点如下所述。

(1)将具体的服务转换成 invoker:

```
Invoker<?> invoker = proxyFactory.getInvoker(ref, (Class) interfaceClass,
registryURL.addParameterAndEncoded(Constants.EXPORT_KEY, url.toFullString()));
```

(2)将 invoker 转换成 exporter:

```
Exporter<?> exporter = protocol.export(wrapperInvoker);
```

接下来具体介绍这两点,这也可能是大家理解非常困难的地方。它们使用了 Dubbo 的扩展点加载功能 SPI,并在 Java 中通过字节码操作生成动态代理的机制(Dubbo 默认使用了 Javassist 字节码操作类库)。

先使用 SPI 机制创建 ProxyFactory 和 Protocol 接口对象,具体的 SPI 机制在前面已经介绍过了,这里就不再展开介绍了,代码如下:

```
    private static final Protocol protocol =
ExtensionLoader.getExtensionLoader(Protocol.class).getAdaptiveExtension();

    private static final ProxyFactory proxyFactory =
ExtensionLoader.getExtensionLoader(ProxyFactory.class).getAdaptiveExtension();
```

ProxyFactory 的接口代码如下,其中默认指定使用 Javassist 实现动态代理:

```
//指定默认使用Javassist 类库
@SPI("javassist")
public interface ProxyFactory {

    /**
     * create proxy.
     *
     * @param invoker
     * @return proxy
     */
    @Adaptive({Constants.PROXY_KEY})
    <T> T getProxy(Invoker<T> invoker) throws RpcException;
```

```
/**
 * create invoker.
 *
 * @param <T>
 * @param proxy
 * @param type
 * @param url
 * @return invoker
 */
@Adaptive({Constants.PROXY_KEY})
<T> Invoker<T> getInvoker(T proxy, Class<T> type, URL url) throws
RpcException;
}
```

Protocol 接口在之前已经介绍过了,这里省略了具体的代码,它默认指定使用 Dubbo 协议:

```
//默认指定使用 Dubbo 协议
@SPI("dubbo")
public interface Protocol {
    ...
}
```

对于将具体的服务转换成 invoker,如果未指定使用具体的代理(proxy)方式,则 Dubbo 默认使用 JavassistProxyFactory 代理工厂类,而其中的 getInvoker 方法就会通过拼接源代码的方式,编译生成 Wrapper 的具体实现类;而 Wrapper 的 invokeMethod 方法就是直接调用 interface 接口的具体实现方法。通过这种动态代理的方式,就可以在实际调用方法前后增加一种逻辑,就像 AOP(面向切面编程)一样。JavassistProxyFactory 的具体代码如下:

```
public class JavassistProxyFactory extends AbstractProxyFactory {

    @SuppressWarnings("unchecked")
    public <T> T getProxy(Invoker<T> invoker, Class<?>[] interfaces) {
        return (T) Proxy.getProxy(interfaces).newInstance(new InvokerInvocation
Handler(invoker));
    }

    public <T> Invoker<T> getInvoker(T proxy, Class<T> type, URL url) {
        // TODO Wrapper 类不能正确处理带$的类名
        final Wrapper wrapper = Wrapper.getWrapper(proxy.getClass().getName().
indexOf('$') < 0 ? proxy.getClass() : type);
        return new AbstractProxyInvoker<T>(proxy, type, url) {
            @Override
            protected Object doInvoke(T proxy, String methodName,
                                      Class<?>[] parameterTypes,
```

```
                                    Object[] arguments) throws Throwable {
                    return wrapper.invokeMethod(proxy, methodName, parameterTypes,
arguments);
                }
            };
        }
    }
```

而在 getInvoker 方法中动态生成 wrapper 对象的源码如下：

```
    public Object invokeMethod(Object o, String n, Class[] p, Object[] v) throws
java.lang.reflect.InvocationTargetException {
        com.bill.HelloServiceImpl w;
        try {
            w = ((com.bill.HelloServiceImpl) $1);
        } catch (Throwable e) {
            throw new IllegalArgumentException(e);
        }
        try {
            if ("sayHello".equals($2) && $3.length == 1) {
                return ($w) w.sayHello((java.lang.String) $4[0]);
            }
        } catch (Throwable e) {
            throw new java.lang.reflect.InvocationTargetException(e);
        }
        throw new com.alibaba.dubbo.common.bytecode.NoSuchMethodException("Not
found method \"" + $2 + "\" in class com.bill.HelloServiceImpl.");
    }
```

其中只展示了 invokeMethod 方法的源码，那么如何获得 wrapper 对象的具体源码呢？可以使用 idea 工具。在 Wrapper 类的 makeWrapper 方法中打断点，局部变量 StringBuilder c3 即 invokeMethod 方法的拼接源代码。代码中的$1、$2 是 Javassist 获取方法参数的特定用法。

通过 invokeMethod 源代码，我们可以看到 w.sayHello()就是直接通过服务的实现对象调用的具体方法，并不是通过反射调用的，这样的效率会高一些。

对于将 invoker 转换成 exporter，我们也像之前一样，通过 idea 工具打断点的方式查看拼接的代码。在 ExtensionLoader 类的 createAdaptiveExtensionClass 方法中打断点，可以得到生成 Protocol$Adaptive 类的源代码，其中 export 方法的代码如下：

```
    public com.alibaba.dubbo.rpc.Exporter export(com.alibaba.dubbo.rpc.Invoker
arg0) throws com.alibaba.dubbo.rpc.RpcException {
        if (arg0 == null) throw new
IllegalArgumentException("com.alibaba.dubbo.rpc.Invoker argument == null");
```

```
        if (arg0.getUrl() == null)
            throw new IllegalArgumentException("com.alibaba.dubbo.rpc.Invoker
argument getUrl() == null");
        com.alibaba.dubbo.common.URL url = arg0.getUrl();
        String extName = (url.getProtocol() == null ? "dubbo" : url.getProtocol());
        if (extName == null)
            throw new IllegalStateException("Fail to get extension(com.alibaba.
dubbo.rpc.Protocol) name from url(" + url.toString() + ") use keys([protocol])");
        com.alibaba.dubbo.rpc.Protocol extension = (com.alibaba.dubbo.rpc.Protocol)
ExtensionLoader.getExtensionLoader(com.alibaba.dubbo.rpc.Protocol.class).getExte
nsion(extName);
        return extension.export(arg0);
    }
```

其中，以下代码用于获取我们在 XML 配置中指定的 protocol 协议的名称，默认是 Dubbo 协议：

```
String extName = (url.getProtocol() == null ? "dubbo" : url.getProtocol());
```

所以，我们最终调用了 DubboProtocol 类的 export 方法来暴露服务，export 方法的简化代码如下：

```
public <T> Exporter<T> export(Invoker<T> invoker) throws RpcException {
    URL url = invoker.getUrl();

    // export service.
    String key = serviceKey(url);
    DubboExporter<T> exporter = new DubboExporter<T>(invoker, key, exporterMap);
    exporterMap.put(key, exporter);
    ...

    openServer(url);
    return exporter;
}
```

我们再继续跟踪代码，一直跟踪到 Exchanger 类的 getExchanger 方法中，在该方法中通过 SPI 加载点获得 HeaderExchanger 类，再调用该类的 bind 方法，在该方法中又调用了 Transporters 的 bind 方法，又在该方法中调用了 getTransporter 方法，并返回默认的 NettyTransporter 类，再继续调用该类中的 bind 方法返回 NettyServer 类的对象，而在 NettyServer 类的构造方法中直接调用了 doOpen 方法，到此整个服务暴露就完成了。doOpen 方法的代码如下，其中就是我们熟悉的 Netty 用法了：

```
@Override
protected void doOpen() throws Throwable {
```

```
        NettyHelper.setNettyLoggerFactory();
        ExecutorService boss = Executors.newCachedThreadPool(new NamedThreadFactory
("NettyServerBoss", true));
        ExecutorService worker = Executors.newCachedThreadPool(new NamedThread
Factory("NettyServerWorker", true));
        ChannelFactory channelFactory = new NioServerSocketChannelFactory(boss,
worker, getUrl().getPositiveParameter(Constants.IO_THREADS_KEY, Constants.DEFAU
LT_IO_THREADS));
        bootstrap = new ServerBootstrap(channelFactory);

        final NettyHandler nettyHandler = new NettyHandler(getUrl(), this);
        channels = nettyHandler.getChannels();
        // https://issues.jboss.org/browse/NETTY-365
        // https://issues.jboss.org/browse/NETTY-379
        // final Timer timer = new HashedWheelTimer(new NamedThreadFactory("Netty
IdleTimer", true));
        bootstrap.setPipelineFactory(new ChannelPipelineFactory() {
            public ChannelPipeline getPipeline() {
                NettyCodecAdapter adapter = new NettyCodecAdapter(getCodec(),
getUrl(), NettyServer.this);
                ChannelPipeline pipeline = Channels.pipeline();
                /*int idleTimeout = getIdleTimeout();
                if (idleTimeout > 10000) {
                    pipeline.addLast("timer", new IdleStateHandler(timer, idleTimeout
/ 1000, 0, 0));
                }*/
                pipeline.addLast("decoder", adapter.getDecoder());
                pipeline.addLast("encoder", adapter.getEncoder());
                pipeline.addLast("handler", nettyHandler);
                return pipeline;
            }
        });
        // bind
        channel = bootstrap.bind(getBindAddress());
    }
```

最后，我们简单地总结一下整个服务暴露的过程，如图 8-22 所示（图片来自 Dubbo 官网）。

首先，ServiceConfig 类拿到对外提供服务的实际类 ref（如 HelloServiceImpl），然后通过 ProxyFactory 类的 getInvoker 方法使用 ref 生成一个 AbstractProxyInvoker 实例，到这一步就完成了具体服务到 Invoker 的转化。接下来就是将 Invoker 转换为 Exporter 的过程。

服务暴露的具体过程如下。

（1）ServiceBean 实现 ApplicationListener 接口，监听容器加载完成事件 ContextRefreshed Event。开始 export()。

第 8 章 Dubbo 实战及源码分析

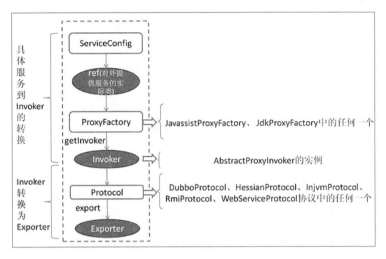

图 8-22

（2）com.alibaba.dubbo.config.ServiceConfig#export()会判断是否延迟暴露。如果是，则发起一个守护线程 Thread.sleep(delay)后暴露，否则直接暴露。

（3）com.alibaba.dubbo.config.ServiceConfig#doExport()装载注册中心、监控中心等。

（4）com.alibaba.dubbo.config.ServiceConfig#doExportUrls 执行 loadRegistries()遍历注册中心，根据注册中心生成要发布的 URL，遍历所有协议，为每个协议执行 doExportUrlsFor1Protocol()。com.alibaba.dubbo.config.ServiceConfig#doExportUrlsFor1Protocol 方法中最重要的两处代码如下：

```
Invoker<?> invoker = proxyFactory.getInvoker(ref, (Class) interfaceClass, url);
//①处
Exporter<?> exporter = protocol.export(invoker);// ②处
```

对于这两处代码的解释如下。

- ①处是将具体的服务转换成 invoker。ref 是接口实现类引用，interfaceClass 是接口，url 是组装的服务 URL。在具体转换中默认使用了 JavassistProxyFactory 实现代理功能。
- ②处是将 invoker 转换成 exporter。在转化时使用了某个协议，比如 DubboProtocol、hessionProtocol、redisProtocol 等。

（5）最后，DubboProtocol 类中 export()方法调用了 openServer()方法，再调用 createServer()方法。在 createServer()方法中通过 server = Exchangers.bind(url, requestHandler)代码转到

com.alibaba.dubbo.remoting.exchange.support.header.HeaderExchanger#bind 方法中，最终调用了 NettyServer 类中的 doOpen 方法完成服务暴露的过程。

8.8.7 服务引用

服务引用的过程和服务暴露的过程比较相似，建议自己动手分析，可以参考服务暴露的分析方法。简单的流程为：首先，ReferenceConfig 类的 init 方法调用 Protocol 的 refer 方法，生成 Invoker 实例，这是服务消费的关键；然后将 Invoker 转换为客户端需要的接口如 IHelloService。如图 8-23 所示（图片来自 Dubbo 官网）。

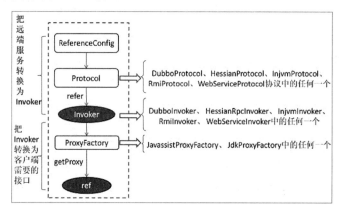

图 8-23

每种协议（如 RMI/Dubbo）调用 refer 方法生成 Invoker 实例的细节同服务暴露类似。

服务引用的具体步骤如下。

（1）ReferenceBean 实现 InitializingBean 接口，Spring 回调 afterPropertiesSet()。

（2）getObject()。

（3）检查 Dubbo 配置，创建代理。

（4）向注册中心订阅服务。

（5）返回代理对象。

8.8.8 集群容错和负载均衡

还记得 Dubbo 的负载均衡用法一节的那张示意图吗?为了便于结合源码分析,又把它放到本节中了,如图 8-24 所示。

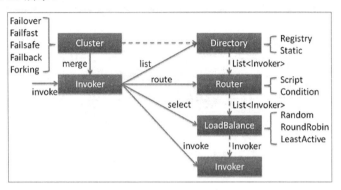

图 8-24

其中的关键接口为:Cluster、Directory、Router 和 LoadBalance。它们的类结构和关系如图 8-25 所示(以 Dubbo 的默认配置为例)。

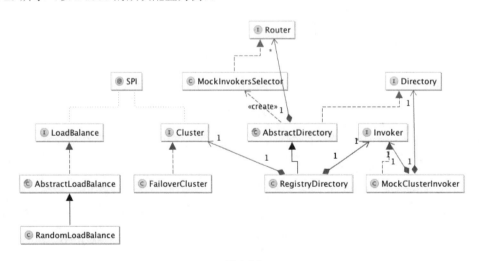

图 8-25

接下来就可以使用 idea 工具了,直接在我们的客户端调用处打断点,单步执行,断点的效果如图 8-26 所示。

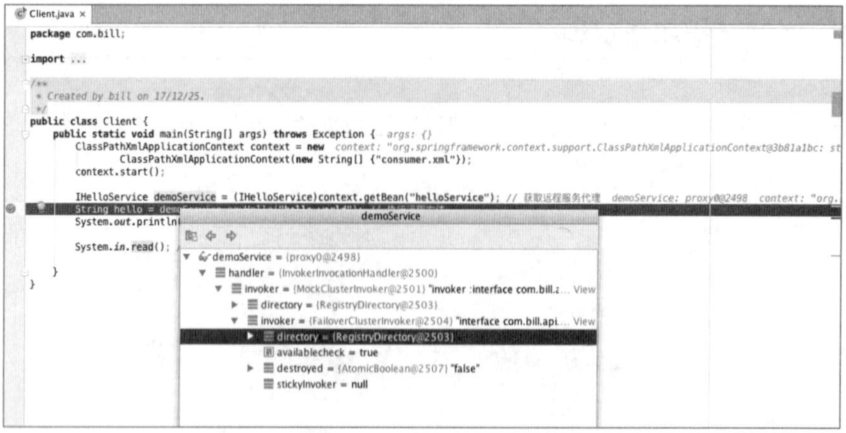

图 8-26

8.8.9 集群容错

集群容错的流程比较简单，接下来我们仔细看看这几个接口和默认的现实类。首先看看 Cluster 接口，它是实现集群容错的扩展点，代码如下：

```
@SPI(FailoverCluster.NAME)
public interface Cluster {

    /**
     * Merge the directory invokers to a virtual invoker.
     *
     * @param <T>
     * @param directory
     * @return cluster invoker
     * @throws RpcException
     */
    @Adaptive
    <T> Invoker<T> join(Directory<T> directory) throws RpcException;

}
```

该接口只有一个方法，就是将 directory 对象中的多个 invoker 的集合整合成一个 invoker 对象。该方法被 ReferenceConfig 类的 createProxy 方法调用，调用它的代码如图 8-27 所示。

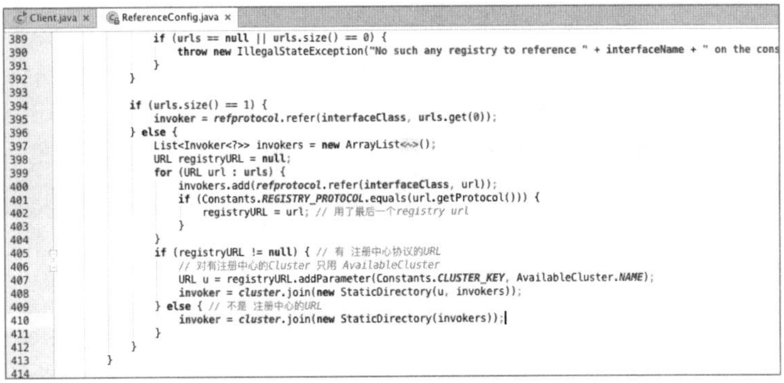

第 8 章　Dubbo 实战及源码分析

```
if (urls == null || urls.size() == 0) {
    throw new IllegalStateException("No such any registry to reference " + interfaceName + " on the cons
}
if (urls.size() == 1) {
    invoker = refprotocol.refer(interfaceClass, urls.get(0));
} else {
    List<Invoker<?>> invokers = new ArrayList<>();
    URL registryURL = null;
    for (URL url : urls) {
        invokers.add(refprotocol.refer(interfaceClass, url));
        if (Constants.REGISTRY_PROTOCOL.equals(url.getProtocol())) {
            registryURL = url; // 用了最后一个 registry url
        }
    }
    if (registryURL != null) { // 有 注册中心协议的URL
        // 对有注册中心的Cluster 只用 AvailableCluster
        URL u = registryURL.addParameter(Constants.CLUSTER_KEY, AvailableCluster.NAME);
        invoker = cluster.join(new StaticDirectory(u, invokers));
    } else { // 不是 注册中心的URL
        invoker = cluster.join(new StaticDirectory(invokers));
    }
}
```

图 8-27

Cluster 接口已知的扩展实现类如下：

- com.alibaba.dubbo.rpc.cluster.support.FailoverCluster

- com.alibaba.dubbo.rpc.cluster.support.FailfastCluster

- com.alibaba.dubbo.rpc.cluster.support.FailsafeCluster

- com.alibaba.dubbo.rpc.cluster.support.FailbackCluster

- com.alibaba.dubbo.rpc.cluster.support.ForkingCluster

- com.alibaba.dubbo.rpc.cluster.support.AvailableCluster

在这里具体分析默认的自动故障转移扩展实现类 FailoverCluster，其他分析方式基本相同，FailoverCluster 类的源码如下：

```
public class FailoverCluster implements Cluster {

    public final static String NAME = "failover";

    public <T> Invoker<T> join(Directory<T> directory) throws RpcException {
        return new FailoverClusterInvoker<T>(directory);
    }

}
```

在 join 方法中只构造了一个类型为 FailoverClusterInvoker 的 invoker 对象，它的关键源码如下：

```
public Result doInvoke(Invocation invocation, final List<Invoker<T>> invokers,
```

```
LoadBalance loadbalance) throws RpcException {
    List<Invoker<T>> copyinvokers = invokers;
    checkInvokers(copyinvokers, invocation);
    int len = getUrl().getMethodParameter(invocation.getMethodName(),
Constants.RETRIES_KEY, Constants.DEFAULT_RETRIES) + 1;
    if (len <= 0) {
        len = 1;
    }
    // retry loop.
    RpcException le = null; // last exception.
    List<Invoker<T>> invoked = new ArrayList<Invoker<T>>(copyinvokers.size());
// invoked invokers.
    Set<String> providers = new HashSet<String>(len);
    for (int i = 0; i < len; i++) {
        //重试时进行重新选择，避免重试时 invoker 列表已发生变化
        //注意：如果列表发生了变化，那么 invoked 判断会失效，因为 invoker 示例已经改变
        if (i > 0) {
            checkWhetherDestroyed();
            copyinvokers = list(invocation);
            //重新检查
            checkInvokers(copyinvokers, invocation);
        }
        Invoker<T> invoker = select(loadbalance, invocation, copyinvokers, invoked);
        invoked.add(invoker);
        RpcContext.getContext().setInvokers((List) invoked);
        try {
            Result result = invoker.invoke(invocation);
            ...
            return result;
        } catch (Throwable e) {
            ...
            le = new RpcException(e.getMessage(), e);
        } finally {
            providers.add(invoker.getUrl().getAddress());
        }
    }
    ...
}
```

从以上代码中可以看到，首先获取失败尝试次数（默认为 2）int len = getUrl().getMethodParameter(...)，然后使用 for (int i = 0; i < len; i++) {...}循环块。在该循环块中先通过 list 方法从 directory 中获得 invoker 列表，再调用 select 方法选择一个 invoker，将选择的 invoker 加入 invoked 集合，表示已经选择和使用过的，最后调用 invoker.invoke()方法，若成功则返回 result 结果，否

则继续重试选择并调用下一个 invoker。

而该 doInvoke 方法的调用是在其父类 AbstractClusterInvoker 中的 select 和 doselect 方法中进行的，这两个方法的源代码如下：

```java
/**
 * 使用 loadbalance 选择 invoker.</br>
 * a)先 lb 选择，如果在 selected 列表中或者不可用且在做检验，则进入下一步(重选),否则直接返回</br>
 * b)重选验证规则：selected > available 保证重选出的结果尽量不在 select 中，并且是可用的
 *
 * @param availablecheck 如果设置为 true,则在选择时先选 invoker.available == true
 * @param selected       已选过的 invoker,注意，输入保证不重复
 */
protected Invoker<T> select(LoadBalance loadbalance, Invocation invocation,
List<Invoker<T>> invokers, List<Invoker<T>> selected) throws RpcException {
    if (invokers == null || invokers.size() == 0)
        return null;
    String methodName = invocation == null ? "" : invocation.getMethodName();

    boolean sticky = invokers.get(0).getUrl().getMethodParameter(methodName,
Constants.CLUSTER_STICKY_KEY, Constants.DEFAULT_CLUSTER_STICKY);
    {
        //ignore overloaded method
        if (stickyInvoker != null && !invokers.contains(stickyInvoker)) {
            stickyInvoker = null;
        }
        //ignore cucurrent problem
        if (sticky && stickyInvoker != null && (selected == null
|| !selected.contains(stickyInvoker))) {
            if (availablecheck && stickyInvoker.isAvailable()) {
                return stickyInvoker;
            }
        }
    }
    Invoker<T> invoker = doselect(loadbalance, invocation, invokers,
selected);

    if (sticky) {
        stickyInvoker = invoker;
    }
    return invoker;
}

private Invoker<T> doselect(LoadBalance loadbalance, Invocation invocation,
```

```java
List<Invoker<T>> invokers, List<Invoker<T>> selected) throws RpcException {
        if (invokers == null || invokers.size() == 0)
            return null;
        if (invokers.size() == 1)
            return invokers.get(0);
        // 如果只有两个invoker，则退化成轮询
        if (invokers.size() == 2 && selected != null && selected.size() > 0) {
            return selected.get(0) == invokers.get(0) ? invokers.get(1) : invokers.get(0);
        }
        Invoker<T> invoker = loadbalance.select(invokers, getUrl(), invocation);

        //如果在selected中包含（优先判断）或者不可用&&availablecheck=true，则重试
        if ((selected != null && selected.contains(invoker))
                || (!invoker.isAvailable() && getUrl() != null && availablecheck)) {
            try {
                Invoker<T> rinvoker = reselect(loadbalance, invocation, invokers, selected, availablecheck);
                if (rinvoker != null) {
                    invoker = rinvoker;
                } else {
                    //看看第1次选的位置，如果不是最后，则选后一个位置.
                    int index = invokers.indexOf(invoker);
                    try {
                        //最后避免碰撞
                        invoker = index < invokers.size() - 1 ? invokers.get(index + 1) : invoker;
                    } catch (Exception e) {
                        logger.warn(e.getMessage() + " may because invokers list dynamic change, ignore.", e);
                    }
                }
            } catch (Throwable t) {
                logger.error("clustor relselect fail reason is :" + t.getMessage() + " if can not slove ,you can set cluster.availablecheck=false in url", t);
            }
        }
        return invoker;
    }
```

在doselect方法中实现了选择invoker的真正逻辑。它先检查invokers列表，若没有可选的invoker，则返回null；如果只有两个可选的invoker，则退化为轮询调用，否则继续调用loadbalance的select方法选择一个invoker。然后检查选中的invoker是否已被使用过或者不可用，如果不可用，则会调用reselect重新选择，若重新选择成功则使用它，否则将使用invoker列表中当前

index+1 的 invoker，如果已经是最后一个，则直接使用当前的 invoker。

我们在上面的 doselect 方法中看到了 loadbalance 对象，这就是接下来要分析的负载均衡相关的内容。

8.8.10　负载均衡

LoadBalance 是负载均衡的扩展点接口，其源码如下：

```
@SPI(RandomLoadBalance.NAME)
public interface LoadBalance {

    /**
     * select one invoker in list.
     *
     * @param invokers   invokers.
     * @param url        refer url
     * @param invocation invocation.
     * @return selected invoker.
     */
    @Adaptive("loadbalance")
    <T> Invoker<T> select(List<Invoker<T>> invokers, URL url, Invocation invocation) throws RpcException;

}
```

负载均衡接口只定义了一个方法，就是在候选的 invokers 中选择一个 invoker 对象。而 Dubbo 已知的负载均衡实现类有以下几种：

- com.alibaba.dubbo.rpc.cluster.loadbalance.RandomLoadBalance
- com.alibaba.dubbo.rpc.cluster.loadbalance.RoundRobinLoadBalance
- com.alibaba.dubbo.rpc.cluster.loadbalance.LeastActiveLoadBalance

其中，Dubbo 默认采用 RandomLoadBalance 方式。接下来我们看看 RandomLoadBalance 类是如何实现的，其他类的实现方式类似。

RandomLoadBalance 的源码如下：

```
public class RandomLoadBalance extends AbstractLoadBalance {
```

```java
    public static final String NAME = "random";

    private final Random random = new Random();

    protected <T> Invoker<T> doSelect(List<Invoker<T>> invokers, URL url,
Invocation invocation) {
        int length = invokers.size();              // 总数
        int totalWeight = 0; // 总权重
        boolean sameWeight = true;                 // 权重是否都一样
        for (int i = 0; i < length; i++) {
            int weight = getWeight(invokers.get(i), invocation);
            totalWeight += weight;                 // 累计总权重
            if (sameWeight && i > 0
                && weight != getWeight(invokers.get(i - 1), invocation)) {
                sameWeight = false;                // 计算所有权重是否一样
            }
        }
        if (totalWeight > 0 && !sameWeight) {
            // 如果权重不相同且权重大于0，则按总权重数随机
            int offset = random.nextInt(totalWeight);
            // 并确定随机值落在哪个片断上
            for (int i = 0; i < length; i++) {
                offset -= getWeight(invokers.get(i), invocation);
                if (offset < 0) {
                    return invokers.get(i);
                }
            }
        }
        // 如果权重相同或权重为0，则均等随机
        return invokers.get(random.nextInt(length));
    }
}
```

其中，doSelect 方法为具体的选择方法，它首先判断是否设置权重或权重值是否都一样，如果未设置或权重一样，则直接调用 random.nextInt 方法来随机获得一个 invoker；如果设置了权重并且不一样，则在总权重中随机，并确定随机值落在哪个 invoker 的片断上，然后选择该 invoker 对象，这样就实现了按照权重随机。其权重公式在父类 AbstractLoadBalance 中实现，公式如下：

```
int ww = (int) ((float) uptime / ((float) warmup / (float) weight));
```

实现核心权重的代码如下：

```
static int calculateWarmupWeight(int uptime, int warmup, int weight) {
```

```
    // 权重公式
    int ww = (int) ((float) uptime / ((float) warmup / (float) weight));
    return ww < 1 ? 1 : (ww > weight ? weight : ww);
}
...

protected int getWeight(Invoker<?> invoker, Invocation invocation) {
    int weight = invoker.getUrl().getMethodParameter(invocation.getMethodName(),
Constants.WEIGHT_KEY, Constants.DEFAULT_WEIGHT);
    if (weight > 0) {
        long timestamp = invoker.getUrl().getParameter(Constants.REMOTE_TIMES
TAMP_KEY, 0L);
        if (timestamp > 0L) {
            int uptime = (int) (System.currentTimeMillis() - timestamp);
            int warmup = invoker.getUrl().getParameter(Constants.WARMUP_KEY,
Constants.DEFAULT_WARMUP);
            if (uptime > 0 && uptime < warmup) {
                weight = calculateWarmupWeight(uptime, warmup, weight);
            }
        }
    }
    return weight;
}
```

第 9 章
高性能网络中间件

　　计算机和网络的兴起改变了我们的生活状态，人们在网络通信中不断遇到问题与解决问题，在经验的积累与演化中发展出了整个网络知识体系。本书将从其中一些点，例如 IP、UDP、TCP 等协议的细节，来窥探网络知识这棵大树的奥秘，以此来了解网络的核心原理和本质，引导读者在碰到底层网络问题时使用切实有效的思想和方法来解决；同时介绍编写高性能中间件的一些基础知识，例如基于网络的测试，内存的使用和缓存池的实现，以及读取流数据的优化；并介绍我们实现的网络中间件及基于其实现的代理功能。

9.1 TCP/UDP 的核心原理及本质探索

当一个项目发展到一定阶段时，高可用性变成了其主要的非功能质量目标，这时，我们会更多地关注网络超时、网络闪断、网络延迟等问题。由于这些问题处于应用的底层，并且我们不了解网络的核心和本质，等等，所以对这些问题的定位和解决比较困难。其实，了解一些底层的基础知识非常有助于我们理解上层的问题。在这里，我们以从下到上的视角来理解 IP、UDP 和 TCP 的相关知识，这样，在面对网络超时等疑难杂症时，我们就有了相应的解决思路和方法。

9.1.1 网络模型

我们先学习 OSI（Open System Interconnection Reference Model，开放式系统互联通信参考模型），以及在该模型中定义的各层次的功能和数据结构。

1. OSI 模型

OSI 就是我们常说的 7 层网络协议，它把网络分成了 7 层，每层都有自己的功能，并逐层叠加，如表 9-1 所示。

表 9-1

数据单元	分层	介绍
数据（Data）	第 7 层：应用层	为上层应用，例如：HTTP、FTP、DNS 协议等
数据（Data）	第 6 层：表示层	进行数据压缩、编码、加密等
数据（Data）	第 5 层：会话层	定义会话协议，例如 SOCKS、PPTP 等
数据段（Segment）	第 4 层：传输层	提供传输控制相关的功能，是 TCP 所在的层
数据包（Packet）	第 3 层：网络层	提供地址分配及设备间的路由传输功能，是 IP 所在的层
数据帧（Frame）	第 2 层：数据链路层	提供点对点的直连 CRC 等功能，是 MAC 码所在的层
比特（Bit）	第 1 层：物理层	提供具体的电器连接定义功能，比如百兆以太网 100BASE-TX、无线网 WIFI802.11

在以上 7 层中，每一层都有自己要提供的功能并解决一个相应的问题。但是第 5、6、7 层

（分别是会话层、表示层和应用层）之间的概念比较模糊，并没有太多如 IP 这样的规范和协议。这是理想的网络模型，用于指导我们进行网络设计。我们实际应用的模型会略有不同，更偏向于为生产实践的便利性而设计，例如，我们在前面定义了 RPC 位于第 5 层到第 6 层，但是基于 HTTP 的 RPC 在更上层也是合理的，所以对于第 5、6、7 层在实践中没有严格的定义和边界；第 1、2、3、4 层（分别是物理层、数据链路层、网络层和传输层）都有很好的对本层功能的定义，并且现在各个协议和相关设备都基于这些定义来实现。在第 3 层和第 4 层定义了我们在网络中传输数据的大量协议如 IP 和 TCP。

2. 层间的数据包装

在 OSI 中，每一层都使用下一层的协议和服务，其在数据传输中的具体表现是每一层的数据包都包含自己的一个包头，这个包头包含本层定义的典型信息如 IP 地址、TCP 端口号，以及本层服务需要的信息如 IP 分片信息、TCP 的流量控制信息等。

从数据链路层到 TCP 层，每一层都在下一层的数据上增加了一个包头，进而形成了最终的数据。我们从每一层的视角来看分层结构，每一层只关注自己增加的包头和要传输的数据段，并不关注下一层的包头等信息，如图 9-1 所示。

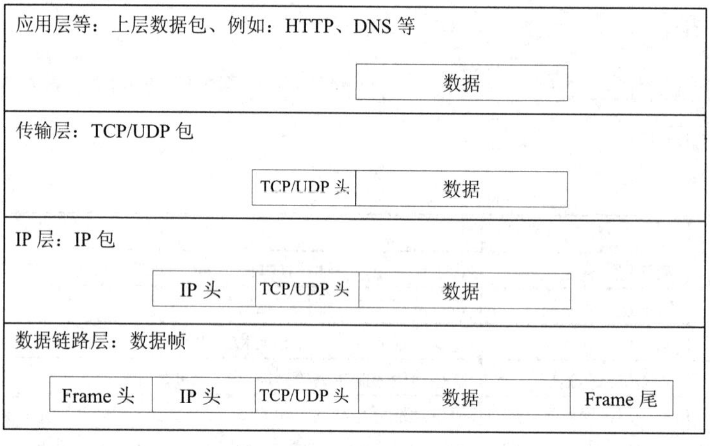

应用层等：上层数据包、例如：HTTP、DNS 等				
			数据	
传输层：TCP/UDP 包				
		TCP/UDP 头	数据	
IP 层：IP 包				
	IP 头	TCP/UDP 头	数据	
数据链路层：数据帧				
Frame 头	IP 头	TCP/UDP 头	数据	Frame 尾

图 9-1

一个 TCP/UDP 的数据包在数据上分别加了 TCP/UDP 自己的头（TCP/UDP Header）、IP 头（IPHeader）、数据链路层的 Frame 的头（FrameHeader）及 Frame 的尾（FrameFooter）。而一个

Frame 包的长度一般固定在 1500Byte 或稍小,我们称之为 MTU,关于更多的细节可参考 rfc2516（https://tools.ietf.org/html/rfc2516）中对以太网的 MRU/MTU 的定义。

因为 TCP 层的数据包是在 IP 层的数据包内增加了自己的 TCP 头,所以在 IP 层看来,任意一个 TCP 包都是一个普通的 IP 包,TCP 的功能的定义信息都在它的 TCP 包头中,TCP 通过其包头中的数据实现端口、滑动窗口的大小、传输的顺序控制、丢包重传等功能。

9.1.2 UDP、IP 及其未解决的问题

我们分析问题和理解事物可以有很多维度,比如极小状态、极大状态、从点到面、从面到点、从面到体等。在信息技术的世界里,事物的数据结构和定义往往是我们分析和理解问题的最佳入口,我们也认为数据结构和定义也是一种语言,它在讲述着信息的故事。UDP 和 IP 是我们经常使用的网络协议,而 UDP 经常被应用于一些应用场景中,所以我们先对 UDP 的数据结构进行分析,并通过表格进行整理和分析。

1. UDP 的头

如表 9-2 所示,UDP 的头一共有 64 位,由 4 个 16 位的参数组成,包括源端口、目标端口、数据长度和校验位。

表 9-2

bit	0-15	16-31
0	Source Port	Destination Port
32	Length	Checksum

UDP 的每个参数如表 9-3 所示。

表 9-3

长 度	名 称	说 明
2Byte（16bit）	Source port	来源端口,支持最大 2^{16} 即 65535 个端口号
2Byte（16bit）	Destination port	目标端口,这里支持最大 2^{16} 即 65535 个端口号
2Byte（16bit）	Length	是整个 UDP 头和 UDP 数据的长度
2Byte（16bit）	ECNChecksum	校验和（Checksum）,在 IPv4 中可选

UDP 非常简单，只是对 IP 扩展了目标端口和来源端口，能区分应该将数据给哪个程序，并增加了一个校验和的功能。

现在，使用 UDP 的典型协议是 DNS、DHCP 等老牌的互联网协议。而 DNS 协议的请求不需要建立长连接，因此，可以直接使用 UDP 这种简单有效的协议，通过它来传输也是较好的选择。不过，当 DNS 需要传输大量的数据，比如主 DNS 和备 DNS 的 Zone Transfer 同步数据时，还是会使用带有传输控制协议的 TCP 连接。

2. IP 的头

看完了 UDP，我们来看看 IP 的数据结构和定义，虽然 IP 相对于 UDP 会复杂一些，但是我们可以通过表格和分析来讲解其中的要点。

如表 9-4 所示为 IP 的头的详细格式。

表 9-4

bit	0,1,2,3	4,5,6,7	8,9,10,11,12,13	14,15	16,17,18,19,20,21,22,23	24,25,26,27,28,29,30,31
0	Version	IHL	DSCP	ECN	Total Length	
32	Identification				Flags	Fragment Offset
64	Time To Live		Protocol		Header Checksum	
96	Source IP Address					
128	Destination IP Address					
160+	Options(if IHL > 5)					
160	DATA(if IHL = 5)					

IP 的头的标准长度是 20Byte（160bit），如果有额外的字段，则会更长一些。IP 头的参数定义及说明如表 9-5 所示。

表 9-5

长度	名称	说明
4bit	Version	指 IP 的版本，目前值为 4
4bit	IHL（Internet Header Length）	指 IP 头的长度，最小的有效值是 5，字段的最大值是 2^4，即 16，其每加 1 代表增加 32bit，若值为 5，则是 5 × 32bit = 160bit，刚好指向数据头的大小
6bit	DSCP（Differentiated Services Code Point）	区分服务
2bit	ECN（Explicit Congestion Notification）	显式拥塞通告

续表

长度	名称	说明
16bit	Total Length	整个 IP 包的长度，包含头和数据
16bit	Identification	旧的定义，现在应该为废弃状态
8bit	Flags	状态位，目前只有 IP 是否分片的定义
8bit	Fragment Offset	分片偏移，为 IP 出现分片时使用的分片偏移
8bit	TTL（Time To Live）	防止 IP 包在路由间形成死循环，设置被路由器转发的最大次数，这里最大是 2^8，即 255
4bit	Protocol	上层使用的协议，例如 1 是 ICMP，6 是 TCP，17 是 UDP
16bit	Header Checksum	IP 头的头部校验和，这里是一个简单的摘要算法，验证 IP 头的头部是否正确
32bit	Source IP Address	IP 的源地址
32bit	Destination IP Address	IP 的目标地址，路由通过其转发 IP 包
n × 32bit	可选参数	当 IHL 为 5 时，这里是数据的开始

看完对 IP（IPv4）的头的定义，我们就对 IP 有基本的直观认识了。对 IPv6 的头的定义更偏向于使用可选字段及动态的头长度，因此其默认的字段更少一些，其目标和源 IP 地址变成了 64bit。

IPv4 的头包含 13 个字段，并可通过 IHL 指针在 20 个字节后再扩展字段，注意，这些字段是大端序（Big-Endian）的。

在 IPv4 协议里有很多字段，我们可以通过表格将其归类并分析，来找出我们感兴趣的字段，如表 9-6 所示。

表 9-6

IP 头中的字段	对字段进行归类
版本（Version）	自身定义
IP 头长度（IHL）	自身定义
区分服务（DSCP）	分片相关
显式拥塞通告（ECN）	路由相关，拥塞控制
总长度（Total Length）	路由相关，上层需要的信息
识别（Identification）	不使用
状态位（Flags）	分片相关
分片偏移（Fragment Offset）	分片相关
TTL（Time To Live）	路由相关
上层使用的协议（Protocol）	路由相关
IP 头的头部校验和（Header Checksum）	路由相关
IP 的源地址（Source IP Address）	路由相关，上层需要的信息
IP 的目的地址（Destination IP Address）	路由相关，上层需要的信息
可选参数	自身定义

其中，

- 自身定义用于描述协议自身的情况；
- 路由相关用于完成路由分发所需要的信息；
- 分片相关指 IP 需要分片时要使用的相关定义，不过一般在 MTU 不一致时才会遇到，可以忽略。
- 上层需要的信息，指对上层有价值的信息。
- 其他归类指不使用的字段、拥塞控制等。

这样我们通过表 9-6 就会发现，在 IP 头中定义的字段大多是对 IP 层服务的，例如解决路由、分片等。而对整个传输来讲，或者从传输层的角度去俯视，我们会发现在 IP 头定义中有价值的"业务字段"只有源地址（Source IP Address）、目的地址（Destination IP Address）和总长度（Total Length），这是 IP 的核心数据。

3. IP 未解决的问题

总之，IP 用于控制传输的字段非常简单，而且没有在 UDP 中的数据校验和保证基本传输的字段。因此，如果只依赖 IP，则在传输过程中往往会遇到下面这些问题和挑战。

- 损坏数据：在传输中数据被改变或部分丢失，IPv4 只校验自己的 IP 包头是否正确，而 IPv6 连默认的包头校验的字段都没有了。
- 丢失数据包：整个 IP 包没有到达，很可能是在传输中因为各种原因丢失了，比如因为网络拥塞被路由器丢掉。
- 重复到来：IP 包在路由传输的过程中很可能被重复发送。
- 数据包乱序：因为各个 IP 包独自经过路由，所以很可能出现 4 个 IP 包的发送顺序是 A、B、C、D，到达顺序却是 C、B、A、D。

4. 简单的 UDP 的特点

通过对 IP 的分析，我们就可以较好地理解 UDP 所做的事情了。UDP 比 IP 主要增加了如下两个功能。

- 增加了一个源端口号和目标端口号,通过它们可以解决将 IP 包传给哪个程序的问题。
- 增加了一个校验和,可发现这个包的数据在传输的过程中是否损坏,但还是不能解决上面所说的丢失数据包、重复到来、数据包乱序等问题。

我们也可以认为 UDP 是 IP 的简单扩展,可起到传输层的部分作用,但它定义的字段非常少,而源端口号、目标端口号及长度都是对上层有用的业务字段,只属于传输层本身的功能字段却只有一个校验和,并未解决丢失数据包、重复到来、数据包乱序等问题。

9.1.3　TCP 详解

通过 9.1.2 节的分析,我们认为在 IP 传输中有数据损坏、丢失数据包、重复到来、数据包乱序等问题,这些问题在 TCP 中可以很容易地得到解决,并且 TCP 支持更多的传输层功能。

TCP 有很多版本,1981 年在 rfc793 中定义了其基础的 V4 版。它在 Linux 和 Windows 下的实现版本不一样,在 Linux 不同的内核版本下版本也不一样。TCP 的新版本与旧版本的主要区别一般在拥塞控制方面。

1. 分析 TCP 头

我们依然先从数据定义的角度来分析 TCP,TCP 的头定义如表 9-7 所示。

表 9-7

Octet	0,1,2,3,4,5,6,7			8,9,10,11,12,13,14,15								16,17,18,19,20,21,22,23	24,25,26,27,28,29,30,31
0	Source port												Destination port	
32	Sequence number													
64	Acknowledgment number (if ACK set)													
96	Data offset	Reserved 0 0 0	N S	C W R	E C E	U R G	A C K	P S H	R S T	S Y N	F I N	Window Size	
128	Checksum												Urgent Pointer (if URG set)	
160 +	Options (if Data Offset > 5)													
160	DATA (if IHL = 5)													

下面将 TCP 头的字段定义整理成表 9-8，后续会详细介绍重要的字段，如果想了解 TCP 头的长度，则可以重点看看 Data Offset 的描述。

表 9-8

长　度	名　称	说　明
2Byte（16bit）	Source Port	来源端口，这里支持最大 2^{16} 即 65535 个端口号，同 UDP
2Byte（16bit）	Destination Port	目标端口，这里支持最大 2^{16} 即 65535 个端口号，同 UDP
4Byte（32bit）	Sequence Number	发送序列号码，这里支持最大 2^{32} 即 4G 大小的序列号
4Byte（32bit）	Acknowledgment Number	确认号码，这里支持最大 2^{32} 即 4G 大小的序列号，在这里是 Flags 中的 ACK 为 1 时有效
4bit	Data Offset	数据偏移量，这里指向数据的开始，也是 TCP 头的长度，其最小的有效值是 5，如果有可选的字段，其值会大于 5，小于 2^4，即最大为 15；其每加 1 代表头的长度增加 32bit。若值为 5，则是 5 × 32bit = 160bit，刚好指向数据头的范围
3bit	Reserved	保留字段，暂时保留，其值恒为 000
9bit	Flags	标志位
16bit	Window Size	活动窗口的大小
16bit	Checksum	校验和，为 TCP 头和后面数据的整体校验和
16bit	Urgent pointer	紧急指针，指向需要紧急处理的数据的位置
n × 32bit	可选参数	若 Data Offset 为 5，则这里是数据的开始

其中，TCP 包头中的 Flags 如表 9-9 所示。

表 9-9

7	8	9	10	11	12	13	14	15
NS	CWR	ECE	URG	ACK	PSH	RST	SYN	FIN

这里的 9 个标志及其意义如表 9-10 所示。

表 9-10

标　志	意　义
NS	拥塞控制相关（ECN-nonce）
CWR	拥塞控制相关（Congestion Window Reduced）
ECE	ECN-Echo 拥塞控制相关
URG	为 1 时表示紧急指针有效
ACK	为 1 时表示确认字段有效（Acknowledgment number）
PSH	为 1 时表示把接收缓存的数据推送到接收应用程序，这里可以参照具体的网络应用的实现
PST	为 1 时表示需要重连当前链接
SYN	为 1 时表示这是创建链接的请求，只有在链接请求或接收链接请求时会被设置为 1
FIN	为 1 时表示链接的最后一个数据包，应用可以释放链接

注意，在 rfc793 中是没有 NS、CWR、ECE 这三个状态位的，它们在 rfc3540 中被添加。

我们对上面整理的 TCP 的包头进行分析，可以看到 TCP 的包头比 UDP 多了序列号码（Sequence Number）、确认号码（Acknowledgment Number）、Flags、窗口大小、紧急指针这 5 个字段。

而使用这 5 个字段后，TCP 就可以在保障高性能的同时，完成传输层的所有传输控制功能了，比如建立连接、慢启动、拥塞控制及上面说的那 4 个 IP 层解决不了的传输问题。一些传输功能也会用到少量的额外扩展字段来补充信息等。

其实我们从表面上也能看到，TCP 的核心还是接收序号和确认序号，通过它们可以在中途有数据丢失的情况下，通过返回 ACK 的序号进行重发。

另外，在 TCP 的头定义中除了紧急指针（Urgent pointer），其他字段都是传输控制相关的，而紧急指针是数据流控制相关的。当应用程序以数据流（Stream）的方式处理从网络上接收的数据时，紧急指针可以跳过其他部分直接指向所需要处理的数据，例如需要直接跳过其他部分来处理错误信息的情况。

我们还会发现，在 TCP 头中不像在 UDP 头中有个 16bit 的定义包长度的字段 Length，在这里，TCP 可以通过

```
IP 的协议里的总长度 - IP 头的长度（IHL）- TCP 头的长度（Data Offset）
```

来得到数据的开始位置。

而在 UDP 中有这个长度字段的原因可能是 UDP 是早期协议，其早期定义的长度字段一直被保留，其实它不是必需的。

2. TCP 的传输流程

通过上面的分析，我们对 TCP 有了一个整体的认识，现在我们来看看 TCP 的传输流程。TCP 的整体传输部分还是比较复杂的，这里我们使用容易理解的例子来概括一下，先从比较简单的概念开始。

我们可以将 TCP 中的角色分为发送端和接收端，发送端和接收端需要先通过握手确认建立双方的连接，在建立连接后，双方则可通过 SEQ 序号和 ACK 序号来交流数据的发送和接收的

情况。

我们可以将发送数据和接收数据的过程简单理解为如图 9-2 所示，发送端发送了一条 SEQ=1 的数据，然后等待接收端返回，它期望返回 SEQ+1 的 ACK，即 ACK=2；当收到 ACK=2 时，发送端再发送 SEQ=2，之后再等待接收端返回，它期望返回 SEQ+1 的 ACK，即 ACK=3；当收到 ACK=3 时，发送端再发送 SEQ=3 的数据。

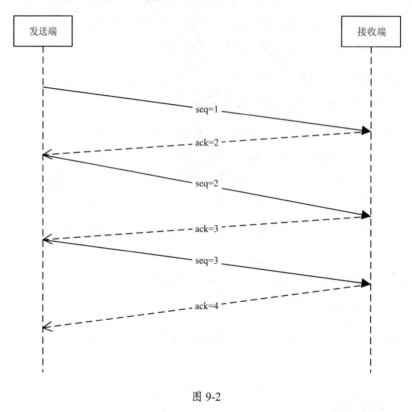

图 9-2

如果发送端没有收到接收端的确认消息，则会触发超时重发，重发上条消息。如图 9-3 所示，当发送端期望返回 ACK3 但未收到时，在超时后又重发了 SEQ=2 的消息。

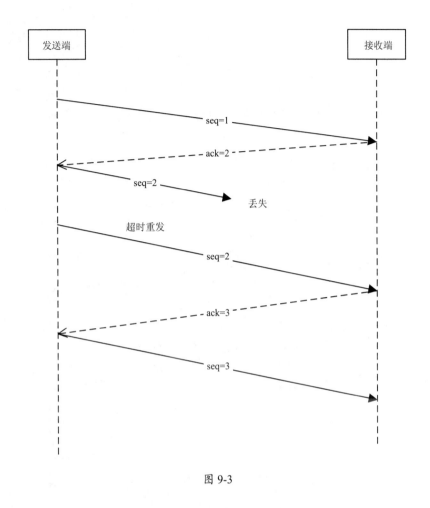

图 9-3

3. 滑动窗口下的 TCP 传输流程

上面的这种接收确认消息及超时重发的模式,是有性能延迟的。对滑动窗的引入则良好地解决了 TCP 的性能问题,TCP 这时可以同时发送窗口内的多个数据,并动态地等待这一批数据的确认反馈。

在滑动窗口下,如图 9-4 所示,TCP 可以一次发送 SEQ=2、SEQ=3、SEQ=4 的消息,当发送端收到 ACK=5 时,再发送 SEQ=5、SEQ=6、SEQ=7 的消息。

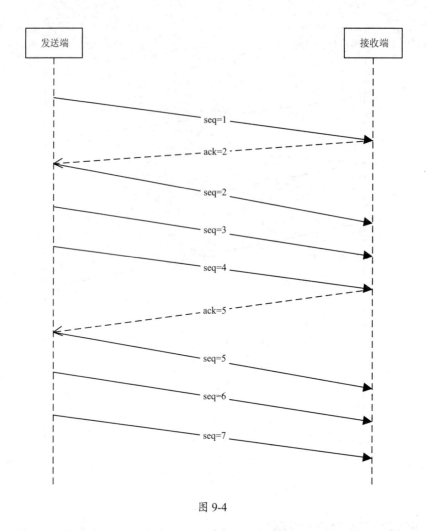

图 9-4

在批量发送的数据中有丢失时会要求重传,如图 9-5 所示,发送端在发送完 SEQ=5、SEQ=6、SEQ=7 的消息后,应该收到连续的 SEQ+1 的 ACK,即 ACK=8;但发送端只收到了 ACK=6,即接收端按顺序只收到了 SEQ=5 的数据,后续需要先补发一条 SEQ=6 的数据;接收端在收到 SEQ=6 的数据后会返回 ACK=8。

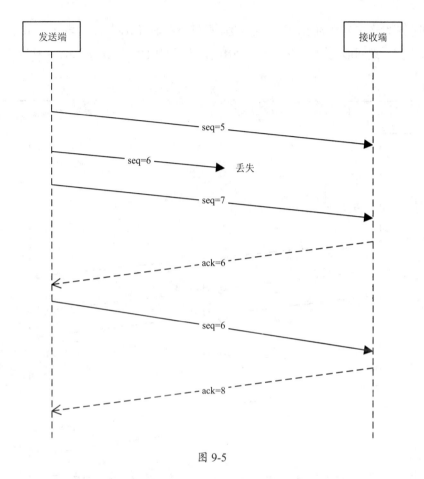

图 9-5

这里需要注意,我们可以认为 ACK 在滑动窗口下的返回规则是:只返回收到的连续的 SEQ 的最大值对应的 ACK,比如对于批量数据,发送端发送了 SEQ:1,2,3,4,5,6,7,8,9,10,而接收端只收到了 1,2,3,4,5,7,8,9,10,缺少 6,所以接收端只能返回 SEQ 为 5 的 ACK,即 ACK=5+1=6,这时发送端仅需要补发 SEQ=6 的这条数据,之后接收端可以发送 ACK=11 的响应。

滑动窗口也可用于带宽的慢启动,就是以一个较快的速度,渐进地使传输带宽达到一个适当的较大的值,在传输时窗口的值会按照策略适当增大。

但当出现问题如网络拥塞、服务器缓存已满、服务器的处理能力已达上限(表现为缓存满)等时也会缩小滑动窗口。

如图 9-6 所示是缩小滑动窗口的一个示例,发送端批量发过来的包没被接收端处理完,会让发送端重新发送未处理的包,同时告诉发送端缩小滑动窗口,这里的表现是 SEQ=14、WIN=3 这个包被丢弃,返回的包为 ACK=14、WIN=2,表示只收到了 SEQ=13,并且滑动窗口应被重置为 2。

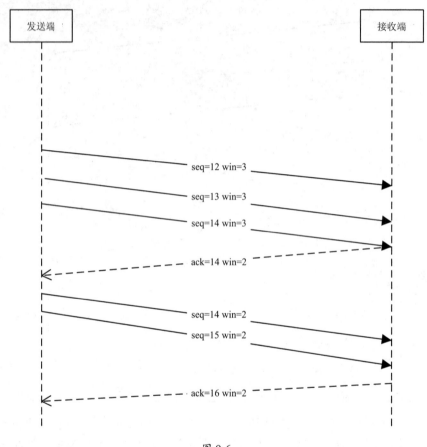

图 9-6

4. 通过 TCP 解决传输问题

上面分析了 TCP 的数据,并简单介绍了 TCP 的流程和滑动窗口下的流程,现在我们可以理解 TCP 是如何解决数据损坏、丢失数据包、重复到来、数据包乱序等问题的了。

- 数据损坏:通过 Checksum 可发现,接收端发现校验和不一致后通过返回 ACK 序号告知发送端重发数据。

- 丢失数据包：接收端在发现缺少序号后，会通过 ACK 序号来告知发送端没有收到哪个包，然后发送端重发这个数据。

- 重复到来：因为有发送序号，所以接收端可以直接判断当前的数据是重复数据并丢弃。

- 数据包乱序：在使用窗口/滑动窗口时出现，接收方会根据发送端的 SEQ 序号正确地缓存数据，所以乱序不会影响传输。而 TCP 让上层协议看见的都是有序的数据。

9.1.4 是否可以用 UDP 代替 TCP

1. 可通过在 UDP 上定制协议来模拟 TCP

其实我们在一些传输过程中并不需要 TCP 的这些复杂的传输控制功能，也不需要建立链接与断开链接这些特性，但又想简单地控制传输，比如丢包重传等，这时可以自己实现一个简单的流协议。如图 9-7 所示为笔者设计的基于 UDP 的上层协议。

1Byte Version	1Byte Flags	4Byte SEQ	4Byte TIMESTAMP

图 9-7

这里可以通过两个 int（4Byte 或 32bit）的参数即连续的 SEQ 和 TIMESTAMP 来完成近似 TCP 的功能。

- 连续的 SEQ：可以让接收端知道哪些包没有被收到，需要的话可以要求发送端重传相应的 SEQ 对应的数据。

- TIMESTAMP：可以让接收端知道延迟。

这样我们就设计了一个简单的基于 UDP 的协议，上面的定义也可以达到部分 TCP 的功能，也适用于高效地发送大量的小型数据体的场景，比如著名的飞鸽传书的消息就是使用 UDP 设计和实现的。

但是要传输大量的连续数据，则需要拥塞控制这些功能，这时直接使用 TCP 更好，比如著名的飞鸽传书的文件就是使用 TCP 设计和实现的。

2. UDP 和 TCP 的性能测试对比

在论文 Scaling Memcache at Facebook 中测试了 Memcache 使用 UDP 连接和 TCP 连接的性能，如图 9-8 所示（注意，这里 Y 轴的 1M 指 100 万/s 的 QPS）。

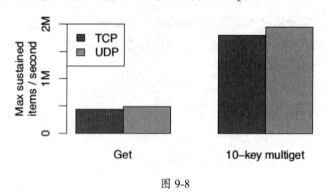

图 9-8

但是在测试结果中没有体现二者的明显差异，其原因可能是：

- 测试的网络环境比较好；
- TCP 处于长连接状态；
- TCP 连接的滑动窗口在完成慢启动之后，其实也是大批量发送数据的；
- 还有一定程度上的缓存和参数的优化。

所以，TCP 连接和 UDP 连接的区别就变为 TCP 连接需要使用 ACK 返回及二者包头长度的不同了。对于在 TCP 连接中接收的 ACK 请求，在双工网卡及滑动窗口的优化下可能仅仅是少量的延迟；对于接近 1500KB 的一个 TCP/UDP 包来说，包头长度的影响应该非常小。

3. 小结

根据上面的分析和讨论，我们认为 UDP 连接和 TCP 连接在优化了的网络环境下性能差异很小，但在网络环境较差的环境下，例如允许部分丢包、需要程序控制包 SEQ 和重发的场景下，UDP 还是有用武之地的，但是这些场景可能更多地出现在用户的应用中，例如桌面或移动端 App，典型的就是飞鸽传书；另外，在一些对可用性要求不高的场景下需要 UDP，例如，开源的 APM 框架 Pinpoint 就是使用 UDP 将日志从应用服务器上传输到日志处理系统中。

9.1.5 网络通信的不可靠性讨论

到这里,我们已经分析了具有源地址和目标地址的 IP,以及具有源端口和目标端口的 TCP、UDP,也分析了解决丢包、重复发包、发送过程中数据出错等问题的 TCP。我们发现在网络通信上要面对的问题是多种多样的,在没有传输层的 IP 层上,网络通信传输并不稳定和可靠,也难以保证正确性,直到其上层协议 TCP 层,才通过各种策略保证了网络传输的可靠性。

不过即使在网络如此发达的今天,在后端服务中也经常出现在生产环境中发生的网络闪断、网络丢包、网络阻塞、网络超时、Socket 不能读取数据及 Socket 被关闭等情况,我们面对的是复杂的网络环境,需要我们持续地优化传输过程。

如图 9-9 所示是一个经典的通信问题的例子,图中有三个军队,分别为 A 方、B 方和 C 方。

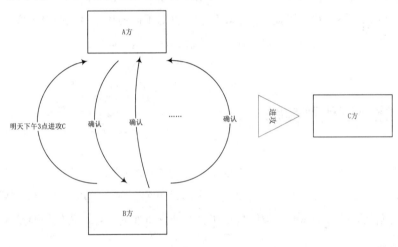

图 9-9

三方各占一个山头,相持不下,A 方和 B 方的战斗力都稍弱,C 方的战斗力稍强,如果 A 方和 B 方单独与 C 方作战,则非常容易输掉这场战争,这和三国的形势相似。所以,A 方和 B 方有意联合共同对敌,攻打 C 方,于是,它们约定第 2 天下午 3 点进攻。这时问题来了,三方只能通过电报进行通信,A 方发一个电报给 B 方,告诉 B 方它们确定明天下午 3 点进攻,请 B 方在同一时刻配合自己进攻,B 方接到电报后,回电报确认没有问题。

这个作战策略是否万无一失了呢?并不是,假如 A 方没有收到 B 方发送的确认报告,A 方就不知道 B 方是否收到了第 1 个请求 B 方配合进攻的电报,所以,A 方不敢贸然进攻;同样,

B方发送确认后，没有得到A方的再次确认，B方也不敢贸然进攻，因此，我们假设这里的电报就是网络协议的发送数据和确认的消息，会发现一个"悖论"，这就是网络传输协议是不能保证一定传输成功的，是不稳定的、不可靠的。

上面这个例子告诉我们，通信有时并不是完全可靠、稳定的，网络也可能会出现各种各样的问题，作为开发者和架构师的我们不应该惧怕这些问题，而是要像TCP的设计者一样，在数据传输逻辑上尽可能避免和补救这些问题。也就是说，作为应用层的开发者，在面对网络超时、网络闪断这些问题时，应该在上层设计相关的方案里发现问题、补救问题和避免问题。我们通常需要在应用层进行失效转移、降级、备份方案、重试等操作，不应该让极端的网络传输问题影响我们的业务逻辑。

实际上，在笔者所在的公司里，经常会出现网络超时等网络问题，在没有应对方案时会有很多问题，例如：不一致、资金损失等，我们应针对不同的场景设计应对方案，对相应的结果进行补偿，或者设计一定的方案进行避免，来轻松解决这些问题。

9.2 网络测试优秀实践

在探索网络框架之前，我们除了需要掌握网络的基础知识，还需要掌握一些测试方法，因为如果要让系统达到更好的性能，就要对网络原理和网络测试方法了如指掌，否则在遇到网络问题时就会无从下手。测试时，编写性能工具是非常重要的一环，我们需要掌握一些测试方法和测试工具。

9.2.1 网络测试的关键点

对于网络相关的并发测试，我们往往关注并发数（QPS）及平均响应时间等测试结果，并结合请求的大小、CPU的占用等综合考虑。在测试时还要尽量说明测试的环境情况，并对测试的结果进行分析，我们会在本节附带一个测试的例子。

1. 并发数

这里的并发数并不等于链接数，在实际测试中也可以在很少的链接如 20～40 个链接下产生 10 万/s 左右的 QPS，但是链接数的增加往往意味着我们需要改变处理数据的模型。在接收数据时接收端会先将收到的数据放在自己的网络 I/O 的缓冲区里，这时对缓冲区的处理方式有我们常说的 BIO（阻塞 I/O）、NIO（多路复用 I/O）和 AIO（异步 I/O）等。我们再根据连接的数量及处理数据的需求，选择一个合适的模型，对 BIO、NIO、AIO 的比较可参考 9.3.1 节。

真正决定并发数上限的往往是接收端对数据的处理能力，或者在一些情况下是网络带宽的上限，这里需要结合具体的情况进行分析，并找出系统短板和性能瓶颈。

2. 响应时间

其实在指标上除了平均响应时间，我们真正想知道的是整体的响应时间分布图，但是很难获得。我们可以通过中值、平均值和 90%Line（也称为 TP90，表示有 90%的数据分布在这个范围内）来感知具体的分布情况。

如果响应时间是正态分布的（可简单理解为中间高、两边低），则中值、平均值和 90%Line 就有很大的参考意义，因为其图形固定，所以我们能大概知道响应数据主要分布在平均值和中值之间，响应时间的数据分布会从最高点逐渐减少，并下滑到 90%Line。

如图 9-10 和图 9-11 所示是笔者通过自己编写的网络测试工具得到的响应时间分布图。

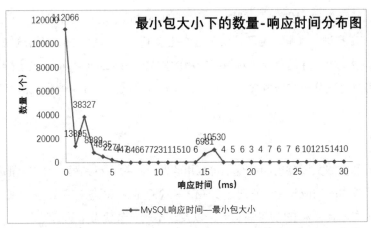

图 9-10

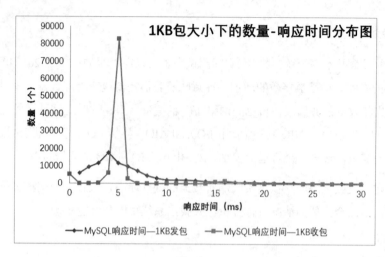

图 9-11

从图 9-11 可以看到，其实响应时间的数据具有长尾现象，在 40ms 后还有一些数据，但在很多应用场景下可以不关注这些。其中的两条曲线符合正态分布的直观属性（可简单理解为中间高、两边低），所以对该图中的两条曲线也可以通过中值、平均值和 90%Line 感知其大概的样子。图 9-10 只是一个特例，我们注意到这种数据就好。

9.2.2 那些必不可少的网络测试工具

我们在测试网络时，还需要了解网络环境的基本情况，这时通常可以通过 ping、traceroute、mtr 和 qperf 等工具进行了解。这里重点介绍这几个工具，并举例说明使用这些命令排查问题和分析问题的典型案例；并简单介绍对网络应用的检测工具 telnet 和 nc，关于排查网络问题需要的更多命令可参考《分布式服务架构：原理、设计与实战》第 6 章的相关内容。

1. ping

ping 是检测网络故障常用的命令，可以用来测试一台主机到另一台主机的网络是否联通，或者用于测试基本的响应延迟。它通过 ICMP 来检查本地 IP 与对方 IP 的连通状态。我们通过它可以知道从本地到目标 IP 的平均延迟，以及在不同负载状态下的延迟。

命令示例:

```
ping www.cloudate.net
```

此命令的常用参数如下。

- -c num：指定需要接收的次数，例如 ping -c 5 www.cloudate.net。

- -s packetsize：指定发送的包内数据的大小，单位是 B，默认为 56B，例如 ping -s200 www.cloudate.net。

- -4-6：切换 IPv4 和 IPv6，在 Linux 比较高的内核版本中提供，例如 ping -4 www.cloudate.net。

响应示例：

```
PING www.cloudate.net (204.79.197.200): 56 data bytes
64 bytes from 204.79.197.200: seq=0 ttl=119 time=376.778 ms
64 bytes from 204.79.197.200: seq=1 ttl=119 time=260.138 ms
64 bytes from 204.79.197.200: seq=2 ttl=119 time=360.146 ms
64 bytes from 204.79.197.200: seq=3 ttl=119 time=460.154 ms
64 bytes from 204.79.197.200: seq=4 ttl=119 time=340.136 ms

--- www.bing.com ping statistics ---
5 packets transmitted, 5 packets received, 0% packet loss
round-trip min/avg/max = 260.138/359.470/460.154 ms
```

常用的参数如下。

- -c num：指定需要接收的次数，例如 ping -c 5 www.test.com。

- -s packetsize：指定发送包内的数据大小，单位是 B，默认为 56B，例如 ping -s200 www.test.com。

- -4-6：切换 IPv4 和 IPv6，在 Linux 比较高的内核版本中提供，例如 ping -4www.test.com。

2. traceroute

traceroute 用于追踪路由的情况。它可以提供从用户的主机到互联网另一端的主机的路径，虽然数据包由同一出发点到达同一目的地的路径每次可能都不一样，但通常来说，在大多数情况下路径是相同的。

命令示例：

```
traceroute www.sina.com
```

此命令的常用参数如下。

- -r：忽视路由表，直接发送请求，例如 traceroute –r www.sina.com。

- -4 -6：切换 IPv4 和 IPv6，在新版本的 Linux 上提供，例如 traceroute -4 www.sina.com。

响应示例：

```
traceroute to sina.com (66.102.251.33), 30 hops max, 60 byte packets
 1  192.168.1.1 (192.168.1.1)  4.373 ms  4.351 ms  4.337 ms
 2  172.30.44.1 (172.30.44.1)  9.573 ms  10.107 ms  10.422 ms
 3  10.1.1.2 (10.1.1.2)  4.696 ms  4.473 ms  4.637 ms
 4  111.63.14.97 (111.63.14.97)  6.118 ms  6.929 ms  6.904 ms
 5  * * *
 6  * * *
 7  * * *
 8  * * *
 9  * * *
10  * * 221.176.23.54 (221.176.23.54)  22.312 ms
11  * * *
12  202.97.53.86 (202.97.53.86)  17.421 ms 202.97.53.34 (202.97.53.34)  29.006 ms 202.97.53.114 (202.97.53.114)  15.464 ms
13  202.97.58.114 (202.97.58.114)  17.840 ms 202.97.58.122 (202.97.58.122)  16.655 ms  20.011 ms
14  202.97.51.86 (202.97.51.86)  207.216 ms  207.157 ms  211.004 ms
15  203.14.186.34 (203.14.186.34)  199.606 ms  196.477 ms  195.614 ms
16  218.30.41.234 (218.30.41.234)  215.134 ms  214.705 ms  220.728 ms
17  66.102.251.33 (66.102.251.33)  209.436 ms  210.263 ms  208.335 ms
```

在上面的输出中记录按序列号从 1 开始，每个记录代表网络一跳，每跳一次表示经过一个网关或者路由；我们看到每行有三个时间，单位是毫秒，指这一跳需要的时间。

3. mtr

mtr 用于测试两点间的网络状态，类似于 traceroute 的一个工具，不过用起来更方便一些。mtr 也是 Linux 系统中的网络连通性测试工具，可以用来检测丢包率，在某些系统中需要额外安装才能使用。

命令示例：

```
mtr www.sina.com
```

常用的参数如下。

- -r：使用其报表模式，例如 mtr -r www.sina.com。

响应示例：

```
HOST: localhost           Loss%   Snt  Last  Avg   Best  Wrst   StDev
1. 192.168.204.2          0.0%    10   0.4   0.4   0.2   0.9    0.2
2. 192.168.43.1           0.0%    10   4.7   5.8   2.5   16.0   3.9
3. ???                    100.0   10   0.0   0.0   0.0   0.0    0.0
4. 192.168.255.54         0.0%    10   26.1  33.2  21.7  105.0  25.3
5. 114.247.9.9            0.0%    10   21.5  35.7  21.0  102.5  24.8
```

在上面的示例中，Loss 列为丢包率，可以用来判断在网络中两台机器的连通质量。

4. qperf

qperf 用于测试两节点间的带宽及传输压力下的时间延迟，是很好用的网络测试工具，但是在某些系统下需要单独安装。

命令示例如下。

A 节点启动服务，A 的 IP 为 192.168.1.2：

```
qperf
```

B 节点连接到 A 节点，测试 TCP 的延迟：

```
qperf 192.168.1.2 tcp_lat
```

常用的参数如下。

- tcp_lat：测试 TCP 的延迟，例如 qperf 192.168.1.2 tcp_lat。
- tcp_bw：测试 TCP 的最大带宽，例如 qperf 192.168.1.2 tcp_bw。
- ud_lat：测试 UDP 的延迟，例如 qperf 192.168.1.2 ud_lat。
- ud_bw：测试 UDP 的最大带宽，例如 qperf 192.168.1.2 ud_bw。
- -oo：循环测试，后面跟着循环选项，例如 qperf 192.168.1.2 -oo msg_size:1:64K:*2 tcp_lat 表示从 1B 开始到 64KB 每次增加两倍。
- -vu：显示更多的信息，例如 qperf 192.168.1.2 -oo msg_size:1:64K:*2 -v u tcp_lat。
- -lp：指定监听端口，例如 qperf -lp 12345 表示接收端启动并监听 12345 端口；qperf 10.213.160.10 -lp 12345 表示发送端运行并使用接收端的 12345 端口。

响应示例：

```
tcp_lat:
```

```
        latency    =     41.9 ms
        msg_size   =       32 bytes
tcp_lat:
        latency    =     43.7 ms
        msg_size   =       64 bytes
tcp_lat:
        latency    =     45.9 ms
        msg_size   =      128 bytes
tcp_lat:
        latency    =     43.5 ms
        msg_size   =      256 bytes
tcp_lat:
        latency    =     43.5 ms
        msg_size   =      512 bytes
```

这里举一个利用 qperf 进行测试和分析的例子。通过 qperf 测试获得的原始数据如表 9-11 所示，qperf 的参数为-oo msg_size:1:2048K:*2 -vu tcp_lat，每行选取前一行字节数的 2 倍作为抽样。

表 9-11

Byte	ms
1	26.3
2	26.3
4	26.3
8	26.3
16	26.3
32	26.3
64	26.3
128	26.3
256	26.3
512	26.3
1,024	26.3
2,048	27
4,096	27
8,192	27
16,384	30.3
32,768	46.5
65,536	90.9
131,072	100
262,144	167
524,288	222
1,048,576	316
2,097,152	500

我们认为 MTU 是 1500KB，实际的 TCP 包内的数据大致有 1500KB-20KB-20KB=1460KB，我们在这里认为 IP 包头不带扩展字段，为 20Byte，TCP 包头不带扩展字段，也为 20Byte。

把上面的数据转换为字节数（KB）和 MTU 的对应，忽略 MTU 小于 1 的部分数据，即合并 Byte 小于 1460KB 的数据为一个 MTU，获得如表 9-12 所示的数据，这里字节数（KB）列为 N Byte/1024；MTU 列为 N Byte/1460，MTU 的个数是根据第 1 列的字节数计算出来的，响应时间是通过表 9-12 中的数据查询得到的。

表 9-12

字节数（KB）	MTU 的个数	响应时间（ms）
1	1	26.3
2	2	27
4	3	27
8	6	27
16	12	30.3
32	23	46.5
64	46	90.9
128	92	100
256	183	167
512	365	222
1,024	729	316
2,048	1457	500

然后我们以字节数（KB）为 X 轴，以响应时间（ms）为 Y 轴得到图 9-12，以 MTU 的个数为 X 轴，以响应时间（ms）为 Y 轴得到图 9-13。

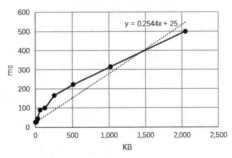

图 9-12

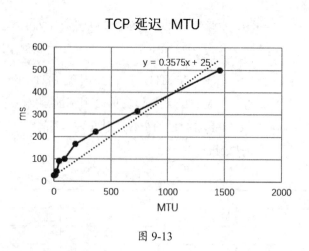

图 9-13

在使用线性的拟合后，根据图 9-12 和图 9-13，我们可以理解为，在 TCP 传输中基础延迟是 25ms，当包的大小增加时，每增加 1KB，则大约增加 0.25ms 的延迟；或者每增加一个 IP 包，则大约增加 0.36ms 的延迟。

除了上面的网络环境的测试工具，下面也介绍两个常用的应用测试工具。

5. telnet

telnet 基于 TCP，可以和任意 TCP 服务的应用完成交互并实现检测，例如 HTTP 等。

命令示例：

```
telnet localhost 6379
```

响应示例：

```
Trying :: 1...
Connected to localhost.
Escape character is '^]'.
get hello
$3
world
```

从上面的输出可以看到，使用 telnet 协议可以直接连接 Redis 端口，并发送 Redis 命令。这里可以看出，telnet 协议是一个非常重要的查找网络应用的工具，能够模拟各种文本网络协议来定位问题。

6. nc

nc 是 NetCat 的简称，在网络调试工具中享有"瑞士军刀"的美誉，此命令功能丰富、短小精悍、简单实用，被设计为一个易用的网络工具，可通过 TCP/UDP 传输数据。它可以传输二进制，也可以传输文本内容。

传输文件端：

```
nc localhost 8888 < test.txt
```

接收文件端：

```
nc -l 8888
12345678
```

同时，它也是一个网络应用调试分析器，因为它可以根据需要创建各种类型的网络服务和连接。在调试 RESTful 服务时经常会出现不可预期的情况，在这种情况下可以使用 nc 模拟启动服务器，把 HTTP 客户端连接到 nc 上，在 nc 上会打印出 RESTful 服务提供的所有参数，然后一一检查参数，找到问题。

这里再举个例子说明，通过 nc 命令启动一个网络服务器：

```
while true; do nc -l 8888; done
```

然后，通过 curl 命令发送 HTTP 的请求到这个服务器上：

```
curl "http://localhost:8888?abc=def"
```

这时，我们在开启 nc 服务器的机器上，看到如下输出：

```
GET /?abc=def HTTP/1.1
User-Agent: curl/7.35.0
Host: localhost:8888
Accept: */*
```

这时，我们就能看到接收的 HTTP 的数据格式，并可以从中定位问题。

9.2.3 典型的测试报告

性能和压力测试对于网络应用开发很重要，这里分享一个早期的压测报告以供参考，大家在测试的同时最好根据 CPU 等其他系统指标进行修改，并针对测试的结果进行分析。

1. 测试环境

机器：Intel Xeon E312xx2.00GHz（四核虚拟机），8GB 内存，CentOS 6.5。

网络：同网段，ping 延迟 0.5ms。

容器的版本：

Netty 4.0.32.Final，Jetty-distribution-9.3.5 v20151012，Resin pro 4.0.46，Tomcat 8.0.28。

对容器等的配置如下。

- Jetty Resin Tomcat 的最大线程数被设置为 2000，其他默认。
- Netty 的接收线程为 1，处理线程为 8。
- Resin 打开访问记录功能，其他均关闭该功能。
- Resin 在 Linux 下使用 make 编译模块。
- Linux 修改最大的打开文件数为 65535。

2. 测试方法

调用 Apache 的 HttpClient 模拟客户端，通过 GET 方法调用简单页面，给 HTTP 容器造成压力，在 HttpClient 端计算容器的性能参数，例如平均响应时间（ms）、吞吐量（QPS）。具体的测试方法为：每次测试 4 万条数据，线程数从 100 开始，完成后增加 10 个线程，10ms 后再进行下次测试。

关于应用的性能压测方法和优秀实践可参考《分布式服务架构：原理、设计与实战》第 3 章的内容。

3. 测试结果

在图 9-14 中 X 轴是压测的线程数，Y 轴为平均响应时间，不同的曲线代表不同的容器。这张图对比了不同的容器在不同的压测线程数下的响应时间。我们看到 Jetty 和 Netty 表现得比较稳定，响应时间一直保持在 32ms 以内；Resin 则在 300 和 400 并发附近冲高到 256ms 的响应时间，属于具有长尾效应的容器。

第 9 章 高性能网络中间件

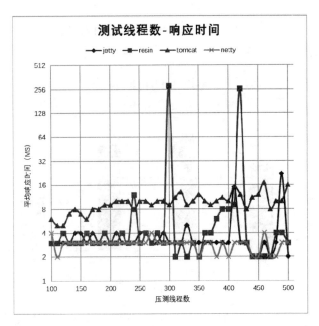

图 9-14

在图 9-15 中，X 轴是压测的线程数，Y 轴为并发数，不同的曲线代表不同的容器。这张图对比了不同的容器在不同的压测线程数下的 QPS。我们看到 Jetty、Netty 和 Tomcat 的表现比较稳定，QPS 一直保持在 15000 到 25000 之间，Resin 则在 300 和 400 并发附近 QPS 降到很低，容器的性能并不稳定，随着压测线程数的变化表现不一致。

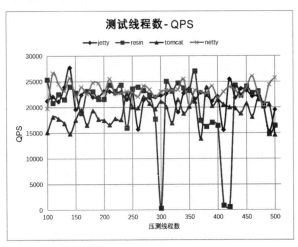

图 9-15

图 9-16 展现了不同的容器的平均 CPU 占用量，可用来评估在做同样的事时，哪个容器耗费的 CPU 最少，其性价比最高。

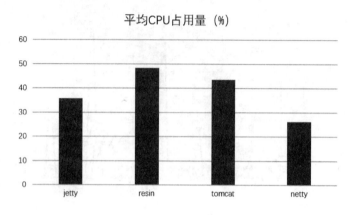

图 9-16

图 9-17 展现了 CPU 和内存的瞬时占用情况，右边还有平均等待队列的数据，可用来分析系统当前的负载情况。通过对比，我们看到 Resin 机器上的平均负载最高，为 0.84，其他容器分别为 0.25、0.17 和 0.02。

图 9-17

图 9-18 展现了 CPU 的使用统计,这里 Resin 的数据因缺乏参考未列出。我们通过对比发现,Netty 的 CPU 占用率最小,这也是为什么我们把 Netty 称为轻量级的网络框架,它简单实用,性能表现很好。

```
Jetty 的 CPU 占用

12:01:56 PM   CPU    %usr   %nice    %sys %iowait    %irq   %soft  %steal  %guest   %idle
12:01:57 PM   all   12.44    0.00   10.91    0.00    0.00    2.28    2.03    0.00   72.34
12:01:58 PM   all    8.33    0.00    7.32    0.00    0.00    1.77    1.52    0.00   81.06
12:01:59 PM   all   13.16    0.00   11.90    0.00    0.00    4.05    1.01    0.00   69.87
12:02:00 PM   all    5.79    0.00    5.04    0.00    0.00    1.26    1.01    0.00   86.90
12:02:01 PM   all   16.08    0.00   14.82    0.00    0.00    4.52    1.51    0.00   63.07
12:02:02 PM   all    6.05    0.00    5.79    0.00    0.00    1.26    0.50    0.00   86.40
12:02:03 PM   all   17.65    0.00   15.86    0.00    0.00    3.58    1.79    0.00   61.13

Tomcat 的 CPU 占用

01:22:12 PM   all   16.67    0.00   23.70    0.00    0.00    2.34    1.56    0.00   55.73
01:22:13 PM   all    7.59    0.00    9.11    0.00    0.00    1.27    0.76    0.00   81.27
01:22:14 PM   all   14.95    0.00   16.75    0.00    0.26    2.06    1.29    0.00   64.69
01:22:15 PM   all   16.28    0.00   18.07    0.00    0.00    2.54    2.54    0.00   60.56
01:22:16 PM   all    7.91    0.00    9.95    0.00    0.00    1.28    0.26    0.00   80.61
01:22:17 PM   all   21.48    0.00   28.90    0.00    0.26    4.09    1.53    0.00   43.73

Netty 的 CPU 占用

11:55:29 AM   all    9.41    0.00    9.41    0.00    0.00    3.56    0.25    0.00   77.35
11:55:30 AM   all    5.05    0.00    6.06    0.00    0.00    3.03    0.00    0.00   85.86
11:55:31 AM   all    8.61    0.00    8.35    0.00    0.00    3.54    0.25    0.00   79.24
11:55:32 AM   all    8.84    0.00    8.59    0.76    0.00    3.03    0.76    0.00   78.03
11:55:33 AM   all    7.61    0.00    8.38    0.00    0.00    3.55    0.51    0.00   79.95
```

图 9-18

4. 测试分析

在实际的测试中,我们遇到如下问题。

(1) 打开文件数的问题如下。

- 当系统的最大打开文件数为 1024 时,Netty 在一段时间后会报错停止。
- 当系统的最大打开文件数为 1024 时,Jetty 在一段时间后会报错,并发数骤降,但在稍后并发数会增加。
- 当系统的最大打开文件数为 1024 时,对 Tomcat 只减少少量的并发量。
- 当系统的最大打开文件数为 1024 时,Resin 会报错卡顿。

（2）网络环境的问题如下。

这里是在网络延迟较低的环境下进行的测试，而在 Ping 延迟 10ms～30ms 的情况下访问时 QPS 降为 3000/s。因为我们的目标是测试容器性能的对比情况，所以这里没有列出详细的测试数据。

（3）容器的问题为：Resin 在连续的压力下会出现性能卡顿，检查 Resin 的日志时未发现异常。

总结如下。

- 在 4 个 Web 容器中，Tomcat 的并发数最少，CPU 占用时间最多，但相对稳定。
- Jetty、Netty 和 Tomcat 的性能相差不大，其中 Jetty 和 Netty 的 CPU 占用较少。
- Netty 因为不属于 Web 容器，是轻量级的网络框架，所以 CPU 占用最少，性能很好。
- 相对于 Jetty、Netty 和 Tomcat，Resin 是一个更重量级的容器，对资源的耗费较高，性能方面的表现较差。

5. 遗留问题

只做了极限测试，未实现模拟应用场景的测试，比如调用数据库、Redis 等后端负载较高的情况。

9.3 高性能网络框架的设计与实现

虽然已经有了 Netty 这样的功能强大的网络框架，但是为了更好地控制细节，并保证一定的抽象性和封装性，我们基于 Java 做了一款还在完善中的网络框架 waterwave（https://github.com/psfu/waterwave），它的架构比较简洁，可以用来控制封装并按需抽象，不但封装了 NIO，还封装了 BIO 和 AIO 等 I/O 模型。

目前，我们将这款框架拆分为通用模块、网络模块、协议模块、代理模块等几大功能模块，如图 9-19 所示。

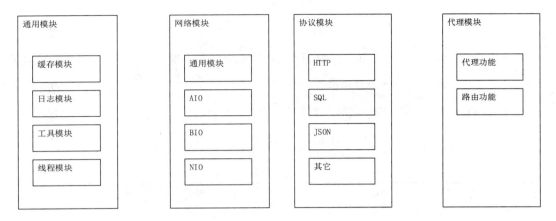

图 9-19

如在 9.2.1 节讲到的,并发数并不完全与 BIO、NIO 和 AIO 相关,但是涉及不同的编程模式,我们希望尽量统一对这三者的使用,并且使 I/O 的处理逻辑和具体的业务逻辑分离。可以将 BIO、NIO 和 AIO 抽象为 handler 和 channel 的接口,后续合并成一个 handler 接口和一个 channel 接口,便于统一处理、优化调用结果及减少学习成本。

另外,AIO 和 NIO 的缓存使用的是 Java 中的 ByteBuffer,这是在 Java 的接口中沿用过来的,将 ByteBuffer 封装成一个缓存池就更易于使用了,可以参照 9.3.3 节。

9.3.1 对代理功能的测试及分析

我们用该框架实现了一个代理,并和 Netty 的代理功能进行了压测比较,压测的方法是代理 MySQL 的连接。QPS 的测试数据如表 9-13 所示。

其中的测试场景包括如下 6 种。

- 直连 DB:测试直接连接 MySQL 的性能情况,对应 DB 列。
- AIO 代理:测试通过 AIO 实现的代理连接 MySQL 的情况,这里的 AIO 使用一个 2 线程的线程池来接收数据,并使用 2 线程的线程池来发送数据,对应 AIO 列。
- NIO 代理:测试通过 NIO 实现的代理连接 MySQL 的情况,这里的 NIO 使用 1 个线程接收请求,使用 1 个线程分发请求,使用 N 个线程的线程池处理请求,N=8,对应第 1

个 NIO 列。

- BIO 代理：测试通过 BIO 实现的代理连接 MySQL 的情况，这里的 BIO 使用 N 个线程的线程池处理请求，$N=8$，对应 BIO 列。
- NIO 单线程：所有操作只通过 1 个线程完成，对应第 2 个 NIO 列。
- NETTY 单线程：所有操作只通过 1 个线程完成，对应 NETTY 列。

表 9-13

压测线程数	DB 无代理 （KQPS）	AIO 2 线程+2 线程 （KQPS）	NIO 1 线程+1 线程+N 线程 （KQPS）	BIO N 线程 （KQPS）	NIO 1 线程 （KQPS）	NETTY 1 线程 （KQPS）
20	50	30	15	32	35	30
40	90	52	18	50	59	46
60	100	62	21	65	63	60
80	105	62	19	68	72	67
100	105	68	19	72	74	74

可以看到，无代理场景的 QPS 最高，有代理场景的 NIO 单线程场景的 QPS 最好，略高于 BION 线程和 NETTY 单线程；而 AIO 和 NIO 多层线程池的 QPS 最低，这里主要是因为在高频大量小任务的场景下，AIO 和 NIO 多层线程池需要多次切换线程环境，反而影响了性能，降低了 QPS。

CPU 占用的测试数据如表 9-14 所示。

表 9-14

线程数	DB 无代理 （%）	AIO 2 线程+2 线程 （%）	NIO 1 线程+1 线程+n 线程 （%）	BIO N 线程 （%）	NIO 1 线程 （%）	NETTY 1 线程 （%）
20	400	250	200	140	70	100
40	700	300	250	290	89	150
60	780	310	270	320	90	220
80	790	310	260	380	92	240
100	790	320	260	420	93	220

可以看到，直连 DB 时 MySQL 处理请求对 CPU 的消耗。AIO 和 NIO 多层线程池的 CPU 使用率较差，其中一个原因是有大量的 CPU 线程环境切换，其中表现最好的是 NIO 单线程，

占用 CPU 最少，QPS 最高，NETTY 单线程次之。

压测的 QPS 如图 9-20 所示（这里 Y 轴的单位是千 QPS），可以验证我们上面的分析，除直连 DB 外，NIO 单线程的场景最好。

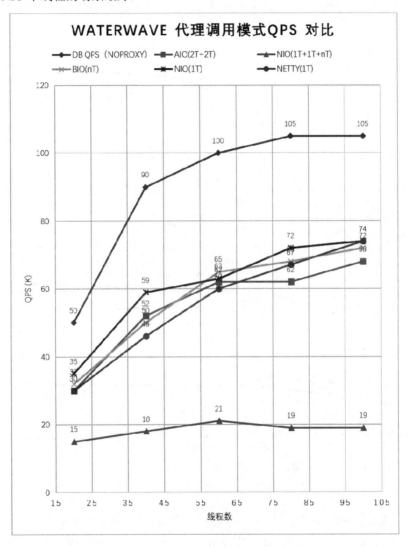

图 9-20

压测的 CPU 占用如图 9-21 所示，可以验证我们上面的分析，除直连 DB 外，AIO、BIO 的 CPU 占用较高。

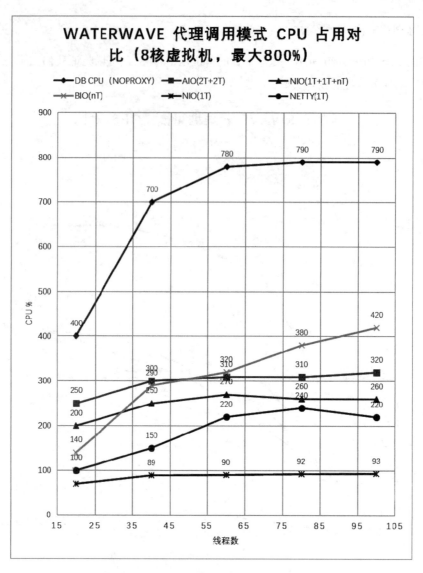

图 9-21

总之，在使用 NIO 的单线程模式下，该框架的性能略微优于 Netty，但是在 NIO 双线程模型加线程池的模式下，由于写队列和锁欠优化，以及线程环境切换较多等原因，QPS 略低。另外，BIO、NIO 及 AIO 在测试中用这种重连接时，性能表现基本一样，在这种情况下可以多比较它们之间的 CPU 占用。这里对 NIO、BIO 和 AIO 进行简单总结，如下所述。

- NIO 单线程在处理简单逻辑方面有很多优势，尤其是高频的小事务。

- BIO 在处理少量的连接时 CPU 占用很低，但是稍微增加连接时，比如在测试结果中，用 8 核虚拟机处理 60 个连接时的 CPU 占用较高。

- AIO 其实还是不错的，但是比 NIO 的 CPU 占用稍高，我们更喜欢它的这种异步编程模型。

9.3.2 网络中间件的使用介绍

1. 接口的定义

waterwave 这款网络中间件分别封装了 Java 的 AIO、NIO 和 BIO，其中 AIO 使用监听者模式，并用渠道（channel）对象维护连接信息；NIO 是处理器模式，并用渠道对象维护连接信息；BIO 虽然也是处理器模式，并用渠道维护连接信息，但所使用的渠道只属于当前的处理器。

AIO 和 NIO 都可以把渠道分派给任意处理器，二者的接口比较接近；BIO 的接口略有不同。事实上，可以将 AIO、NIO 和 BIO 合并成一个处理器接口和一个渠道接口，统一接口的好处是可优化调用程序的整体结构，并减少使用者的学习成本。这里暂时为了清晰起见，先分别定义它们，我们可以使用这些接口来完成各类网络组件，9.3.1 节所讲的代理测试就是其中的一个实现。

AIO 的 API 定义如下：

```
public interface AioServerDataDealer {
    public void serverOnConnect(AioServerChannel channel);
    public void serverBeforeRead(AioServerChannel channel);
    public void serverOnData(AioServerChannel channel, ByteBuffer buffer, int bytes);
    public void serverAfterWrite(AioServerChannel channel, ByteBuffer buffer, int bytes);
    public void serverOnError(AioServerChannel channel,Throwable exc, ByteBuffer attachment);
    public void serverOnClose(AioServerChannel channel);
    public Boolean serverAcceptsMessages();
}
public interface AioChannelI{
    public void write(finalByteBufferinput);
    public void close();
}
```

NIO 的 API 定义如下：

```java
public interface NioServerDataDealer {
    public void serverOnConnect(NioServerChannel channel);
    public void serverBeforeRead(NioServerChannel channel);
    public void serverOnData(NioServerChannel channel, ByteBuffer buffer, int bytes);
    public void serverAfterWrite(NioServerChannel channel, ByteBuffer buffer, int bytes);
    public void serverOnError(NioServerChannel channel,Throwable exc, ByteBuffer attachment);
    public void serverOnClose(NioServerChannel channel);
    public Boolean serverAcceptsMessages();
}

public interface NioChannelI{
    public void write(final ByteBufferinput);
    public void close();
}
```

BIO 的 API 定义如下：

```java
public interface BioServerHandler extends Runnable{
    public void init(BioServerChannel c);
    public void serverOnError(BioServerChannel c,Throwable e, BufferSimple b);
    public void serverOnClose(BioServerChannel channel);
}

public interface BioChannelI{
    public void write(BufferSimpleb);
    public BufferSimple read();
    public void close();
}
```

2. 配置和启动

对代理的配置比较简单，首先配置 sp.properties 文件，在这里指定具体的配置文件的地址为 wwProxy.test.properties。

先更改配置文件 sp.properties：

```
test=true
service.ppfile=wwProxy.test.properties
```

在 wwProxy.test.properties 中指定具体的配置：

```
#num of thread
#threadNum=
serverPort=15001
remortPort=13006
ipStr=10.213.160.6
#types: aio, nio, single, single1, bio
#single single1 is same and single1 using improved invoking
type=aio
type=single1
```

运行代理工具时可通过直接运行 ProxyServerStartUp 类来启动。

9.3.3 内存和缓存的优化

在编写网络相关的中间件时，除了需要调整 SO_RCVBUF 和 SO_SNDBUF 的值来设置发送端和接收端的缓冲区大小，还需要对后续的数据处理的缓存和内存的使用进行优化。

1. 在高并发及大数据量下对内存使用的优秀实践

一般的网络服务可能会在不重启的情况下运行很长时间，这时对内存的使用往往有较严格的要求。虽说 Java 的自动内存垃圾回收机制使内存管理变得十分顺畅，但在大并发下，我们还是应尽量自己管理缓存对象。可以使用一个数组记录所有申请的缓存对象，而这些缓存对象可以用 Byte 数组或者 unsafe 对象直接从系统中申请本地内存。

另外，在内存较大如 32GB 时，Full GC 对系统的消耗会非常厉害。在大数据量下，同时请求的量很大时，频繁的 GC 也会使系统卡死。如图 9-22 所示为频繁 GC 时的系统状态，其中深色部分表示 CPU 占用的时间，我们看到 CPU 占用的时间较多，实际上多是 GC 线程占用。

图 9-22

在数据量很大时，我们也需要对内存中存储的数据结构进行选择，这时使用 Java 存储大量的小对象会是对内存的巨大浪费，并且我们熟知的许多数据结构如链表、一般的跳跃表、二叉平衡树等都是对小对象的内存使用不友好的，都在每个数据节点使用至少一个指针来指向其他数据，而指针和对象头本身就占用一定的空间，这时再用这些数据结构存储大量的小型对象会得不偿失。

这里先不展开具体的介绍和分析了，只简单介绍推荐的办法：使用类似于 B 树的基于数组的数据结构。B 树用比较长的数组，例如大小为 1024 的数组，来完成互相的指针引用，也可以理解为对近 1024 个数据使用一个指针，这样就省去了大量的指针对数据占用的内存。特别是对于大量的长整型的数据，使用 B 树来检索和排序可以节省大量的空间。

另外，在 Java 的对象体中包含许多原生数据，也可以节省内存，例如 **class** test { int i0, int i1, int i2, int i3 …… int 99 }。

2. 自实现缓存池的一个实现

如上所述，我们可以尝试自己完成对缓存的管理，例如编写自己实现的缓存池和缓存对象。对于缓存对象，虽然在 Java 的 NIO 及 AIO 接口中使用了一个强大的缓存对象 ByteBuffer，但是它的复杂封装往往让我们难以处理细节，因此我们也自己实现了一个缓存对象，其引用的 Byte b 可以是 **new byte**[size]，也可以同 ByteBuffer 那样从 unsafe 中申请获得。

对于缓存池可以用数组来管理，但是也可以加入一些功能，例如对获取阻塞及超时的处理，等等。下面分享笔者编写的一个带阻塞功能的缓存池，以及有相应封装的缓存对象。

用 Java 写这些组件时，出于多方面的考虑，该缓存池的设计偏向于 C 等基础语言的风格，并不完全参考企业应用的编码规范，部分代码如下：

```java
public class BufferPool {

private LinkedBlockingQueue<BufferSimple> bq = new LinkedBlockingQueue<BufferSimple>(500);
    private ArrayList<BufferSimple> bs = null;

    private Logger log = new SimpleLogger();

    private final int size;
    private final int bsize;

    private int i = 0;
    private AtomicInteger c = new AtomicInteger(0);
```

```java
    public BufferPool(int size, int bsize) {
        this.size = size;
        this.bsize = bsize;
        bs = new ArrayList<BufferSimple>(size);
        for (; i<size; i++) {
            BufferSimple b = new BufferSimple(i, bsize);
            bs.add(b);
            bq.add(b);
        }
    }

    public BufferSimple getBuffer() {
        BufferSimple b;
        try {
            b = bq.take();
            b.stat = 1;
            c.getAndIncrement();
        } catch (InterruptedException e) {
            e.printStackTrace();
            return null;
        }
        return b;
    }

    public void finishBuffer(BufferSimple b) {
        if (b.stat == 0) {
            return;
        }
        b.stat = 0;
        b.pos = 0;
        boolean offer = bq.offer(b);

        if(!offer) {
            log.log(10, " bq.offer fail");
            return;
        }
        c.decrementAndGet();
    }

    public void giveupBuffer(BufferSimple b) {
        finishBuffer(b);
    }

}

public class BufferSimple {
```

```java
    int size;
    int pos = 0;
    int id = 0;
    int stat = 0;

    byte[] b;

    public BufferSimple() {
    }

    public BufferSimple(int size) {
        this.size = size;
        this.b = new byte[size];
    }

    public BufferSimple(int id, int size) {
        this.id = id;
        this.size = size;
        this.b = new byte[size];
    }

    public byte[] getBytes() {
        return b;
    }

    public int getPos() {
        return pos;
    }

    public void setPos(int pos) {
        this.pos = pos;
    }

    @Override
    public String toString() {
        return "id:" + id + ", pos:" + pos + " " ;
    }
}
```

9.3.4 快速解析流数据

在实际使用中，一些性能瓶颈往往出现在对数据流的解析里。按照木桶效应，对数据流的解析也是提高系统性能的重要优化点，这里介绍我们解决字符流解析的方案。

1. 解析需求及正则表达式

有时，我们会面对解析如下 SQL 的需求：

```
insert into table1(c01, c02, c03) values( '12XX',  '一二三' ,512321355)
```

这时，我们需要将其转换为：

```
insert into table1(c01, c02, c03) values(?,?,?)
```

并记录参数对象为：'12XX'　'一　二三' 和 512321355。

这里是简单示意，不过这些需求也可以是实现代理数据库分库分表的核心逻辑。

如果按照标准的办法生成语法树，然后解析出模板和参数，则会很浪费时间和精力，因为我们不需要整个语法树。这时可以使用正则表达式这样的自动机的解析方式。

同样，在一些情况下可能不需要完整解析 JSON，只需要其部分信息，这时也可以借助正则表达式生成一个解析字符流的自动机来处理字符数据。

如下所示是笔者编写的一段已简化的通过正则表达式解析出 SQL 模板的代码：

```java
    static Pattern p3 = Pattern.compile("(?:[^\\w])((\\d++)|(?:'.*?'))(?=[^\\w]*?)");

    public static String simpleParser(String sql) {
        StringBuilder sb = new StringBuilder();
        Matcher m = p3.matcher(sql);

        int j = 0;
        int ii = 1;
        while (m.find()) {
            int i = m.start(ii);
            sb.append(sql.substring(j, i));
            sb.append("?");
            j = m.end(ii);
        }
        if (j<sql.length()) {
            sb.append(sql.substring(j, sql.length()));
        }
        String r = sb.toString();
        if ("".equals(r)) {
            return sql;
```

```
        }
        return r;
    }
}
```

2. 使用词法自动机解析

除了使用正则表达式解析数据流，我们也可以自己实现一个自动机来解析 SQL 模板，以提供更好的性能。首先，根据规则构建一个词法自动机，如图 9-23 所示是词法自动机的参考图。

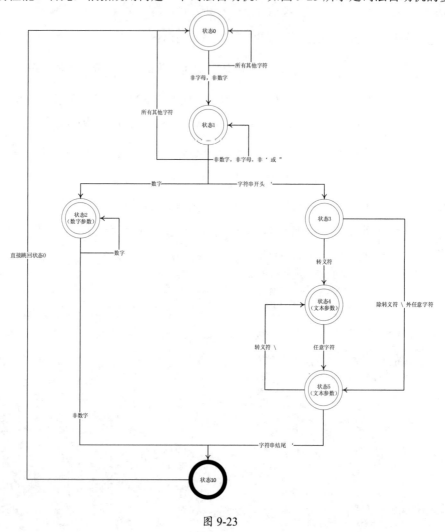

图 9-23

通过切换上面自动机的状态来找到参数的位置，图 9-23 中的状态 1 是非数字非字母的字符，例如：等号，状态 2 是数字，状态 3 到状态 5 是单引号中的字符串，图中省略了双引号中的字符串的流程，状态 10 是参数结束。

这样的词法自动机通常通过 129×n 的二维数组实现，每一行对应一个字符，在 SQL 命令中只有英文和中文，英文对应 ASCII 码，使用索引为 0-127 范围内的数组元素，中文和其他内容对应索引为 128 的数组元素；用二维数组实现的词法状态机如图 9-24 所示。

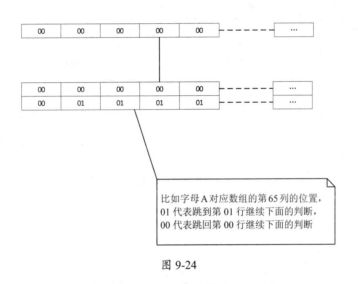

图 9-24

在数组实现的状态机中每一行对应图 9-24 中的一个节点状态，每个状态表示当前字符的位置所代表的属性，例如：数组、关键字、字符串等。在该图中为了简单起见，将 129 个元素的数组省略为 5 个元素的数组，右面关联的数据代表当前输入的字符所在位置的跳转行数。

这里总结一下实现词法自动机的过程，如下所述。

（1）生成一个二维数组；每一行及每一列按照规则设定要跳转到的行数，每一行代表自动机中的一个状态，每一行中的每一个元素对应要处理的一个字符，每个元素的值代表在这个状态下输入了这个字符，接下来我们跳转到哪个行，也就对应自动机里面的哪个状态。

（2）设置输入字符流的逻辑：状态变更到参数开始时标记当前位置，状态变更到参数结束时替换参数,其流程如图 9-25 所示。

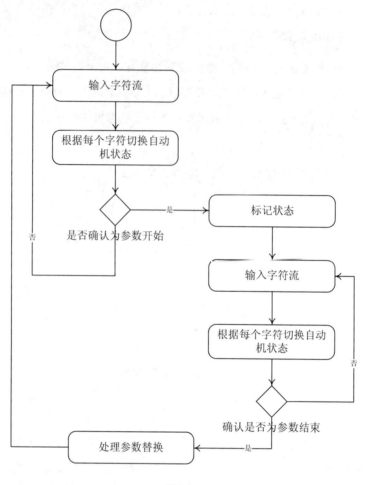

图 9-25

最后,我们给出一个使用词法自动机解析 SQL 的具体例子,假设我们有如下 SQL 要进行解析:

```
SELECT * FROM T1 WHERE T1.A=123;
```

根据状态机的规则,处理顺序为:

S:状态 0
E:状态 0

```
L: 状态 0
E: 状态 0
C: 状态 0
T: 状态 0
:  状态 1
*: 状态 0
:  状态 1
F: 状态 0
R: 状态 0
O: 状态 0
M: 状态 0
:  状态 1
T: 状态 0
1: 状态 0
:  状态 1
W: 状态 0
H: 状态 0
E: 状态 0
R: 状态 0
E: 状态 0
:  状态 1
T: 状态 0
1: 状态 0
.: 状态 0
A: 状态 0
=: 状态 1
1: 状态 2（参数开始）
2: 状态 2
3: 状态 2（参数结束）
```

在遍历的过程中，我们发现遇见参数 123 时，状态被标记为 2，这时我们记录参数的开始位置和结束位置，然后替换成？，也可以在字符串流读取的过程中直接将 123 输出成？，在遍历自动机的同时复制新的字符串，并得到结果：

```
SELECT * FROM T1 WHERE T1.A=?
```

同时提取到参数 123。

通过这种方法我们能够高效地找到 SQL 语句的参数，这只是自动机处理流式数据的一个例子，我们可以通过巧妙编写的自动机高速地处理任何流式数据，因此这个方法也是编写高性能网络中间件的一个关键。

再回到 SQL 语句，我们也可以用类似的方法找到表名和数据库名称等，各种代理分库分片框架的路由规则都是通过解析 SQL 然后根据分片规则给 SQL 的主键、表名、数据库名实现路由的，可参考第 3 章关于分库分表的内容，而这里使用自动机解把 SQL 语句当作一个流式数据解析则是一种非常有效的办法。